Buch-Updates
Registrieren Sie dieses Buch auf unserer Verlagswebsite. Sie erhalten damit Buch-Updates und weitere, exklusive Informationen zum Thema.

Galileo BUCH UPDATE

Und so geht's
> Einfach **www.sap-press.de** aufrufen
<<< Auf das Logo **Buch-Updates** klicken
> Unten genannten **Zugangscode** eingeben

Ihr persönlicher Zugang zu den Buch-Updates 127167030614

Rechnungsprüfung mit SAP® MM

SAP PRESS

SAP PRESS ist eine gemeinschaftliche Initiative von SAP und Galileo Press. Ziel ist es, Anwendern qualifiziertes SAP-Wissen zur Verfügung zu stellen. SAP PRESS vereint das fachliche Know-how der SAP und die verlegerische Kompetenz von Galileo Press. Die Bücher bieten Expertenwissen zu technischen wie auch zu betriebswirtschaftlichen SAP-Themen.

Torsten Hellberg
Einkauf mit SAP MM
335 S., 2007, geb.
ISBN 978-3-89842-874-3

Eduard Gerhardt, Kai Krüger, Oliver Schipp
Effizientes E-Procurement mit SAP
209 S., 2008, geb.
ISBN 978-3-89842-990-0

Heinz Forsthuber, Jörg Siebert
Praxishandbuch SAP-Finanzwesen
648 S., 2009, geb.
ISBN 978-3-8362-1127-7

Othmar Gau
Frachtabrechnung mit SAP Logistics Execution System
ca. 290 S., 2008, geb.
ISBN 978-3-8362-1186-4

Sachin Sethi
Enhancing Supplier Relationship Management Using SAP SRM
695 S., 2007, geb.
ISBN 978-1-59229-068-0

Aktuelle Angaben zum gesamten SAP PRESS-Programm finden Sie unter *www.sap-press.de*.

Stefan Bomann, Torsten Hellberg

Rechnungsprüfung mit SAP® MM

Galileo Press

Bonn • Boston

Liebe Leserin, lieber Leser,

vielen Dank, dass Sie sich für ein Buch von SAP PRESS entschieden haben.

Als letztes Glied der Kette im Einkaufsprozess steht die Rechnungsprüfung, die Eingangsrechnungen auf sachliche, preisliche und rechnerische Richtigkeit prüft. Dabei gilt es, den Bezug zu einer Bestellung oder einem Wareneingang herzustellen. Sobald z.B. der Rechnungsbetrag vom Bestellwert oder die berechnete Menge von der Bestellmenge abweicht, wird es kniffelig. Dieses Buch soll Ihnen den Prozess der Rechnungsprüfung mit der SAP-Materialwirtschaft erleichtern.

Das Autorenteam vereint Schulungskompetenz mit Know-how aus der Beratung und vermag es so, Ihnen die Prozesse, die Anwendung und das Customizing der MM-Rechnungsprüfung kompetent, verständlich und gut strukturiert nahezubringen. Ich bin mir sicher, dass Sie mit diesem Buch alle Optimierungspotentiale in Ihrer Beschaffung nutzen können.

Wir freuen uns stets über Lob, aber auch über kritische Anmerkungen, die uns helfen, unsere Bücher besser zu machen. Am Ende dieses Buches finden Sie daher eine Postkarte, mit der Sie uns Ihre Meinung mitteilen können. Als Dankeschön verlosen wir unter den Einsendern regelmäßig Gutscheine für SAP PRESS-Bücher.

Ihre Eva Tripp
Lektorat SAP PRESS

Galileo Press
Rheinwerkallee 4
53227 Bonn

eva.tripp@galileo-press.de
www.sap-press.de

Auf einen Blick

Der Name Galileo Press geht auf den italienischen Mathematiker und Philosophen Galileo Galilei (1564–1642) zurück. Er gilt als Gründungsfigur der neuzeitlichen Wissenschaft und wurde berühmt als Verfechter des modernen, heliozentrischen Weltbilds. Legendär ist sein Ausspruch *Eppur se muove* (Und sie bewegt sich doch). Das Emblem von Galileo Press ist der Jupiter, umkreist von den vier Galileischen Monden. Galilei entdeckte die nach ihm benannten Monde 1610.

Gerne stehen wir Ihnen mit Rat und Tat zur Seite:
eva.tripp@galileo-press.de bei Fragen und Anmerkungen zum Inhalt des Buches
service@galileo-press.de für versandkostenfreie Bestellungen und Reklamationen
thomas.losch@galileo-press.de für Rezensionsexemplare

Lektorat Eva Tripp
Korrektorat Alexandra Müller, Olfen
Einbandgestaltung Silke Braun
Titelbild Getty Images/Mike Kemp
Typografie und Layout Vera Brauner
Herstellung Karin Kolbe
Satz Typographie & Computer, Krefeld
Druck und Bindung Bercker Graphischer Betrieb, Kevelaer

Bibliografische Information der Deutschen Bibliothek
Die Deutsche Bibliothek verzeichnet diese Publikation in der Deutschen Nationalbibliografie; detaillierte bibliografische Daten sind im Internet über http://dnb.ddb.de abrufbar.

ISBN 978-3-8362-1160-4

1. Auflage 2008

Inhalt

Die Einleitung erklärt, wie der Funktionsbereich Rechnungsprüfung in das Supply Chain Management einzuordnen und wie er aufgebaut ist, wo die Themenschwerpunkte dieses Buches liegen und an wen es sich richtet.

1 Einleitung

Supply Chain Management

Das Supply Chain Management trägt der zunehmenden Bedeutung einer prozessorientierten Betrachtung unternehmerischer Aktivitäten Rechnung. Eine Optimierung der Supply Chain (Logistik- oder Wertschöpfungskette) eröffnet erhebliche Effektivitäts- und Effizienzpotenziale zur Verbesserung der Wettbewerbsfähigkeit eines Unternehmens. In Abgrenzung zum Begriff Logistik betrachtet das Supply Chain Management zusätzlich den unternehmensübergreifenden Aspekt bei der Gestaltung der Güter- und Informationsflüsse der Logistikkette von der Beschaffung von Gütern und Dienstleitungen bis zur Entsorgung von Altprodukten. Die Logistik-Rechnungsprüfung steht innerhalb der Beschaffung am Ende der Logistikkette und liefert einen wesentlichen Beitrag zu einer effizienteren Supply Chain.

Ziel des Buches

SAP bietet mit der Software SAP ERP (Enterprise Resource Planning) umfangreiche und komfortable Möglichkeiten zur Abwicklung, Optimierung, Überwachung und Analyse sämtlicher Prozesse innerhalb der Rechnungsprüfung. Die Prozesse, Funktionen und das Customizing dieser Aktivitäten sind Gegenstand dieses Buches. Die Funktionen der Rechnungsprüfung von SAP ERP werden eingehend dargestellt und deren Beziehungen zu vorgelagerten Prozessen, Stammdaten und Customizing-Einstellungen vermittelt. Alle wesentlichen Prozessschritte und Customizing-Einstellungen können Sie anhand der zahlreich vorhandenen Screenshots auch ohne Systemzugang nachvollziehen. Ein umfangreicher Index erleichtert Ihnen das gezielte Auffinden von Informationen. Die Anhänge mit einer Auflistung aller relevanten Menüpfade und der Angabe von SAP Notes ergänzen dieses Buch.

Zielgruppen dieses Buches

Das Buch richtet sich an ambitionierte Anwender der Komponente Logistik-Rechnungsprüfung, die zusätzlich zu den relevanten Funktionen und Instrumenten in der Rechnungsprüfung einen umfassenden Einblick in korrespondierende Customizing-Einstellungen und Konzepte der Kontenfindung in der Materialwirtschaft erhalten möchten. SAP-Beratern aus anderen Modulen und SAP-Juniorberatern ermöglicht das Buch eine schnelle Einarbeitung in das Themengebiet. Erfahrenen SAP-Beratern kann es als Nachschlagewerk dienen.

Dieses Buch basiert auf SAP ERP Central Component 6.0 (ECC 6.0). Die allermeisten der beschriebenen Funktionen sind aber auch in älteren Releases von SAP ERP (SAP R/3) bereits enthalten (z. B. SAP R/3 Enterprise 4.7 und SAP R/3 4.6C).

Aufbau des Buches

Das Buch ist folgendermaßen aufgebaut:

In **Kapitel 2**, »Organisationsebenen«, erhalten Sie einen Überblick über die wichtigsten Organisationsebenen der Materialwirtschaft und deren Zuordnung untereinander.

Kapitel 3, »Stammdaten in SAP ERP«, beschäftigt sich mit den für die Beschaffung und insbesondere die Rechnungsprüfung relevanten Stammdaten, deren Struktur und organisatorischer Zuordnung und mit korrespondierenden Customizing-Einstellungen.

In **Kapitel 4**, »Beschaffung mit SAP ERP«, wird der grundlegende Beschaffungsprozess dargestellt. In diesem Kapitel werden bereits die Auswirkungen der Einkaufsaktivitäten auf die Rechnungsprüfung sichtbar.

Kapitel 5, »Einführung in die Arbeit mit der Logistik-Rechnungsprüfung«, befasst sich mit den grundsätzlichen Arten der Logistik-Rechnungsprüfung, der Vorgehensweise bei der Erfassung einer Eingangsrechnung und den Erfassungsmasken der wichtigsten Transaktionen.

Kapitel 6, »Allgemeine Techniken in der Logistik-Rechnungsprüfung«, bietet eine umfassende Darstellung aller Funktionen und Instrumente zur Erfassung der unterschiedlichsten Eingangsrechnungen unter Berücksichtigung der verschiedensten Ausprägungen wie etwa Gutschriften, Fremdwährungsrechnungen, Belegvorerfassung und Bezugsnebenkosten. Den für die Logistik-Rechnungsprüfung relevanten Auswertungen ist ein weiterer Abschnitt gewidmet.

In **Kapitel 7**, »Ursachen und Bearbeitung von Rechnungssperren und Abweichungen«, werden mögliche Abweichungen des erwarteten Rechnungswerts vom tatsächlichen Rechnungswert und die daraus resultierenden Rechnungssperren besprochen. Hierauf aufbauend, werden die Möglichkeiten zur Korrektur dieser Abweichungen dargestellt.

Kapitel 8, »Spezielle Techniken in der Logistik-Rechnungsprüfung«, befasst sich mit den Funktionen und Instrumenten zur Verbesserung der Effizienz in der Rechnungsprüfung und Möglichkeiten zur Automatisierung der Rechnungsprüfung.

In **Kapitel 9**, »Kontenfindung«, werden die Kontenfindung innerhalb der Materialwirtschaft besprochen, wichtige Buchungsbeispiele aufgezeigt und die erforderlichen Customizing-Einstellungen dargestellt.

In **Kapitel 10**, »Kontenfindungsassistent«, werden die Customizing-Einstellungen zur Kontenfindung der Materialwirtschaft unter Zuhilfenahme eines Assistenten erläutert und Querverweise auf Kapitel 9 gegeben.

Kapitel 11, »Getrennte Bewertung«, stellt die Möglichkeiten der getrennten Bewertung als zusätzliches Mittel zur Detaillierung der Kontenfindung dar. Es werden die notwendigen Customizing-Schritte dargestellt, und es wird ein Anwendungsbeispiel besprochen.

Kapitel 12, »Buchungssystematik in SAP ERP mit WE/RE-Konten«, befasst sich mit der Darstellung von Buchungssätzen innerhalb von SAP ERP und der Verwendung der WE/RE-Konten. In diesem Kapitel werden zudem unterschiedliche Buchungsszenarien dargestellt und die Preissteuerung von Materialien erläutert.

Kapitel 13, »Umbewertung und Preissteuerung«, behandelt die Notwendigkeit und Möglichkeiten zur Umbewertung von Materialien und gibt Beispiele zur Verdeutlichung.

Im Anhang finden Sie ein Glossar, ergänzende Listen mit Menüpfaden und SAP Notes und Tipps zur Erstellung von Dokumentationen zur Kontenfindung.

Organisationsebenen dienen zur Abbildung der Aufbauorganisation eines Unternehmens. Sie werden im Customizing definiert und untereinander zugeordnet. Stammsätze und Belege in der Materialwirtschaft haben einen organisatorischen Aspekt.

2 Organisationsebenen

Abbildung der Aufbauorganisation in SAP ERP

Zur Abbildung von Geschäftsprozessen in SAP ERP muss die Aufbauorganisation (Unternehmensstruktur) des Unternehmens in SAP ERP abgebildet werden. Hierbei werden die einzelnen Organisationseinheiten im Customizing von SAP ERP definiert und untereinander zugeordnet. Sie finden diese Einstellungen über den folgenden Menüpfad:

Menüpfade im Customizing von SAP ERP

SPRO • SAP Referenz-IMG • SAP Customizing Einführungsleitfaden • Unternehmensstruktur • Definition • Finanzwesen/ Controlling/Logistik Allgemein/Materialwirtschaft bzw. über den Menüpfad SPRO • SAP Referenz-IMG • SAP Customizing Einführungsleitfaden • Unternehmensstruktur • Zuordnung • Finanzwesen/Controlling/Logistik Allgemein/Materialwirtschaft.

Jedes Modul von SAP ERP (z. B. Controlling, Finanzwesen oder Materialwirtschaft) verfügt über Organisationseinheiten, die in dem jeweiligen Modul definitorisch angesiedelt sind (z. B. Kostenrechnungskreis, Buchungskreis oder Einkaufsorganisation), jedoch auch für andere Module von Bedeutung sind.

Modulübergreifende Organisationseinheiten

So wird z. B. die Organisationseinheit Buchungskreis im Modul Finanzwesen definiert, kann aber im Modul Materialwirtschaft einer Einkaufsorganisation zugeordnet werden. Organisationseinheiten sind von großer Bedeutung für die Abbildung von Geschäftsprozessen in SAP ERP. Zum einen werden die Datenhaltungsebenen der relevanten Stammdaten den entsprechenden Organisationsebenen zugeordnet – Stammdaten haben somit einen organisatorischen Aspekt. Zum anderen haben auch die mittels Transaktionen erfassten

Belege (z. B. Bestellung oder Eingangsrechnung) eine organisatorische Zuordnung. So ist z. B. die Einkaufsorganisation eine Pflichteingabe im Bestellkopf, und der Rechnungseingang wird innerhalb eines bestimmten Buchungskreises erfasst.

2.1 Definition von Organisationsebenen

Die für die Logistik-Rechnungsprüfung in der Materialwirtschaft wichtigsten Organisationsebenen sind:

- **Mandant**
  Der Mandant ist die höchste organisatorische Ebene von SAP ERP. Datentechnisch ist ein Mandant ein Bereich des SAP-Systems mit eigenständigen Tabellen, Stammdaten und Benutzerkennungen, der durch einen dreistelligen numerischen Schlüssel eindeutig definiert ist. Daten, die auf der Ebene des Mandanten gehalten werden, sind auch für alle untergeordneten Organisationsebenen gültig. Regelmäßig werden eigene Mandanten für verschiedene Einsatzzwecke eines SAP-Systems aufgestellt, so z. B. als Entwicklungs-, Test-, Schulungs- oder Produktivmandanten.

  Betriebswirtschaftlich kann ein Mandant als Konzern betrachtet werden.

- **Buchungskreis**
  Für jede rechtlich selbstständige Unternehmung Ihres Konzerns ist in SAP ERP ein Buchungskreis eingerichtet. Der Buchungskreis repräsentiert eine bilanzierende Einheit im Sinne des externen Rechnungswesens.

  Auf Buchungskreisebene erfolgt der Jahresabschluss. In einem Mandanten können mehrere Buchungskreise eingerichtet werden, wobei jeder Buchungskreis über einen im Mandanten eindeutigen, vierstelligen alphanumerischen Schlüssel definiert wird. Für den Buchungskreis werden z. B. die folgenden Daten hinterlegt: Anschrift der Firma, Hauswährung, Sprache, Kontenplan, Geschäftsjahresvariante und Kostenrechnungskreis.

- **Kostenrechnungskreis**
  Der Kostenrechnungskreis ist die organisatorische Einheit innerhalb eines Unternehmens, für die eine vollständige in sich abgeschlossene Kostenrechnung durchgeführt werden kann.

Dem Kostenrechnungskreis als Organisationseinheit des Controllings müssen Organisationseinheiten des Finanzwesens zugeordnet werden, damit die Buchungen der Finanzbuchhaltung in das Controlling übernommen werden können.

- **Bewertungskreis**
  Der Bewertungskreis ist eine Organisationseinheit der Logistik, die eine Untergliederung des Unternehmens zum Zwecke einer einheitlichen und abgeschlossenen Bewertung von Materialbeständen vornimmt.
- **Einkaufsorganisation**
  Die Einkaufsorganisation ist für die Abwicklung aller Einkaufsvorgänge verantwortlich.

  Die organisatorische Gestaltung des Einkaufs wird über die Zuordnung der Einkaufsorganisation zu anderen Organisationseinheiten vorgenommen.
- **Einkäufergruppe**
  Durch Einkäufergruppen können Sie einem Einkäufer oder einer Gruppe von Einkäufern die Zuständigkeit zu bestimmten internen Einkaufsvorgängen zuordnen. Eine Einkäufergruppe wird keinen anderen Organisationsebenen zugeordnet, sondern lediglich im Customizing des Einkaufs definiert. Menüpfad: SPRO • SAP Referenz-IMG • SAP Customizing Einführungsleitfaden • Materialwirtschaft • Einkauf • Einkäufergruppen anlegen. Der Einkäufergruppenschlüssel ist dreistellig, alphanumerisch und im Mandanten eindeutig.
- **Werk**
  Das Werk ist eine bedeutende Organisationseinheit der Logistik und wird durch einen vierstelligen, alphanumerischen Schlüssel innerhalb eines Mandanten eindeutig identifiziert.

  Das Werk kann z. B. eine Niederlassung, eine Produktionsstätte, ein Auslieferungslager oder der Hauptsitz eines Buchungskreises sein, in dem die Produktion stattfindet, für das Materialien und Dienstleistungen beschafft werden, aus dem die Auslieferung an Kunden erfolgt und in dem die Disposition und Instandhaltung vorgenommen werden. Das Werk ist Datenhaltungsebene für verschiedene Stammdaten und weist zahlreiche organisatorische Zuordnungen auf. So ermittelt SAP ERP bei der Eingabe eines Werkes über die obligatorische und eindeutige Zuordnung des

Werkes zu einem Buchungskreis auch den zum Werk gehörenden Buchungskreis.

- **Lagerort**

  Der Lagerort ermöglicht eine mengenmäßige Unterscheidung der Lagerortbestände von Materialien innerhalb eines Werkes.

  Auf Lagerortebene findet die Inventur und optional die Disposition statt. Der vierstellige, alphanumerische Lagerortschlüssel ist im Werk eindeutig. Somit ist die Angabe eines Lagerortes nur zusammen mit einer Werksangabe möglich.

2.2 Zuordnung der Organisationsebenen

Zur Abbildung der Aufbauorganisation eines Unternehmens in SAP ERP werden die definierten Organisationseinheiten einander zugeordnet. Hierdurch wird die organisatorische Struktur und Aufgabenteilung des Unternehmens abgebildet und die Datenübergabe in andere Module gewährleistet.

Zuordnung von Organisationseinheiten

Für die Zuordnung von Organisationseinheiten sind im Wesentlichen die folgenden Beziehungen von Bedeutung:

- die Beziehungen innerhalb der Finanzbuchhaltung
- die Beziehungen der Finanzbuchhaltung zum Controlling
- die Beziehungen innerhalb der Materialwirtschaft und zur Finanzbuchhaltung
- die Beziehungen der Materialwirtschaft zur Finanzbuchhaltung und zum Controlling

2.2.1 Die Beziehungen innerhalb der Finanzbuchhaltung

Die wichtigste Einstellung innerhalb der Finanzbuchhaltung ist die Zuordnung eines Kontenplans zu einem Buchungskreis.

Kontenplan

Der Kontenplan ist ein Verzeichnis aller Sachkonten, die in diesem Buchungskreis – und möglicherweise weiteren Buchungskreisen – verwendet werden. Somit kann mehreren Buchungskreisen derselbe Kontenplan zugeordnet werden. Neben diesem obligatorischen, operativen Kontenplan können Sie einem Buchungskreis zusätzlich optional einen Konzernkontenplan oder/und einen Landeskontenplan zuordnen. Die Kontenplanzuordnung nehmen Sie im Customizing des Finanzwesens vor. Sie erreichen diese Einstellungen über den Menüpfad SPRO • SAP Referenz-IMG • SAP Customizing Einführungsleitfaden • Finanzwesen • Hauptbuchhaltung • Sachkonten • Stammdaten • Vorarbeiten • Buchungskreis einem Kontenplan zuordnen. Die zu einem Buchungskreis vorgenommenen Einstellungen können Sie auch in der Customizing-Transaktion Globale Parameter prüfen und ergänzen erkennen (siehe Abbildung 2.1).

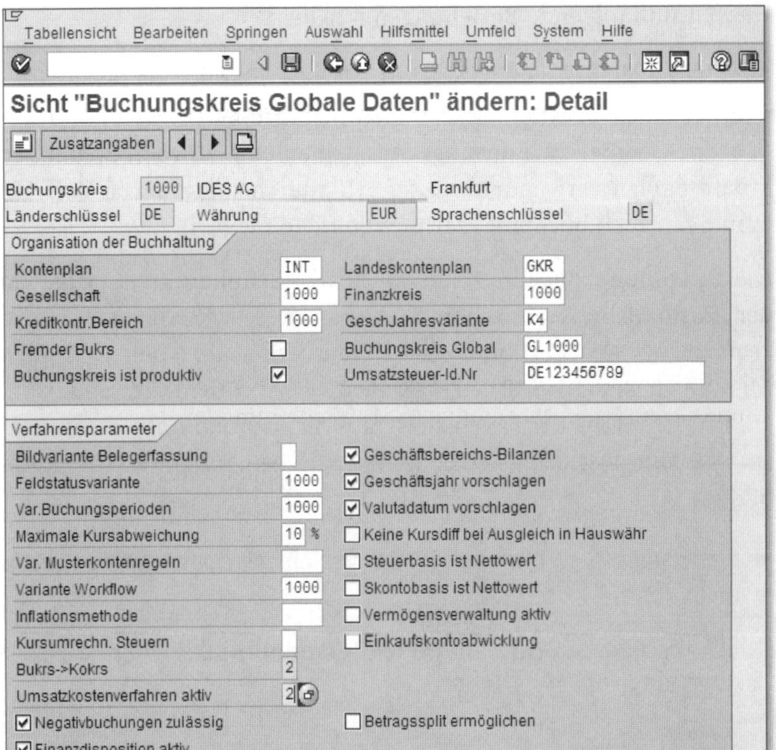

Abbildung 2.1 Buchungskreis – Globale Parameter

Sie erreichen diese Customizing-Transaktion über den Menüpfad SPRO • SAP Referenz-IMG • SAP Customizing Einführungsleitfaden • Finanzwesen • Grundeinstellungen Finanzwesen • Buchungskreis • Globale Parameter prüfen und ergänzen.

2.2.2 Die Beziehungen der Finanzbuchhaltung zum Controlling

Zwischen den Modulen Finanzbuchhaltung und Controlling existiert ein regelmäßiger Datenaustausch, wobei die Konten der Finanzbuchhaltung im Controlling als Kostenarten und Erlösarten geführt werden. Zur Integration des externen und internen Rechnungswesens müssen die Organisationseinheiten Buchungskreis und Kostenrechnungskreis in Beziehung gesetzt werden.

Buchungskreis und Kostenrechnungskreis

Hierbei sind folgende Beziehungen möglich:

- Einem Kostenrechnungskreis ist ein Buchungskreis zugeordnet.
- Einem Kostenrechnungskreis sind mehrere Buchungskreise zugeordnet, wobei die Buchungskreise einen einheitlichen operativen Kontenplan verwenden müssen. Hierdurch sind interne Verrechnungen auch buchungskreisübergreifend möglich.

Die Zuordnung Buchungskreis zu Kostenrechnungskreis erfolgt in der Customizing-Transaktion BUCHUNGSKREIS – KOSTENRECHNUNGSKREIS ZUORDNEN. Sie finden diese Transaktion über den folgenden Menüpfad: SPRO • SAP REFERENZ-IMG • SAP CUSTOMIZING EINFÜHRUNGSLEITFADEN • UNTERNEHMENSSTRUKTUR • ZUORDNUNG • CONTROLLING • BUCHUNGSKREIS – KOSTENRECHNUNGSKREIS ZUORDNEN (siehe Abbildung 2.2).

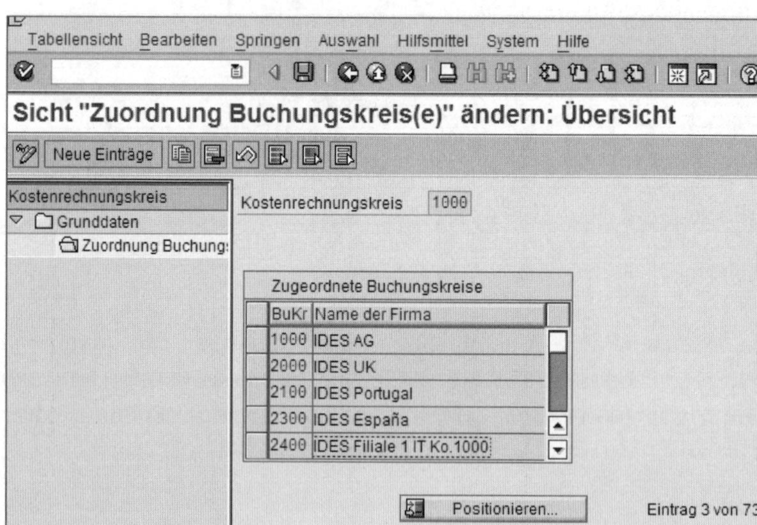

Abbildung 2.2 Zuordnung von Buchungskreis zu Kostenrechnungskreis

2.2.3 Die Beziehungen innerhalb der Materialwirtschaft und zur Finanzbuchhaltung

Die Strukturierung innerhalb der Materialwirtschaft betrifft die Organisationseinheiten Einkaufsorganisation, Werk, Lagerort und Bewertungskreis.

Die organisatorische Gestaltung des Einkaufs wird über die Zuordnungen der Einkaufsorganisation zu den Organisationseinheiten Buchungskreis und Werk vorgenommen.

Zuordnungen von Einkaufsorganisation, Buchungskreis und Werk

Eine Einkaufsorganisation kann maximal einem Buchungskreis zugeordnet sein. Ein Buchungskreis kann jedoch über mehrere Einkaufsorganisationen verfügen.

Die Verbindung der Organisationseinheiten Einkaufsorganisation und Werk kann nach einer m:n-Beziehung erfolgen. Somit kann eine Einkaufsorganisation für mehrere Werke beschaffen, und ein Werk kann durch mehrere Einkaufsorganisationen versorgt werden. Eine Einkaufsorganisation kann nur für die Werke beschaffen, die ihr zugeordnet sind. Sollten die Werke, die einer Einkaufsorganisation zugeordnet sind, zu verschiedenen Buchungskreisen gehören, handelt es sich um einen buchungskreisübergreifenden Einkauf. Im diesem Fall wird keine Zuordnung Einkaufsorganisation zu Buchungskreis vorgenommen. Die Struktur des Einkaufs innerhalb der Materialwirtschaft ist zusammenfassend in der folgenden Abbildung dargestellt (siehe Abbildung 2.3).

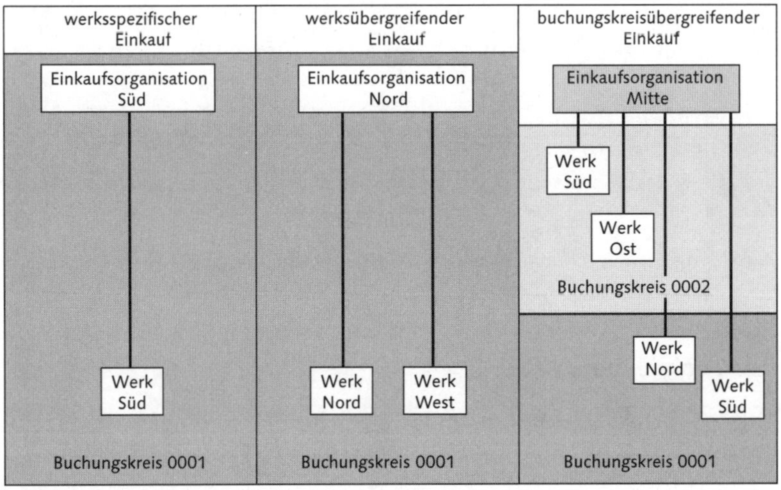

Abbildung 2.3 Organisation des Einkaufs

Die Zuordnungen der Organisationseinheiten Buchungskreis, Einkaufsorganisation und Werk finden Sie im Customizing der Unternehmensstruktur über die folgenden Menüpfade:

- **Zuordnung Werk – Buchungskreis**
  SPRO • SAP Referenz-IMG • SAP Customizing Einführungsleitfaden • Unternehmensstruktur • Zuordnung • Logistik Allgemein • Werk – Buchungskreis zuordnen
- **Zuordnung Einkaufsorganisation – Werk**
  SPRO • SAP Referenz-IMG • SAP Customizing Einführungsleitfaden • Unternehmensstruktur • Zuordnung • Materialwirtschaft • Einkaufsorganisation – Werk zuordnen
- **Zuordnung Einkaufsorganisation – Buchungskreis**
  SPRO • SAP Referenz-IMG • SAP Customizing Einführungsleitfaden • Unternehmensstruktur • Zuordnung • Materialwirtschaft • Einkaufsorganisation – Buchungskreis zuordnen (siehe Abbildung 2.4)

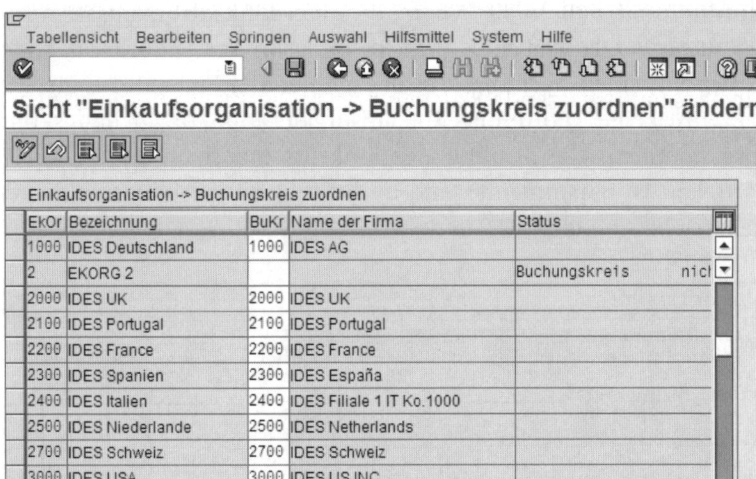

EkOr	Bezeichnung	BuKr	Name der Firma	Status
1000	IDES Deutschland	1000	IDES AG	
2	EKORG 2			Buchungskreis nic
2000	IDES UK	2000	IDES UK	
2100	IDES Portugal	2100	IDES Portugal	
2200	IDES France	2200	IDES France	
2300	IDES Spanien	2300	IDES España	
2400	IDES Italien	2400	IDES Filiale 1 IT Ko.1000	
2500	IDES Niederlande	2500	IDES Netherlands	
2700	IDES Schweiz	2700	IDES Schweiz	
3000	IDES USA	3000	IDES US INC	

Abbildung 2.4 Zuordnung Einkaufsorganisation zu Buchungskreis

Zusätzlich können Sie eine Verbindung zwischen Einkaufsorganisationen vornehmen.

Referenz- und Standardeinkaufsorganisation

Die möglichen Verbindungen lassen sich in Form einer Referenzeinkaufsorganisation und/oder einer Standardeinkaufsorganisation ausdrücken. Bei der Referenzeinkaufsorganisation werden einer Einkaufsorganisation (der Referenzeinkaufsorganisation) eine oder mehrere andere Einkaufsorganisationen zugeordnet.

Zugriff auf zentral ausgehandelte Konditionen und Kontrakte

Die zugeordneten Einkaufsorganisationen können auf die von der Referenzeinkaufsorganisation ausgehandelten Konditionen und Kontrakte zugreifen. Die Standardeinkaufsorganisation ist von Bedeutung, wenn mehrere Einkaufsorganisationen für ein Werk beschaffen.

Konsignations- und Pipelineabwicklung

Wenn Sie eine dieser Einkaufsorganisationen als Standardeinkaufsorganisation kennzeichnen, dann wird diese Einkaufsorganisation für die Beschaffungsvorgänge Konsignationsabwicklung, Pipelinebeschaffung, automatische Bestellerzeugung beim Wareneingang und bei Umlagerung verwendet.

Das Werk weist zahlreiche organisatorische Zuordnungen auf. Die möglichen Zuordnungen zur Einkaufsorganisation wurden bereits oben beschrieben. Die Zuordnung eines Werkes zu einem Buchungskreis ist obligatorisch und eindeutig. Die Zuordnung eines Lagerortes zu einem Werk ist ebenfalls eindeutig. Die Eingabe des vierstelligen, alphanumerischen Lagerortschlüssels ist nur zusammen mit einer Werksangabe möglich.

Eine zusammenfassende Darstellung der Werkszuordnungen zu anderen Organisationsebenen bietet Tabelle 2.1.

Zuordnung des Werkes zu anderen Organisationsebenen	Beziehung
Werk – Buchungskreis	n:1
Werk – Lagerort	1:n
Werk (und eine Sparte) – Geschäftsbereich	1:1
Werk – Versandstelle	m:n
Werk – Einkaufsorganisation	m:n

Tabelle 2.1 Beziehungen der Organisationsebene Werk zu anderen Organisationsebenen

Zum Abschluss der Betrachtungen zu den Beziehungen der Organisationsebenen innerhalb der Materialwirtschaft verbleibt die Frage des Bewertungskreises. Der Bewertungskreis ist die Organisationsebene, auf der die Bewertung der Materialbestände erfolgt.

Bewertung der Materialbestände

Mithilfe der Customizing-Funktion BEWERTUNGSEBENE FESTLEGEN über den Menüpfad SPRO • SAP REFERENZ-IMG • SAP CUSTOMIZING

EINFÜHRUNGSLEITFADEN • UNTERNEHMENSSTRUKTUR • DEFINITION • LOGISTIK ALLGEMEIN • BEWERTUNGSEBENE FESTLEGEN können Sie den Bewertungskreis auf der Ebene des Buchungskreises oder des Werkes festlegen (siehe Abbildung 2.5).

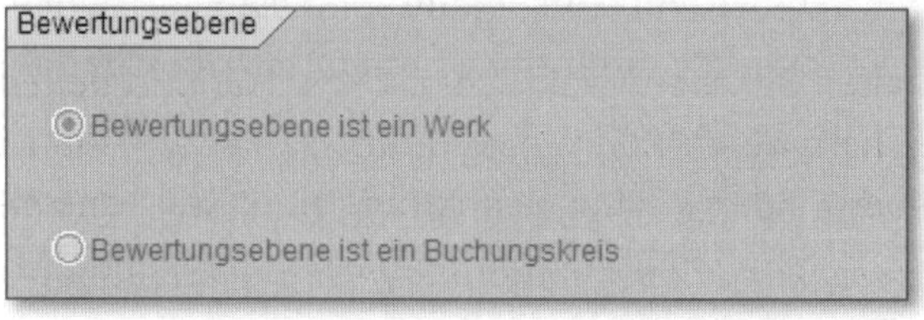

Abbildung 2.5 Festlegung der Bewertungsebene

Durch die Bewertung auf Werksebene können die Materialien werksabhängig unterschiedlich bewertet werden, und die Werte der Werksbestände können auf unterschiedlichen Konten geführt werden.

Getrennte Bewertung: Bewertungstyp und Bewertungsart

Unabhängig von der Einstellung des Bewertungskreises können Sie Materialien z. B. nach ihrer Herkunft, ihrer Qualität oder nach Eigenfertigung oder Fremdbezug über einen Bewertungstyp getrennt bewerten. Die Ausprägungen zu einem Bewertungstyp werden über eine Bewertungsart festgelegt, z. B. für den Bewertungstyp HERKUNFT die Bewertungsarten FRANKREICH und BELGIEN.

Für die Verwendung der Produktionsplanung und der Erzeugniskalkulation muss der Bewertungskreis auf WERK eingestellt sein.

2.2.4 Die Beziehungen der Materialwirtschaft zur Finanzbuchhaltung und zum Controlling

Da jedes Werk immer eindeutig einem Buchungskreis und ein Buchungskreis immer eindeutig einem Kostenrechnungskreis zugeordnet ist, kann auch die Beziehung von Werk zu Kostenrechnungskreis eindeutig abgeleitet werden.

Buchungskreisübergreifende Kostenrechnung

Falls Sie eine buchungskreisübergreifende Kostenrechnung durchführen, können Sie die gewünschten Zuordnungen mithilfe der Customizing-Funktion BUCHUNGSKREIS – KOSTENRECHNUNGSKREIS ZUORD-

NEN vornehmen (siehe Abschnitt 2.2.2, »Die Beziehungen der Finanzbuchhaltung zum Controlling«).

2.3 Zusammenfassung

In diesem Kapitel haben Sie die wesentlichen Organisationsebenen in der Materialwirtschaft, deren Zuordnungen untereinander und zu den Organisationsebenen der Finanzbuchhaltung und des Controllings kennen gelernt. Zudem sind wir auf die Ebene der Materialbewertung eingegangen.

Dieses Kapitel beschreibt die Stammdaten aus der Sicht der Materialwirtschaft. Stammdaten haben wichtige Funktionen bei der Abbildung von Geschäftsprozessen. Sie verringern den Erfassungsaufwand und dienen zur Kontrolle und Konsistenzprüfung der eingegebenen Daten.

3 Stammdaten in SAP ERP

Stammdaten werden in allen Modulen von SAP ERP genutzt. Die einzelnen Datenbereiche der Stammdaten werden den Organisationseinheiten von SAP ERP zugeordnet. Somit haben Stammdaten einen organisatorischen Aspekt.

3.1 Stammdaten der Materialwirtschaft

Zu den wichtigsten Stammdaten aus der Sicht der Materialwirtschaft gehören Materialstamm, Lieferantenstamm, Einkaufsinfosatz, Orderbuch, Quotierung, Konditionen und Lieferantenbeurteilung.

- **Materialstammdaten**
  Der Materialstamm, also die Summe aller Materialstammsätze, ist das zentrale Datenobjekt im Modul Logistik von SAP ERP. Der Materialstamm enthält betriebswirtschaftliche Informationen zu allen Materialien, die in einem Unternehmen verwendet werden.
- **Lieferantenstammdaten**
  Der Lieferantenstamm enthält die wesentlichen Daten zu den Lieferanten. Der Lieferant ist kreditorischer Geschäftspartner des Unternehmens. Deshalb enthält er neben einkaufsrelevanten Daten auch buchhalterische Daten.

Darüber hinaus existieren weitere Stammdaten in der Materialwirtschaft. Hierzu zählen:

- **Einkaufsinfosatz**
  Der Einkaufsinfosatz (Infosatz) beinhaltet komprimierte Informationen zu einem Lieferanten und einem Material oder zu einer

Gruppe von Materialien (Warengruppe). In einem Einkaufsinfosatz werden unter anderem Einkaufskonditionen zu einem Material hinterlegt.

- **Orderbuch**
  Das Orderbuch verzeichnet für einen bestimmten Zeitraum auf der Ebene des Werkes die erlaubten, gesperrten und fixen Bezugsquellen für ein Material. Das Orderbuch dient auch der automatischen Bezugsquellenermittlung für ein Material.
- **Quotierung**
  Die Quotierung ist ebenfalls ein Instrument im Rahmen der automatischen Bezugsquellenfindung. Mit ihrer Hilfe können die anfallenden Bedarfe nach einer mathematischen Formel auf verschiedene Bezugsquellen verteilt werden.
- **Konditionen**
  Konditionen sind Vereinbarungen mit Lieferanten über Preise, Zu- und Abschläge, Frachten, Steuern und Zölle. Bei der Erfassung eines Einkaufsvorgangs findet eine automatische Preisfindung statt. SAP ERP übernimmt die verschiedenen Preiselemente aus den Konditionssätzen in den Einkaufsbeleg.
- **Lieferantenbeurteilung**
  Auf der Grundlage vorgegebener und frei zu definierender Kriterien kann SAP ERP automatisch eine Benotung des Lieferanten vornehmen. Die Lieferantenbeurteilung unterstützt den Einkäufer bei der Auswahl von Bezugsquellen.

Die Stammdaten zu Materialien und Lieferanten werden im Folgenden genauer beleuchtet.

3.2 Materialstammsatz

Der Materialstammsatz, als zentrales Datenobjekt innerhalb der Materialwirtschaft, dient für die verschiedenen betriebswirtschaftlichen Funktionsbereiche eines Unternehmens der Verwaltung der für ein Material erforderlichen Informationen.

3.2.1 Struktur, Fachbereiche und Datenhaltungsebenen

Vorschlagswerte und Steuerungsparameter

Materialstammsätze enthalten Vorschlagswerte und Steuerungsparameter für die Geschäftsprozessabwicklung. Zu den Vorschlagswerten gehört z. B. der Einkaufswerteschlüssel auf der Registerkarte EINKAUF, der Daten für Mahntage und Über- und Unterlieferungstoleranzen bei der Erfassung von Einkaufsbelegen vorschlägt. Zu den Steuerungsparametern zählt z. B. die Bewertungsklasse auf der Registerkarte BUCHHALTUNG 1, die ein Material einer Gruppe von Sachkonten zuordnet und neben anderen Faktoren die automatische Kontenfindung beeinflusst.

Fachbereiche

Da verschiedene betriebswirtschaftliche Funktionsbereiche (z. B. Einkauf, Vertrieb, Finanzbuchhaltung, Controlling) einen Material stammsatz gemeinschaftlich verwenden, aber unterschiedliche materialspezifische Informationsbedürfnisse haben, sind die Daten eines Materialstammsatzes in Fachbereiche (Sichten) unterteilt. Menüpfad: SAP MENÜ • LOGISTIK • MATERIALWIRTSCHAFT • STAMMDATEN • MATERIALSTAMM • ANLEGEN/ÄNDERN/ANZEIGEN).

Hauptdatenebene im Materialstammsatz

Diese Fachbereiche sind z. B.:

- **Grunddaten**
  Zu den Grunddaten gehören z. B. Basismengeneinheit, Warengruppe und Gewicht.
- **Einkaufsdaten**
  Einkaufsdaten sind z. B. die Wareneingangsbearbeitungszeit und das Quotierungsverwendungskennzeichen.
- **Disposition**
  Dies können z. B. Dispositionsmerkmal und -losgröße sein.
- **Vertrieb**
  Hierzu gehören z. B. Verkaufsmengeneinheit und Mindestauftragsmenge.
- **Buchhaltung**
  Zum Bereich Buchhaltung gehören z. B. Preissteuerungsverfahren, Bewertungsklasse und Bewertungspreis.

Zusätzlich zu diesen beispielhaft angegebenen Sichten der Hauptarbeitsebene existiert im Materialstammsatz eine Zusatzdatenebene.

Zusatzdatenebene im Materialstammsatz

Diese Zusatzdatenebene enthält z. B. folgende Sichten:

- Kurztexte
- Mengeneinheiten
- zusätzliche EANs
- Dokumentdaten
- Verbrauch

Zusatzdatenebene im Materialstammsatz

Diese Zusatzdatenebene erreichen Sie in der Materialstammsatzpflege über den Button ZUSATZDATEN. Beachten Sie, dass für die Anzeige der Verbrauchsdaten eine Werksangabe erforderlich ist.

Datenhaltungsebenen

Diese Fachbereiche (Sichten) werden auf verschiedenen Ebenen der Organisationsstruktur von SAP ERP hinterlegt. Die relevanten Organisationsebenen werden in Abhängigkeit von den zu pflegenden Sichten vom System abgefragt.

Organisationsebenen und Materialstammsatzpflege

Bitte beachten Sie, dass Sie bei der Pflege von Materialstammsichten alle relevanten Organisationsebenen eingeben. Andernfalls werden Ihnen die spezifischen Felder der Organisationsebene nicht angezeigt.

In Tabelle 3.1 finden Sie eine exemplarische Übersicht über den zu pflegenden Fachbereich und die einzugebende Organisationsebene.

Fachbereich (Sicht)	Organisationsebene
Buchhaltung	Werk (wenn als Bewertungskreis das Werk eingestellt ist)
Kalkulation	Werk
Einkauf	Werk
Qualitätsmanagement	Werk
Vertrieb – Verkaufsorganisationsdaten	Verkaufsorganisation und Vertriebsweg
Prognose	Werk

Tabelle 3.1 Übersicht über Fachbereiche und korrespondierende Organisationsebenen

3.2.2 Materialart und Branche

Steuernde Funktionen von Materialart und Branche

Die Materialart und die Branche haben steuernde Funktionen in SAP ERP. So steuert die Branche, welche Bildschirmbilder in welcher Reihenfolge erscheinen und welche branchenspezifischen Felder auf den einzelnen Bildschirmbildern angezeigt werden.

Die Materialart steuert z. B. die Art der Nummernvergabe (intern oder extern), die Kontenfindung, welche Fachbereichsdaten gepflegt werden können und ob Eigenfertigung und/oder Fremdbezug für ein Material zulässig sind. Zusammen mit dem Bewertungskreis (Buchungskreis oder Werk) bestimmt die Materialart die Bestandsführungspflicht eines Materials. Bestandsführungspflicht bedeutet hierbei die Frage, ob Mengen- und Wertveränderungen (z. B. durch Wareneingänge) im Materialstammsatz und auf den jeweiligen Sachkonten fortgeschrieben werden.

Materialarten »unbewertetes Material« und »Nichtlagermaterial«

In der Standardauslieferung von SAP ERP haben die beiden Materialarten UNBEWERTETES MATERIAL (UNBW) und NICHTLAGERMATERIAL (NLAG) besondere Einstellungen zur Mengen- und Wertfortschreibung.

Während z. B. für Rohstoffe, Halbfabrikate oder Fertigerzeugnisse eine Mengen- und Wertfortschreibung erfolgt, findet für NICHTLAGERMATERIAL keine Mengen- und Wertfortschreibung statt, und für UNBEWERTETES MATERIAL erfolgt lediglich eine Mengenfortschreibung. Sie verwenden Materialien dieser Materialarten, wenn Sie nur einen mengenmäßigen Überblick über Ihre Materialbestände brauchen und Beschaffungsvorgänge wertmäßig direkt in den Verbrauch gebucht werden sollen (UNBEWERTETES MATERIAL) oder wenn Sie wichtige Informationen in einem Materialstammsatz hinterlegen wollen, aber auf eine Mengen- und Wertfortschreibung verzichten (NICHTLAGERMATERIAL).

3.2.3 Getrennte Bewertung

Innerhalb eines Bewertungskreises (Buchungskreis oder Werk) können Sie ein Material getrennt bewerten.

Getrennte Bewertung eines Materials

Gründe für diese getrennte Bewertung sind z. B.:

- unterschiedliche Qualität
- unterschiedliche Herkunft
- Unterscheidung nach Eigenfertigung oder Fremdbezug

Bewertungstyp

Diese getrennte Bewertung wird für über das Feld BEWERTUNGSTYP im Datenbereich ALLGEMEINE DATEN auf der Registerkarte BUCHHALTUNG 1 gesteuert (siehe Abbildung 3.1).

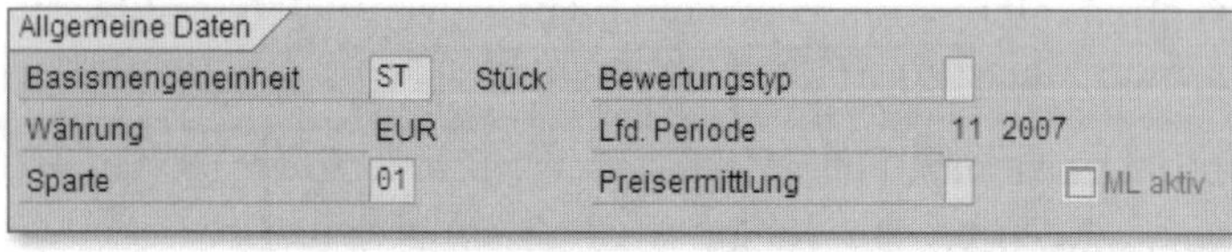

Abbildung 3.1 Materialstammsatz – Buchhaltung 1 – Allgemeine Daten

Wenn ein Material für die getrennte Bewertung vorgesehen ist, wird es in verschiedenen Teilbeständen geführt und bewertet. Somit sind bei Warenbewegungen, Rechnungseingängen und bei der Durchführung der Inventur Angaben zum betreffenden Teilbestand erforderlich.

Bewertungsart

Der Teilbestand wird über eine Bewertungsart festgelegt. Bewertungsarten sind hierbei Ausprägungen des Bewertungstyps (z. B. die Bewertungsarten FRANKREICH und BELGIEN für den Bewertungstyp HERKUNFT. Bewertungstypen und Bewertungsarten definieren Sie im Customizing der Materialwirtschaft über den Menüpfad SPRO • SAP REFERENZ-IMG • SAP CUSTOMIZING EINFÜHRUNGSLEITFADEN • MATERIALWIRTSCHAFT • BEWERTUNG UND KONTIERUNG • GETRENNTE BEWERTUNG.

3.2.4 Weitere wichtige Daten in der Buchhaltungssicht

Weitere wichtige Daten für die Verbuchung von Rechnungseingängen (aber auch für die Verbuchung von Wareneingängen) finden Sie im Datenbereich AKTUELLE BEWERTUNG der Buchhaltungssicht 1 (siehe Abbildung 3.2).

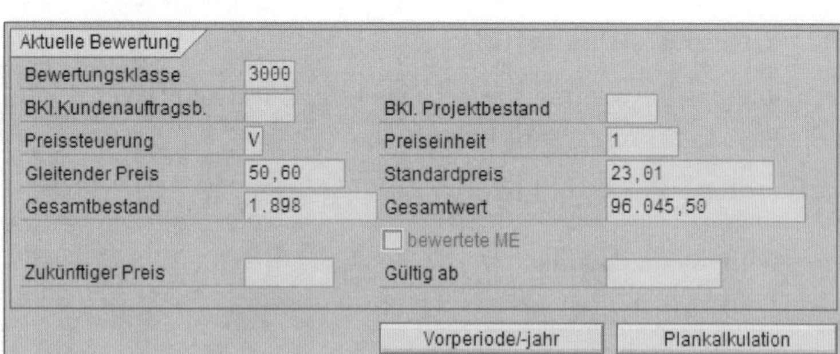

Abbildung 3.2 Materialstammsatz – Buchhaltung 1 – Aktuelle Bewertung

Hierzu zählen:

- die Bewertungsklasse für die Zuordnung eines Materials zu einer Gruppe von Sachkonten und zur Bestimmung der automatischen Kontenfindung
- das Preissteuerungsverfahren in den Ausprägungen STANDARDPREIS und GLEITENDER PREIS
- die konkreten Werte für den GLEITENDEN PREIS und den STANDARDPREIS
- der GESAMTBESTAND und der GESAMTWERT

Bewertungsdaten der Vorperiode

Über den Button VORPERIODE/-JAHR erreichen Sie die Bewertungsdaten für die Vorperiode und das Vorjahr (siehe Abbildung 3.3).

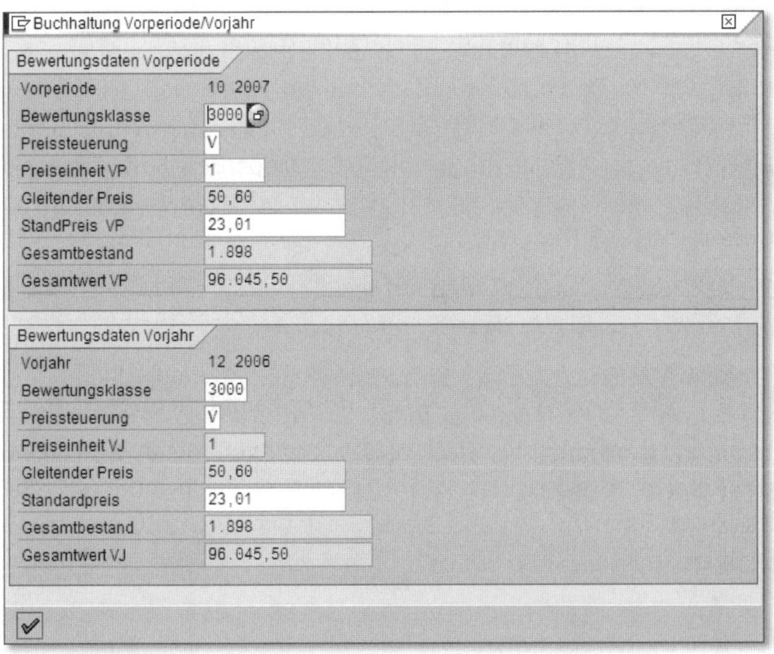

Abbildung 3.3 Materialstammsatz – Buchhaltung 1 – Bewertung

Preissteuerungsverfahren

Die Wahl des Preissteuerungsverfahrens hat gravierende Auswirkungen auf die Verbuchung von Waren- und Rechnungseingängen (siehe Kapitel 11, »Getrennte Bewertung«).

3.3 Lieferantenstammsatz

Der Lieferantenstammsatz enthält beschreibende und steuernde Informationen über einen Lieferanten des Unternehmens. Zur Vermeidung doppelter Datenhaltung wird der Lieferantenstammsatz vom Einkauf und von der Buchhaltung genutzt. Bevor ein Beschaffungsvorgang bei einem Lieferanten durchgeführt werden kann, müssen die Einkaufsdaten gepflegt sein. Zur Verbuchung von Eingangsrechnungen müssen die Daten der Buchhaltung vorhanden sein.

3.3.1 Struktur und Datenhaltungsebenen

Wie bereits erwähnt, haben Stammdaten in SAP ERP eine organisatorische Zuordnung, auf der die Datenhaltung erfolgt.

Datenhaltungsebenen

Die Datenhaltungsebenen des Lieferantenstammsatzes sind:

- allgemeine Daten auf Mandantenebene, mit den Registerkarten ANSCHRIFT, STEUERUNG und ZAHLUNGSVERKEHR
- Buchungskreisdaten auf der Ebene des Buchungskreises mit den Registerkarten KONTOFÜHRUNG, ZAHLUNGSVERKEHR, KORRESPONDENZ und QUELLENSTEUER
- Einkaufsorganisationsdaten auf der Ebene der Einkaufsorganisation mit den Registerkarten EINKAUFSDATEN und PARTNERROLLEN

Abweichende Daten auf Werksebene

Zusätzlich können von der Einkaufsorganisation abweichende Einkaufsdaten und Partnerrollen auf der Ebene des Werkes und des Lieferantenteilsortiments gepflegt werden. Zur Pflege dieser abweichenden Daten drücken Sie die Buttons ABWEICH. DATEN oder TEILSORTIMENTE auf dem Bild EINKAUFSDATEN DER LIEFERANTENSTAMMSATZPFLEGE.

3.3.2 Kontengruppe

Jeder Lieferantenstammsatz wird einer Kontengruppe zugeordnet. Diese Kontengruppen werden im Customizing definiert und bei der Neuanlage eines Lieferantenstammsatzes angegeben.

Funktionen der Kontengruppe

Die Kontengruppe hat z. B. die folgenden steuernden Funktionen:

- die Art der Nummernvergabe (extern und/oder intern) und der Nummernbereich, aus dem die Lieferantennummer vergeben wird

- die Aktivierung von Datenhaltungsebenen unterhalb der Einkaufsorganisation. Das betrifft die Datenhaltungsebenen Werk und Lieferantenteilsortiment.
- der Feldstatus des Lieferantenstammsatzes, d. h., welche Felder im Lieferantenstammsatz ausgeblendet sind, welche Felder Muss- und Kann-Felder sind und welche Felder nur angezeigt werden
- Die gültigen Partnerschemata für Lieferanten dieser Kontengruppe. Innerhalb dieses Partnerschemas sind Partnerrollen definiert, die Aussagen treffen über die Funktion, die ein Partner im Rahmen eines Geschäftsvorfalls übernimmt (z. B. Rechnungssteller oder Zahlungsempfänger).
- Die Eigenschaft der Lieferanten dieser Kontengruppe als CpD-Lieferanten, d. h., auf dem jeweiligen Konto für den CpD-Lieferanten werden die Verkehrszahlen für eine Gruppe von Lieferanten erfasst, bei denen nicht regelmäßig Beschaffungsvorgänge durchgeführt werden.

3.3.3 Wichtige Datenfelder einzelner Datenbereiche

Für die Logistik-Rechnungsprüfung sind einzelne Datenbereiche und Felder von besonderer Bedeutung, die in den folgenden Abschnitten behandelt werden.

Die Registerkarte »Kontoführung Buchhaltung«

Die Registerkarte Kontoführung Buchhaltung enthält buchungskreisspezifische Daten zur Abwicklung buchhalterischer Vorgänge mit dem Lieferanten (siehe Abbildung 3.4).

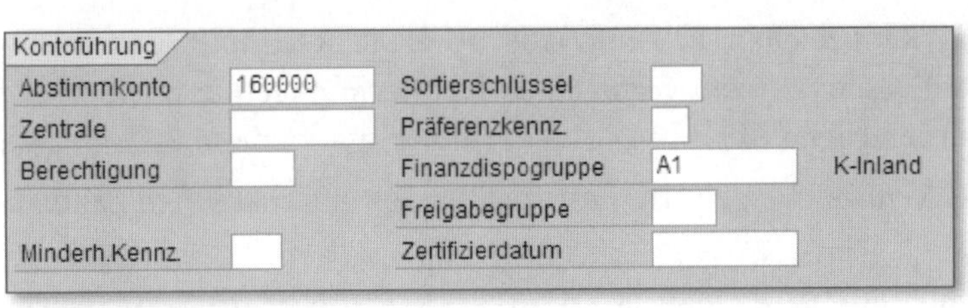

Abbildung 3.4 Lieferantenstammsatz – Kontoführung Buchhaltung

- Das Abstimmkonto ist das Konto in der Hauptbuchhaltung, das parallel zum Konto in der Kreditorenbuchhaltung bebucht wird.

- Die Finanzdispogruppe dient innerhalb der Finanzdisposition zur Unterteilung von Debitoren und Kreditoren nach bestimmten Eigenschaften und Risiken der Geschäftsbeziehung.

Die Registerkarte »Zahlungsverkehr Buchhaltung«

Die Registerkarte ZAHLUNGSVERKEHR BUCHHALTUNG enthält buchungskreisspezifische Daten zur Abwicklung des Zahlungsverkehrs mit dem Lieferanten (siehe Abbildung 3.5).

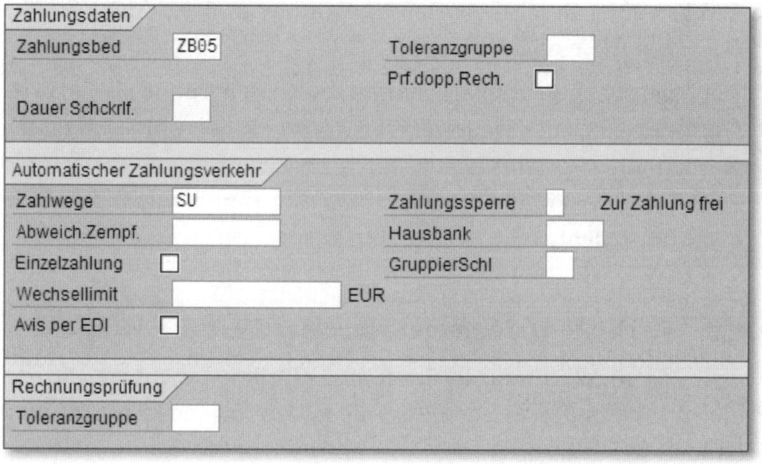

Abbildung 3.5 Lieferantenstammsatz – Zahlungsverkehr Buchhaltung

- Der Zahlungsbedingungsschlüssel konkretisiert Skontosätze und Zahlungsfristen für rein finanzbuchhalterische Vorgänge. Bei Bestellungen und Rechnungen wird der Zahlungsbedingungsschlüssel der Registerkarte EINKAUFSDATEN vorgeschlagen.
- Das Kennzeichen PRÜFUNG AUF DOPPELTE RECHNUNG/GUTSCHRIFT wird gesetzt, um zu vermeiden, dass Rechnungen doppelt erfasst werden (siehe Abschnitt 6.10, »Prüfung auf doppelte Rechnung«).
- das Kennzeichen ZAHLUNGSSPERRE für den automatischen Zahllauf
- Das Feld TOLERANZGRUPPE im Datenbereich RECHNUNGSPRÜFUNG dient zur Festlegung lieferantenabhängiger Toleranzen (siehe Abschnitt 7.5.1, »Customizing-Einstellungen und Buchungen bei positiven Differenzen«).

Die Registerkarte »Einkaufsdaten«

Die Registerkarte EINKAUFSDATEN beinhaltet neben wichtigen Vorschlagsdaten wie z. B. BESTELLWÄHRUNG und ZAHLUNGSBEDINGUNGSSCHLÜSSEL auch Steuerungsdaten, die für die Logistik-Rechnungsprüfung von großer Bedeutung sind (siehe Abbildung 3.6).

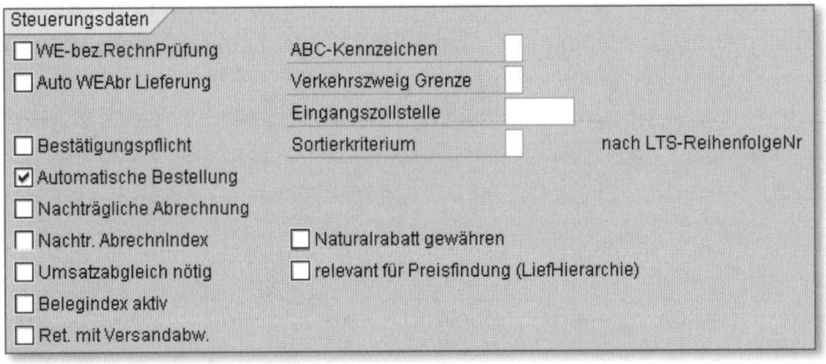

Abbildung 3.6 Lieferantenstammsatz – Einkauf Steuerungsdaten

- Das Kennzeichen WARENEINGANGSBEZOGENE RECHNUNGSPRÜFUNG steuert den Vorschlagswert für die Bestellposition (siehe Abschnitt 5.2, »Wareneingangs- und bestellbezogene Rechnungsprüfung«).
- Das Kennzeichen AUTOMATISCHE WARENEINGANGSABRECHNUNG ist Voraussetzung für die Anwendung des Gutschriftsverfahrens (das Gutschriftsverfahren bezeichnet SAP als ERS-Verfahren, wobei ERS als Abkürzung für *Evaluated Receipt Settlement* steht, siehe Abschnitt 8.2, »Die automatische Wareneingangsabrechnung«).

3.4 Zusammenfassung

In diesem Kapitel haben Sie die wichtigsten Stammdaten aus materialwirtschaftlicher Sicht kennen gelernt. Besondere Bedeutung kam der Struktur und den Datenhaltungsfeldern der verschiedenen Stammdaten zu. Die aus Sicht der Logistik-Rechnungsprüfung wichtigen Datenfelder im Material- und Lieferantenstamm wurden vorgestellt.

Dieses Kapitel beschreibt den gesamten Beschaffungsprozess am Beispiel der externen Beschaffung im Modul Materialwirtschaft von SAP ERP.

4 Beschaffung mit SAP ERP

Die Beschaffung von Materialien oder Dienstleistungen kann in SAP ERP über die Fremdbeschaffung oder die Eigenfertigung/Eigenleistung erfolgen. Am Beispiel der Fremdbeschaffung von Materialien werden im Folgenden die einzelnen Prozessschritte und Funktionen in SAP ERP beschrieben.

4.1 Einführung in den Fremdbeschaffungsprozess

Die Materialwirtschaft hat zunächst die Aufgabe, Bedarfsmengen und Bedarfstermine für Materialien und Dienstleistungen zu ermitteln. Diese Bedarfsmengen und -termine werden in einer Bestellanforderung konkretisiert. Anschließend wird die Beschaffung in die Wege geleitet. Hierbei prüft SAP ERP, ob Bezugsquellen für die angeforderten Materialien oder Dienstleistungen vorhanden sind. Bezugsquellen können Einkaufsinformationssätze, Rahmenverträge oder andere Werke Ihres Unternehmens sein. Diese Bezugsquellen können über Orderbücher und Quotierungen verwaltet werden. Zudem steht Ihnen zur Bezugsquellenauswahl die Lieferantenbeurteilung zur Verfügung. Sofern keine Bezugsquellen vorhanden sind oder Sie die Leistungsfähigkeit neuer Lieferanten testen möchten, nutzen Sie die Anfrage- und Angebotsbearbeitung. Für die anschließende Bestellung können Sie auf die Bestellanforderung oder ein Angebot Bezug nehmen, oder Sie erstellen eine Bestellung mit Bezug auf einen Rahmenvertrag. Anschließend verbuchen Sie den Wareneingang der Materialien bzw. die Leistungserfassung und Leistungsabnahme der Dienstleistungen in der Bestandsführung der Materialwirtschaft. Die Verbuchung der Eingangsrechnung in der Logistik-Rechnungsprüfung bildet den Abschluss des Beschaffungsprozesses in der Materialwirtschaft. Die Zahlung der Rechnung erfolgt im Finanzwesen von SAP ERP (siehe Abbildung 4.1).

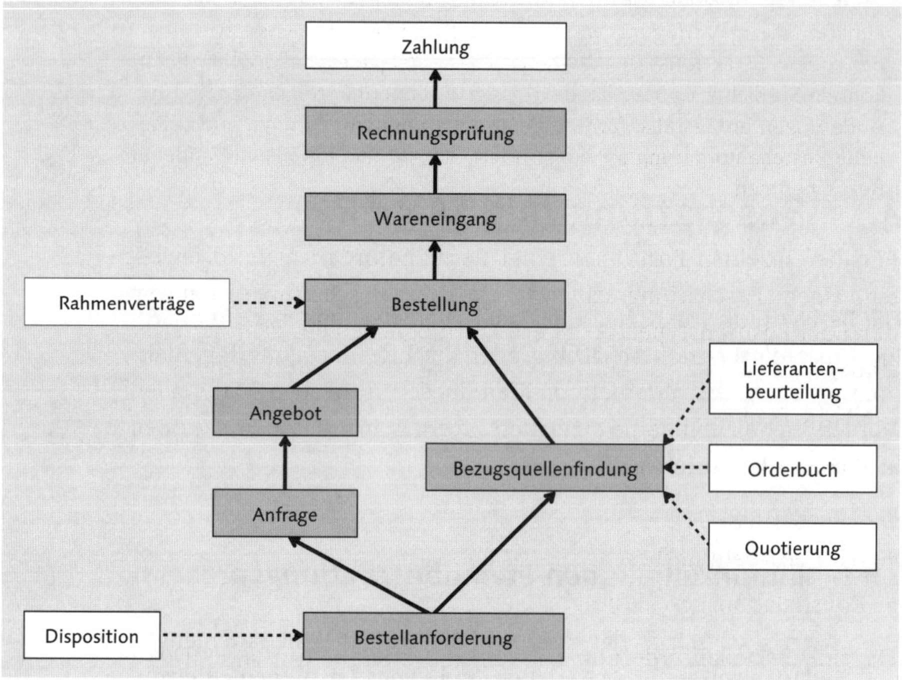

Abbildung 4.1 Beschaffungsprozess

4.2 Bestellanforderung

Die *Bestellanforderung* ist eine unternehmensinterne Anforderung zur Materialbeschaffung. Somit gelangt eine Bestellanforderung nicht an Geschäftspartner außerhalb des Unternehmens.

Interne und externe Beschaffung

Für die interne Beschaffung von Materialien wird die Bestellanforderung von der Disposition in einen Planauftrag umgesetzt. Im Rahmen der externen Beschaffung kann eine Bestellanforderung einen Beschaffungsvorgang auslösen und wird im Einkauf weiterbearbeitet. Bestellanforderungen können manuell angelegt oder automatisch erzeugt werden (z. B. über einen Bedarfsplanungslauf in der Disposition).

Belegübersicht in der Bestellanforderung

In der Enjoy-Bestellanforderung wurde mit SAP R/3 Release 4.6 eine Belegübersicht integriert, die dem Anwender zahlreiche Informationen und Funktionen zur Verfügung stellt. In der Belegübersicht lassen sich über den Button SELEKTIONSVARIANTE verschiedene Belege einstellen. Hierdurch können Sie sich z. B. Bestellanforderungen bequem anzeigen lassen oder Änderungen an Bestellanforderungen vornehmen. Sie können auch eine neue Bestellanforderung anlegen, indem Sie auf eine bereits vorhandene Bezug nehmen.

Für die einzelnen Positionen einer Bestellanforderung wird jeweils eine eigene Beschaffungsart festgelegt. Diese Beschaffungsarten werden über Positionstypen gesteuert. Die möglichen Beschaffungsarten sind:

Positionstypen

- Normalbeschaffung
- Dienstleistungsbeschaffung
- Umlagerungsbeschaffung
- Lohnbearbeitungsbeschaffung
- Konsignationsbeschaffung

Da eine Bestellanforderung ein rein unternehmensinternes Dokument ist und noch keine Verbindung zu einer Bezugsquelle aufweist, sind im folgenden Prozessschritt die Lieferantenzuordnung und die Ermittlung von Konditionen erforderlich.

4.3 Anfrage- und Angebotsbearbeitung oder Bezugsquellenfindung

Der weitere Verlauf des Beschaffungsprozesses ist davon abhängig, ob für die benötigten Materialien Bezugsquellen gepflegt sind. Sofern SAP ERP keine Bezugsquellen findet oder Sie die Leistungsfähigkeit neuer Lieferanten testen möchten, starten Sie die Anfrage- und Angebotsbearbeitung. Ansonsten nutzen Sie die automatische Bezugsquellenfindung von SAP ERP.

4.3.1 Anfrage- und Angebotsbearbeitung

Wenn im Rahmen der automatischen Bezugsquellenfindung für eine Bestellanforderungsposition keine Bezugsquelle ermittelt werden konnte, können Sie Anfragen einsetzen, um Angebote von Lieferanten einzuholen. In der Komponente Einkauf des Moduls Materialwirtschaft von SAP ERP sind Anfrage und Angebot ein Beleg mit derselben Belegnummer.

Anfrage und Angebot in einem Beleg

Anfrage und Angebot bestehen aus einem Belegkopf mit allgemeinen Angaben zu Anfrage und Belegpositionen mit den angefragten Materialien oder Dienstleistungen. Unterhalb der Positionsebene können Sie auf der Ebene der Einteilungen die Menge einer Anfrageposition in Teilmengen mit unterschiedlichen Lieferterminen unterteilen.

Neben der manuellen Anlage einer Anfrage können Sie Anfragen auch mit Bezug zu einer anderen Anfrage, einer Bestellanforderung oder einem Rahmenvertrag anlegen.

Funktionsablauf in der Anfragebearbeitung

Wenn identische Anfragen für mehrere Lieferanten erstellt werden sollen, werden zunächst die für alle Anfragen identischen Daten erfasst und anschließend jedem einzelnen Lieferanten zugeordnet. Die Anfragebearbeitung erreichen Sie über den Menüpfad SAP-Menü • Logistik • Materialwirtschaft • Einkauf • Anfrage/Angebot • Anfrage • Anlegen.

1. Im Einstiegsbild geben Sie Belegart, Angebotsfrist, Organisationsdaten und eventuell Vorschlagsdaten für die einzelnen Anfragepositionen ein.

Werksangabe in der Anfrageposition

Wenn Sie für eine Anfrageposition eine Werksangabe vornehmen, dann gelten die gepflegten Angebotskonditionen auch nur für dieses Werk. Somit kann im weiteren Verlauf dieses Einkaufsvorgangs eine Bestellposition mit Bezug auf dieses Angebot auch nur für dieses Werk angelegt werden. Wollen Sie die Angebotskonditionen auch für andere Werke nutzen, vermeiden Sie eine Werksangabe.

2. Im Kopf der Anfrage werden wichtige Termine und die Submissionsnummer eingegeben.

Submissionsnummer

Mithilfe der selbst zu wählenden Submissionsnummer können Sie eine gemeinschaftliche Anfrageaktion verwalten und die Belegselektion für die Angebotsauswertung vereinfachen.

3. In der Positionsübersicht geben Sie MATERIALNUMMER (oder MATERIALKURZTEXT, WARENGRUPPE und BESTELLMENGENEINHEIT), MENGE und LIEFERTERMIN ein.
4. Über den Menüpfad POSITION • DETAIL können Sie weitere Daten pflegen.
5. Über den Menüpfad KOPF • LIEFERANTENANSCHRIFT gelangen Sie zu einem Eingabefeld für die Lieferantennummer. Die Adressdaten entnimmt SAP ERP dem Lieferantenstammsatz. Bei der Eingabe der Lieferantennummer für CpD-Lieferanten müssen Sie die Adressdaten manuell eingeben.
6. Nach dem Sichern des Belegs erhalten Sie eine Belegnummer, und SAP ERP verbleibt auf dem Bild LIEFERANTENANSCHRIFT. Sie können durch die Eingabe weiterer Lieferanten weitere Anfragen anlegen, ohne die nicht lieferantenspezifischen Angaben wiederholen zu müssen. Wenn Sie die Bearbeitung abschließen wollen, drücken Sie auf den Button ABBRECHEN.

Angebotserfassung und -vergleich

Die Angebotsdaten der Lieferanten werden in der jeweiligen Anfrage gepflegt. Zu den Angebotsdaten zählen im Wesentlichen Angebotsmenge, Konditionen und Liefertermine.

Die Transaktion zur Pflege des Angebots erreichen Sie über den Menüpfad SAP MENÜ • LOGISTIK • MATERIALWIRTSCHAFT • EINKAUF • ANFRAGE/ANGEBOT • ANGEBOT PFLEGEN.

Kopf- und Positionskonditionen

Die Angebotskonditionen können für das gesamte Angebot gültig sein (Kopfkonditionen) oder nur für die jeweilige Angebotskondition gelten (Positionskonditionen). Die Kopfkonditionen pflegen Sie, ausgehend von der Positionsübersicht im Angebot, über den Menüpfad KOPF • KONDITIONEN. Die Positionskonditionen pflegen Sie zweckmäßigerweise im Konditionsbild der Positionsdetaildaten.

Zeitabhängige Konditionen

Wenn die Belegart des Angebots zeitabhängige Konditionen erlaubt, können Sie auch Staffelkonditionen eingeben. Aus den angegebenen Konditionsarten (z. B. Bruttopreis, Rabatt, Fracht) ermittelt SAP ERP einen Nettopreis, der in die Positionsübersicht des Angebots übermittelt wird.

Preisspiegel

Über den Menüpfad SAP MENÜ • LOGISTIK • MATERIALWIRTSCHAFT • EINKAUF • ANFRAGE/ANGEBOT • ANGEBOT • PREISSPIEGEL erreichen Sie mit dem Angebotspreisspiegel ein Instrument zum Vergleich der Angebotskonditionen. Im Einstiegsbild des Preisspiegels können Sie angeben, ob der Vergleich auf der Basis des Bruttopreises, des Bruttopreises abzüglich Skonto und zuzüglich Bezugsnebenkosten oder des Effektivpreises erfolgen soll und ob ein Minimalwertangebot oder ein Mittelwertangebot als prozentualer Vergleichsmaßstab dienen soll. Die zu vergleichenden Angebotskonditionen können Sie bequem über die Submissionsnummer selektieren.

Verzweigung aus dem Preisspiegel in das Angebot

Aus dem Angebotspreisvergleich heraus haben Sie z. B. die Möglichkeit, sich den Lieferantenstammsatz anzeigen zu lassen oder in die Lieferantenbeurteilung oder die Angebotspflege zu verzweigen. In der Angebotspflege können Sie in der Positionsübersicht (Spalte A) ein Absagekennzeichen setzen, damit der Lieferant automatisch ein Absageschreiben erhält. Die Nachricht zur Absage des Angebots können Sie sich über den Menüpfad SAP MENÜ • LOGISTIK • MATERIALWIRTSCHAFT • EINKAUF • ANFRAGE/ANGEBOT • NACHRICHT AUSGEBEN anzeigen lassen.

4.3.2 Bezugsquellenfindung

Zur Umsetzung der Bestellanforderungspositionen in Bestellpositionen können Sie die Bezugsquellenfindung von SAP ERP nutzen.

Bezugsquellen

Grundlage der Bezugsquellenfindung sind die folgenden in SAP ERP vorhandenen Bezugsquellen:

- Einkaufsinformationssätze
- Rahmenvertragspositionen
- Werke Ihres Unternehmens

Diese Bezugsquellen können Sie mithilfe von Orderbüchern und der Quotierung verwalten (siehe Abbildung 4.2).

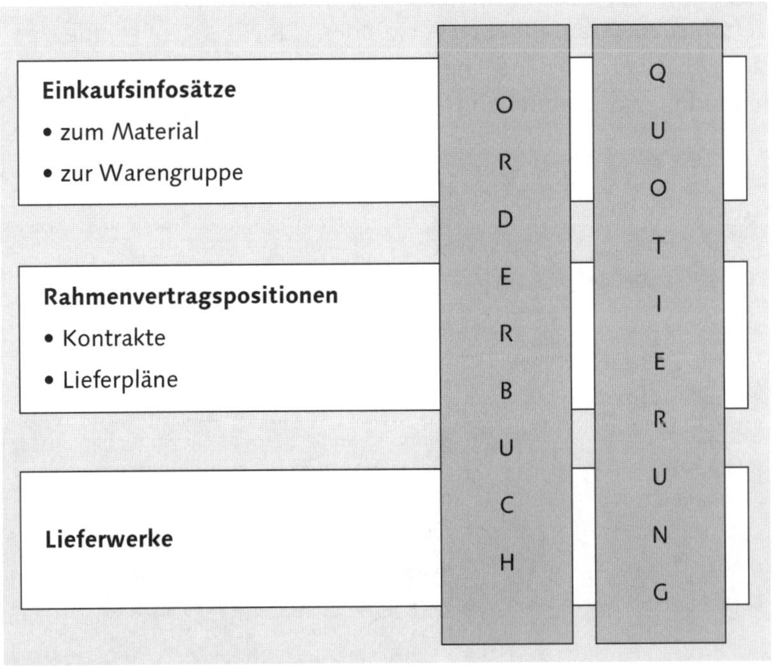

Abbildung 4.2 Bezugsquellen

Optionale Verwendung von Orderbuch und Quotierung

Die Verwendung von Orderbucheinträgen oder Quotierungen zur Verwaltung der Bezugsquellen ist optional. Sie können die Instrumente Orderbuch und Quotierung verwenden, um z. B. bei gleichrangigen Bezugsquellen für ein Material (etwa bei zwei Einkaufsinfosätzen) durch die Einstellung einer Bezugsquelle als vorrangige Bezugsquelle eine eindeutige Bezugsquellenermittlung zu ermöglichen.

Zusammenfassend lässt sich die Automatisierung des Beschaffungsprozesses in zwei Schritte unterteilen:

1. Zuordnung einer Bezugsquelle zu einer Bestellanforderungsposition
2. Umwandlung der Bestellanforderungsposition in ein externes Dokument (z. B. eine Bestellung)

Zuordnung einer Bezugsquelle zu einer Bestellanforderungsposition

Zur Suche und Zuordnung von Bezugsquellen können Sie in SAP ERP verschiedene Transaktionen verwenden. Tabelle 4.1 zeigt eine Übersicht über verschiedene Transaktionen, bei denen eine Bezugsquellenfindung vorgenommen werden kann:

Transaktion	Vorgehen
ME23N Bestellanforderung anlegen (für alle Positionen der Banf)	Kennzeichen AUTOMATISCHE BEZUGSQUELLENFINDUNG im Kopf der Bestellanforderung setzen
ME23N Bestellanforderung anlegen (auf der Positionsebene)	Position markieren und BEARBEITEN • BEZUGSQUELLE ZUORDNEN
ME25 Bestellung bei unbekannten Lieferanten	Kennzeichen BEZUGSQUELLENFINDUNG im Einstiegsbild setzen (Belegkopf) oder im Detailbild der Bestellposition BEZUGSQUELLE ZUORDNEN wählen
ME57 Banf zuordnen	Bestellanforderungen im Einstiegsbild selektieren • selektierte Bestellanforderungen markieren • Button AUTOMATISCH ZUORDNEN
ME56 Banf zuordnen und bearbeiten	Bestellanforderungen im Einstiegsbild selektieren • selektierte Bestellanforderungen markieren • Button AUTOMATISCH ZUORDNEN

Tabelle 4.1 Übersicht über Transaktionen mit automatischer Bezugsquellenfindung

Umwandlung der Bestellanforderungsposition

Durch die Bezugsquellenzuordnung befinden sich zahlreiche Bestellanforderungspositionen mit einer zugeordneten Bezugsquelle in SAP ERP. Diese Bestellanforderungspositionen müssen im Einkauf in Bestellungen, Kontraktabrufe oder in Lieferplaneinteilungen umgesetzt werden.

Umwandlung zugeordneter Bestellanforderungen

Hierzu stehen Ihnen die folgenden Möglichkeiten zur Verfügung:

- die manuelle Umsetzung über die Belegübersicht in der Enjoy-Bestellung (ME21n)
- die halb automatische Umsetzung über die Banf-Zuordnungsliste
- die automatische Umsetzung über die Funktion AUTOMATISCHE BESTELLERZEUGUNG

An dieser Stelle soll lediglich die erste Möglichkeit genauer beschrieben werden. Zur manuellen Umsetzung zugeordneter Bestellanforderungen rufen Sie in der Transaktion BESTELLUNG ANLEGEN – LIEFERANT BEKANNT (ME21N) die Belegübersicht auf, selektieren die gewünschten Bestellanforderungen und gruppieren sie z. B. nach Lieferanten. Anschließend wird die relevante Bestellanforderungsposition markiert und per Drag & Drop in den Einkaufswagen geschoben. Alternativ können Sie den Button ÜBERNEHMEN verwenden (siehe Abbildung 4.3).

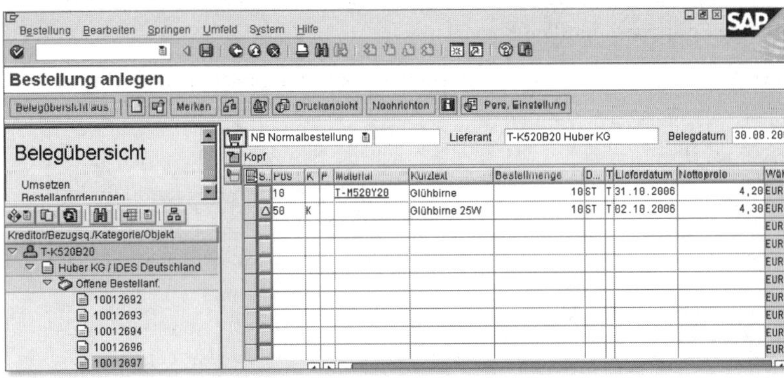

Abbildung 4.3 Enjoy-Bestellung

4.4 Bestellung

Eine Bestellung ist die Aufforderung einer Einkaufsorganisation an einen Lieferanten oder an ein anderes Werk ihres Konzerns (Umlagerungsbestellung), ein bestimmtes Material (als Lager- oder Verbrauchsmaterial) oder eine bestimmte Dienstleistung in einer bestimmten Menge an das in der Bestellung genannte Werk zu liefern.

Verbrauchsmaterial vs. Lagermaterial

Materialien können zur Lagerauffüllung oder direkt für den Verbrauch beschafft werden. Die Beschaffung von Verbrauchsmaterial weist fundamentale Unterschiede zur Beschaffung von Lagermaterial auf. Bei der Lagermaterialbeschaffung wird der Beschaffungswert auf einem Bestandskonto der Finanzbuchhaltung gebucht, und die Bestände werden im Materialstammsatz fortgeschrieben. Bei der Verbrauchsmaterialbeschaffung werden Kostenarten- oder Anlagenkonten bebucht. Sofern für das Verbrauchsmaterial ein Materialstammsatz vorhanden ist, wird dort der Verbrauch fortgeschrieben.

Kontierungstyp bei Verbrauchsmaterial

Bei der Beschaffung von Verbrauchsmaterial ist im SAP ERP-Standard die Angabe eines Kontierungstyps und mithin die Eingabe weiterer Kontierungsdaten zwingend erforderlich. Bei den Materialien der meisten Materialarten können Sie sich bei der Anlage einer Bestellanforderung oder einer Bestellung entscheiden, ob Sie die Position kontieren oder nicht. Entsprechend entscheiden Sie sich für die Verbrauchsmaterialbeschaffung oder für die Lagermaterialbeschaffung (siehe Tabelle 4.2).

	Lagermaterial	Verbrauchsmaterial
Materialstammsatz	erforderlich	nicht erforderlich
Kontierungstyp	nicht erforderlich	erforderlich
Buchungen in der Finanzbuchhaltung	auf Bestandskonten	auf Verbrauchskonten bei bewertetem Wareneingang
Fortschreibungen im Materialstammsatz	Wert-, Mengen- und Verbrauchsfortschreibung	keine Wertfortschreibung; wenn ein Materialstammsatz existiert, ist eine Verbrauchs- und Mengenfortschreibung möglich
Buchung des Wareneingangs	erforderlich	optional
Bewertung des Wareneingangs	erforderlich	unbewerteter Wareneingang oder kein Wareneingang möglich

Tabelle 4.2 Vergleich von Lagermaterial mit Verbrauchsmaterial

Mit SAP R/3 Release 4.6 wurde die Bestellung (ebenso wie die Bestellanforderung) neu gestaltet und in die Transaktionen ME21N, ME22N, und ME23N übernommen. Dazu wählen Sie den Menüpfad SAP Menü • Logistik • Materialwirtschaft • Einkauf • Bestellung • Anlegen • Lieferant/Lieferwerk bekannt. Hierbei handelt es sich um eine Einbildtransaktion, in der alle wesentlichen Datenbereiche auf einer Erfassungsmaske erscheinen.

Bildbereiche der Enjoy-Bestellung Bildbereiche

Die vier Bildbereiche sind:

- der Kopf, in dem alle für den gesamten Bestellbeleg relevanten Daten enthalten sind, wie z. B. Zahlungsbedingungen, Incoterms, Lieferantenanschrift und Organisationsdaten
- die Positionsübersicht mit den wichtigsten Materialdaten, wie z. B. Materialnummer, Bestellmenge und Werk

- die POSITIONSDETAILDATEN mit zusätzlichen Daten zur jeweiligen Bestellposition, wie etwa materialspezifische Konditionen, Steuerkennzeichen und Gewicht
- die BELEGÜBERSICHT zur Anzeige verschiedener Belege, wie z. B. Bestellanforderungen, Anfragen und Bestellungen (siehe Abbildung 4.3)

4.5 Wareneingang

Die Komponente *Bestandsführung* innerhalb des Moduls Materialwirtschaft von SAP ERP befasst sich unter anderem mit der Erfassung aller Warenbewegungen. Die wichtige Transaktion MIGO zur Verbuchung von Warenbewegungen erreichen Sie über den Menüpfad SAP MENÜ • LOGISTIK • MATERIALWIRTSCHAFT • BESTANDSFÜHRUNG • WARENBEWEGUNG • WARENBEWEGUNG (MIGO). Ebenso wie die Enjoy-Bestellung ist auch die Transaktion MIGO eine Einbildtransaktion, die sich in die vier Bildbereiche KOPFDATEN, POSITIONSÜBERSICHT, POSITIONSDETAILDATEN und ÜBERSICHTSBAUM aufteilt. Die Enjoy-Transaktion MIGO erlaubt es, über die Felder VORGÄNGE und REFERENZBELEG unterschiedliche Formen von Warenbewegungen in einer Transaktion zu erfassen (siehe Abbildung 4.4).

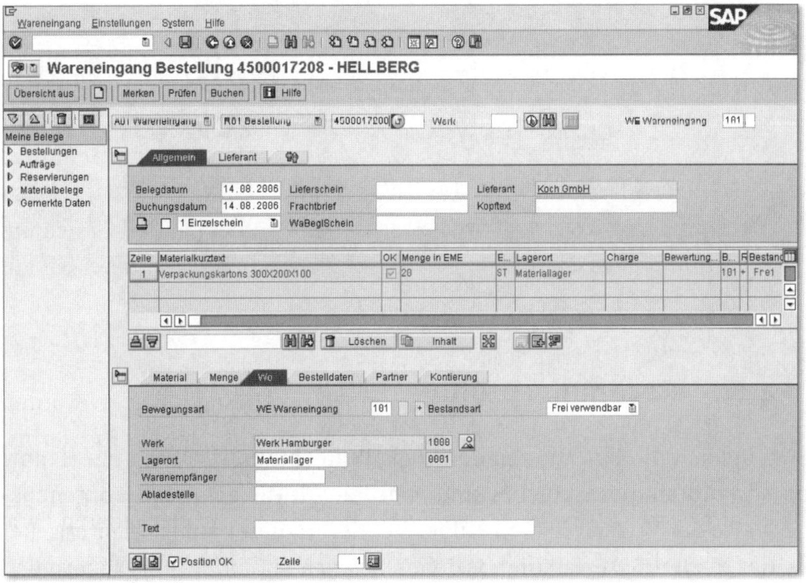

Abbildung 4.4 Transaktion MIGO

Wareneingangsbuchung

Zur Erfassung eines Wareneingangs zur Bestellung sind die folgenden Schritte erforderlich:

1. Wahl des Vorgangs WARENEINGANG
2. Wahl des Referenzbelegs BESTELLUNG
3. Prüfung der Bewegungsart (siehe Exkurs)
4. Eingabe der Bestellnummer
5. Button AUSFÜHREN
6. Eingabe eines Lagerorts (sofern in der Bestellung noch nicht vorgeplant), Kontrolle der Bestandsart und Position mit OK bestätigen. Anschließend den Wareneingang buchen.

Exkurs: Bewegungsarten

Das *Bewegungsartenkonzept* von SAP ERP sieht zur Identifizierung jeder möglichen Warenbewegung (z. B. Wareneingänge, Warenausgänge, Umlagerungen) ein dreistelliges Kürzel vor. Die Bewegungsart hat steuernde Funktionen z. B. bezüglich des Bildaufbaus bei der Erfassung von Warenbewegungen, der Fortschreibung von Konten in der Finanzbuchhaltung und der möglichen Storno- und Folgebewegungsarten. In Tabelle 4.3 sind einige Beispiele für Bewegungsarten aufgeführt:

Bewegungsart	Bedeutung
101	Wareneingang
102	Wareneingang – Storno
201	Warenausgang für Kostenstelle
301	Umbuchung Werk an Werk – Einschrittverfahren
333	Entnahme für Stichprobe aus dem frei verwendbaren Bestand
601	Warenauslieferung

Tabelle 4.3 Beispiele für Bewegungsarten

4.6 Rechnungsprüfung

Obgleich die Funktionen der Logistik-Rechnungsprüfung ein Hauptbestandteil dieses Buches sind, werden wir die generelle Vorgehensweise der Vollständigkeit halber bereits an dieser Stelle erläutern. Bei der Rechnungserfassung beziehen Sie sich auf einen Vorgängerbeleg (in der Regel Bestellung oder Lieferschein), und SAP ERP prüft z. B., ob Abweichungen zwischen Rechnungs- und Wareneingangsmenge oder zwischen Rechnungs- und Bestellpreis auftreten, und sperrt die gebuchte Eingangsrechnung zur Zahlung.

Die Transaktion EINGANGSRECHNUNG HINZUFÜGEN (MIRO) (Menüpfad SAP MENÜ • LOGISTIK • MATERIALWIRTSCHAFT • LOGISTIK-RECHNUNGSPRÜFUNG • BELEGERFASSUNG • EINGANGSRECHNUNG HINZUFÜGEN) ist eine Einbildtransaktion (siehe Abbildung 4.5).

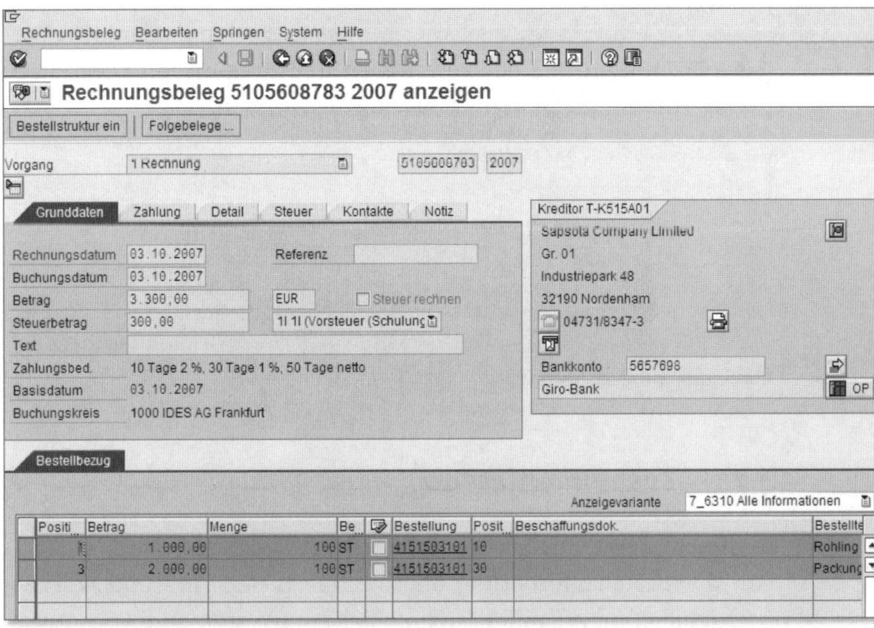

Abbildung 4.5 Transaktion MIRO

Vorgehensweise bei der Rechnungserfassung

Zur Erfassung einer Eingangsrechnung können Sie wie folgt vorgehen:

1. Wählen Sie einen Vorgang (in diesem Fall RECHNUNGEN, aber auch z. B. GUTSCHRIFT).
2. In den Kopfdaten pflegen Sie auf der Registerkarte GRUNDDATEN die wichtigsten Rechnungsinformationen wie z. B. RECHNUNGSBRUTTOBETRAG, STEUERBETRAG, STEUERKENNZEICHEN und RECHNUNGSDATUM.
3. Anschließend nehmen Sie Bezug auf einen Beschaffungsvorgang, indem Sie z. B. die Bestellnummer als Referenzbeleg eingeben.

4. Nachdem Sie mit ENTER bestätigt haben, schlägt SAP ERP Rechnungspositionen zur Abrechnung vor und vergleicht die Nettosumme dieser Rechnungspositionen mit dem Bruttobetrag abzüglich des Steuerbetrags aus den eingegebenen Kopfdaten. Wenn der sich hieraus ergebene Saldo null beträgt oder innerhalb eingestellter Kleindifferenzen liegt, ist die Rechnung buchbar. Sich eventuell ergebende Abweichungen lassen sich anhand der Bestellstruktur im linken Bildbereich analysieren (siehe Abbildung 4.6).

Abbildung 4.6 Bestellstruktur

4.7 Zusammenfassung

In diesem Kapitel haben Sie die Beschaffungsprozesse in SAP ERP – von der Bestellanforderung über Anfragen und Angebote, die Bezugsquellenfindung und Bestellung bis zum Waren- und Rechnungseingang – kennen gelernt.

In diesem Kapitel besprechen wir die generelle Vorgehensweise bei der Erfassung von Eingangsrechnungen. Zunächst stellen wir die wichtigsten Bereiche und Funktionen der Transaktion MIRO vor. Anschließend gehen wir auf die wichtigsten Unterschiede zwischen der bestell- und wareneingangsbezogenen Rechnungsprüfung ein.

5 Einführung in die Arbeit mit der Logistik-Rechnungsprüfung

Die Logistik-Rechnungsprüfung als Bestandteil der Materialwirtschaft steht am Ende des Beschaffungsprozesses. Im Rahmen der Logistik-Rechnungsprüfung werden die Eingangsrechnungen auf sachliche, preisliche und rechnerische Richtigkeit überprüft. Mit der Verbuchung der Eingangsrechnungen erfolgen die Aktualisierung der Daten in der Materialwirtschaft und die Weitergabe von Daten an die angrenzenden SAP-Module Finanzbuchhaltung und Controlling. Für die Erfassung von Eingangsrechnungen stehen Ihnen die folgenden Funktionen zur Verfügung:

- die Rechnungsprüfung im Dialog
- die Vorerfassung von Eingangsrechnungen
- die Rechnungsprüfung im Hintergrund
- die automatische Abrechnung
- der Rechnungseingang durch *Electronic Data Interchange* (EDI)

In diesem Kapitel behandeln wir zunächst die grundsätzliche Vorgehensweise bei der Rechnungsprüfung im Dialog. Die weiteren Funktionen der Rechnungserfassung sind Gegenstand späterer Kapitel.

5.1 Das Erfassungsbild bei der Rechnungsprüfung im Dialog

Rechnungserfassung im Dialog

Bei der Erfassung einer Eingangsrechnung im Dialog liegt Ihnen das Rechnungsdokument in Papierform vor. Bei dieser Eingangsrechnung kann es sich auch um eine Gutschrift handeln. Sie müssen die umfangreichen Informationen einer Eingangsrechnung (siehe Abbildung 5.1) nicht vollständig eingeben. Vielmehr greift SAP ERP auf verschiedene Daten des Beschaffungsprozesses zurück und schlägt diese bei der Rechnungsprüfung vor.

Rechnung

Sapsota Company
Stellinger Weg 14
22525 Hamburg

IDES AG
Anschrift

Rechnung D48_2007
22.10.2007

Rechnung zu Ihrer Bestellung 4151503101

Position	Material	Anzahl (St.)	Preis in EUR	Betrag
1	T-M15A01	100	10,00	1.000,00
2	T-M15C01	100	20,00	2.000,00
				3.000,00
			10% USt.	300,00
			Gesamt	3.300,00

Zahlbar unter Abzug von 2% Skonto innerhalb von 10 Tagen, 1% innerhalb von 30 Tagen, netto innerhalb von 50 Tagen.

Konto 1280123456, Hamburger Sparkasse, Bankleitzahl 200 505 50

Abbildung 5.1 Eingangsrechnung

Zur Erfassung dieser Eingangsrechnung wählen Sie den Menüpfad SAP MENÜ • LOGISTIK • MATERIALWIRTSCHAFT • LOGISTIK-RECHNUNGSPRÜFUNG • BELEGERFASSUNG • EINGANGSRECHNUNG HINZUFÜGEN (MIRO).

In dieser Einbildtransaktion stehen Ihnen verschiedene Bildbereiche zur Verfügung (siehe Abbildung 5.2).

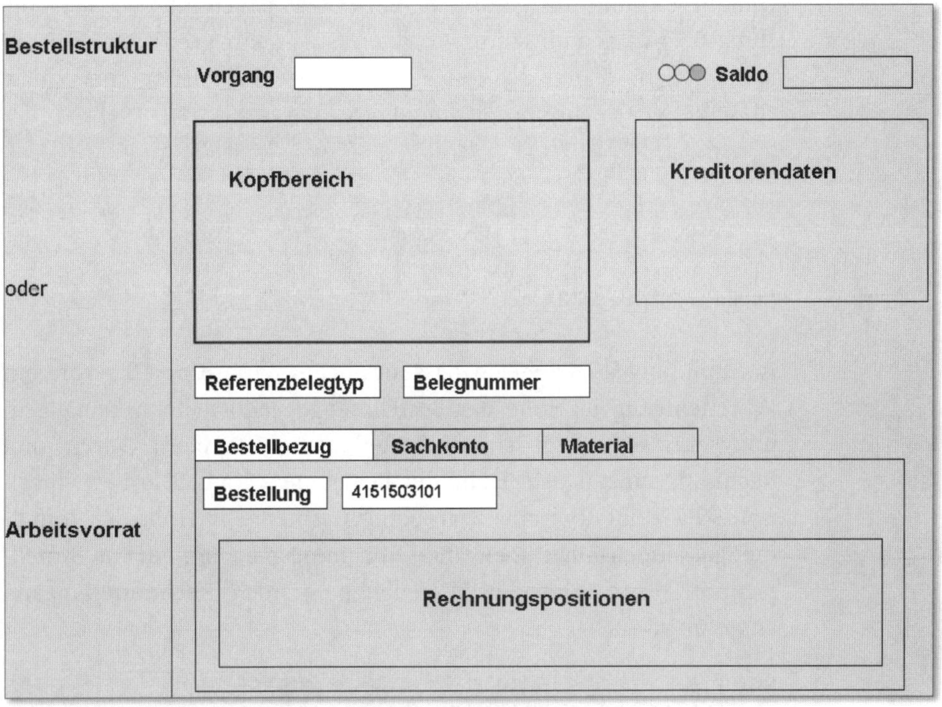

Abbildung 5.2 Erfassungsbild der Logistik-Rechnungsprüfung

5.1.1 Bestellstruktur und Arbeitsvorrat

Eingangsrechnung hinzufügen

Im linken Bildbereich der Transaktion »Eingangsrechnung hinzufügen« steht Ihnen eine BESTELLSTRUKTUR oder ein ARBEITSVORRAT zur Verfügung, die Sie über den entsprechenden Button ein- oder ausblenden können.

Bestellstruktur

Mit der BESTELLSTRUKTUR können Sie sich beim Hinzufügen oder Vorerfassen einer Eingangsrechnung die Bestellentwicklung (Waren- und Rechnungseingänge zu den einzelnen Bestellpositionen) zur aktuellen Eingangsrechnung anzeigen lassen (siehe Abbildung 5.3).

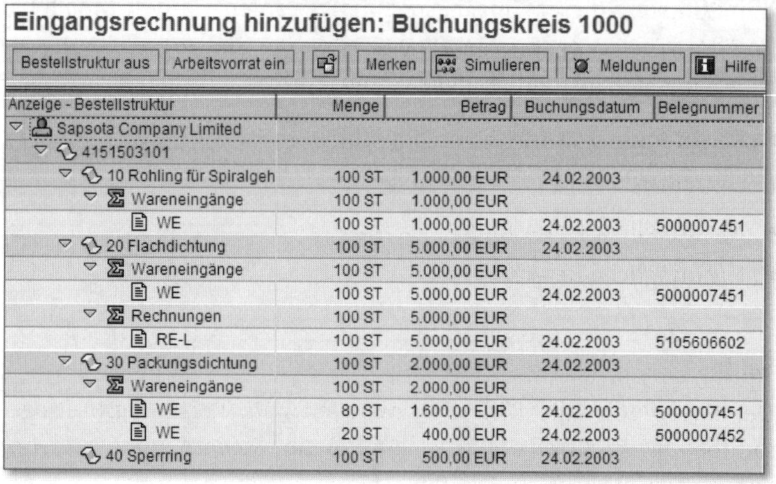

Abbildung 5.3 Bestellstruktur

In Abbildung 5.3 sehen Sie, dass für die Bestellposition 10 bereits ein Wareneingang in Höhe der Bestellmenge, jedoch noch kein Rechnungseingang erfolgt ist. Die Bestellposition 20 weist Waren- und Rechnungseingänge in Höhe der Bestellmenge auf. Die Bestellposition 30 verfügt über eine Wareneingangsmenge in Höhe der Bestellmenge, jedoch nicht über einen Rechnungseingang. Für die Bestellposition 40 sind weder Wareneingang noch Rechnungseingang aufgeführt.

Arbeitsvorrat

Mit dem ARBEITSVORRAT können Sie sich die benutzerspezifischen Belege anzeigen lassen und zur Bearbeitung in diese Belege verzweigen. Diese Belege können die folgenden Status haben:

- gemerkt
- vorerfasst
- vollständig

5.1.2 Vorgang, Saldo, Kopfbereich, Kreditorendaten, Zuordnung und Positionsliste

Im Hauptbild stehen Ihnen die Felder VORGANG, SALDO und ZUORDNUNG sowie die Bereiche KOPF, KREDITORENDATEN und POSITIONSLISTE zur Verfügung.

Vorgang

Im Eingabefeld VORGANG geben Sie die Art der Eingangsrechnung an. Hier haben Sie folgende Möglichkeiten:

- Rechnung
- Gutschrift
- Nachträgliche Entlastung
- Nachträgliche Belastung

Saldo

Der SALDO zeigt die Differenz zwischen dem Rechnungsbruttogesamtbetrag im Kopfbereich abzüglich der Steuerbeträge und der Summe der markierten Rechnungsnettopositionen zuzüglich des Betrags ungeplanter Bezugsnebenkosten an. Anders ausgedrückt: Der Saldo hat den Wert »0«, sofern die folgende Gleichung erfüllt ist:

Rechnungsbruttogesamtbetrag = Rechnungsnettobeträge + Steuerbeträge + ungeplante Bezugsnebenkosten

Saldo ungleich 0

Sofern der Saldo einen Wert ungleich »0« aufweist, kann die Rechnung eventuell (abhängig von einer eventuell eingestellten Kleindifferenz im Customizing der Logistik-Rechnungsprüfung) nicht gebucht werden. Zur Korrektur des Saldos müssen eine oder mehrere der folgenden Angaben korrigiert werden:

- der Rechnungsbruttobetrag
- die ungeplanten Bezugsnebenkosten auf der Registerkarte DETAIL im Kopfbereich
- die Rechnungsnettobeträge im Bereich der Rechnungspositionen
- die Steuerbeträge im Bereich der Rechnungspositionen oder auf der Registerkarte STEUER im Kopfbereich
- die Markierungen der Rechnungspositionen

Ampelsymbol

Das Ampelsymbol neben dem Saldo zeigt an, ob die Rechnung gebucht werden kann und ob diese gebuchte Rechnung zur Zahlung gesperrt wird.

- Eine grüne Ampel bedeutet, dass die Eingangsrechnung gebucht werden kann und nicht aufgrund von Abweichungen zur Zahlung gesperrt wird.

- Eine gelbe Ampel bedeutet, dass die Eingangsrechnung gebucht werden kann, aber zur Zahlung gesperrt wird.
- Eine rote Ampel bedeutet, dass die Rechnung nicht gebucht werden kann.

Kopfbereich

Der Bereich KOPF beinhaltet die Registerkarten GRUNDDATEN, ZAHLUNG, DETAIL, STEUER, KONTAKTE und NOTIZ. Diese Registerkarten dienen unter anderem zur Aufnahme der folgenden Daten: Rechnungs- und Buchungsdatum, Rechnungsbruttobetrag, Steuerbetrag und Steuerkennzeichen, Zahlungsbedingungen, ungeplante Nebenkosten, Belegart, abweichender Rechnungssteller und Notizen.

Zuordnung

Der REFERENZBELEGTYP und die entsprechende REFERENZBELEGNUMMER dienen der Zuordnung der Eingangsrechnung zu einem in diesem Beschaffungsprozess verwendeten Beleg (z. B. eine Bestellung) oder Stammsatz (z. B. ein Lieferant). Diese Zuordnung steuert, welche Rechnungspositionen in der Positionsliste zur Bearbeitung angeboten werden.

Zuordnung von Objekten

Eine Eingangsrechnung kann den folgenden Objekten zugeordnet werden:

- Bestellung
- Lieferplan
- Lieferschein (angegeben bei der Wareneingangsbuchung)

Identische Lieferscheinnummer für mehrere Materialbelege

Sollten mehrere Materialbelege mit der gleichen Lieferscheinnummer existieren, erhält der Rechnungserfasser ein Pop-up-Fenster, auf dem die korrespondierenden Lieferanten und Bestellbelege aufgelistet werden.

- Frachtbrief (angegeben bei der Wareneingangsbuchung)
- Leistungserfassungsblatt
- Lieferant
- Transportdienstleister

Für die genannten Belegobjekte können Sie über den Button WEITERE ZUORDNUNGSKRITERIEN eine Mehrfachzuordnung vornehmen, wodurch Sie bei der Rechnungserfassung z. B. auf beliebig viele Bestellungen Bezug nehmen können. Nehmen Sie z. B. eine Zuordnung zu einem Lieferanten vor, können Sie über den Button WEITERE ZUORDNUNGSKRITERIEN die zur Bearbeitung vorzuschlagenden Rechnungspositionen auf bestimmte Werke beschränken.

Verbuchung von Eingangsrechnungen ohne Bestellbezug

Sofern im Customizing der Logistik-Rechnungsprüfung zugelassen, können Sie Eingangsrechnungen auch ohne Bestellbezug erfassen, indem Sie direkt auf Material- oder Sachkonten buchen.

Kreditorendaten

Die KREDITORENDATEN werden nach der Vornahme einer Zuordnung oder nach der Angabe eines abweichenden Rechnungsstellers im rechten Bildbereich angezeigt. Sie umfassen Adress-, Kommunikations- und Bankdaten. Eine Verzweigung in den Kreditorenstammsatz und in die Liste der Einzelposten ist ebenfalls möglich.

Positionsliste

Vorschlag der abzurechnenden Positionen

Die aufgrund der vorgenommenen Zuordnung von SAP ERP zur Bearbeitung vorgeschlagenen Rechnungspositionen werden im unteren Bildbereich in der POSITIONSLISTE angezeigt. Hierbei werden alle noch abzurechnenden Positionen von SAP ERP als markiert vorgeschlagen. Nur die markierten Positionen werden auch gebucht. Durch das Markieren oder Demarkieren einzelner Rechnungspositionen passen Sie die vorgeschlagenen Rechnungspositionen der vorliegenden Eingangsrechnung an. Sofern in der Eingangsrechnung Rechnungspositionen enthalten sind, die in der Positionsliste nicht vorgeschlagen werden, können Sie die Zuordnung ändern oder erweitern.

Fortführung des Beispiels

Wird die Beispielsrechnung aus Abbildung 5.1 fortgesetzt, ergibt sich in SAP ERP das folgende Bild für die gebuchte Rechnung:

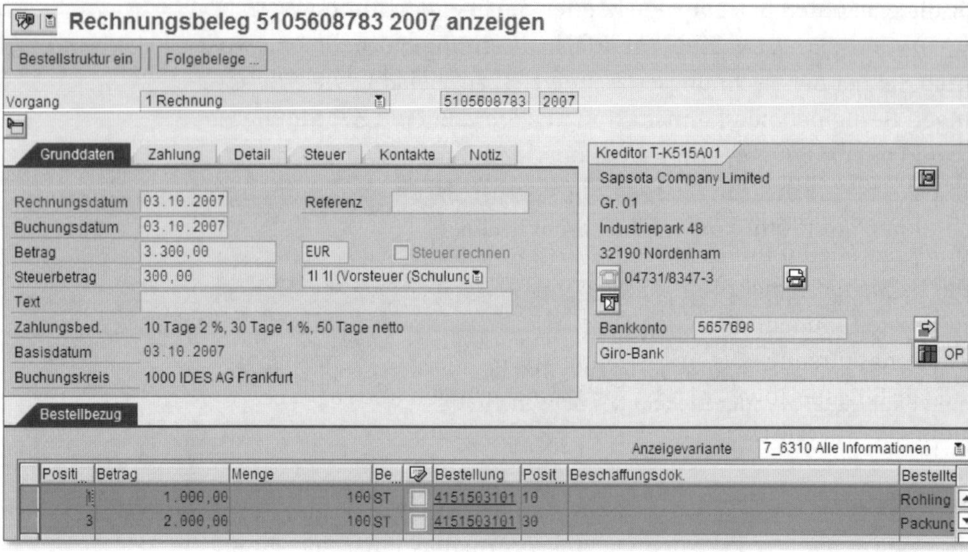

Abbildung 5.4 Rechnungsbeleg

5.1.3 Anzeigevarianten, Umfeldinformationen und weitere Funktionen

In der Positionsliste werden Ihnen von SAP ERP auf der Basis der vorgenommenen Zuordnung alle Bestellpositionen vorgeschlagen, die abgerechnet werden können. Hierbei werden die Positionen, für die bereits Wareneingänge erfolgt sind, die aber noch nicht abgerechnet wurden, von SAP ERP als markiert vorgeschlagen (siehe Abbildung 5.5).

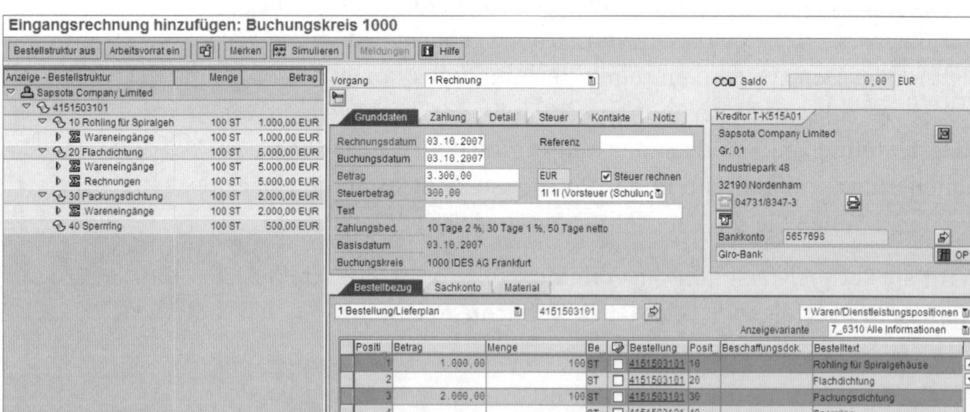

Abbildung 5.5 Positionsliste gemäß Zuordnung

Anzeigevarianten

Für die Positionsliste stehen Ihnen verschiedene Anzeigevarianten zur Verfügung.

Auswahl des Umfangs der Informationen

Die gewählte Anzeigevariante bestimmt die Anzahl der angezeigten Spalten und somit Informationen zu einer Rechnungsposition. Durch die Auswahl einer geeigneten Anzeigevariante können Sie schneller an die benötigten Informationen zu einer Rechnungsposition gelangen, da Sie nicht mehr umständlich in andere Spaltenbereiche scrollen müssen. Zudem dient die Anzeigevariante bei der Funktion der Rechnungskürzung zur Aktivierung eines Korrekturkennzeichens und zur Eingabe abweichender Rechnungsmengen und -beträge. Abbildung 5.6 veranschaulicht den Aufruf einer Anzeigevariante.

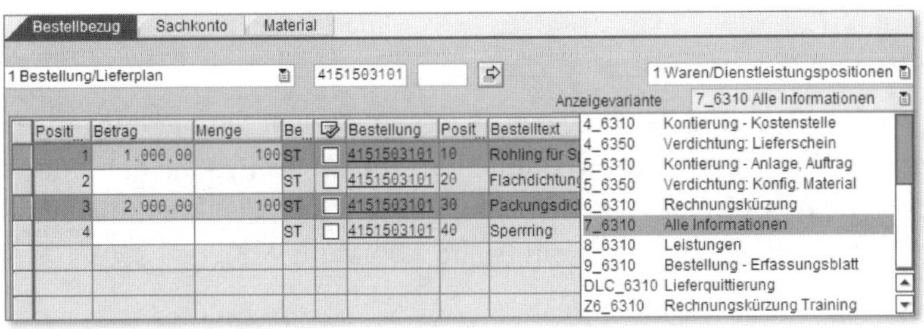

Abbildung 5.6 Anzeigevarianten

Verbesserung der Übersichtlichkeit

Zur Verbesserung der Übersichtlichkeit bei Eingangsrechnungen mit einer Vielzahl von Positionen können Sie die nicht markierten Positionen aus der Positionsliste löschen. Zudem können Sie die Bestellpositionen in der Positionsliste nach bestimmten Spalten auf- oder absteigend sortieren und in der Positionsliste nach bestimmten Begriffen suchen.

Hierzu stehen Ihnen entsprechende Funktionen im Bereich unterhalb der Positionsliste zur Verfügung (siehe Abbildung 5.7).

Abbildung 5.7 Positionsliste sortieren, suchen, löschen

Wenn Sie die nicht markierten Positionen aus der Positionsliste gelöscht haben, haben Sie die Möglichkeit, sich diese wieder anzeigen zu lassen. Jedoch ist hierfür eine neue Zuordnung notwendig, wodurch jedoch die vorgenommenen Änderungen verloren gehen.

Die Customizing-Einstellungen zur Erstellung eigener Anzeigevarianten und zur Pflege existierender Anzeigevarianten erreichen Sie über den Menüpfad SPRO • SAP REFERENZ-IMG • SAP CUSTOMIZING EINFÜHRUNGSLEITFADEN • MATERIALWIRTSCHAFT • LOGISTIK-RECHNUNGSPRÜFUNG • EINGANGSRECHNUNG • VARIANTEN FÜR POSITIONSLISTE PFLEGEN.

Umfeldinformationen

Umfeldinformationen sind wichtige Informationen zur Bearbeitung einer Eingangsrechnung. Zum Beispiel gelangen Sie aus dem Bildbereich KREDITORENDATEN in die Anzeige des Kreditorenstammsatzes, oder Sie lassen sich eine Liste der offenen Posten dieses Lieferanten anzeigen.

Weitere Funktionen

Vor der Buchung der Eingangsrechnung können Sie die Buchungen in der Finanzbuchhaltung simulieren. Hierzu wählen Sie den Button SIMULIEREN. In einem zusätzlichen Fenster werden Ihnen die simulierten Buchungen dargestellt (siehe Abbildung 5.8).

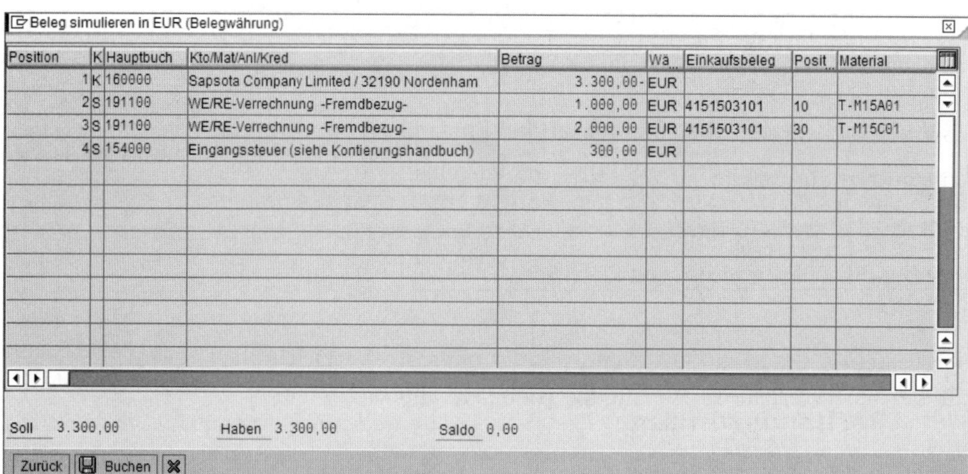

Abbildung 5.8 Simulation der Buchung

In diesem Pop-up können Sie die Buchung direkt vornehmen oder wieder in die Erfassung der Eingangsrechnung verzweigen.

Anzeige der Buchhaltungsbelegnummer in der Statusleiste

Nach der Buchung der Eingangsrechnung wird Ihnen in der Statusleiste die Materialwirtschaftsbelegnummer dieser Rechnung angezeigt. Sie können benutzerspezifisch die zusätzliche Anzeige der Belegnummer in der Finanzbuchhaltung einschalten. Dies erfolgt über die Benutzerpflege der Transaktion SU01 (Menüpfad SAP MENÜ • WERKZEUGE • ADMINISTRATION • BENUTZERPFLEGE • BENUTZER) auf der Registerkarte PARAMETER, indem Sie die Parameter-ID IVFIDISPLAY und den Wert »X« eintragen (siehe Abbildung 5.9).

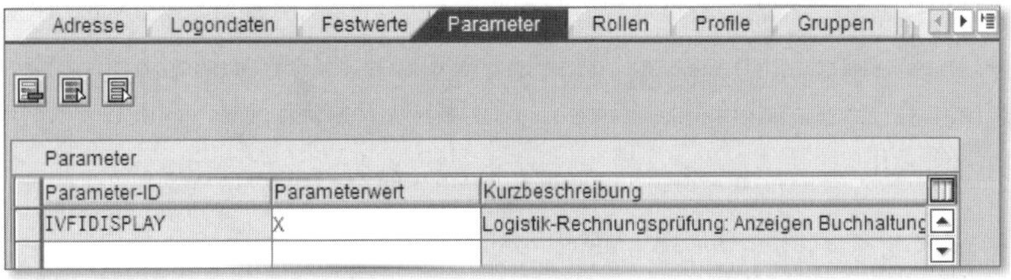

Abbildung 5.9 Parameter-ID IVFIDISPLAY

SAP ERP merkt sich die letzten Einstellungen eines Benutzers und schlägt diese bei einem neuen Aufruf der Transaktion EINGANGSRECHNUNG HINZUFÜGEN (MIRO) wieder vor.

Von SAP ERP gemerkte Einstellungen

Hierzu zählen die folgenden Einstellungen:

- der zuletzt bearbeitete Vorgang
- die zuletzt bearbeitete Kopfregisterkarte
- die zuletzt eingestellte Anzeigevariante der Positionsliste
- der zuletzt verwendete Referenzbelegtyp
- ob die Bestellstruktur aus- oder eingeblendet war

5.2 Wareneingangs- und bestellbezogene Rechnungsprüfung

Der Einkäufer kann in der Bestellung für jede Bestellposition festlegen, ob eine wareneingangsbezogene Rechnungsprüfung oder eine bestellbezogene Rechnungsprüfung vorgenommen werden soll. Diese Einstellung nehmen Sie in den Detaildaten der Bestellposition auf der Registerkarte RECHNUNG mit dem Kennzeichen WE-BEZRP (Wareneingangsbezogene Rechnungsprüfung) vor (siehe Abbildung 5.10).

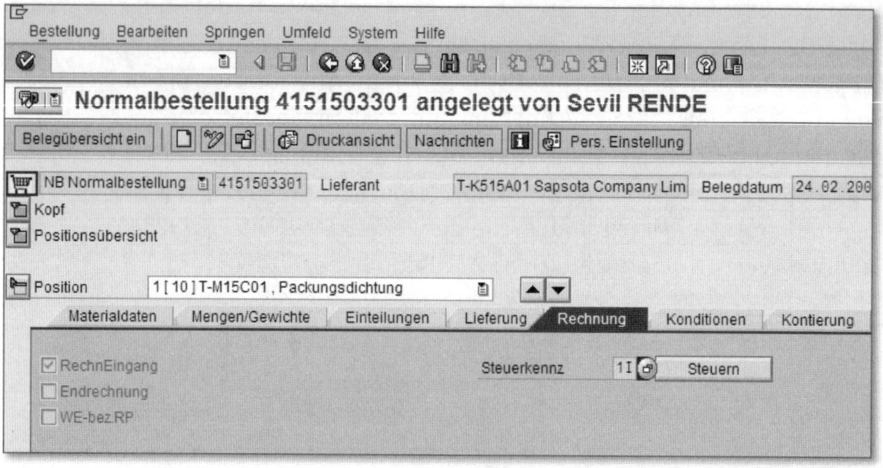

Abbildung 5.10 Arten der Rechnungsprüfung

Die Art der vereinbarten Rechnungsprüfung hat in Abhängigkeit von der vorgenommenen Zuordnung (Bestellung oder Lieferschein) gravierende Auswirkungen auf die vorgeschlagenen Positionen in der Positionsliste.

5.2.1 Bestellbezogene Rechnungsprüfung

Rechnungseingang vor Wareneingang möglich

Bei der *bestellbezogenen Rechnungsprüfung* ist das Kennzeichen WE-BEZRP (Wareneingangsbezogene Rechnungsprüfung) in den Detaildaten der Bestellposition nicht gesetzt. Infolgedessen kann eine Rechnung eingebucht werden, ohne dass bereits ein Wareneingang gebucht wurde.

Unabhängig davon, ob Sie die Zuordnung der Eingangsrechnung zu einer Bestellung oder zu einem Lieferschein vornehmen, schlägt SAP ERP alle Bestellpositionen in der Positionsliste zur Bearbeitung vor. Hierbei besteht der Mengenvorschlag je Bestellposition aus der Differenz der gelieferten Menge und der bereits abgerechneten Menge. Der vorgeschlagene Betrag ergibt sich aus der ermittelten Menge und dem Bestellpreis. Im folgenden Beispiel bezieht sich eine Eingangsrechnung auf eine Teillieferung (siehe Abbildung 5.11).

Rechnung

Rechnung D49_2007

23.10.2007

Rechnung zum Lieferschein **58E401**

Position	Material	Anzahl (St.)	Preis in €/St.	Betrag
1	T-M15C01	20	20,00	400,00
			10% USt.	40,00
			Gesamtbetrag	**440,00**

Abbildung 5.11 Eingangsrechnung zum Lieferschein

Zur Rechnungserfassung nutzen Sie wieder die Transaktion EINGANGSRECHNUNG HINZUFÜGEN (MIRO) über den Menüpfad SAP MENÜ • LOGISTIK • MATERIALWIRTSCHAFT • LOGISTIK-RECHNUNGSPRÜFUNG • BELEGERFASSUNG • EINGANGSRECHNUNG HINZUFÜGEN und nehmen Bezug auf den Lieferschein (siehe Abbildung 5.12).

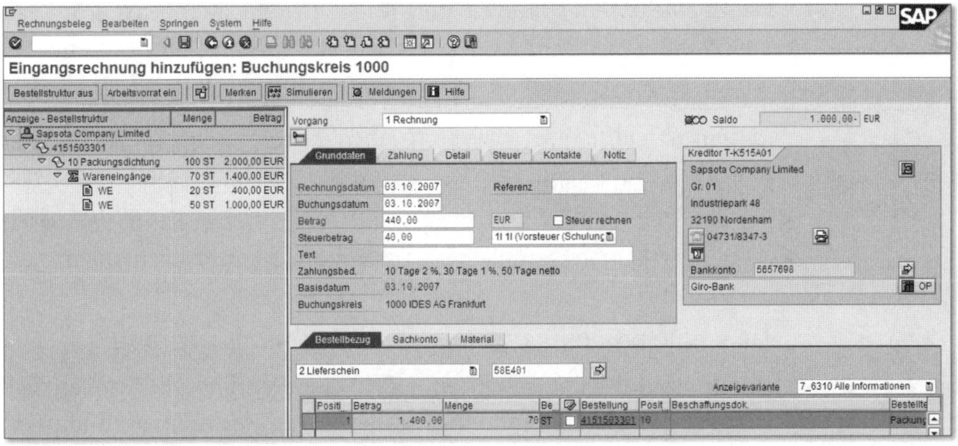

Abbildung 5.12 Rechnungserfassung mit Lieferscheinzuordnung

Trotz der Zuordnung der Eingangsrechnung zum Lieferschein (20 Stück) wird die gelieferte, aber noch nicht abgerechnete Menge (70 Stück) der Bestellposition zur Bearbeitung vorgeschlagen. Die Zuordnung zur Bestellnummer hätte das gleiche Ergebnis erbracht. Das Ampelsymbol signalisiert, dass die Rechnung nicht buchbar ist, somit ist eine Korrektur der Position in Bezug auf Menge und Betrag erforderlich (siehe Abbildung 5.13).

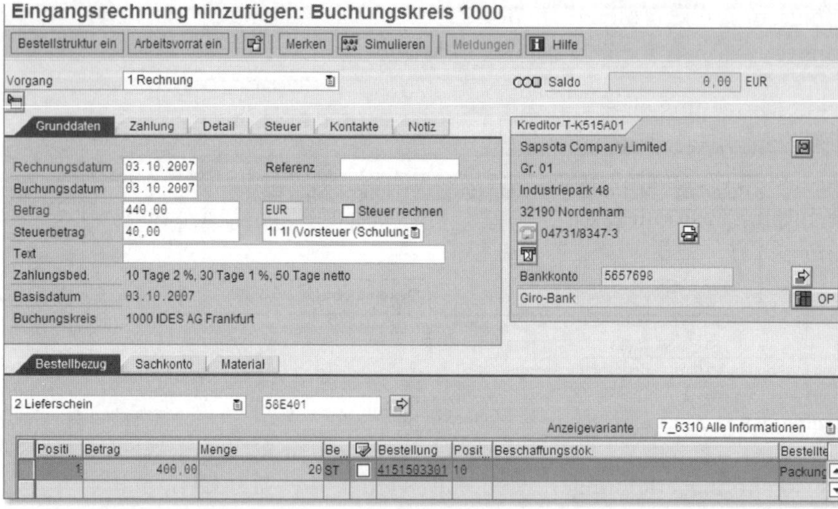

Abbildung 5.13 Buchbare Rechnung mit Lieferscheinzuordnung

Da bei der bestellbezogenen Rechnungsprüfung eine Rechnung vor dem Wareneingang gebucht werden kann, wird diese Rechnung aufgrund einer Mengenabweichung (die Rechnungsmenge ist größer als die Wareneingangsmenge) eventuell zur Zahlung gesperrt, und es wird eine entsprechende Nachbearbeitung erforderlich.

Zudem ist bei mehreren Waren- und Rechnungseingängen zu einer Bestellposition keine direkte Zuordnung von Waren- und Rechnungseingang möglich. Dies kann durch die wareneingangsbezogene Rechnungsprüfung vermieden werden.

5.2.2 Wareneingangsbezogene Rechnungsprüfung

Wareneingangsbuchung vor Rechnungseingang erforderlich

Bei der *wareneingangsbezogenen Rechnungsprüfung* ist das Kennzeichen WE-BEZRP (Wareneingangsbezogene Rechnungsprüfung) in den Detaildaten der Bestellposition gesetzt.

Somit kann keine Rechnung eingebucht werden, solange noch keine Wareneingangsbuchung erfolgt ist. Sobald dies jedoch der Fall ist, kann auch eine Rechnung mit einer höheren Rechnungsmenge gebucht werden, wodurch wiederum eine Zahlsperre wegen Mengenabweichung auftreten kann. Der Vorteil der wareneingangsbezogenen Rechnungsprüfung liegt in der Möglichkeit der Zuordnung von Wareneingängen zu Rechnungseingängen. Bei der Erfassung einer Eingangsrechnung mit einer Zuordnung zur Bestellung werden die erfolgten Teillieferungen in der Positionsliste gesondert als Rechnungspositionen zur Bearbeitung vorgeschlagen.

Teillieferungen in der Positionsliste

Bei der Erfassung einer Eingangsrechnung mit einer Zuordnung zum Lieferschein werden die Positionen der mit dem Lieferschein verbundenen Wareneingangsbuchung in der Positionsliste gesondert als Rechnungspositionen zur Bearbeitung vorgeschlagen (siehe Abbildung 5.14).

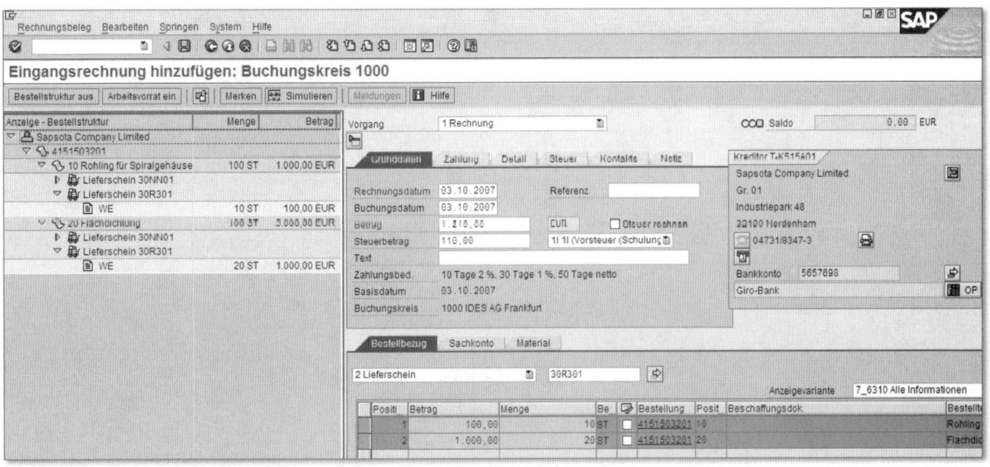

Abbildung 5.14 Wareneingangsbezogene Rechnungsprüfung mit Lieferscheinzuordnung

Die Eingangsrechnung bezieht sich auf die mit dem Lieferschein 30R301 verbundenen Wareneingangspositionen. Aus der Bestellstruktur sind zu diesem Lieferschein zwei Wareneingänge ersichtlich, die in der Positionsliste gesondert zur Bearbeitung vorgeschlagen werden.

5.3 Zusammenfassung

In diesem Kapitel haben Sie die Bereiche und Funktionen der Transaktion MIRO kennen gelernt. Im Mittelpunkt der Betrachtungen standen die Bestellstruktur, die Ampelsymbole, die Möglichkeiten der Rechnungszuordnung und die Positionsliste. In einem weiteren Abschnitt haben wir eine Abgrenzung der bestellbezogenen Rechnungsprüfung von der wareneingangsbezogenen Rechnungsprüfung vorgenommen.

In diesem Kapitel stellen wir Ihnen die wichtigsten Techniken der Rechnungserfassung vor. Hierzu zählen z. B. die Vorerfassung von Rechnungen, die Erfassung von Gutschriften und kontierten Bestellpositionen und die Behandlung von Skonto und Bezugsnebenkosten. Zudem besprechen wir die Nachrichtenausgabe und Auswertungen.

6 Allgemeine Techniken in der Logistik-Rechnungsprüfung

Dieses Kapitel beschäftigt sich mit den allgemeinen Techniken, die bei der Logistik-Rechnungsprüfung genutzt werden können. Allgemeine Techniken bedeutet in diesem Zusammenhang die Erfassung von Eingangsrechnungen im Dialog, wobei besondere Anforderungen, die bei der Rechnungsprüfung auftreten können, berücksichtigt werden sollen. Hierzu zählen:

- die Belegvorerfassung und unterschiedliche Rechnungsstatus
- die Bearbeitung von Gutschriften, nachträglichen Belastungen, nachträglichen Entlastungen und Stornos
- die Verbuchung von Rechnungen ohne Bestellbezug
- die Verbuchung von kontierten Bestellungen
- die Verbuchung von Rechnungen mit unterschiedlichen Steuersätzen
- die Verbuchung von Rechnungen in Fremdwährung
- die Behandlung von Skontovereinbarungen
- die Behandlung von Bezugsnebenkosten
- die Einstellung und Bearbeitung meldepflichtiger Bestelltextarten
- die Prüfung auf doppelte Rechnungserfassung

Zusätzliche Inhalte dieses Kapitels sind:

- Nachrichten in der Logistik-Rechnungsprüfung
- Auswertungen in der Logistik-Rechnungsprüfung

Die Möglichkeiten der Automatisierung in der Logistik-Rechnungsprüfung und die Bearbeitung spezieller Beschaffungsvorgänge werden in einem gesonderten Kapitel besprochen (siehe Kapitel 8, »Spezielle Techniken in der Logistik-Rechnungsprüfung«).

6.1 Belegvorerfassung und Rechnungsstatus

In der Logistik-Rechnungsprüfung lassen sich Rechnungen, Gutschriften und nachträgliche Be- und Entlastungen auch vorerfassen.

Keine Verbuchung der Rechnung, aber Sicherung erfasster Daten

Das bedeutet, dass diese Belege noch nicht sofort verbucht, aber bereits verschiedene Daten in SAP ERP gesichert werden. Die Belegvorerfassung wird z. B. gewählt, wenn bestimmte Informationen zur Buchung der Rechnung noch nicht vorliegen, wenn die Rechnung vor der endgültigen Buchung noch von einem erfahrenen Mitarbeiter überprüft werden soll oder wenn der Rechnungssaldo ungleich null ist und die Rechnung somit nicht gebucht werden kann.

Einstellung von Toleranzen

Die Möglichkeiten zur Verbuchung von Rechnungen mit einem Saldo ungleich null unter Berücksichtigung von Toleranzen für Kleindifferenzen und lieferantenabhängigen Toleranzen werden in Kapitel 7, »Ursachen und Bearbeitung von Rechnungssperren und Abweichungen«, besprochen.

Funktionen in der Belegvorerfassung

Bei der Vorerfassung von Eingangsrechnungen bietet SAP ERP die folgenden Funktionen an:

- Beleg merken
- Beleg vorerfassen
- Beleg vollständig sichern

Diese verschiedenen Funktionen unterscheiden sich darin, welche Prüfungen SAP ERP für den Beleg vornimmt, ob der Saldo ungleich null sein kann, welche Fortschreibungen in SAP ERP vorgenommen werden und welche Belege erzeugt werden. Eine Übersicht über die verschiedenen Funktionen sehen Sie in Tabelle 6.1.

Belegstatus	merken	vorerfassen	vollständig sichern
System-prüfungen	▶ Buchungskreis ▶ Lieferant ▶ Währung	▶ Buchungskreis ▶ Lieferant ▶ Währung ▶ doppelte Rechnungserfassung	▶ Buchungskreis ▶ Lieferant ▶ Währung ▶ doppelte Rechnungserfassung ▶ Kontierungsdaten
Besonder-heiten	Saldo kann ungleich null sein.	Saldo kann ungleich null sein.	Saldo muss null sein (oder innerhalb von Kleindifferenzen oder lieferantenabhängigen Toleranzen).
Fortschrei-bungen	keine	▶ Bestellentwicklung ▶ offener, vorerfasster Kreditorenposten	▶ Bestellentwicklung ▶ offener, vorerfasster Kreditorenposten ▶ Bestellobligo
Belege	MM-Rechnungsbeleg	▶ MM-Rechnungsbeleg ▶ FI-Belegnummer	▶ MM-Rechnungsbeleg ▶ FI-Belegnummer ▶ CO-Belegnummer

Tabelle 6.1 Die verschiedenen Funktionen der Belegvorerfassung

Die eigenen vorerfassten Belege werden im Arbeitsvorrat aufgelistet und können dort durch Doppelklick aufgerufen und weiterbearbeitet werden (siehe Abbildung 6.1).

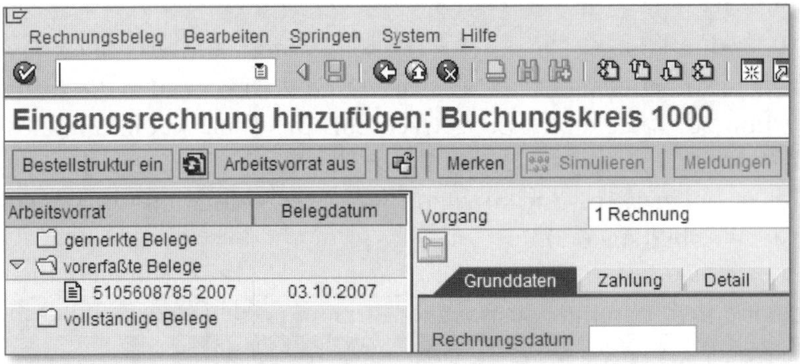

Abbildung 6.1 Arbeitsvorrat

Liste vorerfasster Belege

Eine Liste aller vorerfassten Belege können Sie sich mit der Transaktion ÜBERSICHT RECHNUNGEN (MIR6) über den Menüpfad SAP MENÜ • LOGISTIK • MATERIALWIRTSCHAFT • LOGISTIK-RECHNUNGSPRÜFUNG • WEITERVERARBEITUNG • ÜBERSICHT RECHNUNGEN anzeigen lassen. Im Selektionsbild dieser Transaktion können Sie die vorerfassten Belege z. B. nach dem Bearbeiter und dem Rechnungsstatus selektieren und aus der Liste in die Rechnungsbearbeitung verzweigen.

Transaktionen zur Belegvorerfassung

Zur Vorerfassung von Eingangsrechnungen stehen Ihnen zwei Transaktionen zur Verfügung:

1. die Transaktion EINGANGSRECHNUNG HINZUFÜGEN (Menüpfad SAP MENÜ • LOGISTIK • MATERIALWIRTSCHAFT • LOGISTIK-RECHNUNGSPRÜFUNG • BELEGERFASSUNG • EINGANGSRECHNUNG HINZUFÜGEN)
2. die Transaktion EINGANGSRECHNUNG VORERFASSEN (Menüpfad SAP MENÜ • LOGISTIK • MATERIALWIRTSCHAFT • LOGISTIK-RECHNUNGSPRÜFUNG • BELEGERFASSUNG • EINGANGSRECHNUNG VORERFASSEN)

In beiden Transaktionen steht Ihnen die Funktion ARBEITSVORRAT zur Verfügung. Aus der Transaktion EINGANGSRECHNUNG HINZUFÜGEN können Sie sich über den gleichnamigen Button eine Eingangsrechnung »merken« (siehe Abbildung 6.2).

Abbildung 6.2 Button »Merken«

Weiterhin können Sie aus der Transaktion EINGANGSRECHNUNG HINZUFÜGEN über BEARBEITEN • WECHSELN ZUM VORERFASSEN in die Transaktion zur Belegvorerfassung wechseln. Die Transaktion EINGANGSRECHNUNG VORERFASSEN bietet Ihnen die Möglichkeiten, sich einen Beleg zu merken, ihn vorzuerfassen oder vollständig zu sichern (siehe Abbildung 6.3).

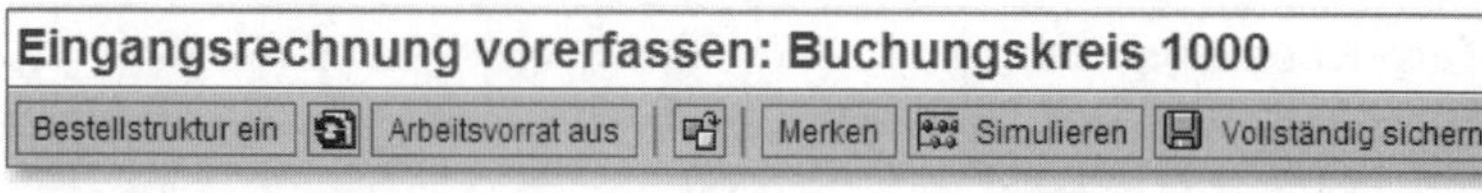

Abbildung 6.3 Eingangsrechnung vorerfassen

Vorerfasste Belege können beliebig oft verändert oder auch gelöscht werden. Durch ihre Löschung bleibt der Belegkopf als Verwendungsnachweis erhalten, und die Belegnummer wird nicht weiter von SAP ERP vergeben. Einen bereits vorerfassten Beleg, der aus dem Arbeitsvorrat aufgerufen wird (siehe Abbildung 6.1), können Sie sich nicht wieder »merken« (siehe Abbildung 6.4).

Abbildung 6.4 Bearbeitung eines vorerfassten Belegs

Änderung des Belegstatus

Die Änderung des Belegstatus ist somit nur aufsteigend möglich: Beleg merken – Beleg vorerfassen – Beleg vollständig sichern – Beleg buchen.

Zur Vorbereitung der Umsatzsteuervoranmeldung können Sie sich mit dem Report RFPUMS00 alle vorerfassten Belege anzeigen lassen (siehe Abbildung 6.5).

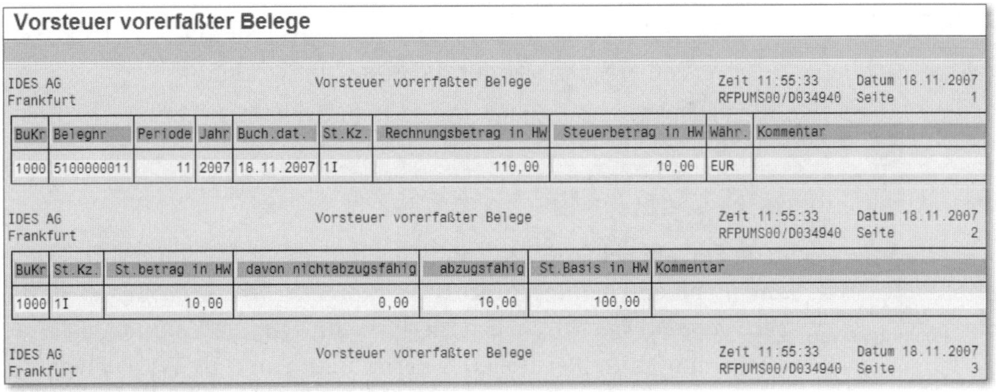
Vorsteuer vorerfaßter Belege

IDES AG Frankfurt — Vorsteuer vorerfaßter Belege — Zeit 11:55:33 Datum 18.11.2007 RFPUMS00/D034940 Seite 1

BuKr	Belegnr	Periode	Jahr	Buch.dat.	St.Kz.	Rechnungsbetrag in HW	Steuerbetrag in HW	Währ.	Kommentar
1000	5100000011	11	2007	18.11.2007	1I	110,00	10,00	EUR	

IDES AG Frankfurt — Vorsteuer vorerfaßter Belege — Zeit 11:55:33 Datum 18.11.2007 RFPUMS00/D034940 Seite 2

BuKr	St.Kz.	St.betrag in HW	davon nichtabzugsfähig	abzugsfähig	St.Basis in HW	Kommentar
1000	1I	10,00	0,00	10,00	100,00	

IDES AG Frankfurt — Vorsteuer vorerfaßter Belege — Zeit 11:55:33 Datum 18.11.2007 RFPUMS00/D034940 Seite 3

Abbildung 6.5 Report RFPUMS00

Umsatzsteuervoranmeldung vorerfasster Belege

Sie erreichen die Transaktion zum Start dieses Reports über den Menüpfad SAP MENÜ • RECHNUNGSWESEN • FINANZWESEN • HAUPTBUCH • MELDEWESEN • UMSATZSTEUERANMELDUNGEN • ALLGEMEIN • VORSTEUER VORERFASSTER BELEGE.

6.2 Gutschrift, nachträgliche Entlastung, nachträgliche Belastung und Storno

Korrektur bereits verbuchter Eingangsrechnungen

Im Rahmen des Beschaffungsprozesses können bei der Rechnungserfassung Korrekturen erforderlich werden, wenn z. B. bei bereits gebuchten Rechnungen eine Teilrücklieferung erfolgt, wenn vom Lieferanten ein falscher Preis berechnet wurde oder wenn bei der Buchung der Rechnung Erfassungsfehler gemacht wurden.

Vorgänge

In SAP ERP sind die erforderlichen Korrekturen mittels der Transaktion EINGANGSRECHNUNG HINZUFÜGEN in der Logistik-Rechnungsprüfung durch die Verwendung der folgenden Vorgänge möglich:

- Gutschrift
- nachträgliche Entlastung
- nachträgliche Belastung
- Storno

Diese Vorgänge werden hinsichtlich der folgenden Fragen genauer beschrieben:

- Welche Buchungen müssen korrigiert werden, und welche Prüfungen nimmt SAP ERP dabei vor?
- Wie ist die Vorgehensweise bei der Korrektur, und welche Konsequenzen ergeben sich für die Bestellentwicklung?
- Welche Kontobewegungen ergeben sich?

6.2.1 Gutschrift

Korrektur von Rechnungsmenge und Rechnungswert

Die Buchung einer Gutschrift vom Lieferanten ist erforderlich, wenn in einem Beschaffungsprozess die *berechnete Menge* größer ist als die *gelieferte Menge*. Ursächlich hierfür kann z. B. die Verbuchung einer Rechnung mit einer höheren Rechnungsmenge als Wareneingangsmenge sein oder eine vorgenommene Rücklieferung bei einem bereits verbuchten Rechnungseingang. Durch eine Gutschrift wird also die berechnete *Menge* und mithin der berechnete Gesamtwert korrigiert. Der berechnete Preis wird nicht korrigiert.

Bei der Verbuchung einer Gutschrift wird die Höhe der Gutschriftsmenge durch die bereits berechnete Menge begrenzt. Obwohl in SAP ERP keine Preisprüfung (Bestell- oder Rechnungspreis) bei der Eingabe von Betrag und Menge in der Positionsliste erfolgt, erwartet SAP ERP bei einer Gutschriftsmenge in Höhe der bereits berechneten Menge auch eine wertmäßige Gutschrift in Höhe des bereits berechneten Wertes. Bei einer Gutschriftsmenge, die niedriger ist als die bereits berechnete Menge, wird der Gutschriftsbetrag durch den bereits berechneten Wert begrenzt. Ein zusammenfassendes Beispiel finden Sie in Tabelle 6.2.

Wareneingang		Rechnungseingang		Gutschrift		Warn-/Fehlermeldung
Menge	Wert	Menge	Wert	Menge	Wert	
7	70	10	100	3	30	–
7	70	10	100	3	27	–
7	70	10	100	3	33	Stornowert ist größer als bisher berechneter Wert
7	70	10	100	12	–	Stornomenge ist größer als bisher berechnete Rechnungsmenge
7	70	10	100	10	90 (100)	bei Vollstorno wird Stornowert automatisch gesetzt (im Beispiel 100)

Tabelle 6.2 Eingaben und Fehlermeldungen bei einer Gutschrift

Vorgehensweise bei der Verbuchung einer Gutschrift

Zur Buchung einer Gutschrift verwenden Sie die Transaktion EINGANGSRECHNUNG HINZUFÜGEN und wählen den Vorgang GUTSCHRIFT. Nach der Eingabe der Belegkopfdaten und der Auswahl einer Zuordnung werden Ihnen in der Positionsliste die Positionen mit dem bereits berechneten Wert und der bereits berechneten Menge gemäß Ihrer Zuordnung vorgeschlagen (siehe Abbildung 6.6).

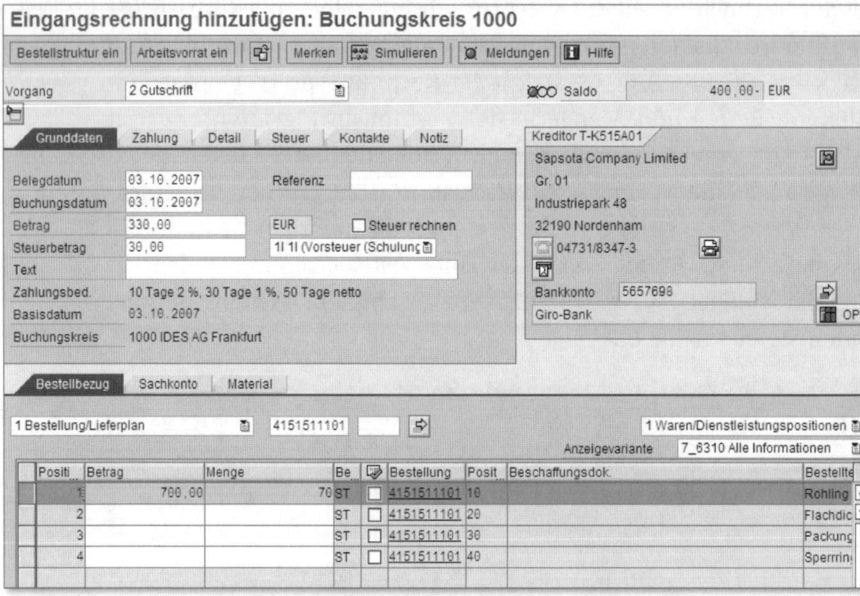

Abbildung 6.6 Vorschlagsliste

Beispiel Im Beispiel wurde bereits eine Menge von 70 Stück mit einem Gesamtwert von 700,00 EUR berechnet. Nach der manuellen Anpassung von Betrag und Mengen auf die vorliegende Gutschrift können Sie diese Eingangsrechnung buchen (siehe Abbildung 6.7).

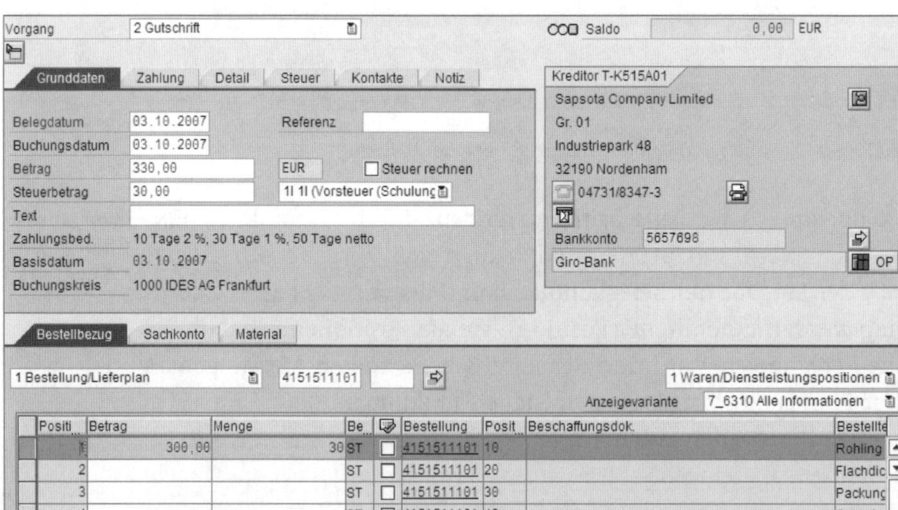

Abbildung 6.7 Korrektur der Positionsliste – Gutschrift

Auswirkungen auf die Bestellentwicklung

Durch die Buchung der Gutschrift werden in der Bestellentwicklung die insgesamt berechnete Menge und der insgesamt berechnete Wert um Gutschriftsmenge und Gutschriftswert verringert (siehe Abbildung 6.8).

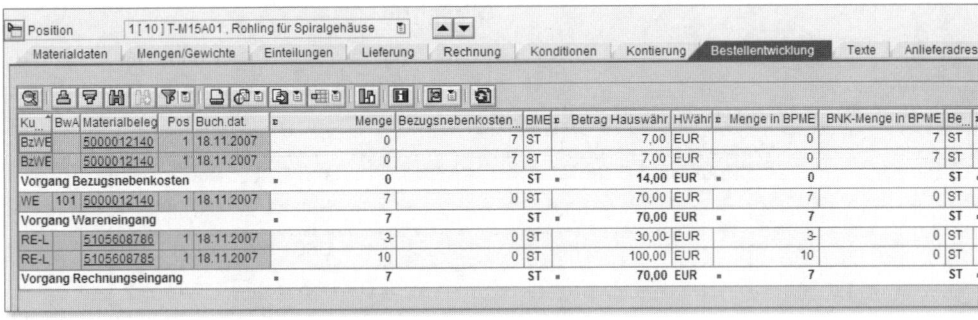

Position: 1 [10] T-M15A01 , Rohling für Spiralgehäuse

Materialdaten | Mengen/Gewichte | Einteilungen | Lieferung | Rechnung | Konditionen | Kontierung | Bestellentwicklung | Texte | Anlieferadress

Ku...	BwA	Materialbeleg	Pos	Buch.dat.	Σ	Menge	Bezugsnebenkosten...	BME	Σ	Betrag Hauswähr	HWähr	Σ	Menge in BPME	BNK-Menge in BPME	Be...	Σ
BzWE		5000012140	1	18.11.2007		0	7	ST		7,00	EUR		0	7	ST	
BzWE		5000012140	1	18.11.2007		0	7	ST		7,00	EUR		0	7	ST	
Vorgang Bezugsnebenkosten					■	**0**		**ST**	■	**14,00**	**EUR**	■	**0**		**ST**	■
WE	101	5000012140	1	18.11.2007		7	0	ST		70,00	EUR		7	0	ST	
Vorgang Wareneingang					■	**7**		**ST**	■	**70,00**	**EUR**	■	**7**		**ST**	■
RE-L		5105608786	1	18.11.2007		3-	0	ST		30,00-	EUR		3-	0	ST	
RE-L		5105608785	1	18.11.2007		10	0	ST		100,00	EUR		10	0	ST	
Vorgang Rechnungseingang					■	**7**		**ST**	■	**70,00**	**EUR**	■	**7**		**ST**	■

Abbildung 6.8 Bestellentwicklung

Buchungen in der Finanzbuchhaltung

Die Buchung der Gutschrift führt automatisch zu Buchungen in der Finanzbuchhaltung. Im Fallbeispiel wird das Wareneingangs-/Rechnungseingangsverrechnungskonto um den Bruttobetrag der Gutschrift ausgeglichen, das Kreditorenkonto um den Nettobetrag belastet und eine Vorsteuerkorrektur vorgenommen (siehe Abbildung 6.9).

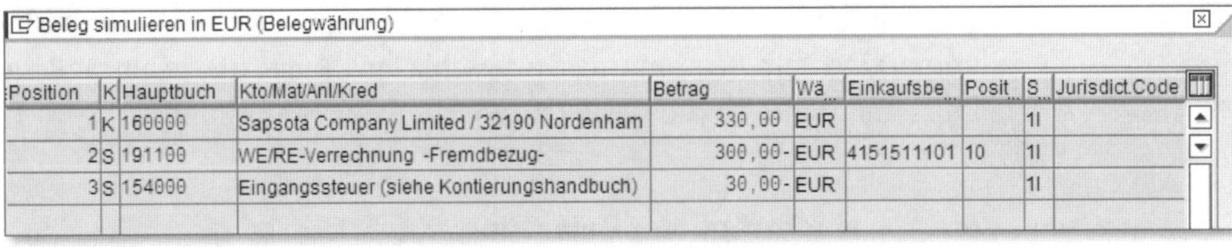

Beleg simulieren in EUR (Belegwährung)

Position	K	Hauptbuch	Kto/Mat/Anl/Kred	Betrag	Wä...	Einkaufsbe...	Posit...	S...	Jurisdict.Code
1	K	160000	Sapsota Company Limited / 32190 Nordenham	330,00	EUR			1I	
2	S	191100	WE/RE-Verrechnung -Fremdbezug-	300,00-	EUR	4151511101	10	1I	
3	S	154000	Eingangssteuer (siehe Kontierungshandbuch)	30,00-	EUR			1I	

Abbildung 6.9 Buchungen in der Finanzbuchhaltung

6.2.2 Nachträgliche Entlastung

Konzept der nachträglichen Entlastung

Die *nachträgliche Entlastung* ist eine Gutschrift, bei der der berechnete Rechnungsbetrag korrigiert wird, ohne die Rechnungsmenge zu ändern. Den Vorgang NACHTRÄGLICHE ENTLASTUNG verwenden Sie, wenn der Preis einer eingebuchten Rechnung zu hoch war. Die Rechnungsmenge, die nachträglich entlastet werden soll, darf dabei nicht höher sein als die bereits berechnete Menge. Zudem können Sie keine nachträgliche Entlastung buchen, wenn noch kein Rechnungseingang gebucht wurde. Zur Verdeutlichung der Vorgehensweise bei der Erfassung einer nachträglichen Entlastung soll die folgende Lieferantengutschrift dienen (siehe Abbildung 6.10).

Gutschrift

Rechnung D55_2007

23.10.2007

Rechnung zur Bestellung 41511101

Position	Material	Anzahl (St.)	Preis in €/St.	Betrag
1	T-M15D01	100	1,00	100,00
			10% USt.	10,00
			Gesamtbetrag	**110,00**

Abbildung 6.10 Gutschrift

Verbuchung einer nachträglichen Entlastung

Zur Buchung einer Gutschrift in Form einer nachträglichen Entlastung verwenden Sie wieder die Transaktion EINGANGSRECHNUNG HINZUFÜGEN und wählen den Vorgang NACHTRÄGLICHE ENTLASTUNG. Nach der Eingabe der Belegkopfdaten und der Auswahl einer Zuordnung werden Ihnen in der Positionsliste die bereits berechneten Positionen mit der berechneten Menge ohne Wert gemäß Ihrer Zuordnung unmarkiert zur Bearbeitung vorgeschlagen. Auch die nachträgliche Entlastung wird in die Bestellentwicklung aufgenommen.

6.2.3 Nachträgliche Belastung

Konzept der nachträglichen Belastung

Die *nachträgliche Belastung* ist eine Lastschrift, bei der der berechnete Rechnungsbetrag korrigiert wird, ohne die Rechnungsmenge zu ändern. Den Vorgang NACHTRÄGLICHE BELASTUNG verwenden Sie, wenn der Preis einer eingebuchten Rechnung zu niedrig war. Die Rechnungsmenge, die nachträglich belastet werden soll, darf dabei nicht höher sein als die bereits berechnete Menge. Zudem können Sie keine nachträgliche Belastung buchen, wenn noch kein Rechnungseingang gebucht wurde.

Möglicherweise erhalten Sie eine Rechnung mit mehreren Positionen, wobei einzelne Positionen eine Nachbelastung darstellen und andere Positionen eine gewöhnliche Rechnungsposition.

Nachbelastungskennzeichen

Um diese Rechnung in einem Beleg buchen zu können, steht Ihnen das Ankreuzfeld NACHBELASTUNG in den einzelnen Positionen der Positionsliste zur Verfügung. Je nachdem, ob die Eingangsrechnung überwiegend aus gewöhnlichen Rechnungspositionen oder aus Nachbelastungspositionen besteht, wählen Sie entweder den Vorgang RECHNUNG und markieren die Positionen, die Nachbelastungspositionen darstellen, oder Sie wählen den Vorgang NACHTRÄGLICHE BELASTUNG und demarkieren das Feld NACHBELASTUNG an den Positionen, die gewöhnliche Rechnungspositionen darstellen (siehe Abbildung 6.11).

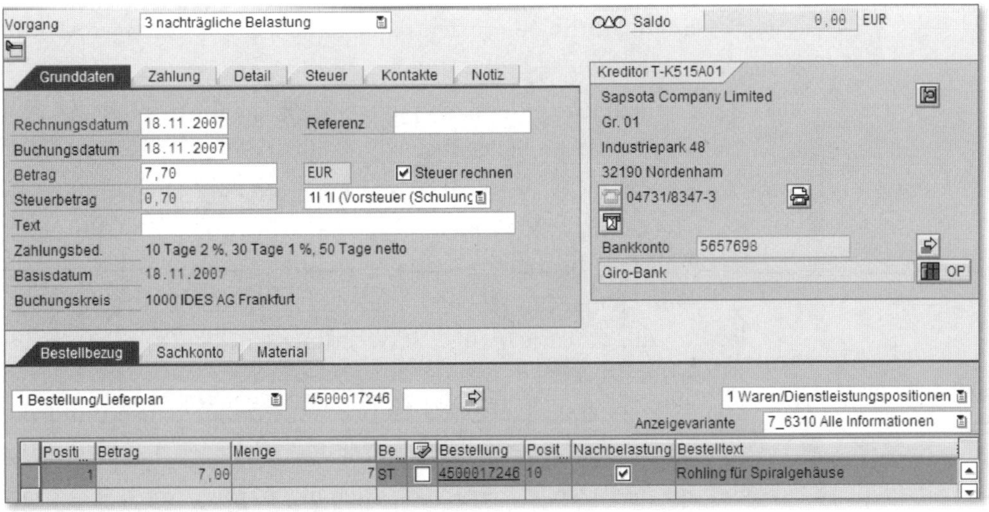

Abbildung 6.11 Nachbelastung

In der Bestellentwicklung erhöht sich durch die nachträgliche Belastung der berechnete Wert der entsprechenden Bestellposition.

6.2.4 Storno

Soll die fehlerhafte Erfassung einer Eingangsrechnung korrigiert werden, können Sie einen Storno verwenden. Sie können Rechnungen, Gutschriften sowie nachträgliche Ent- und Belastungen stornieren.

Voraussetzungen für eine Stornobuchung

Die Voraussetzungen für die Durchführung des Stornos einer Eingangsrechnung in der Logistik-Rechnungsprüfung sind:

- Der zu stornierende Beleg muss mit der SAP-Komponente Logistik-Rechnungsprüfung gebucht worden sein.
- Der zu stornierende Beleg darf nicht bereits storniert worden sein.
- Der zu stornierende Beleg darf nicht selbst ein Stornobeleg sein.

Besonderheiten bei der Stornobuchung

Bei der Durchführung eines Stornos gelten die folgenden Besonderheiten:

- Es ist kein Teilstorno möglich, sondern es werden immer alle Positionen eines Belegs komplett storniert.
- Bei einem Storno einer Rechnung erzeugt SAP ERP eine Gutschrift.
- Bei einem Storno einer Gutschrift erzeugt SAP ERP eine Rechnung.
- Bei einem Storno einer nachträglichen Belastung erzeugt SAP ERP eine nachträgliche Entlastung.
- Bei einem Storno einer nachträglichen Entlastung erzeugt SAP ERP eine nachträgliche Belastung.
- Wollen Sie einen Teilstorno einer Rechnung vornehmen, buchen Sie eine Gutschrift. Wollen Sie einen Teilstorno einer Gutschrift durchführen, buchen Sie eine Rechnung. Prinzipiell ist es auch möglich, eine nachträgliche Entlastung und eine nachträgliche Belastung durch die jeweilige Verwendung eines entsprechend umgekehrten Vorgangs auch teilweise zu stornieren. Wegen der besseren Übersichtlichkeit sind jedoch ein Komplettstorno und die nochmalige Buchung der Be-/Entlastung vorzuziehen.
- Beträge und Mengen der Stornobuchung werden von SAP ERP aus dem zu stornierenden Beleg entnommen, so dass es nicht zu Abweichungen zwischen Stornobeleg und dem zu stornierenden Beleg kommen kann.

Zur Durchführung eines Stornos verwenden Sie nicht die Transaktion EINGANGSRECHNUNG HINZUFÜGEN, sondern die Transaktion RECHNUNGSBELEG STORNIEREN über den Menüpfad SAP MENÜ • LOGISTIK • MATERIALWIRTSCHAFT • LOGISTIK-RECHNUNGSPRÜFUNG • WEITERVERARBEITUNG • RECHNUNGSBELEG STORNIEREN (siehe Abbildung 6.12).

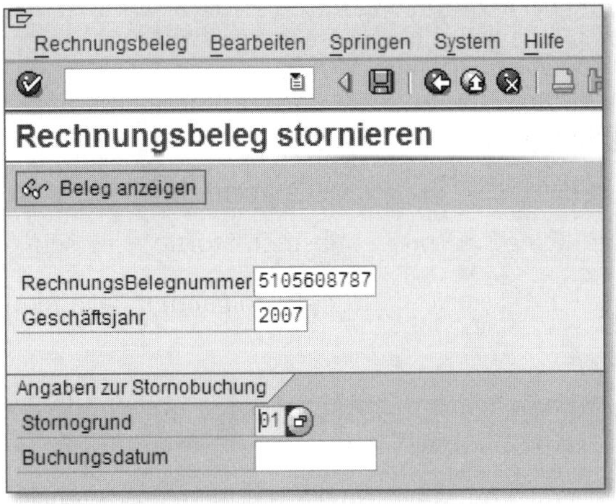

Abbildung 6.12 Storno

Bei der Buchung eines Stornos werden im Regelfall die Buchungen aus dem zu stornierenden Beleg im Finanzwesen umgekehrt. Abweichungen von dieser Regel können sich bei mehreren Waren- und Rechnungseingängen bei unterschiedlichen Preissteuerungsverfahren des betrachteten Materials ergeben.

6.3 Verbuchung von Rechnungen ohne Bestellbezug

Im Regelfall werden Sie bei der Erfassung von Eingangsrechnungen z. B. auf eine Bestellung oder einen Lieferschein Bezug nehmen können. SAP ERP ermittelt auf Basis der Daten der Bestellung und der Wareneingänge Vorschlagswerte für den Rechnungsbelegkopf und Rechnungspositionen für die Positionsliste, die Sie nach Bedarf übernehmen oder anpassen können.

Keine Abrechnungsvorschläge in der Positionsliste

Gelegentlich erhalten Sie Eingangsrechnungen ohne diese Möglichkeit zur Bezugnahme, weil keine Bestellung in SAP ERP vorhanden ist oder eine Zuordnung nicht möglich ist. Auch ist es möglich, dass einzelne Rechnungspositionen eine Zuordnung aufweisen, andere Rechnungspositionen jedoch nicht. Um diese Eingangsrechnungen einbuchen zu können, bietet SAP ERP die Möglichkeit zur direkten Buchung auf Material- oder Sachkonten an.

Customizing

Diese Möglichkeit muss im Customizing der Logistik-Rechnungsprüfung aktiviert werden (siehe Abbildung 6.13).

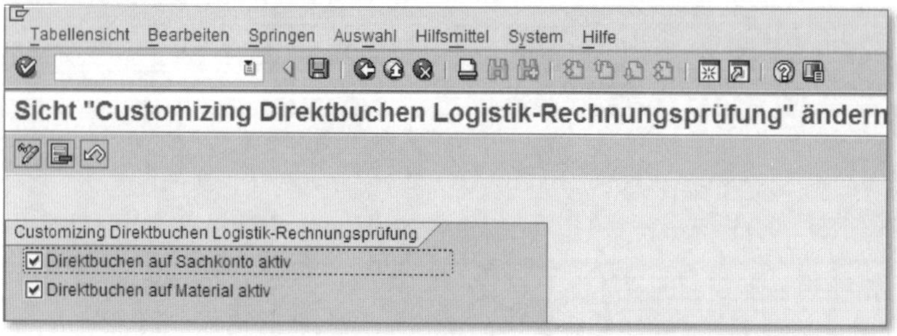

Abbildung 6.13 Direktes Buchen erlauben

Die Einstellung zur Aktivierung des direkten Buchens auf Sach- und Materialkonten finden Sie im Customizing der Logistik-Rechnungsprüfung über den Menüpfad SPRO • SAP REFERENZ-IMG • SAP CUSTOMIZING EINFÜHRUNGSLEITFADEN • MATERIALWIRTSCHAFT • LOGISTIK-RECHNUNGSPRÜFUNG • EINGANGSRECHNUNG • DIREKTES BUCHEN AUF SACH- UND MATERIALKONTO AKTIVIEREN.

Das direkte Buchen auf Sach- und Materialkonten ist für die Verbuchung von Eingangsrechnungen (Transaktion MIRO) und für die Vorerfassung von Eingangsrechnungen möglich (Menüpfad, ausgehend vom SAP Easy Access-Menü: SAP MENÜ • LOGISTIK • MATERIALWIRTSCHAFT • LOGISTIK-RECHNUNGSPRÜFUNG • BELEGERFASSUNG • EINGANGSRECHNUNG VORERFASSEN).

Beispiel

Zur Illustration der Vorgehensweise soll eine Eingangsrechnung über Frachtkosten und Kosten für die Qualitätsprüfung eines Materials ohne Bestellbezug erfasst werden. Da eine Bezugnahme und somit Vorschlagswerte von SAP ERP nicht möglich sind, sind zusätzlich zu den üblichen Grunddaten noch weitere Eingaben notwendig. Dies betrifft:

- die Währung auf der Registerkarte GRUNDDATEN
- den Rechnungssteller auf der Registerkarte DETAIL (siehe Abbildung 6.14)

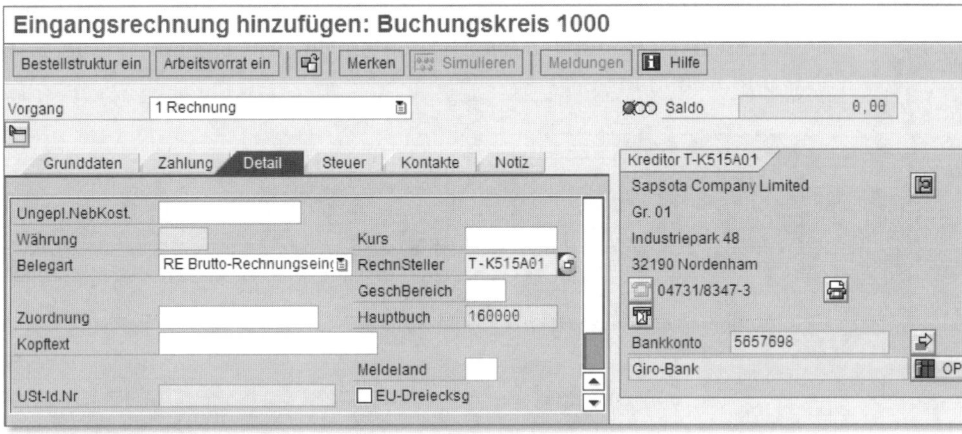

Abbildung 6.14 Registerkarte »Detail«

- das Zahlungsfristenbasisdatum auf der Registerkarte ZAHLUNG (siehe Abbildung 6.15)

> **CpD-Lieferant**
>
> Sofern der Rechnungssteller nicht über einen Stammsatz in SAP ERP verfügt, können Sie einen CpD-Lieferanten verwenden. Da es sich bei einem Stammsatz für einen CpD-Lieferanten um ein Sammelkonto für mehrere Lieferanten handelt, müssen die kreditorenspezifischen Daten bei der Erfassung oder Vorerfassung der Eingangsrechnung im Bereich KREDITORENDATEN manuell eingegeben werden.

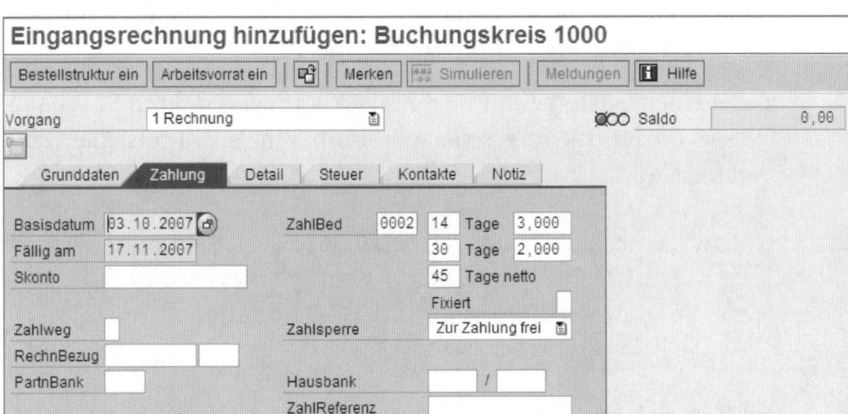

Abbildung 6.15 Registerkarte »Zahlung«

Anschließend können Sie auf den Registerkarten SACHKONTO und MATERIAL die notwendigen Daten eingeben (siehe Abbildung 6.16 und Abbildung 6.17).

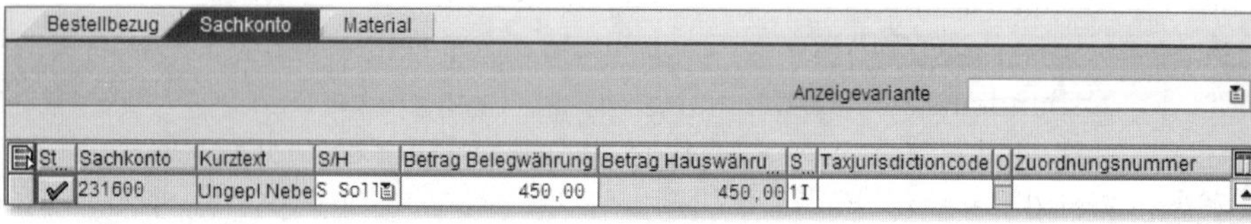

Abbildung 6.16 Registerkarte »Sachkonto«

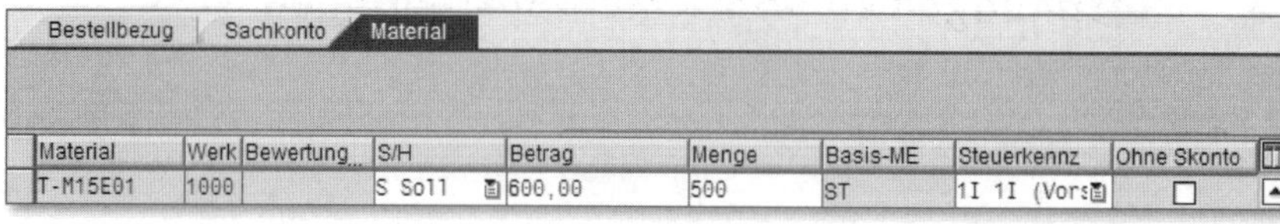

Abbildung 6.17 Registerkarte »Material«

Auf der Registerkarte SACHKONTO werden Ihnen zur schnelleren Auswahl der benötigten Kontierungsfelder verschiedene Anzeigevarianten angeboten.

Buchungen in der Finanzbuchhaltung

Die Buchungen erfolgen nicht, wie bei einem Rechnungseingang mit Bestellbezug üblich, auf ein Wareneingangs-/Rechnungseingangsverrechnungskonto, sondern direkt auf das eingegebene Sachkonto bzw. bei der direkten Buchung auf das Material je nach Preissteuerungsverfahren und Bestandsdeckung auf das Bestandskonto oder das vorgesehene Preisdifferenzenkonto:

- bei einem Material mit dem Preissteuerungsverfahren STANDARDPREIS (S) auf das vorgesehene Preisdifferenzenkonto (siehe Abbildung 6.18)

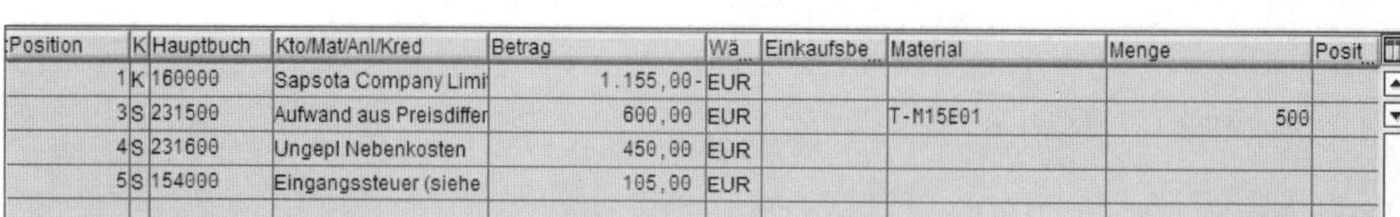

Abbildung 6.18 Buchungen beim direkten Buchen

- bei einem Material mit dem Preissteuerungsverfahren GLEITENDER DURCHSCHNITTSPREIS (V) und vollständiger Bestandsdeckung auf das Bestandskonto
- bei einem Material mit dem Preissteuerungsverfahren GLEITENDER DURCHSCHNITTSPREIS (V) und teilweiser Bestandsdeckung anteilig für die vorhandene Bestandsdeckung auf das Bestandskonto und für die Menge, die nicht durch Bestand gedeckt ist, auf das vorgesehene Preisdifferenzenkonto

6.4 Rechnungen zu kontierten Bestellungen

Im Rahmen eines Beschaffungsprozesses kann eine Bestellposition kontiert worden sein. Diese Kontierung erfolgt in der Beschaffung durch die Angabe eines Kontierungstyps, der ein Kontierungsobjekt konkretisiert.

6.4.1 Überblick über Geschäftsvorfälle mit Kontierungen

Durch die Angabe eines Kontierungstyps werden zusätzliche Angaben erforderlich, z. B. eine Kostenstelle beim Kontierungstyp K oder ein Projektstrukturplanelement beim Kontierungstyp P.

Geschäftsvorfälle mit Kontierung

Ein Kontierungstyp muss z. B. bei den folgenden Geschäftsvorgängen angegeben werden:

- bei der Beschaffung von Dienstleistungspositionen
- bei der Streckenbestellung
- bei der Beschaffung von Verbrauchsmaterial
- bei der Beschaffung mittels einer Limitbestellung

Streckenbestellung

Bei einer Streckenbestellung wird ein Material auf der Basis eines Verkaufsvorgangs direkt von einem Lieferanten an Ihren Kunden gesendet. Die Bestellanforderung mit dem Kontierungstyp STRECKE wird direkt aus dem Kundenauftrag heraus erzeugt und im Einkauf z. B. in eine Bestellung umgewandelt.

Verbrauchsmaterial

Verbrauchsmaterial wird im Gegensatz zur Lagermaterialbeschaffung bei der Wareneingangsbuchung oder bei der Verbuchung der Eingangsrechnung direkt in den Verbrauch gebucht. Im Standard von SAP ERP können Sie für die Materialien aller Materialarten entscheiden, ob Sie eine Kontierung vornehmen wollen. Eine Ausnahme bilden die beiden Materialarten UNBEWERTETES MATERIAL (UNBW) und NICHTLAGERMATERIAL (NLAG), für die im Customizing der Materialart eine Kontierung erforderlich ist.

Limitbestellung

Eine Limitbestellung bietet sich zur Beschaffung geringwertiger Verbrauchsmaterialien einer bestimmten Warengruppe an. Auf der Basis einer einmalig angelegten Limitbestellung kann der Lieferant telefonisch wiederholt zur Lieferung von Materialien aufgefordert werden. Auf die Buchung eines Wareneingangs wird bei der Limitbestellung verzichtet. Stattdessen prüft SAP ERP die Eingangsrechnungen zur Limitbestellung gegen das Wertelimit und gegen die Laufzeit der Limitbestellung.

Diese besonderen Beschaffungsformen werden – mit Ausnahme der Beschaffung von Verbrauchsmaterial – durch die Angabe eines Positionstyps gekennzeichnet.

Steuernde Funktionen von Positionstypen

Diese Positionstypen sind im Customizing des Einkaufs von SAP ERP als Systemtabelle definiert und haben z. B. die folgenden steuernden Funktionen:

- ob eine Materialnummer im Einkaufsbeleg oder in der Bestellanforderung angegeben werden muss
- ob die Verbuchung eines Waren- oder Rechnungseingangs möglich ist
- ob das Material lagerhaltig geführt werden kann
- ob und welche Kontierung notwendig ist

Zum Beispiel ist bei der Dienstleistungsbeschaffung und bei der Beschaffung mittels einer Limitbestellung der Kontierungstyp UNBEKANNT (U) möglich. Die Konsequenz ist, dass bei diesen Beschaffungsvorgängen die Angabe der Kontierungsdaten eventuell erst bei der Erfassung der Eingangsrechnung vorgenommen wird.

6.4.2 Kontierungen bei der Erfassung einer Eingangsrechnung

Bearbeitung von Kontierungsdaten

Zusammenfassend können in Bezug auf die Bearbeitung von Kontierungsdaten bei der Rechnungserfassung die folgenden Fälle unterschieden werden:

- Die Kontierungsdaten können angezeigt, aber nicht geändert werden.
- Die Kontierungsdaten können geändert werden.
- Die Kontierungsdaten müssen eingegeben werden.

Kontierungstyp »unbekannt (U)«

Wie bereits angedeutet, ist eine Angabe des Kontierungstyps und weiterer Kontierungsdaten erforderlich, wenn bei der Dienstleistungsbeschaffung und bei der Beschaffung mittels einer Limitbestellung im Einkauf der Kontierungstyp UNBEKANNT (U) verwendet wurde. Die Möglichkeit zur Änderung der Kontierungsdaten wird durch die Einstellung zum Kontierungstyp im Customizing von SAP ERP bestimmt (siehe Abbildung 6.19).

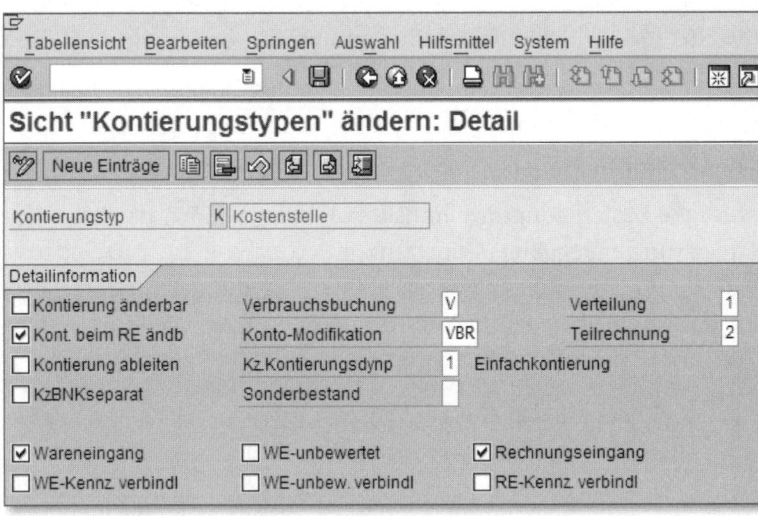

Abbildung 6.19 Kontierungstyp Kostenstelle

Einstellungen im Customizing zum Kontierungstyp

Durch die Einstellung im Feld KONTIERUNG BEIM RECHNUNGSEINGANG ÄNDERBAR für den Kontierungstyp KOSTENSTELLE (K) können Sie die vorgenommene Kontierung bei der Erfassung der Eingangsrechnung ändern. Sie erreichen diese Customizing-Einstellung, ausgehend vom

SAP Easy Access-Menü, über den Menüpfad SPRO • SAP Referenz-IMG • SAP Customizing Einführungsleitfaden • Materialwirtschaft • Einkauf • Kontierung • Kontierungstypen pflegen.

Kontierungstyp und Wareneingang

Um eine im Einkauf vorgenommene Kontierung bei der Erfassung der Eingangsrechnung ändern zu können, bedarf es zusätzlich zu dieser Einstellung des Kontierungstyps noch der Festlegung in der Bestellposition, dass kein Wareneingang oder nur ein unbewerteter Wareneingang vorgesehen ist (siehe Abbildung 6.20).

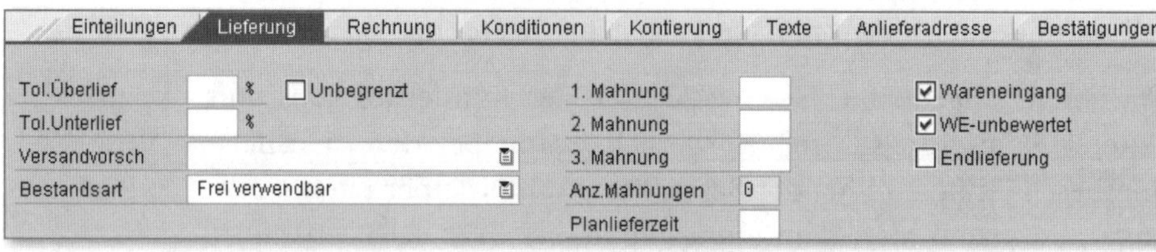

Abbildung 6.20 Wareneingang erfolgt unbewertet

Eine Anzeige oder Änderung der Kontierungsdaten bei der Erfassung einer Eingangsrechnung ist z. B. bei einer Kontierung auf eine Kostenstelle für die gewünschte Rechnungsposition im Feld Kostenstelle möglich.

Mehrfachkontierungen

Sofern die Bestellmenge im Einkauf auf mehrere Kontierungsobjekte verteilt wurde, liegt eine Mehrfachkontierung vor. Zur Anzeige bzw. Änderung der Kontierungsdaten wählen Sie die gewünschte Rechnungsposition über den Button Multikontierung (siehe Abbildung 6.21).

Mehrfachkontierung

Im besprochenen Beispiel ergibt sich ein Saldo von 100,00 EUR. Die Anpassung der Vorschlagswerte auf dem Bild der Mehrfachkontierung an die vorliegende Eingangsrechnung können Sie durch die Änderung von Mengen und Beträgen in den Kontierungszeilen vornehmen. Hierbei können Sie auch zusätzliche Positionen hinzufügen.

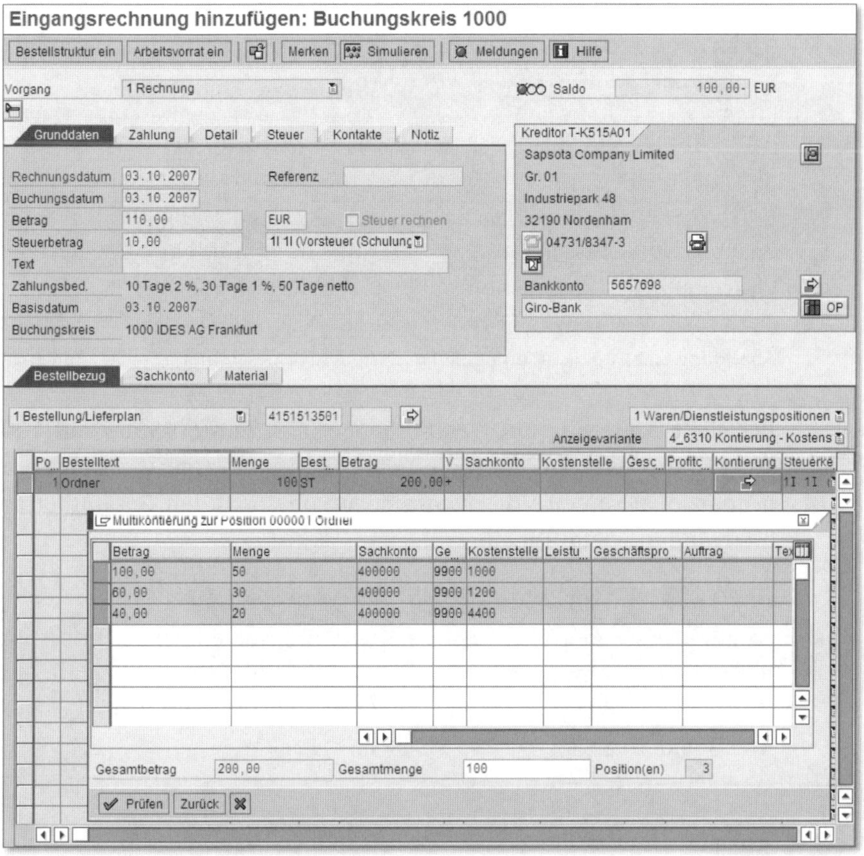

Abbildung 6.21 Multikontierung

Automatische Verteilungen bei der Mehrfachkontierung

Mit den Feldern GESAMTBETRAG und GESAMTMENGE haben Sie die Möglichkeit, den Gesamtbetrag und/oder die Gesamtmenge aus der vorliegenden Eingangsrechnung einzugeben. Über den Button PRÜFEN wird dieser Wert auf die markierten Kontierungsobjekte nach dem bisherigen Verteilungsschlüssel verteilt (siehe Abbildung 6.22).

Automatische Mengen- und Betragsverteilung

Die Vorgehensweise bei der automatischen Mengen- und Betragsverteilung der Mehrfachkontierung ist abhängig von den Eingaben in den Feldern GESAMTBETRAG und GESAMTMENGE und davon, ob z. B. auch die Menge einer einzelnen Kontierungsposition geändert oder eine neue Kontierungsposition hinzugefügt wird. Ausgehend vom Beispiel der Mehrfachkontierung in Abbildung 6.22, werden wir im Folgenden einige Beispiele geben.

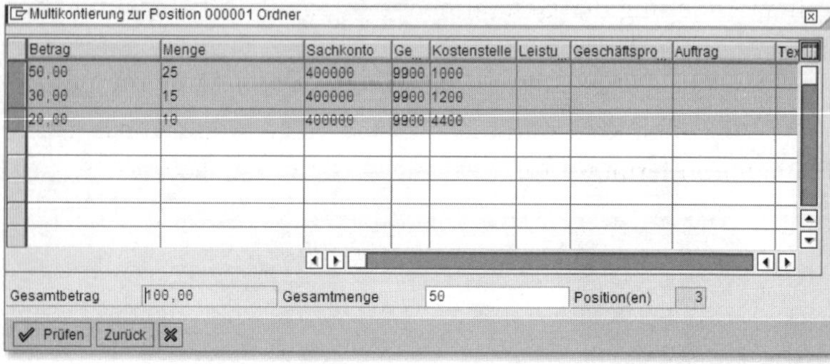

Abbildung 6.22 Multikontierungsbild nach Änderung Gesamtbetrag – Gesamtmenge

Änderung der Gesamtmenge

Bei einer Änderung der Gesamtmenge (z. B. von 50 Stück auf 100 Stück) berechnet SAP ERP die neuen Kontierungspositionsmengen proportional zu den Vorschlagsmengen und lässt den Gesamtbetrag unverändert (siehe Tabelle 6.3).

Position	Betrag		Menge	
	alt	neu	alt	neu
1	50	–	25	50
2	30	–	15	30
3	20	–	10	20
gesamt	100	–	50	100

Tabelle 6.3 Beispiel für eine Änderung der Gesamtmenge

Änderung des Gesamtbetrags

Bei einer Änderung des Gesamtbetrags (z. B. von 100,00 EUR auf 200,00 EUR) berechnet SAP ERP die neuen Kontierungspositionsbeträge proportional zu den Vorschlagsmengen und lässt die Mengen unverändert (siehe Tabelle 6.4).

Position	Betrag		Menge	
	alt	neu	alt	neu
1	50	100	25	–
2	30	60	15	–
3	20	40	10	–
gesamt	100	200	50	–

Tabelle 6.4 Beispiel für eine Änderung des Gesamtbetrags

Änderung von Gesamtmenge und Gesamtbetrag

Bei einer Änderung der Gesamtmenge (z. B. auf 100 Stück) und des Gesamtwertes (z. B. auf 150,00 EUR) berechnet SAP ERP die neuen Kontierungspositionsmengen proportional zu den Vorschlagsmengen und die neuen Kontierungspositionsbeträge proportional zu diesen neuen Kontierungspositionsmengen (siehe Tabelle 6.5).

Position	Betrag		Menge	
	alt	neu	alt	neu
1	50	75	25	50
2	30	50	15	30
3	20	30	10	20
gesamt	100	150	50	100

Tabelle 6.5 Beispiel für eine Änderung von Gesamtmenge und Gesamtbetrag

Änderung des Gesamtbetrags und Hinzufügen einer ungeplanten Kontierungspositionsmenge

Bei einer Änderung des Gesamtbetrags (z. B. auf 300,00 EUR) und Hinzufügen einer ungeplanten Kontierungspositionsmenge (von z. B. 50 Stück) verteilt SAP ERP den neuen Gesamtbetrag proportional zu den neuen Kontierungspositionsmengen (siehe Tabelle 6.6)

Position	Betrag		Menge	
	alt	neu	alt	neu
1	50	75	25	25
2	30	45	15	15
3	20	30	10	10
neu	0	150	50	–
gesamt	100	300	50	100

Tabelle 6.6 Beispiel für eine Änderung des Gesamtbetrags und Hinzufügen einer ungeplanten Kontierungspositionsmenge

Behandlung von Teilrechnungen

Für die Behandlung von Teilrechnungen ist die Angabe des Einkaufs im Feld TEILRECHNUNG auf der Registerkarte KONTIERUNG in den Detaildaten der Bestellposition von Bedeutung (siehe Abbildung 6.23).

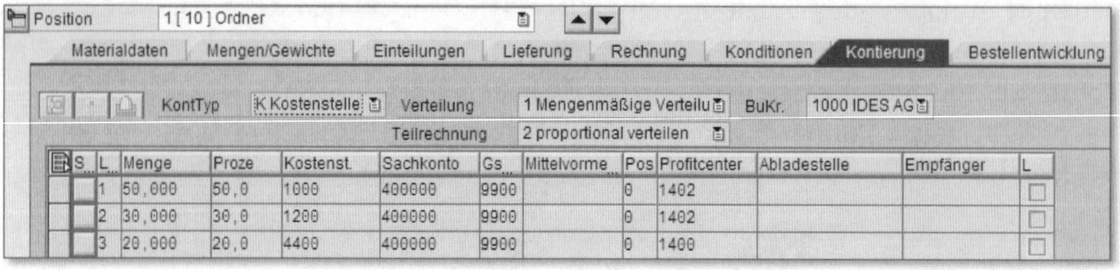

Abbildung 6.23 Verteilung und Teilrechnung

Auffüllende oder proportionale Verteilung

Hierbei kann eine Verteilung des Gesamtbetrags einer Teilrechnung auf die Kontierungspositionen entweder auffüllend oder proportional erfolgen. Bei einer Bestellmenge von 50 Stück und einer mengenmäßigen Verteilung der Kosten auf zwei Kostenstellen im Verhältnis 30:20 ergibt sich bei einer Teilrechnung von 40 Stück die folgende Verteilung dieser Teilrechnung auf die Kostenstellen (siehe Tabelle 6.7).

	Kostenstelle 1	Kostenstelle 2
auffüllend	30 Stück	10 Stück
proportional	24 Stück	16 Stück

Tabelle 6.7 Verteilung einer Teilrechnung

Bei einer Limitbestellung kann SAP ERP aufgrund des fehlenden Wareneingangs keine Mengen und Beträge zur Abrechnung vorschlagen. Erst mit der Verteilung des Rechnungsbetrags auf einzelne Kontierungsobjekte kann die Eingangsrechnung auch gebucht werden.

6.5 Rechnungen mit unterschiedlichen Umsatzsteuersätzen

Steuern können nach verschiedenen Kriterien unterteilt werden, z. B. nach der Ertragskompetenz, nach dem Steuergegenstand oder der Erhebungsart.

Kategorisierung von Steuerarten

Die Unterscheidung von Betriebssteuern nach ihrer buchhalterischen Behandlung ergibt die folgende Einteilung:

- **Aktivierungspflichtige Steuern**
  Die aktivierungspflichtigen Steuern sind Teil der aktivierungspflichtigen Anschaffungskosten eines Vermögensgegenstandes, z. B. die Grunderwerbssteuer.

- **Sofort abzugsfähige Steuern**
  Die sofort abzugsfähigen Steuern werden als Aufwand in der Finanzbuchhaltung erfasst und vermindern den steuerpflichtigen Gewinn, z. B. die Grundsteuer oder die Kraftfahrzeugsteuer.
- **Nicht abzugsfähige Steuern**
  Die nicht abzugsfähigen Steuern sind aus dem Gewinn zu entrichten, z. B. die Einkommenssteuer und die Vermögenssteuer.
- **Durchlaufende Steuern**
  Die durchlaufenden Steuern sind Steuern, die für das Unternehmen einen durchlaufenden Posten darstellen, da sie vom Unternehmen für das Finanzamt eingezogen werden, z. B. die Umsatzsteuer.

Die Umsatzsteuer ist eine Netto-Allphasen-Steuer mit Vorsteuerabzug. Somit wird die Umsatzsteuer auf jeder Unternehmensstufe vom Nettopreis berechnet. Infolge des Vorsteuerabzugs ist die Umsatzsteuer für das Unternehmen kostenneutral.

Für jeden Steuersatz ist im Customizing des Finanzwesens ein Steuerkennzeichen definiert und festgelegt, wie diese Steuer zu berechnen ist und welche Konten zu bebuchen sind. Sie erreichen die entsprechenden Customizing-Funktionen, ausgehend vom SAP Easy Access-Menü, über den Menüpfad SAP Menü • SPRO • SAP Referenz-IMG • SAP Customizing Einführungsleitfaden • Finanzwesen • Grundeinstellungen Finanzwesen • Umsatzsteuer • Berechnung • Umsatzsteuerkennzeichen definieren.

Umsatzsteuersatz

Zur Vereinfachung der Berechnung basieren die Buchungsbeispiele in diesem Buch auf einem Umsatzsteuersatz von 10 %.

Erfassung des Steuerkennzeichens

Für die Erfassung der Umsatzsteuer bei der Rechnungserfassung in der Logistik-Rechnungsprüfung stehen Ihnen die folgenden Bereiche zur Verfügung:

- Auf der Registerkarte Grunddaten im Kopfbereich das Eingabefeld Steuerbetrag, das Listenfeld Steuerkennzeichen und das Ankreuzfeld Steuer rechnen.

- Auf der Registerkarte STEUER im Kopfbereich das Eingabefeld STEUER BELEGWÄHRUNG, das Listenfeld STEUERKENNZEICHEN und das Ankreuzfeld STEUER RECHNEN.
- In der Positionsliste die Spalte STEUERKENNZEICHEN.

Das Steuerkennzeichen für jede Rechnungsposition wird aus der Bestellposition übernommen und ist bei der Rechnungserfassung änderbar. Sofern aus der Bestellposition kein Steuerkennzeichen übernommen werden kann, überführt SAP ERP das Steuerkennzeichen aus dem Kopfbereich. Vorschlagswerte für dieses Steuerkennzeichen können Sie buchungskreisabhängig im Customizing der Logistik-Rechnungsprüfung hinterlegen (siehe Abbildung 6.24).

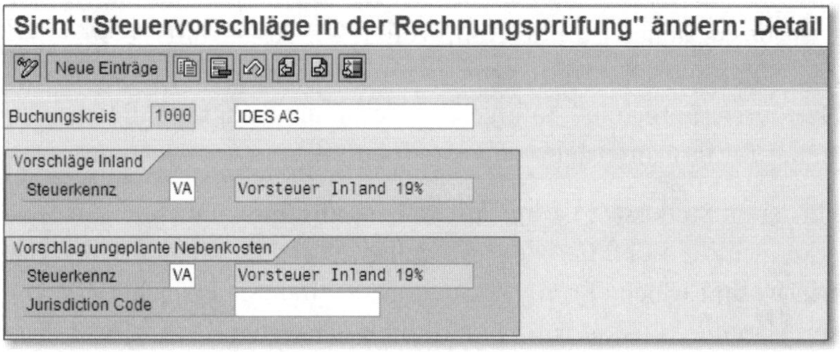

Abbildung 6.24 Vorschlagswerte für Steuerkennzeichen

Sie erreichen diese Einstellungen, ausgehend vom SAP Easy Access-Menü, über den Menüpfad SAP MENÜ • SPRO • MATERIALWIRTSCHAFT • LOGISTIK-RECHNUNGSPRÜFUNG • EINGANGSRECHNUNG • VORSCHLAGSWERTE FÜR STEUERKENNZEICHEN PFLEGEN.

Anzahl der Steuersätze

Die Erfassung der Steuern einer Eingangsrechnung in der Transaktion EINGANGSRECHNUNG HINZUFÜGEN ist abhängig von der Anzahl der Steuersätze der Rechnungspositionen:

- Bei *einem* Steuersatz können Sie den Steuerbetrag und das Steuerkennzeichen in den Kopfdaten der Registerkarte GRUNDDATEN eingeben. Ist der Steuerbetrag nicht ausdrücklich auf der Eingangsrechnung angegeben, können Sie das Ankreuzfeld STEUER RECHNEN wählen.
- Bei *mehreren unterschiedlichen* Steuersätzen können Sie Steuerbeträge und Steuerkennzeichen auf der Registerkarte STEUER im

Kopfbereich eingeben. Auch hier steht Ihnen das Ankreuzfeld STEUER RECHNEN zur Verfügung (siehe Abbildung 6.25).

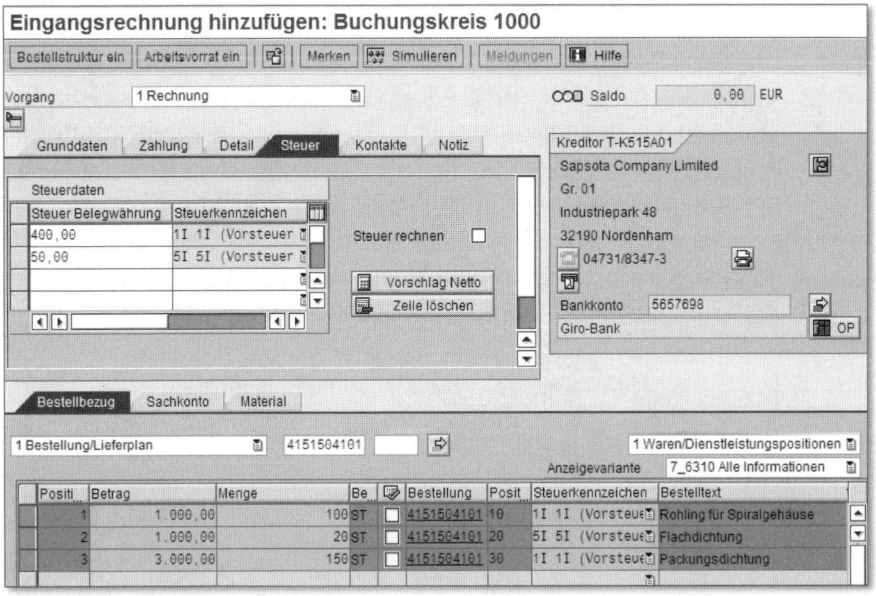

Abbildung 6.25 Registerkarte »Steuer«

Steuerbuchungen im Finanzbuchhaltungsbeleg

SAP ERP überprüft die Steuerdaten beim Simulieren oder Buchen der Eingangsrechnung. Für die Buchung in der Finanzbuchhaltung erstellt SAP ERP für jeden Umsatzsteuersatz eine Buchungszeile und fasst Rechnungspositionen mit gleichen Umsatzsteuersätzen zusammen (siehe Abbildung 6.26).

Bu...	Pos	BS	S	Konto	Bezeichnung	Betrag	Währg	St	Kostenstelle	Auftrag	Profitcenter	Segment	Faktura
1000	1	31		T-K515A01	Sapsota Company Limitec	5.450,00-	EUR	**					
	2	86		191100	WE/RE-Verrech.Fremdb	1.000,00	EUR	1I			1010		
	3	86		191100	WE/RE-Verrech.Fremdb	1.000,00	EUR	5I			1010		
	4	86		191100	WE/RE-Verrech.Fremdb	3.000,00	EUR	1I			1010		
	5	40		154000	Eingangssteuer	400,00	EUR	1I					
	6	40		154000	Eingangssteuer	50,00	EUR	5I					

Abbildung 6.26 Buchungen in der Finanzbuchhaltung

Aus dem obigen Beispiel ist zu erkennen, dass die Rechnungspositionen 1 und 3 den gleichen Steuersatz aufweisen. Die Steuerbasis von 4.000,00 EUR ergibt bei einem Steuersatz von 10 % einen Steuerbetrag von 400,00 EUR, der in einer Buchungszeile zusammengefasst wurde.

6.6 Rechnungen in Fremdwährungen

Bei ausländischen Lieferanten kann eine Bestellung in einer Fremdwährung erfolgen, wodurch auch regelmäßig die Eingangsrechnung über eine Fremdwährung lautet. Eine Fremdwährung ist hierbei eine Währung, die von der im Buchungskreis eingestellten Hauswährung abweicht. Zur Erfassung einer Eingangsrechnung in Fremdwährung muss diese Fremdwährung in SAP ERP definiert sein, und es muss ein Umrechnungskurs hinterlegt sein (siehe Abbildung 6.27).

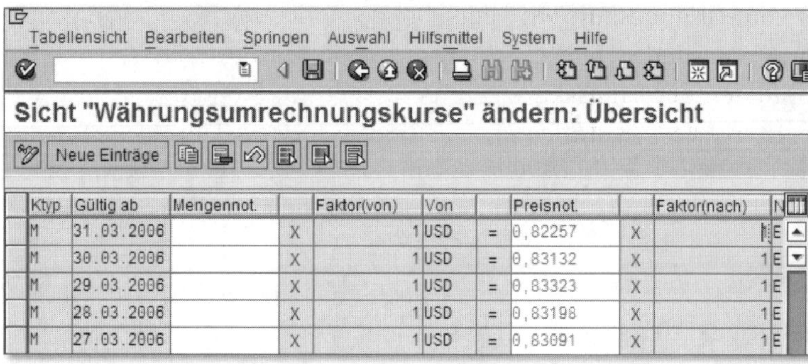

Abbildung 6.27 Umrechnungskurse

Umrechnungskurse pflegen Sie in den allgemeinen Daten des Customizings, ausgehend vom Einstiegsbild des SAP Easy Access-Menüs, über den Menüpfad SPRO • SAP REFERENZ-IMG • SAP CUSTOMIZING EINFÜHRUNGSLEITFADEN • SAP NETWEAVER • ALLGEMEINE EINSTELLUNGEN • WÄHRUNGEN • UMRECHNUNGSKURSE EINGEBEN.

Bestellkurs fixieren

Der Einkäufer hat bei einer Bestellung in einer Fremdwährung die Möglichkeit, den Bestellkurs durch ein Kennzeichen auf der Registerkarte LIEFERUNG/RECHNUNG in den Kopfdaten zu fixieren (siehe Abbildung 6.28).

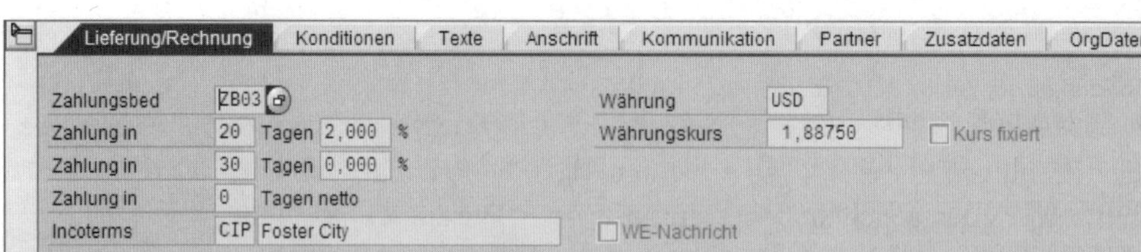

Abbildung 6.28 Bestellkopf

Bei einem *fixierten Umrechnungskurs* erfolgen die Buchungen in der Hauswährung beim Waren- und Rechnungseingang zu diesem Umrechnungskurs. Sie können auch keinen Umrechnungskurs bei der Erfassung der Eingangsrechnung manuell eingeben. Somit können in Hauswährung ausgedrückt keine Kursabweichungen zwischen Bestellwert, Wareneingangswert und Rechnungswert auftreten.

Bei einem in der Bestellung *nicht fixierten Umrechnungskurs* erfolgen die Buchungen in Hauswährung beim Wareneingang zu dem im Customizing zum Buchungsdatum eingestellten Umrechnungskurs. Dieser Umrechnungskurs wird auch bei der Erfassung der Eingangsrechnung zugrunde gelegt, sofern der Rechnungserfasser in den Kopfdaten der Transaktion EINGANGSRECHNUNG HINZUFÜGEN auf der Registerkarte DETAIL nicht manuell einen anderen Umrechnungskurs eingibt (siehe Abbildung 6.29).

Änderbarkeit des Umrechnungskurses

Der Umrechnungskurs ist nur änderbar, solange noch keine Zuordnung vorgenommen wurde.

Abbildung 6.29 Umrechnungskurs bei der Rechnungserfassung

Behandlung von Kursdifferenzen

Im angegebenen Beispiel treten Kursdifferenzen zwischen dem Bestellkurs und dem Kurs bei der Rechnungserfassung auf. Die Buchung der Kursdifferenzen ist abhängig von den Einstellungen im Customizing der Logistik-Rechnungsprüfung (siehe Abbildung 6.30).

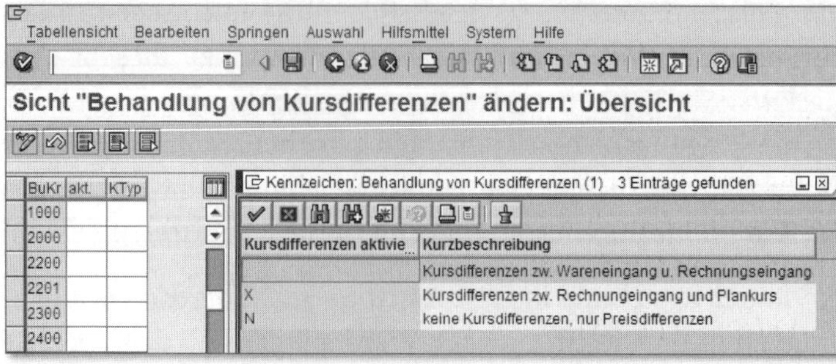

Abbildung 6.30 Behandlung von Kursdifferenzen

Die Einstellungen zur Behandlung von Kursdifferenzen erreichen Sie, ausgehend vom SAP Easy Access-Menü, über den Menüpfad SPRO • SAP REFERENZ-IMG • SAP CUSTOMIZING EINFÜHRUNGSLEITFADEN • MATERIALWIRTSCHAFT • LOGISTIK-RECHNUNGSPRÜFUNG • EINGANGSRECHNUNG • BEHANDLUNG VON KURSDIFFERENZEN EINSTELLEN.

Hierbei haben Sie drei verschiedene Einstellungsmöglichkeiten:

- Der Wert der Kursdifferenz ergibt sich aus der Differenz der Kurswerte zwischen Waren- und Rechnungseingang.
- Der Wert der Kursdifferenz ergibt sich aus der Differenz des Kurswertes beim Rechnungseingang und dem Wert eines Plankurses.
- Die Kursdifferenzen werden als Preisabweichungen betrachtet und je nach dem im Materialstammsatz eingestellten Preissteuerungsverfahren und der Bestandssituation auf einem Bestandskonto und/oder einem Preisdifferenzenkonto gebucht.

Im behandelten Beispiel erfolgt die Buchung in der Hauswährung zu den folgenden Werten (siehe Abbildung 6.31).

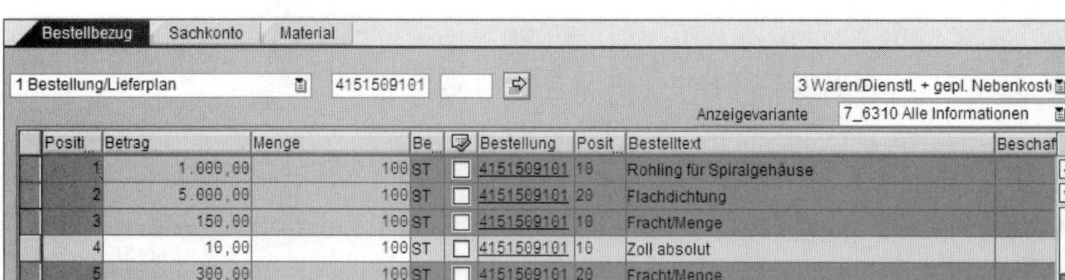

Abbildung 6.31 Buchungen in Hauswährung

Die Anzeigewährung für den Beleg können Sie bei der Simulation über den Button ANZEIGEWÄHRUNG ÄNDERN umschalten. Bei einem gebuchten Beleg können Sie sich Belegwährung und Hauswährung über eine geeignete Anzeigevariante anzeigen lassen.

Wie kommen diese Beträge zustande?

Berechnungen

Die Buchung des Wareneingangs erfolgte wertmäßig zu dem im Customizing eingestellten Umrechnungskurs: Dieser entsprach zufällig dem nicht fixierten Umrechnungskurs im Bestellkopf:

1,88750 EUR = 1,00 USD

Somit wurde am Beispiel der zweiten Buchungszeile ein Wareneingangswert von 120,00 USD, umgerechnet in die Hauswährung EUR von 226,50 EUR, auf das Bestandskonto und das Wareneingangs-/Rechnungseingangsverrechnungskonto (WE/RE-Konto) gebucht.

Buchungen in der Finanzbuchhaltung

Durch den Rechnungseingang wird das WE/RE-Konto betragsmäßig ausgeglichen. Um den Betrag von 133,48 EUR in der dritten Buchungszeile wird das Bestandskonto aufgrund der Veränderung des Umrechnungskurses zum Zeitpunkt des Rechnungseingangs vermindert. Der zum Zeitpunkt des Rechnungseingangs gültige Kurs beträgt:

1,00 EUR = 1,2900 USD oder 0,7752 EUR = 1,00 USD

Diese durch den veränderten Wechselkurs zum Ausdruck gekommene Werterhöhung des Euro (Wertminderung des USD) vermindert den aktivierungspflichtigen Wert des Rohstoffs auf:

120,00 USD × 0,7752 EUR = 93,02 EUR

Der durch den Wareneingang eingebuchte Betrag von 226,50 EUR abzüglich des durch den Kursrückgang des USD verminderten aktivierungspflichtigen Betrags von 93,02 EUR ergibt eine Korrekturbuchung auf dem Bestandskonto von 133,48 EUR.

6.7 Rechnungserfassung und Skontobehandlung

Die mit einem Lieferanten vereinbarten Zahlungsbedingungen enthalten die Regeln, nach denen der finanzielle Ausgleich für die erbrachten Lieferungen und Leistungen erfolgen soll.

6.7.1 Verwendung von Zahlungsbedingungen

Zahlungsbedingungsschlüssel

Sollen bestimmte Zahlungsbedingungen regelmäßig verwendet werden, können Sie diese als Zahlungsbedingungsschlüssel im Customizing des Finanzwesens hinterlegen (siehe Abbildung 6.32).

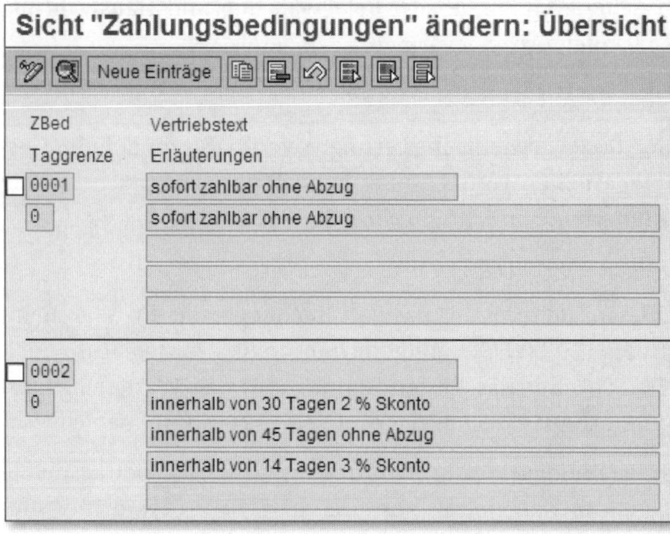

Abbildung 6.32 Zahlungsbedingungen

Sie erreichen diese Customizing-Einstellung über den Menüpfad SPRO • SAP Referenz-IMG • SAP Customizing Einführungsleitfaden • Finanzwesen • Debitoren- und Kreditorenbuchhaltung • Geschäftsvorfälle • Rechnungseingang • Zahlungsbedingungen pflegen. Zahlungsbedingungsschlüssel können mehrstufig (bis zu drei Stufen) sein und somit für unterschiedliche Zahlungsziele unterschiedliche Skontosätze vorsehen. Ein Zahlungsbedingungsschlüssel kann auch ein Zahlungsfristenbasisdatum enthalten, das bestimmt, ab wann diese Zahlungsfristen gelten.

Eingabe von Zahlungsbedingungen

Zahlungsbedingungsschlüssel können Sie zur regelmäßigen Verwendung für einen Lieferanten im Lieferantenstammsatz hinterlegen oder für jeden Bestellvorgang im Bestellkopf eingeben. Diese Zahlungsbedingungen werden bei der Erfassung der Eingangsrechnung mit der Transaktion Eingangsrechnung hinzufügen vorgeschlagen und können im Kopfbereich auf der Registerkarte Zahlung geändert werden (siehe Abbildung 6.33).

Bezieht sich die Rechnung auf mehrere Bestellungen, wird die Zahlungsbedingung der ersten zugeordneten Bestellung vorgeschlagen. Auf der Registerkarte Zahlung können Sie den gewünschten Zahlungsbedingungsschlüssel eintragen oder das Basisdatum und die gewünschten Zahlungsziele und Skontosätze aufsteigend sortiert eingeben.

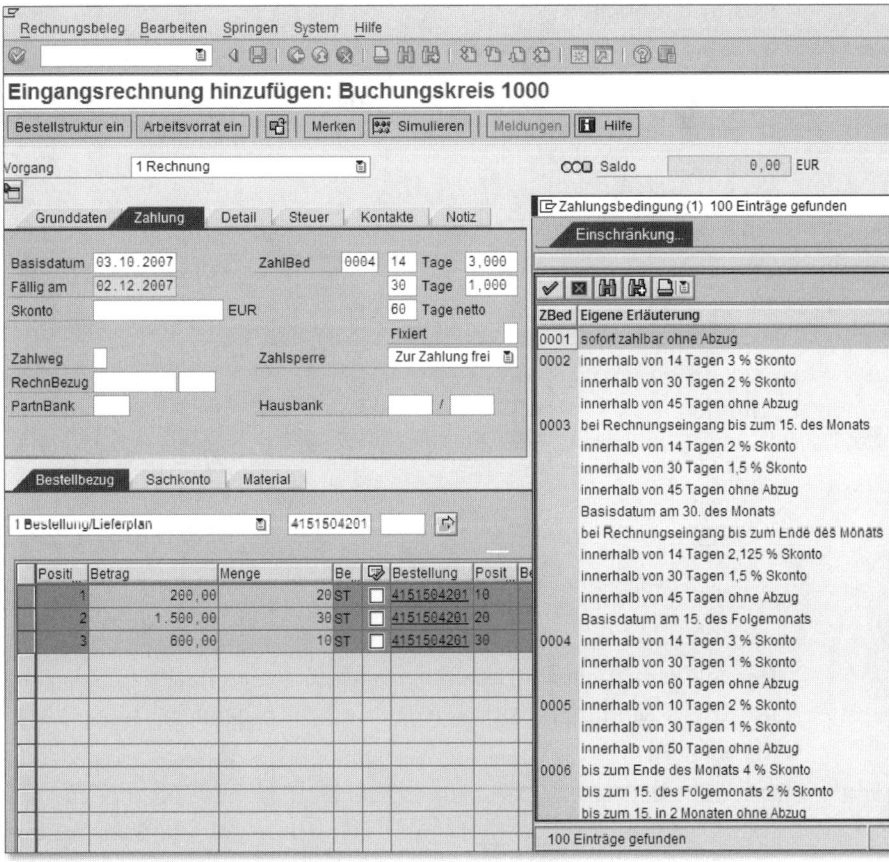

Abbildung 6.33 Zahlungsbedingungen – Registerkarte »Zahlung«

6.7.2 Buchungen des Skontobetrags

Für die Verbuchung des Skontobetrags in der Finanzbuchhaltung existieren in SAP ERP zwei Möglichkeiten, die sich darin unterscheiden, ob der Skontobetrag bereits bei der Verbuchung der Rechnung oder erst bei der Verbuchung der Zahlung berücksichtigt wird. Das folgende Beispiel soll zur Illustration der verschiedenen Buchungen dienen:

Beispiel zur Verbuchung von Skonto

Bestellung und Wareneingang:

100 Stück zu 4,00 EUR/Stück	=	*400,00 EUR*
zzgl. USt. 10 %	=	*40,00 EUR*
		440,00 EUR
abzgl. 3 % Skonto		*13,20 EUR*
ergibt		*426,80 EUR*

Das Bruttobuchen

Beim Bruttobuchen wird der Skontobetrag erst bei der Buchung der Zahlung berücksichtigt. Hierdurch ergeben sich folgende Buchungssätze bei der Verbuchung des Rechnungseingangs und der Zahlung:

Rechnungseingang:

WE/RE-Konto	*400,00 EUR*
Vorsteuerkonto	*40,00 EUR*
an	
Kreditorenkonto	*440,00 EUR*

Zahlung:

Kreditorenkonto	*440,00 EUR*
an	
Bank	*426,80 EUR*
Vorsteuerkonto	*1,20 EUR*
Ergebniskonto	*12,00 EUR*

Der folgende Finanzbuchhaltungsbeleg für einen Rechnungseingang mit drei Rechnungspositionen wurde brutto gebucht (siehe Abbildung 6.34).

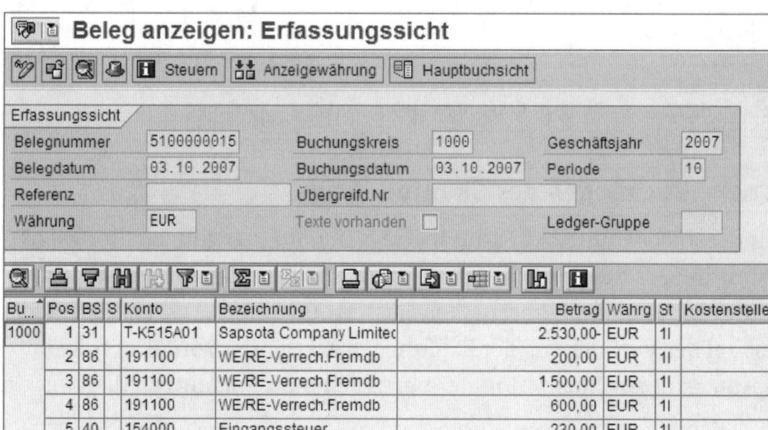

Abbildung 6.34 Bruttobuchen

Das Nettobuchen

Beim Nettobuchen wird bereits bei der Verbuchung der Rechnung der Nettoskontobetrag auf einem Skontoverrechnungskonto gebucht. Die

Gegenbuchung hierzu erfolgt je nach Preissteuerungsverfahren und Bestandsdeckung auf einem Bestandskonto oder Preisdifferenzenkonto. Bei der Verbuchung der Zahlung erfolgen der Ausgleich des Skontoverrechnungskontos und die Korrektur des Vorsteuerkontos:

Rechnungseingang:

WE/RE-Konto	*400,00 EUR*
Vorsteuerkonto	*40,00 EUR*
Skontoverrechnungskonto	*12,00 EUR*
an	
Kreditorenkonto	*440,00 EUR*
Bestands-/PD-Konto	*12,00 EUR*

Zahlung:

Kreditorenkonto	*440,00 EUR*
an	
Bank	*426,80 EUR*
Vorsteuerkonto	*1,20 EUR*
Skontoverrechnungskonto	*12,00 EUR*

In der Fortführung des obigen Beispiels wurde derselbe Rechnungseingang mit drei Rechnungspositionen netto gebucht (siehe Abbildung 6.35).

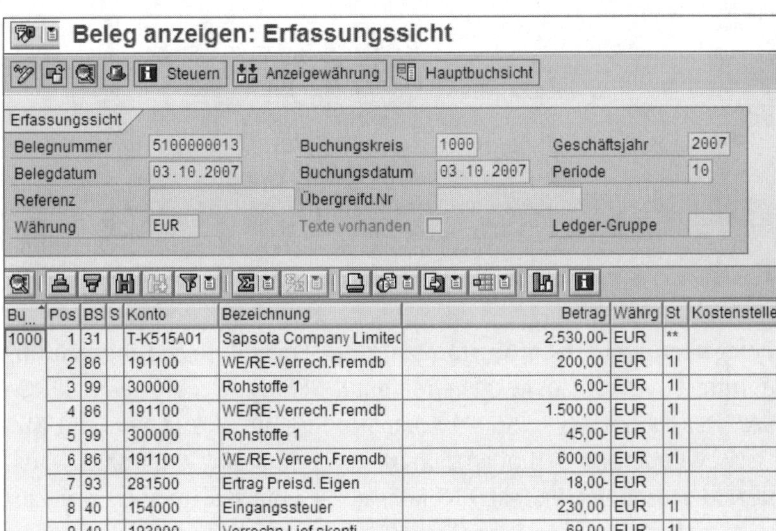

Bu...	Pos	BS	S	Konto	Bezeichnung	Betrag	Währg	St	Kostenstelle
1000	1	31		T-K515A01	Sapsota Company Limitec	2.530,00-	EUR	**	
	2	86		191100	WE/RE-Verrech.Fremdb	200,00	EUR	1I	
	3	99		300000	Rohstoffe 1	6,00-	EUR	1I	
	4	86		191100	WE/RE-Verrech.Fremdb	1.500,00	EUR	1I	
	5	99		300000	Rohstoffe 1	45,00-	EUR	1I	
	6	86		191100	WE/RE-Verrech.Fremdb	600,00	EUR	1I	
	7	93		281500	Ertrag Preisd. Eigen	18,00-	EUR		
	8	40		154000	Eingangssteuer	230,00	EUR	1I	
	9	40		193000	Verrechn.Lief.skonti	69,00	EUR	1I	

Abbildung 6.35 Nettobuchen

Der gesamte Nettoskontobetrag von 69,00 EUR wurde mit Position 9 auf dem Konto VERRECHNUNG LIEFERANTENSKONTI gebucht.

Bestandskonto oder Preisdifferenzenkonto

Die Gegenbuchung dieses Betrags erfolgte für die Materialien mit dem Preissteuerungsverfahren GLEITENDER DURCHSCHNITTSPREIS mit den Positionen 3 und 5 auf dem Bestandskonto. Der Restbetrag der Position 7 wurde auf ein Preisdifferenzenkonto gebucht, weil dieses Material entweder das Preissteuerungsverfahren STANDARDPREIS aufweist oder weil trotz des Preissteuerungsverfahrens GLEITENDER DURCHSCHNITTSPREIS für die Rechnungsmenge keine Bestandsdeckung vorhanden ist.

6.7.3 Steuerung des Buchungsverfahrens über die Belegart

Die Entscheidung, ob brutto oder netto gebucht wird, können Sie über das Feld BELEGART auf der Registerkarte DETAIL vornehmen (siehe Abbildung 6.36).

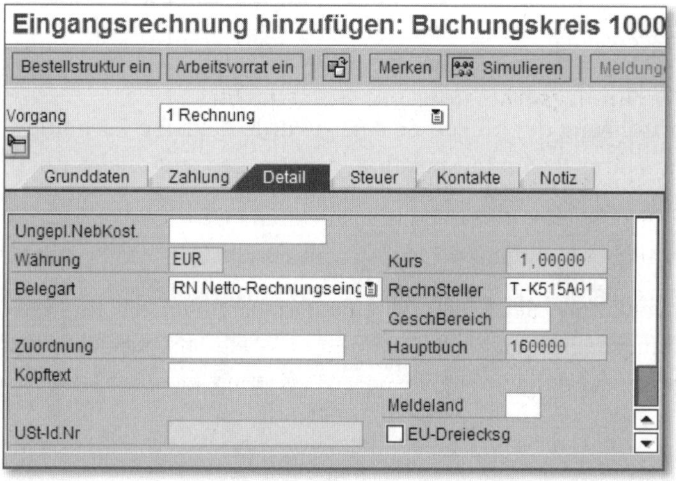

Abbildung 6.36 Belegart – Registerkarte »Detail«

Definition von Belegarten

Belegarten werden im Customizing der Logistik-Rechnungsprüfung definiert (Menüpfad, ausgehend vom SAP Easy Access-Menü: SPRO • SAP REFERENZ-IMG • SAP CUSTOMIZING EINFÜHRUNGSLEITFADEN • MATERIALWIRTSCHAFT • LOGISTIK-RECHNUNGSPRÜFUNG • EINGANGSRECHNUNG • NUMMERNVERGABE • NUMMERNVERGABE FÜR BUCHHALTUNGSBELEGE PFLEGEN • Button BELEGARTEN RECHNUNGSPRÜFUNG).

Hier stellen Sie auch den Vorschlagswert der Belegart für die Logistik-Rechnungsprüfung ein und entscheiden, ob netto oder brutto gebucht wird (siehe Abbildung 6.37).

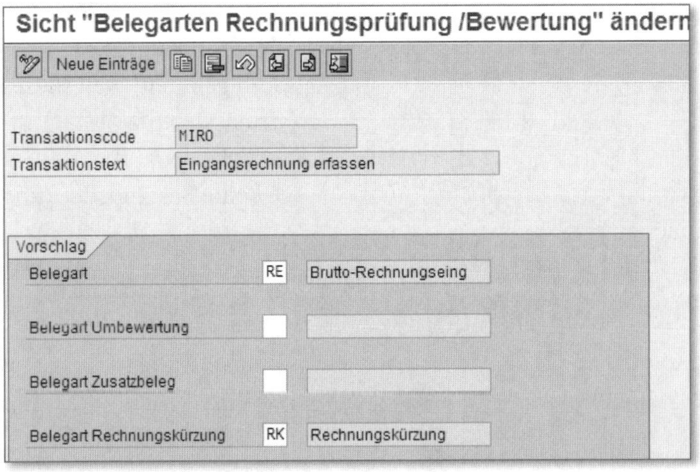

Abbildung 6.37 Belegarten

6.7.4 Rechnungserfassung mit Betragssplit

Ein Rechnungs- oder Gutschriftsbetrag kann gesplittet werden. Die Aufteilung eines Gesamtrechnungsbetrags kann erforderlich sein, wenn Sie für einzelne Beträge unterschiedliche Quellensteuer-Informationen angeben wollen.

Zudem können Sie den Betrag nach unterschiedlichen Zahlwegen oder Zahlungsbedingungen splitten und den Namen eines CpD-Zahlungsempfängers eingeben. Der Betragssplit muss buchungskreisabhängig im Customizing des Finanzwesens erlaubt werden. Menüpfad, ausgehend vom SAP Easy Access-Menü: SPRO • SAP REFERENZ-IMG • SAP CUSTOMIZING EINFÜHRUNGSLEITFADEN • FINANZWESEN • GRUNDEINSTELLUNGEN FINANZWESEN • GLOBALE PARAMETER PRÜFEN UND ERGÄNZEN (siehe Abbildung 6.38).

Durch diese Einstellung erscheint auf dem Erfassungsbild der Transaktionen EINGANGSRECHNUNG HINZUFÜGEN und EINGANGSRECHNUNG VORERFASSEN im Kopfbereich eine weitere Registerkarte mit der Bezeichnung BETRAGSSPLIT (siehe Abbildung 6.39).

Durch die Betragssplittung wird der Gesamtbetrag auf mehrere Kreditorenzeilen gebucht.

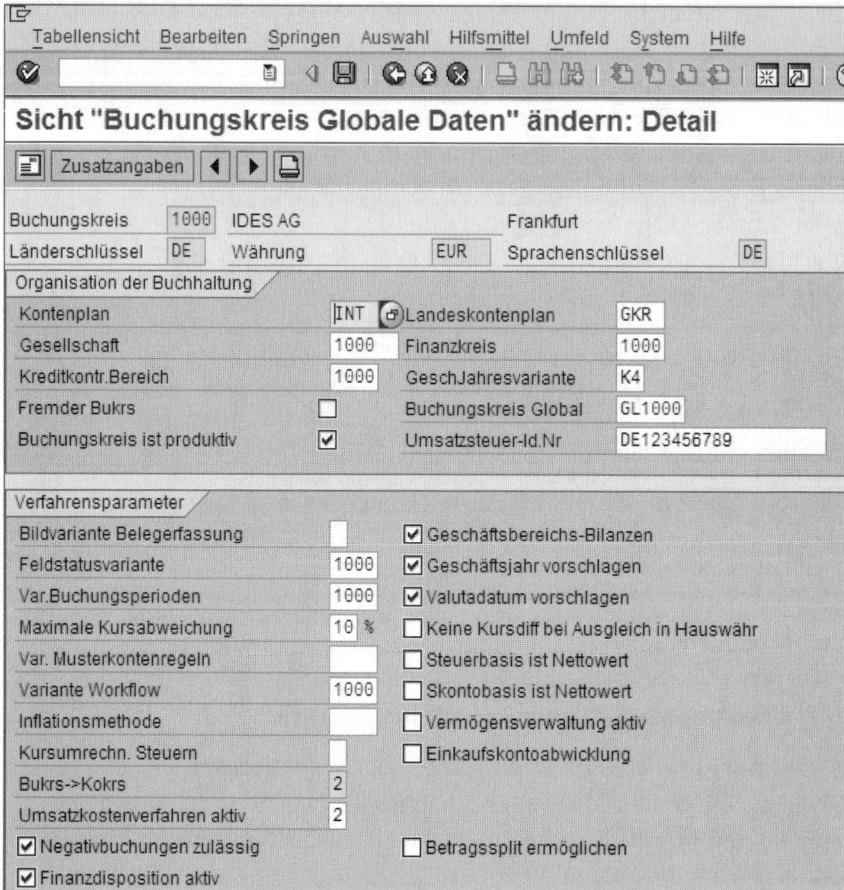

Abbildung 6.38 Betragssplit ermöglichen

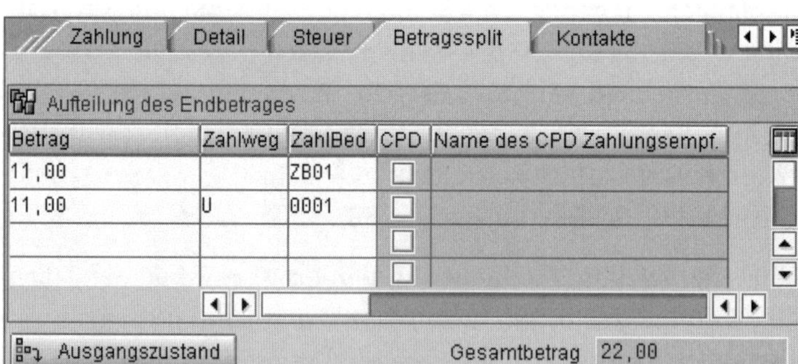

Abbildung 6.39 Erfassungsbild – Kopfbereich

6.8 Rechnungen mit Bezugsnebenkosten

Gelegentlich erhalten Sie Eingangsrechnungen, die neben Materialpositionen und Dienstleistungspositionen auch Positionen über Nebenkosten enthalten, oder eine Eingangsrechnung enthält ausschließlich Rechnungspositionen zu Nebenkosten. Diese Nebenkosten können z. B. Frachten, Versicherungsgebühren, Zölle und Rollgelder sein.

Berechnung von Bezugsnebenkosten

Für die Betragshöhe dieser Nebenkosten sind die folgenden Berechnungen möglich:

- ein Betrag in Abhängigkeit von der Liefermenge
- ein Betrag in Abhängigkeit vom Wert
- ein fester Betrag

SAP ERP unterscheidet geplante und ungeplante Nebenkosten. Für die Behandlung dieser Nebenkosten stehen verschiedene Möglichkeiten zur Verfügung.

6.8.1 Rechnungen mit geplanten Bezugsnebenkosten

Geplante Bezugsnebenkosten werden bereits zum Zeitpunkt der Bestellung mit dem Lieferanten oder z. B. einer Spedition vereinbart und in der Bestellung aufgeführt. Sie erfassen in der Transaktion EINGANGSRECHNUNG HINZUFÜGEN zunächst den Vorgang, die Kopfdaten und die Zuordnung. Anschließend wählen Sie oberhalb der Positionsliste im Listenfeld die Positionen aus, die zur Bearbeitung vorgeschlagen werden sollen.

Zu bearbeitende Rechnungspositionen

Hierbei haben Sie die folgenden Möglichkeiten:

- Waren-/Dienstleistungspositionen
- Waren-/Dienstleistungspositionen und geplante Nebenkosten
- geplante Nebenkosten

Geplante Nebenkosten können Sie auf eine Bestellung, einen Lieferanten oder einen Frachtbrief referieren. Je nach der vorgenommenen Auswahl werden Ihnen Rechnungspositionen zur Bearbeitung vorgeschlagen. Die zur Bearbeitung vorgeschlagenen Waren- und Dienstleistungspositionen sind wiederum die noch nicht abgerechneten, aber bereits im Wareneingang gebuchten Bestellpositionen.

Welche Nebenkostenpositionen zur Bearbeitung vorgeschlagen werden, ist abhängig von der Bestellentwicklung:

- Solange noch kein Wareneingang zur Bestellung erfolgt ist, werden die Nebenkosten ohne Mengen- und Wertangabe vorgeschlagen.
- Wenn bereits ein Wareneingang zur Bestellung erfolgt ist, werden anteilig für die Menge der bereits gelieferten Materialpositionen die noch nicht berechneten Nebenkosten vorgeschlagen (siehe Abbildung 6.40).

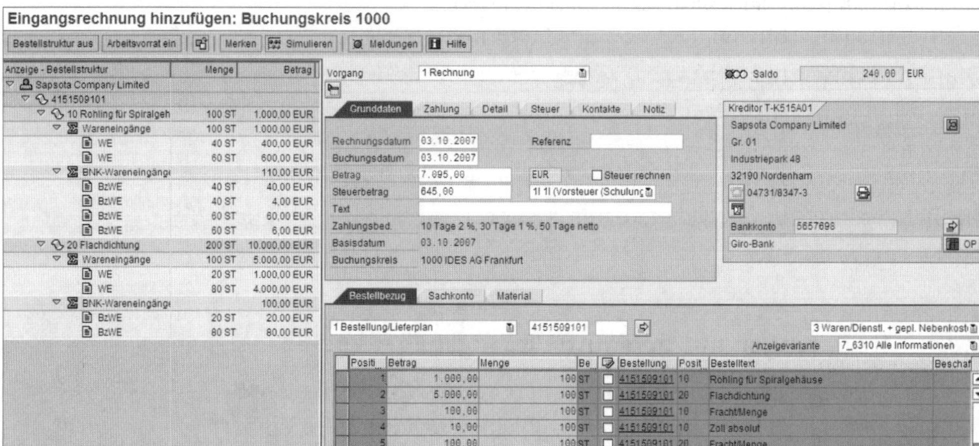

Abbildung 6.40 Vorschlagsliste und Bestellstruktur

In Abbildung 6.40 erkennen Sie in der Bestellstruktur, dass die bestellten Materialien der Positionen 10 und 20 bereits vollständig geliefert wurden. Eine Eingangsrechnung ist bislang weder für die Materialpositionen noch für die geplanten Nebenkosten verbucht worden. Am Bestelltext in der Positionsliste der Positionen 3, 4 und 5 erkennen Sie, dass es sich um Nebenkosten handelt, und in der links daneben liegenden Spalte (Positi) finden Sie die Zuordnung dieser Nebenkostenpositionen zur entsprechenden Bestellposition.

Bearbeitung der Positionen mit Bezugsnebenkosten

Wie üblich werden auch bei der Rechnungserfassung von geplanten Nebenkosten diejenigen Positionen demarkiert, die nicht in der Ihnen vorliegenden Eingangsrechnung aufgeführt sind. Nebenkosten für Positionen, die noch nicht geliefert wurden, oder Abweichungen zwischen den zur Bearbeitung vorgeschlagenen Nebenkostenmengen und Nebenkostenwerten und den in der vorliegenden Eingangsrechnung aufgeführten Nebenkosten können Sie manuell korrigieren. Abweichungen haben hier dieselben Auswirkungen wie auch bei der Buchung von Abweichungen bei bestellten Materialpositionen – etwa die Sperrung der Rechnung zur Zahlung und die Verbuchung der Wertedifferenz je nach Preissteuerungsverfahren, Bestandsdeckung und gelieferter Menge auf ein Bestandskonto, Preisdifferenzenkonto oder das WE/RE-Verrechnungskonto.

Abweichender Rechnungssteller

Einen von der Bestellung abweichenden Rechnungssteller können Sie in den Kopfdaten auf der Registerkarte DETAIL eingeben.

Die Verbuchung der geplanten Nebenkosten in der Finanzbuchhaltung erfolgte bereits mit der Verbuchung des Wareneingangs durch die Inanspruchnahme bestimmter Verrechnungskonten. Für jede Art ungeplanter Nebenkosten kann ein entsprechendes Verrechnungskonto eingerichtet werden. Dieses Verrechnungskonto wird bei der Buchung des Rechnungseingangs wieder ausgeglichen:

Buchungen in der Finanzbuchhaltung

Wareneingang:

Bestandskonto
an
Verrechnungskonto Fracht
Verrechnungskonto Zoll
WE/RE-Verrechnungskonto

Rechnungseingang:

WE/RE-Verrechnungskonto
Vorsteuerkonto
Verrechnungskonto Fracht
Verrechnungskonto Zoll
an
Kreditorenkonto

6.8.2 Rechnungen mit ungeplanten Bezugsnebenkosten

Ungeplante Bezugsnebenkosten zeichnen sich dadurch aus, dass sie erst bei der Rechnungserfassung bekannt sind und auch erst dann erfasst werden können. Im Gegensatz zu den geplanten Bezugsnebenkosten werden somit bei ungeplanten Bezugsnebenkosten bei der

Wareneingangsbuchung keine Frachtverrechnungskonten bebucht, und das Material bzw. das Kontierungsobjekt wird nicht um die Bezugsnebenkosten erhöht.

Verbuchung ungeplanter Bezugsnebenkosten

Für die Verbuchung ungeplanter Nebenkosten stehen Ihnen zwei Möglichkeiten zur Verfügung:

- die Buchung der Bezugsnebenkosten auf ein separates Sachkonto
- die Verteilung der Bezugsnebenkosten auf die Rechnungspositionen

Weiterhin können Sie ungeplante Nebenkosten ohne Bestellbezug direkt einem Sachkonto oder einem Material anlasten (siehe Abschnitt 6.3, »Verbuchung von Rechnungen ohne Bestellbezug«).

Die Entscheidung über die Buchungsmethode treffen Sie im Customizing der Logistik-Rechnungsprüfung (siehe Abbildung 6.41).

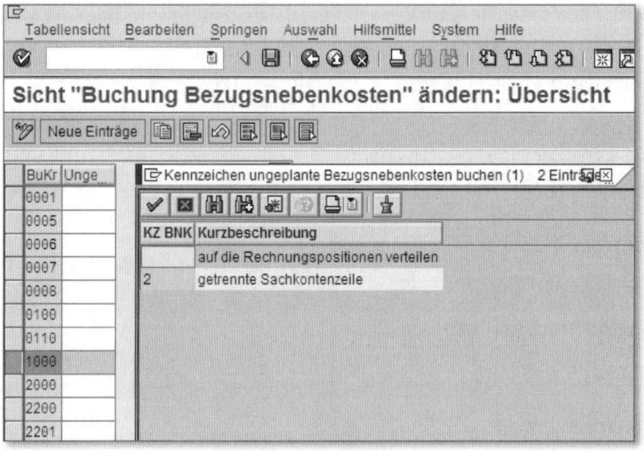

Abbildung 6.41 Buchung ungeplanter Bezugsnebenkosten

Den Menüpfad zur Einstellung der Buchung ungeplanter Bezugsnebenkosten erreichen Sie, ausgehend vom SAP Easy Access-Menü, über den Menüpfad SPRO • SAP REFERENZ-IMG • SAP CUSTOMIZING EINFÜHRUNGSLEITFADEN • MATERIALWIRTSCHAFT • LOGISTIK-RECHNUNGSPRÜFUNG • EINGANGSRECHNUNG • BUCHEN VON UNGEPLANTEN NEBENKOSTEN EINSTELLEN.

Sofern Sie die ungeplanten Bezugsnebenkosten auf ein separates Sachkonto buchen wollen, müssen Sie das Sachkonto ebenfalls im Customizing der Logistik-Rechnungsprüfung einstellen. Die Einstellungen des erforderlichen Sachkontos erreichen Sie, ausgehend vom SAP Easy Access-Menü, über den Menüpfad SPRO • SAP REFERENZ-IMG • SAP CUSTOMIZING EINFÜHRUNGSLEITFADEN • MATERIALWIRTSCHAFT • LOGISTIK-RECHNUNGSPRÜFUNG • EINGANGSRECHNUNG • VORSCHLAGSWERTE FÜR STEUERKENNZEICHEN PFLEGEN.

Buchungen in der Finanzbuchhaltung

Der Buchungssatz bei der Inanspruchnahme eines separaten Sachkontos lautet:

Rechnungseingang:

WE/RE-Verrechnungskonto
Vorsteuerkonto
Sachkonto für ungeplante Nebenkosten
an
Kreditorenkonto

Bezugsnebenkosten in der Bestellentwicklung

Die Verbuchung ungeplanter Bezugsnebenkosten auf ein separates Sachkonto ist in der Bestellentwicklung der Bestellung nicht erkennbar.

Verteilung ungeplanter Bezugsnebenkosten

Die Verteilung der Bezugsnebenkosten einer Rechnung auf die Rechnungspositionen erfolgt im Verhältnis der Rechnungswerte bereits gebuchter Rechnungen und der laufenden Rechnung. Zur Illustration soll das folgende Beispiel dienen (siehe Abbildung 6.42):

Rechnung

Rechnung D56_2007
27.10.2007

Rechnung zur Bestellung 4151509201

Position	Material	Anzahl (St.)	Preis in €/St.	Betrag
1	Flachdichtung	100	50,00	5.000,00
2	Packungsdichtung	50	20,00	1.000,00
3	Nebenkosten zu Pos. 1, 2			440,00
				6.440,00
	Zzgl. 10% USt.		644,00	7.084,00

Abbildung 6.42 Buchung ungeplanter Bezugsnebenkosten

Bei der Erfassung der Eingangsrechnung erkennen Sie anhand der Bestellstruktur die bereits gebuchten Waren- und Rechnungseingänge (siehe Abbildung 6.43).

Die Summe der Rechnungswerte der einzelnen Bestellpositionen bildet die Basis für die Verteilung der ungeplanten Bezugsnebenkosten (siehe Tabelle 6.8).

Anzeige - Bestellstruktur	Menge	Betrag
Sapsota Company Limited		
4151509201		
10 Rohling für Spiralgeh	100 ST	1.000,00 EUR
20 Flachdichtung	200 ST	10.000,00 EUR
Wareneingänge	200 ST	10.000,00 EUR
Rechnungen	100 ST	5.000,00 EUR
BNK-Wareneingäng(		200,00 EUR
30 Packungsdichtung	300 ST	6.000,00 EUR
Wareneingänge	50 ST	1.000,00 EUR

Abbildung 6.43 Bestellstruktur

Material	Kumulierte Rechnungswerte	Aufteilung der Bezugsnebenkosten
Fachdichtung	5.000,00 + 5.000,00	400,00
Packungsdichtung	0,00 + 1.000,00	40,00

Tabelle 6.8 Verteilung der ungeplanten Bezugsnebenkosten

Gemäß den kumulierten Rechnungswerten werden die ungeplanten Bezugsnebenkosten im Verhältnis 10:1 auf die beiden Materialien verteilt. Bei der Belegsimulation in der Transaktion EINGANGSRECHNUNG HINZUFÜGEN erkennen Sie die Verteilung der ungeplanten Bezugsnebenkosten auf die Rechnungspositionen der beiden Materialien (siehe Abbildung 6.44).

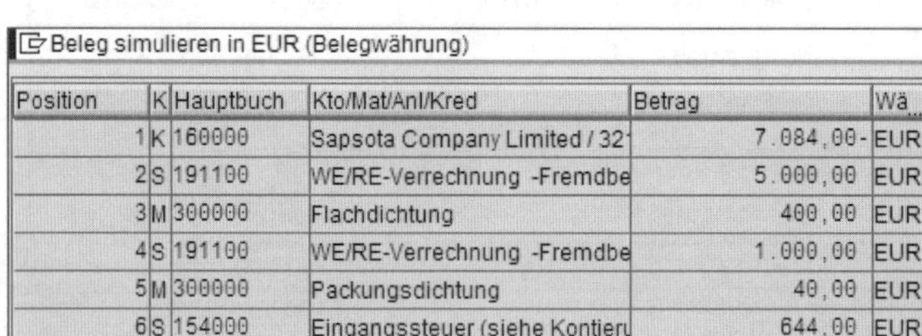

Beleg simulieren in EUR (Belegwährung)

Position	K	Hauptbuch	Kto/Mat/Anl/Kred	Betrag	Wä..
1	K	160000	Sapsota Company Limited / 32	7.084,00-	EUR
2	S	191100	WE/RE-Verrechnung -Fremdbe	5.000,00	EUR
3	M	300000	Flachdichtung	400,00	EUR
4	S	191100	WE/RE-Verrechnung -Fremdbe	1.000,00	EUR
5	M	300000	Packungsdichtung	40,00	EUR
6	S	154000	Eingangssteuer (siehe Kontier	644,00	EUR

Abbildung 6.44 Belegsimulation

Zur Erfassung der ungeplanten Bezugsnebenkosten steht Ihnen in den Kopfdaten der Transaktion EINGANGSRECHNUNG HINZUFÜGEN auf der Registerkarte DETAIL das Feld UNGEPLANTE NEBENKOSTEN zur Verfügung (siehe Abbildung 6.45).

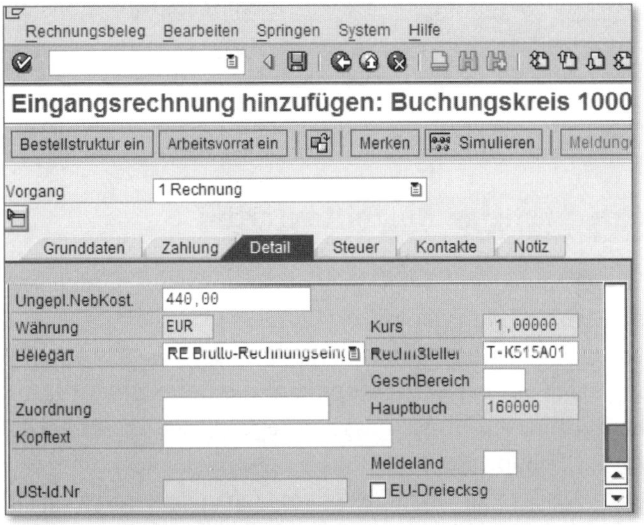

Abbildung 6.45 Registerkarte »Detail«

Nachbelastungskennzeichen

Sollten die Bestellpositionen, auf die sich ungeplante Nebenkosten beziehen, bereits vollständig abgerechnet sein, müssen Sie diese ungeplanten Bezugsnebenkosten als Nachbelastung buchen. Hierzu wählen Sie in der Transaktion EINGANGSRECHNUNG HINZUFÜGEN den Vorgang NACHBELASTUNG, oder Sie markieren in der Positionsliste die entsprechenden Bestellpositionen, geben die bereits abgerechnete Menge ein und setzen das Kennzeichen für Nachbelastung.

Nebenkostenrechnung für ungeplante Bezugsnebenkosten

Eine reine Nebenkostenrechnung für ungeplante Bezugsnebenkosten kann nur dann erfasst werden, wenn bereits ein Rechnungseingang erfolgt ist, da ansonsten eine notwendige Verteilungsbasis für SAP ERP nicht vorhanden ist.

In der Bestellentwicklung der Bestellung werden die Rechnungswerte um die ungeplanten Nebenkosten erhöht angezeigt (siehe Abbildung 6.46).

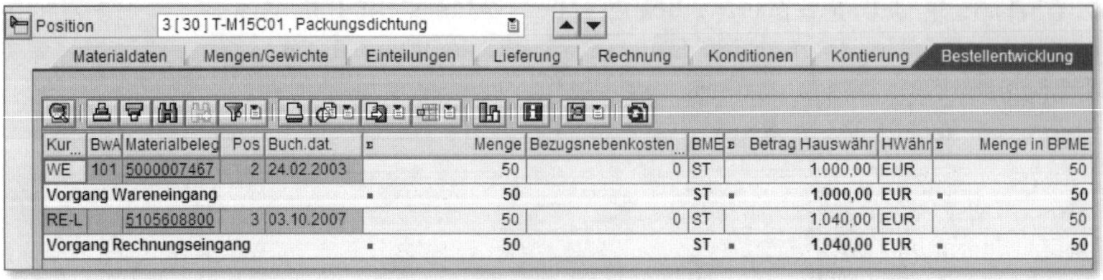

Abbildung 6.46 Bestellentwicklung

6.9 Meldepflichtige Bestelltextarten

In einer Bestellung können z. B. auf Kopfebene Texte erfasst werden. Der Einkäufer kann den Rechnungserfasser mittels einer Einstellung in SAP ERP über vorhandene Kopftexte informieren. Bei der Erfassung der Eingangsrechnung erscheint bei Bezugnahme auf die Bestellung oder auf den Lieferschein ein Pop-up-Fenster, das den Rechnungserfasser über die Existenz eines Textes informiert. Der Rechnungserfasser kann über den Button ANHANG ANZEIGEN in einen Bestellkopfanhangtext verzweigen.

Customizing-Einstellungen

Zur Realisierung dieser Funktionalität wählen Sie die Customizing-Transaktion OMR8 über den Menüpfad SPRO • SAP REFERENZ-IMG • SAP CUSTOMIZING EINFÜHRUNGSLEITFADEN • MATERIALWIRTSCHAFT • LOGISTIK-RECHNUNGSPRÜFUNG • EINGANGSRECHNUNG • BESTELLTEXTE BEI RECHNUNGSPRÜFUNG BEARBEITEN. Hier nehmen Sie zwei Einstellungen vor:

1. Über den Button BESTELLTEXT ALLGEMEIN legen Sie für jeden Buchungskreis fest, ob der Rechnungserfasser eine Meldung erhalten soll, wenn meldepflichtige Bestelltexte vorhanden sind (siehe Abbildung 6.47).

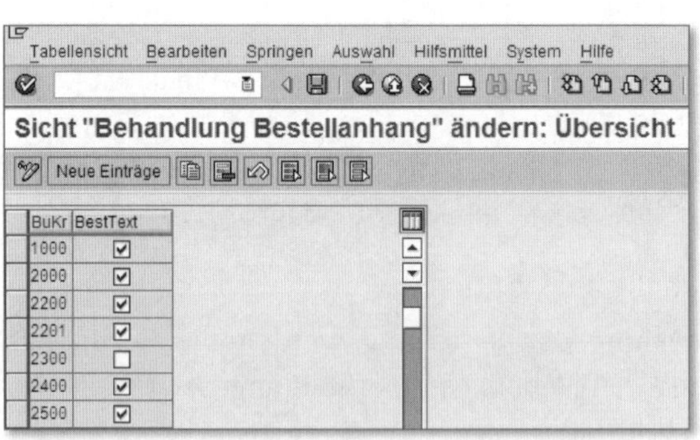

Abbildung 6.47 Bestelltext allgemein

2. Über den Button MELDEPFLICHTIGE BESTELLTEXTARTEN legen Sie pro Buchungskreis fest, bei welchen Bestelltextarten eine Meldung erscheinen soll (siehe Abbildung 6.48).

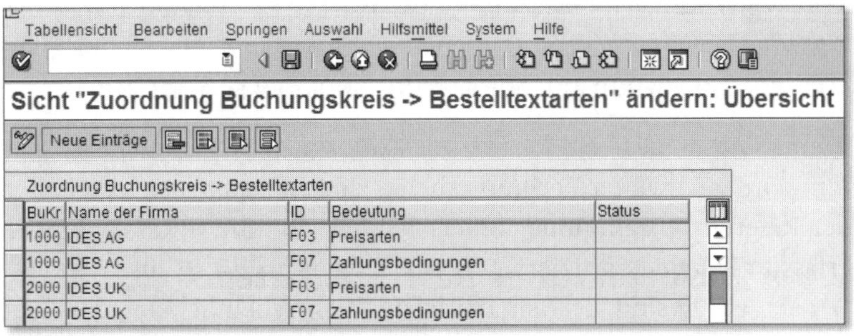

Abbildung 6.48 Meldepflichtige Bestelltextarten

6.10 Prüfung auf doppelte Rechnung

Um zu vermeiden, dass Rechnungen doppelt erfasst werden (und eventuell trotz einer Zahlsperre doppelt bezahlt werden), können Sie in SAP ERP eine Prüfung auf doppelte Rechnungserfassung einstellen.

Prüfungsumfang

Die Prüfung erstreckt sich auf die folgenden Belege:

- Es werden Rechnungsbelege in der Materialwirtschaft auf doppelte Erfassung geprüft, die bereits für die Rechnungsprüfung im Hintergrund oder fehlerhaft erfasst wurden.
- Es werden für bestimmte Merkmale die Folgebelege im Rechnungswesen auf doppelte Erfassung geprüft.

Voraussetzungen für die Prüfung

Die Prüfung auf doppelte Rechnungserfassung erfolgt nur für Rechnungen (für die Landesversion Argentinien auch für Gutschriften), wenn im Rechnungsbelegkopf das Feld REFERENZ ausgefüllt wird und wenn für den Kreditor in den Buchungskreisdaten auf der Registerkarte ZAHLUNGSVERKEHR das Kennzeichen PRÜFUNGSVERMERK FÜR DOPPELTE RECHNUNGEN gesetzt wird.

Die Merkmale, gegen die eine Prüfung auf doppelte Rechnungserfassung durchgeführt werden, sind: KREDITOR, WÄHRUNG und RECHNUNGSBRUTTOBETRAG. Für die Merkmale BUCHUNGSKREIS, REFERENZBELEGNUMMER und RECHNUNGSBELEGDATUM können Sie im Customizing der Logistik-Rechnungsprüfung pro Buchungskreis einstellen, ob eine Prüfung gegen diese Merkmale erfolgen soll (siehe Abbildung 6.49).

Sie erreichen diese Customizing-Transaktion über den Menüpfad SPRO • SAP REFERENZ-IMG • SAP CUSTOMIZING EINFÜHRUNGSLEITFADEN • MATERIALWIRTSCHAFT • LOGISTIK-RECHNUNGSPRÜFUNG • EINGANGSRECHNUNG • PRÜFUNG AUF DOPPELTE RECHNUNGEN EINSTELLEN.

Customizing-Einstellungen

Wenn Sie z. B. das Feld REFERENZBELEGNUMMER PRÜFEN nicht markieren, wird ein zweiter Rechnungsbeleg, dessen Daten sich lediglich in der Referenzbelegnummer unterscheiden, von SAP ERP als doppelt erfasster Beleg identifiziert. Je weniger Merkmale also auf NICHT PRÜFEN eingestellt sind, desto höher ist die Wahrscheinlichkeit, dass eine Rechnung als doppelt erfasst identifiziert wird und entsprechende Nachforschungen des Rechnungserfassers notwendig werden.

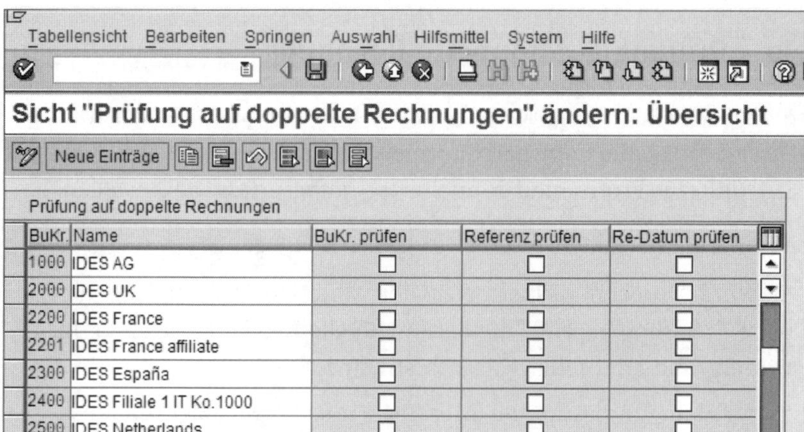

Abbildung 6.49 Prüfung auf doppelte Rechnungen

6.11 Nachrichten in der Logistik-Rechnungsprüfung

Beim Buchen einer Rechnung können in der Logistik-Rechnungsprüfung Nachrichten erzeugt und ausgegeben werden, die z. B. als Rechnungsnachweis den beteiligten Lieferanten oder internen Mitarbeitern zu Nachforschungszwecken zur Verfügung gestellt werden.

Funktionen für die Nachrichtenausgabe

Für folgende Funktionen stehen in SAP ERP Nachrichten zur Verfügung.

- bei der automatischen Wareneingangsabrechnung (siehe Kapitel 8, »Spezielle Techniken in der Logistik-Rechnungsprüfung«)
- bei der Rechnungskürzung (siehe Kapitel 7, »Ursachen und Bearbeitung von Rechnungssperren und Abweichungen«)
- bei Eingangsrechnungen, die wegen Preisabweichungen gesperrt wurden (siehe Kapitel 7, »Ursachen und Bearbeitung von Rechnungssperren und Abweichungen«)
- bei der Konsignations- und Pipelineabrechnung (siehe Kapitel 8, »Spezielle Techniken in der Logistik-Rechnungsprüfung«)
- bei der Rechnungsplanabrechnung und der Neubewertung

Nachrichtenausgabe

Die Ausgabe von Nachrichten kann auf verschiedene Arten erfolgen. Hierzu zählen:

- die sofortige Ausgabe bei der Verbuchung der Rechnung
- die Ausgabe durch einen Selektionslauf
- die Ausgabe durch einen Hintergrundjob für das Programm MM70AMRA (Transaktion SA38 oder, ausgehend vom SAP Easy Access-Menü, über die Menüleiste SYSTEM • DIENSTE • REPORTING)
- die Ausgabe über die Funktion NACHRICHT AUSGEBEN

Die Transaktion NACHRICHT AUSGEBEN erreichen Sie über den Menüpfad SAP MENÜ • LOGISTIK • MATERIALWIRTSCHAFT • LOGISTIK-RECHNUNGSPRÜFUNG • WEITERVERARBEITUNG • NACHRICHTEN AUSGEBEN (MR90) (siehe Abbildung 6.50).

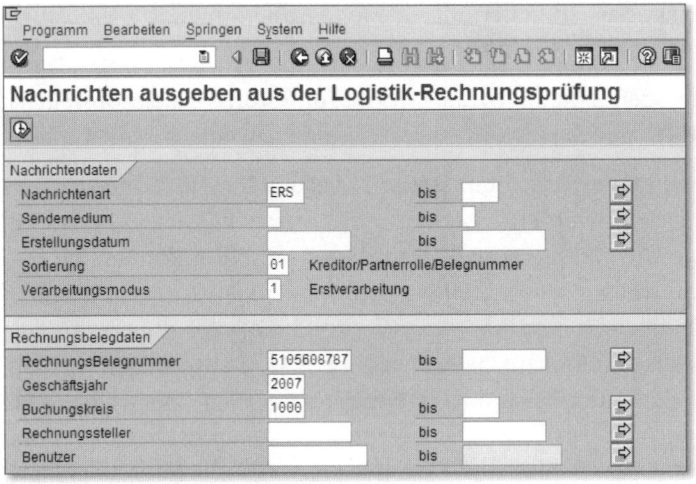

Abbildung 6.50 Nachrichten ausgeben

Auf dem Selektionsbildschirm können Sie z. B. die zur Ausgabe gewünschte Rechnungsbelegnummer, die Nachrichtenart und den Verarbeitungsmodus eingeben. Über den Button AUSFÜHREN erhalten Sie eine Liste der selektierten Nachrichten. In dieser Liste markieren Sie die gewünschten Belegnummern und drücken dann auf den Button VERARBEITEN. Über den Button ANSICHT können Sie sich die Nachricht auch zunächst am Bildschirm anzeigen lassen.

6.12 Auswertungen in der Logistik-Rechnungsprüfung

Die Möglichkeit zur Abfrage zielgerichteter, aktueller und integrierter Geschäftsinformationen stellt in globalisierten Märkten zunehmend einen Wettbewerbsvorteil dar. SAP ERP bietet zahlreiche Funktionen, um diese Informationen in Echtzeit abzufragen und aufzubereiten. Einige für die Logistik-Rechnungsprüfung relevante Auswertungen werden in diesem Kapitel besprochen.

6.12.1 Liste der Einkaufsbelege zum Lieferanten

Zur Selektion der offenen Rechnungen können Sie die Transaktion EINKAUFSBELEGE ZUM LIEFERANTEN wählen. Sie erreichen diese Transaktion über den Menüpfad SAP MENÜ • LOGISTIK • MATERIALWIRTSCHAFT • EINKAUF • BESTELLUNG • LISTANZEIGEN • ZUM LIEFERANTEN (ME2L).

Auf dem Selektionsbild zu dieser Transaktion können Sie verschiedene Selektionsparameter nutzen (siehe Abbildung 6.51).

Neben den bekannten Selektionsfeldern wie z. B. LIEFERANT, BELEGNUMMER oder EINKAUFSORGANISATION kommt den Selektionsfeldern LISTUMFANG und SELEKTIONSPARAMETER eine besondere Bedeutung zu.

Listumfangsparameter

Der Listumfangsparameter steuert, welche Informationen in der Liste angezeigt werden. Listumfangsparameter werden im Customizing von SAP ERP eingestellt. Mit dieser Funktion können Sie entscheiden, welche Informationen (z. B. neben Lieferant und Material auch den noch zu berechnenden Wert und die noch zu berechnende Menge) aus den Einkaufsbelegen auf einer Liste ausgegeben werden. Sie erreichen diese Customizing-Funktion über den Menüpfad SPRO • SAP REFERENZ-IMG • SAP CUSTOMIZING EINFÜHRUNGSLEITFADEN • MATERIALWIRTSCHAFT • EINKAUF • BERICHTSWESEN • EINKAUFSLISTEN PFLEGEN • LISTUMFANG • LISTUMFANG DEFINIEREN.

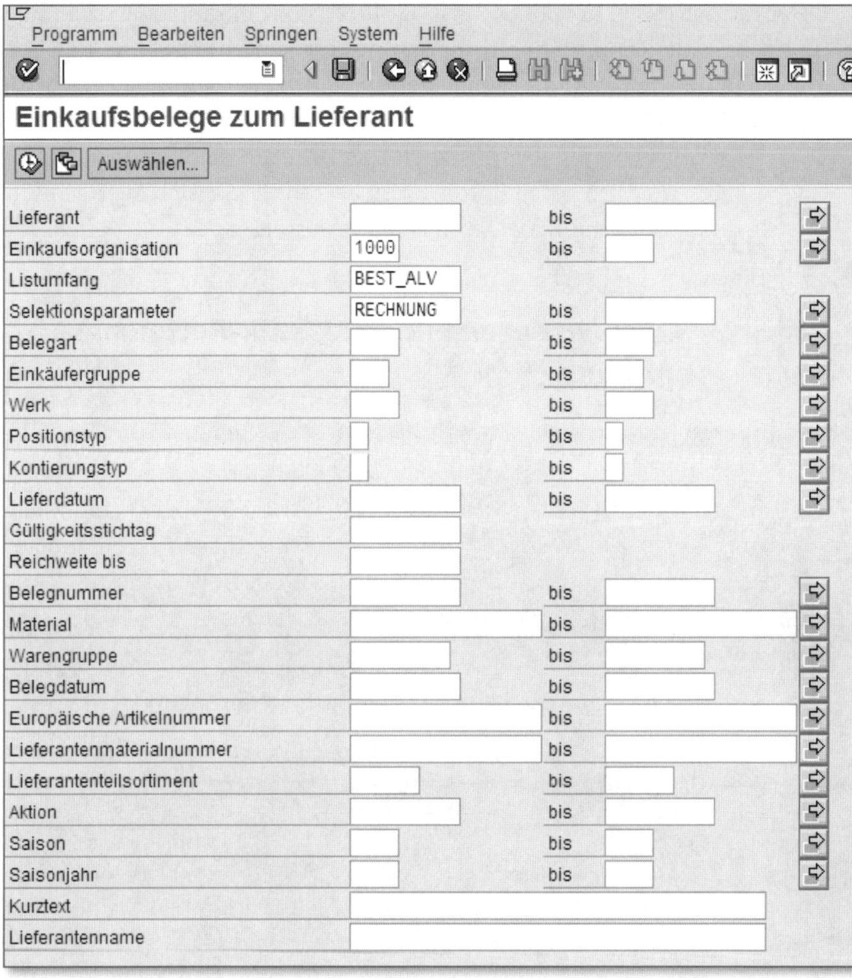

Abbildung 6.51 Selektion offener Rechnungen

Selektionsparameter

Das Eingabefeld SELEKTIONSPARAMETER dient zur Berücksichtigung zusätzlicher Kriterien für die Auswahl der Einkaufsbelege. So können Sie z. B. steuern, dass nur die Einkaufsbelege angezeigt werden, die teilweise beliefert oder berechnet wurden. Die Customizing-Funktion zur Einstellung des Selektionsparameters finden Sie über den Menüpfad SPRO • SAP REFERENZ-IMG • SAP CUSTOMIZING EINFÜHRUNGSLEITFADEN • MATERIALWIRTSCHAFT • EINKAUF • BERICHTSWESEN • EINKAUFSLISTEN PFLEGEN • SELEKTIONSPARAMETER • SELEKTIONSPARAMETER DEFINIEREN (siehe Abbildung 6.52).

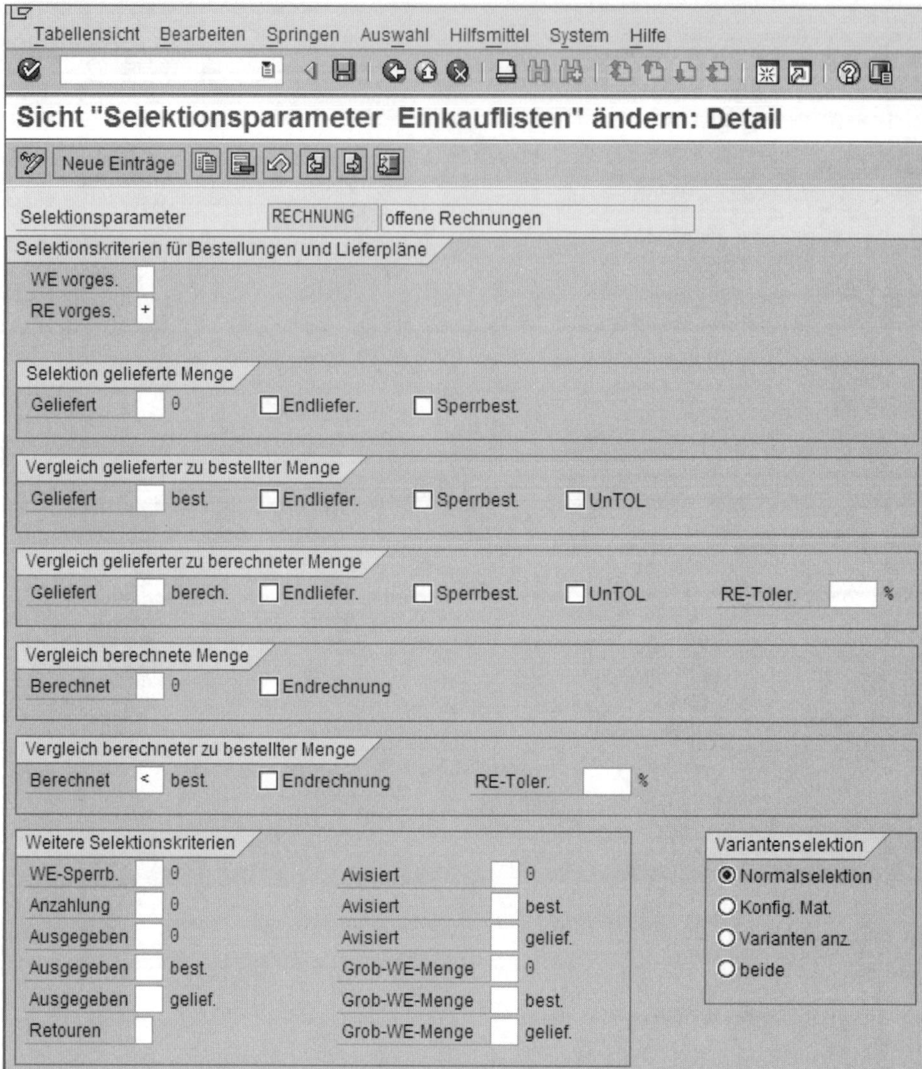

Abbildung 6.52 Selektionsparameter offene Rechnungen

Diese Einstellung zum Selektionsparameter RECHNUNG bewirkt, dass nur die Einkaufsbelege selektiert werden, bei denen ein Rechnungseingang vorgesehen ist und gleichzeitig die bereits berechnete Menge kleiner ist als die Bestellmenge.

Wenn Sie auf dem Selektionsbildschirm den Button AUSFÜHREN drücken, erhalten Sie die gewünschten Informationen (siehe Abbildung 6.53).

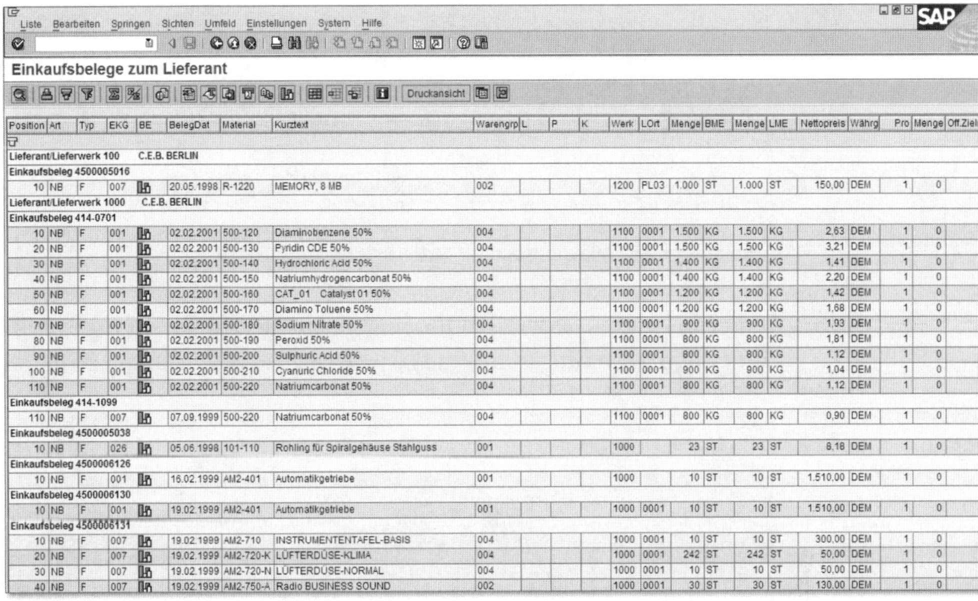

Position	Art	Typ	EKG	BE	BelegDat	Material	Kurztext	Warengrp	L	P	K	Werk	LOrt	Menge	BME	Menge	LME	Nettopreis	Währg	Pro	Menge	Off.Zielm
Lieferant/Lieferwerk 100 C.E.B. BERLIN																						
Einkaufsbeleg 4500005016																						
10	NB	F	007		20.05.1998	R-1220	MEMORY, 8 MB	002				1200	PL03	1.000	ST	1.000	ST	150,00	DEM	1	0	
Lieferant/Lieferwerk 1000 C.E.B. BERLIN																						
Einkaufsbeleg 414-0701																						
10	NB	F	001		02.02.2001	500-120	Diaminobenzene 50%	004				1100	0001	1.500	KG	1.500	KG	2,63	DEM	1	0	
20	NB	F	001		02.02.2001	500-130	Pyridin CDE 50%	004				1100	0001	1.500	KG	1.500	KG	3,21	DEM	1	0	
30	NB	F	001		02.02.2001	500-140	Hydrochloric Acid 50%	004				1100	0001	1.400	KG	1.400	KG	1,41	DEM	1	0	
40	NB	F	001		02.02.2001	500-150	Natriumhydrogencarbonat 50%	004				1100	0001	1.400	KG	1.400	KG	2.20	DEM	1	0	
50	NB	F	001		02.02.2001	500-160	CAT_01 Catalyst 01 50%	004				1100	0001	1.200	KG	1.200	KG	1,42	DEM	1	0	
60	NB	F	001		02.02.2001	500-170	Diamino Toluene 50%	004				1100	0001	1.200	KG	1.200	KG	1,68	DEM	1	0	
70	NB	F	001		02.02.2001	500-180	Sodium Nitrate 50%	004				1100	0001	900	KG	900	KG	1,93	DEM	1	0	
80	NB	F	001		02.02.2001	500-190	Peroxid 50%	004				1100	0001	800	KG	800	KG	1,81	DEM	1	0	
90	NB	F	001		02.02.2001	500-200	Sulphuric Acid 50%	004				1100	0001	800	KG	800	KG	1,12	DEM	1	0	
100	NB	F	001		02.02.2001	500-210	Cyanuric Chloride 50%	004				1100	0001	900	KG	900	KG	1,04	DEM	1	0	
110	NB	F	001		02.02.2001	500-220	Natriumcarbonat 50%	004				1100	0001	800	KG	800	KG	1,12	DEM	1	0	
Einkaufsbeleg 414-1099																						
110	NB	F	007		07.09.1999	500-220	Natriumcarbonat 50%	004				1100	0001	800	KG	800	KG	0,90	DEM	1	0	
Einkaufsbeleg 4500005038																						
10	NB	F	026		05.06.1998	101-110	Rohling für Spiralgehäuse Stahlguss	001				1000		23	ST	23	ST	8,18	DEM	1	0	
Einkaufsbeleg 4500006126																						
10	NB	F	001		16.02.1999	AM2-401	Automatikgetriebe	001				1000		10	ST	10	ST	1.510,00	DEM	1	0	
Einkaufsbeleg 4500006130																						
10	NB	F	001		19.02.1999	AM2-401	Automatikgetriebe	001				1000	0001	10	ST	10	ST	1.510,00	DEM	1	0	
Einkaufsbeleg 4500006131																						
10	NB	F	007		19.02.1999	AM2-710	INSTRUMENTENTAFEL-BASIS	004				1000	0001	10	ST	10	ST	300,00	DEM	1	0	
20	NB	F	007		19.02.1999	AM2-720-K	LÜFTERDÜSE-KLIMA	004				1000	0001	242	ST	242	ST	50,00	DEM	1	0	
30	NB	F	007		19.02.1999	AM2-720-N	LÜFTERDÜSE-NORMAL	004				1000	0001	10	ST	10	ST	50,00	DEM	1	0	
40	NB	F	007		19.02.1999	AM2-750-A	Radio BUSINESS SOUND	002				1000	0001	30	ST	30	ST	130,00	DEM	1	0	

Abbildung 6.53 Selektionsergebnis

Zur Optimierung und Anpassung dieser Liste an Ihre Bedürfnisse stehen Ihnen z. B. die folgenden Funktionen zur Verfügung:

- Ändern, Verwalten und Sichern des Layouts
- Verschieben der Spalten per Drag & Drop
- Bilden von Summen und Zwischensummen
- Verzweigung aus der Liste in den Einkaufsbeleg und korrespondierende Stammsätze
- Sortierung und Filterung der Suchergebnisse

6.12.2 Übersicht über die Rechnungen

Die Transaktion Übersicht Rechnungen bietet sich zur Weiterbearbeitung von Rechnungen an, die im Hintergrund gebucht wurden oder über einen Rechnungsplan oder das ERS-Verfahren erstellt wurden. Sie erreichen diese Transaktion über den Menüpfad SAP Menü • Logistik • Materialwirtschaft • Logistik-Rechnungsprüfung • Weiterverarbeitung • Übersicht Rechnungen (MIR6). Neben den zahlreichen üblicherweise vorhandenen Selektionskriterien (Buchungskreis, Belegnummer, Rechnungssteller) können Sie nach der Erfassungsart selektieren (siehe Abbildung 6.54).

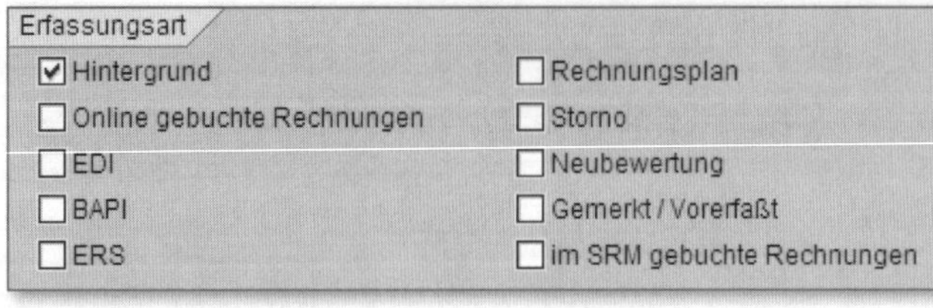

Abbildung 6.54 Selektionsbild für »Übersicht Rechnungen«

In der Ergebnisliste werden Ihnen die selektierten Rechnungsbelege mit einem Rechnungsstatus ausgegeben (siehe Abbildung 6.55).

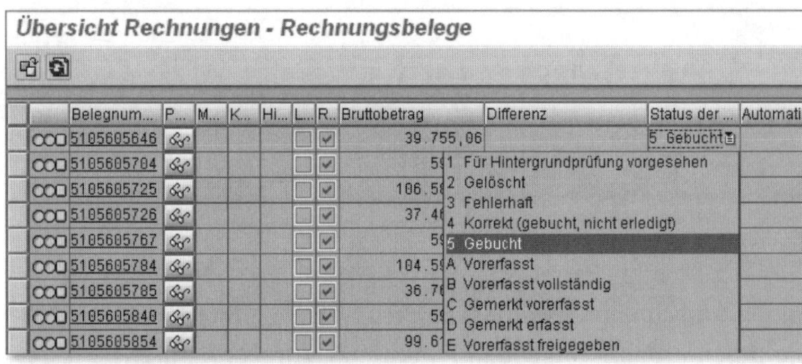

Abbildung 6.55 Selektionsergebnis – Rechnungsstatus

Die Möglichkeiten zur Weiterbearbeitung dieser Rechnungen werden in Abschnitt 8.1, »Die Rechnungsprüfung im Hintergrund«, behandelt.

6.12.3 Buchhaltungsbelege zum Material

Mit der Transaktion Buchhaltungsbelege zum Material können Sie sich die erfolgten Buchungen in der Finanzbuchhaltung anzeigen lassen. Auf dem Selektionsbildschirm steht Ihnen zur Selektion auch die Belegart zur Verfügung, um gezielt Buchhaltungsbelege zur Rechnungsprüfung zu selektieren (siehe Abbildung 6.56).

Aus der Ergebnisliste können Sie wie gewohnt mit einem Doppelklick auf die Belegnummer in die Anzeige des Buchhaltungsbelegs verzweigen.

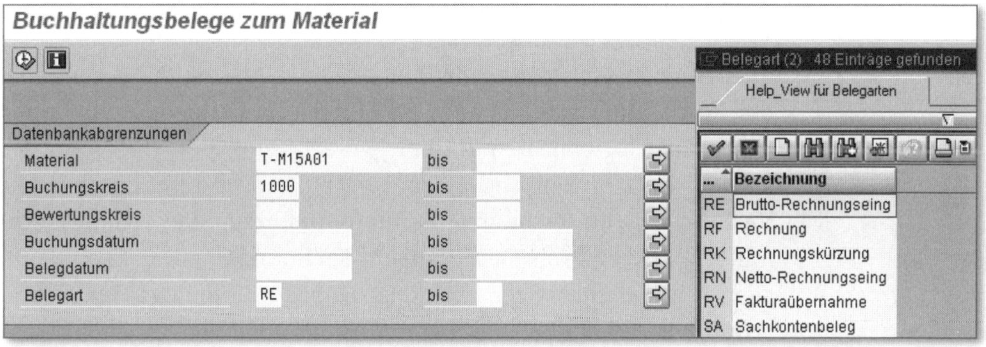

Abbildung 6.56 Selektionsbild – Buchhaltungsbelege zum Material

6.12.4 Auswertungen im Logistik-Informationssystem

Für zusätzliche Auswertungen stehen Ihnen im Logistik-Informationssystem z. B. einige Standardanalysen zur Auswertung der Lieferantenfakturen zur Verfügung. Die Daten des Logistik-Informationssystems sind verdichtete Daten aus den operativen Anwendungen. Für die Logistik-Rechnungsprüfung können Sie standardmäßig die beiden Informationsstrukturen S172 und S173 nutzen. Eine Informationsstruktur bezeichnet hierbei eine Gruppe von Merkmalen, über die verdichtet werden kann (z. B. Einkaufsorganisation oder Lieferantenfakturatyp) und Merkmalen (also Kennzahlen, zu denen Merkmale kumuliert werden können) – z. B. Anzahl der Fakturen, Bruttowert und Effektivwert.

Sie erreichen die Transaktionen zur Lieferantenfaktura (MCW3 und MCW4) über den Menüpfad SAP Menü • Infosysteme • Logistik • Einkauf • Lieferant • Lieferantenfaktura • Lieferantenfakturabelege • Kopfdaten/Positionsdaten. Die Customizing-Funktion zur Einstellung von Kennzahlen, Merkmalen und weiteren Parametern der Informationsstrukturen erreichen Sie über den Menüpfad SPRO • SAP Referenz-IMG • SAP Customizing Einführungsleitfaden • Logistik Allgemein • Logistik-Informationssystem • Berichtswesen • Standardanalysen • Einstellungen ändern.

6.13 Zusammenfassung

In diesem Kapitel haben wir Ihnen die wichtigsten Funktionen bei der Bearbeitung von Eingangsrechnungen im Dialog vorgestellt. Sie haben die Möglichkeiten der Belegvorerfassung kennen gelernt, Sie können Gutschriften und Stornos verbuchen und beherrschen die Verbuchung von Rechnungen ohne Bestellbezug. Sie kennen Rechnungen zu kontierten Bestellungen, Rechnungen mit unterschiedlichen Umsatzsteuersätzen und Rechnungen in Fremdwährung. Weiterhin wurden die Behandlung von Skonto und Bezugsnebenkosten bei der Rechnungserfassung geklärt und meldepflichtige Bestelltextarten und die Prüfung auf doppelte Rechnung vorgestellt. Den Abschluss dieses Kapitels bildeten Nachrichten und Auswertungen in der Logistik-Rechnungsprüfung.

In diesem Kapitel werden die Gründe für Rechnungssperren besprochen. Sie lernen die möglichen Abweichungen und die zugehörigen Toleranzschlüssel anhand zahlreicher Beispiele kennen. Zudem werden verschiedene Buchungen in der Finanzbuchhaltung erläutert.

7 Ursachen und Bearbeitung von Rechnungssperren und Abweichungen

Bei der Erfassung von Eingangsrechnungen kann SAP ERP die Rechnung z. B. aufgrund von Abweichungen zur Zahlung sperren. Neben diesen Abweichungen auf der Positionsebene kann es weitere Sperrgründe geben wie etwa die stochastische Sperre oder die Sperre wegen einer fehlerhaften Betragshöhe. Diese Sperrgründe und die daraus resultierenden Buchungen sowie mögliche Toleranzgrenzen werden in den ersten beiden Abschnitten dieses Kapitels besprochen. Diese zur Zahlung gesperrten Rechnungen müssen weiterbearbeitet werden. Hierzu stellt SAP ERP einige komfortable Möglichkeiten zur Verfügung, die im dritten Abschnitt ebenso behandelt werden wie die Möglichkeiten zur Weiterbearbeitung dieser gesperrten Rechnungen.

Bei der Erfassung von Eingangsrechnungen haben Sie weiterhin die Möglichkeit, Mengen und Preise auf der Ebene der Rechnungsposition vollständig oder teilweise zu kürzen, um die Abweichungen hierdurch zu korrigieren. Die Vorgehensweise bei der Rechnungskürzung und die daraus resultierenden Buchungen in der Finanzbuchhaltung werden im vierten Abschnitt dieses Kapitels besprochen. Der fünfte Abschnitt widmet sich dem Ausgleich von Abweichungen auf der Ebene des Rechnungsgesamtbetrags.

7.1 Abweichungen, Toleranzgrenzen und Rechnungssperren auf Ebene der Rechnungsposition

Bei der Erfassung einer Eingangsrechnung schlägt SAP ERP in der Positionsliste der Transaktionen EINGANGSRECHNUNG HINZUFÜGEN und EINGANGSRECHNUNG VORERFASSEN Daten zur Abrechnung vor, die sich aus den Bestellvereinbarungen und den gebuchten Warenbewegungen und Eingangsrechnungen ergeben.

Erscheinungsformen einer Abweichung

Da Sie diese Vorschlagswerte gemäß der vorliegenden Eingangsrechnung überschreiben können, kann es zu folgenden Abweichungen zwischen Ihren Eingaben und den Vorschlagswerten kommen:

- Mengenabweichung
- Preisabweichung
- Bestellpreismengenabweichung
- Terminabweichung

Diese Abweichungen können einzeln, aber auch in Kombination auftreten. Die Reaktion von SAP ERP auf diese Abweichungen ist abhängig von eventuell eingestellten Toleranzen und davon, ob die Abweichung zu einer positiven oder negativen Differenz führt.

Beispiel einer Mengenabweichung

Zur Illustration soll das folgende vereinfachte Beispiel einer Mengenabweichung dienen:

Bestellmenge:	*100 Stück*
Wareneingangsmenge:	*60 Stück*
Obere Toleranzgrenze:	*10 Stück*
Untere Toleranzgrenze:	*10 Stück*

- Überschreitet die Rechnungsmenge die obere Toleranzgrenze (ab 71 Stück), kann die Rechnung gebucht werden, wird aber zur Zahlung gesperrt.
- Befindet sich die Rechnungsmenge innerhalb der Toleranz (zwischen 50 und 70 Stück), kann die Rechnung gebucht werden und wird nicht zur Zahlung gesperrt.
- Unterschreitet die Rechnungsmenge die untere Toleranzgrenze (weniger als 50 Stück), kann die Rechnung gebucht werden und wird nicht zur Zahlung gesperrt.

Spezielle Toleranzschlüssel

Für jede der genannten Abweichungsarten können im Customizing der Rechnungssperre innerhalb der Logistik-Rechnungsprüfung buchungskreisabhängige Toleranzgrenzen hinterlegt werden (siehe Abbildung 7.1). Zusätzlich zu diesen Abweichungen können Sie die folgenden weiteren Sperrgründe über Toleranzschlüssel pflegen:

- Sperre wegen Positionsbetragshöhe
- Betragshöhe Limitbestellung

Bei der Prüfung der bis zu dieser Stelle aufgeführten Toleranzschlüssel kann SAP ERP eine Zahlsperre auslösen. Jedoch kann es betriebswirtschaftlich sinnvoll sein, eine Rechnung trotz eines Saldos ungleich null buchen und auch bezahlen zu können, oder Sie möchten eine Prüfung aktivieren, die bei Bestandsbuchungen auf zu hohe Abweichungen zum gültigen gleitenden Durchschnittspreis hinweist.

Kleindifferenzentoleranz

Hierfür stellt SAP ERP zwei weitere Toleranzschlüssel zur Verfügung:

- Kleindifferenzen automatisch bilden
- V-Preisabweichung (siehe Abbildung 7.1)

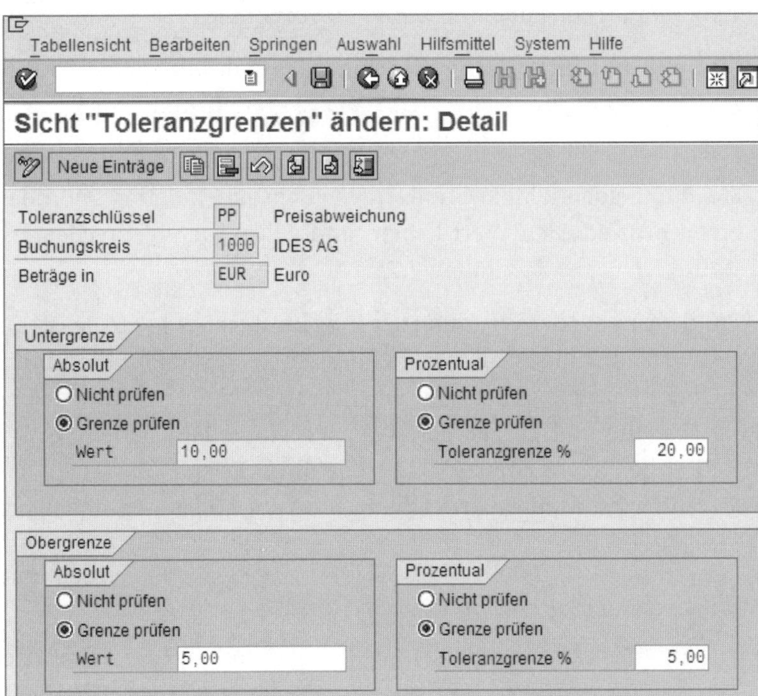

Abbildung 7.1 Toleranzschlüssel

Sie erreichen die Customizing-Funktion zur Einstellung der Toleranzgrenzen, ausgehend vom SAP Easy Access-Menü, über den Menüpfad SPRO • SAP REFERENZ-IMG • SAP CUSTOMIZING EINFÜHRUNGSLEITFADEN • MATERIALWIRTSCHAFT • LOGISTIK-RECHNUNGSPRÜFUNG • RECHNUNGSSPERRE • TOLERANZGRENZEN FESTLEGEN.

Weitere Sperrgründe

Weitere Möglichkeiten zur Sperre von Eingangsrechnungen, die nicht über Toleranzschlüssel eingestellt werden, sind:

- Sperre wegen Qualitätsprüfung
- stochastische Sperre

Darüber hinaus hat der Rechnungserfasser die Möglichkeit, die Rechnung manuell zu sperren. Das erfolgt auf den folgenden Ebenen des Rechnungsbelegs:

- auf der Ebene des Rechnungsbelegkopfs
- auf der Ebene der Rechnungsbelegposition

Einstellungen für Toleranzschlüssel

Die Möglichkeiten zur Einstellung der Toleranzgrenzen unterscheiden sich nach den einzelnen Toleranzschlüsseln. Im umfangreichsten Fall können Sie folgende Einstellungen vornehmen:

- Sie definieren eine Obergrenze und/oder eine Untergrenze.
- Sie entscheiden, ob diese Grenzen von SAP ERP geprüft werden sollen oder nicht.
- Sie entscheiden, ob die Grenzen einen absoluten Betrag und/oder einen prozentualen Wert haben, und geben die entsprechenden Werte ein (siehe Abbildung 7.2).

SAP ERP prüft bei der Erfassung der Eingangsrechnung, ob die jeweilige Abweichung innerhalb der definierten Toleranzen für die Unter- und Obergrenzen liegt. Sind für eine Unter- oder Obergrenze gleichzeitig absolute und prozentuale Grenzen eingestellt, berücksichtigt SAP ERP die engere Grenze. Das aufgeführte Beispiel der Toleranzgrenze für eine Mengenabweichung wird im Folgenden detailliert behandelt.

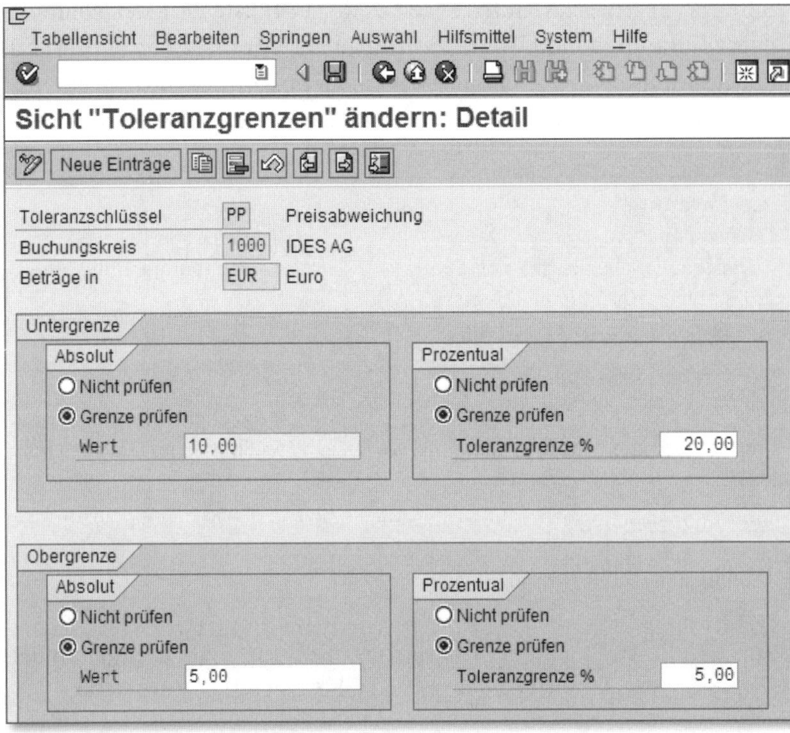

Abbildung 7.2 Toleranzgrenzen am Beispiel der Preisabweichung

7.1.1 Mengenabweichung

Eine Mengenabweichung liegt vor bei einer Differenz zwischen der Rechnungsmenge und der Wareneingangsmenge abzüglich der bereits berechneten Menge.

Beispiel für eine Mengenabweichung

Ein Beispiel für eine Mengenabwicklung ist folgendes:

Bestellmenge:	*200 Stück*
Wareneingangsmenge:	*150 Stück*
bereits verbuchte Rechnungseingangsmenge:	*120 Stück*
zusätzliche Rechnungseingangsmenge:	*40 Stück*
Differenz:	*10 Stück*

Abweichungstoleranz abhängig vom Bestellwert

Die Toleranzen zur Einstellung der Mengenabweichung können Sie abhängig vom Abweichungswert einstellen. Indem die Differenzmenge mit dem Bestellpreis multipliziert wird, werden Bestellpositionen mit einem vergleichsweise niedrigen Bestellpreis höhere Mengenabweichungen zugestanden als Bestellpositionen mit einem höheren Bestellpreis. Sobald Sie bei der Prüfung auf Mengenabweichung eine prozentuale Grenze einstellen, wird der Bestellpreis bei der Beurteilung der Rechnungssperre nicht berücksichtigt (siehe Abbildung 7.3).

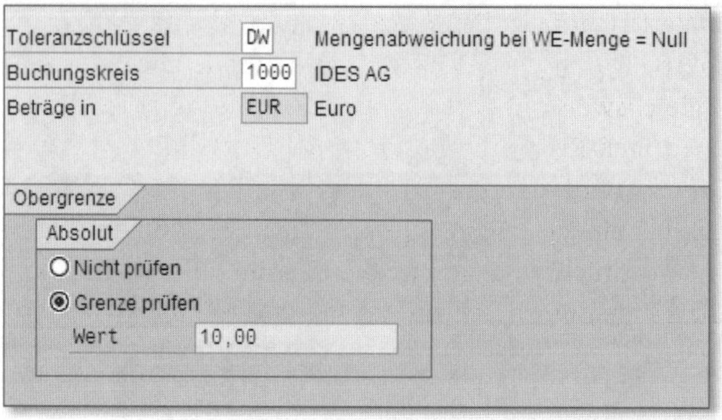

Abbildung 7.3 Toleranzschlüssel DW

Für die Einstellung der Toleranzgrenzen für eine Mengenabweichung bietet SAP ERP zwei Toleranzschlüssel an, DW und DQ.

Toleranzschlüssel DW

Wareneingang vorgesehen, aber noch nicht verbucht

Der *Toleranzschlüssel DW* (Mengenabweichung bei einer Wareneingangsmenge von null) wird für eine Bestellposition mit einem vorgesehenen, aber noch nicht gebuchten Wareneingang verwendet. Für diesen Toleranzschlüssel können Sie lediglich eine absolute Obergrenze einstellen. SAP ERP vergleicht das Produkt aus Bestellnettopreis und der aktuellen Rechnungsmenge zuzüglich der bereits berechneten Rechnungsmenge. Ist dieser Wert höher als die absolute Obergrenze, wird die Rechnung zur Zahlung gesperrt. Wenn Sie die absolute Obergrenze auf NICHT PRÜFEN einstellen, wird bei einer bestellbezogenen Rechnungsprüfung die Eingangsrechnung nicht zur Zahlung gesperrt. Wenn in Ihrem Buchungskreis der Toleranzschlüssel DW nicht definiert ist, sperrt SAP ERP eine Eingangsrechnung zur Zahlung.

Toleranzschlüssel DQ

Wareneingang bereits verbucht

Der *Toleranzschlüssel DQ* (Überschreiten Betrag Mengenabweichung) wird dagegen für eine Bestellposition mit einem vorgesehenen und auch bereits gebuchten Wareneingang verwendet. Für diesen Toleranzschlüssel können Sie absolute und/oder prozentuale Ober- und/oder Untergrenzen einstellen. SAP ERP vergleicht bei der absoluten Obergrenze das Produkt aus Bestellnettopreis und der gesamten Rechnungsmenge abzüglich der gesamten Wareneingangsmenge. Liegt dieser Wert oberhalb dieser Grenze, wird die Rechnung zur Zahlung gesperrt. Durch diese Berechnungsmethode akzeptiert SAP ERP eine vergleichsweise höhere Mengenabweichung bei einer betragsmäßig niedrigen Rechnungsposition. Bei Einstellung einer prozentualen Grenze wird der Bestellnettopreis nicht berücksichtigt. Haben Sie z. B. bei einer Bestellmenge von zehn Stück einen Wareneingang von fünf Stück gebucht, wird bei einer oberen Toleranzgrenze von 20 % eine Eingangsrechnung von mehr als sechs Stück zur Zahlung gesperrt.

WE/RE-Verrechnungskonto

Bei einer Mengenabweichung ist das WE/RE-Verrechnungskonto nicht ausgeglichen. Ist die Rechnungseingangsmenge größer als die Wareneingangsmenge, erwartet SAP ERP einen weiteren Wareneingang oder eine Gutschrift. Ist die Wareneingangsmenge größer als die Rechnungseingangsmenge, erwartet SAP ERP einen weiteren Rechnungseingang oder eine Rücklieferung. Sofern der Ausgleich des WE/RE-Verrechnungskontos durch diese weiteren Buchungen nicht erfolgt, muss das WE/RE-Verrechnungskonto manuell ausgeglichen werden (weitere Informationen zur Behandlung des WE/RE-Verrechnungskontos erhalten Sie in Kapitel 12, »Buchungssystematik in SAP ERP mit WE/RE-Konten«).

7.1.2 Preisabweichung

Eine Preisabweichung liegt vor, wenn bei einer einheitlichen Bestellpreismengeneinheit der Rechnungsnettopreis vom Bestellnettopreis abweicht. Für die Einstellung einer Preisabweichung stehen Ihnen vier Toleranzschlüssel zur Verfügung: PP, PS, KW und VP.

Toleranzschlüssel PP

Für den *Toleranzschlüssel PP* (Preisabweichung) können Sie absolute und/oder prozentuale Ober- und/oder Untergrenzen einstellen. SAP ERP ermittelt die Abweichung des Rechnungswertes zu dem Produkt aus Rechnungsmenge und Bestellpreis. Überschreitet dieser Wert eine obere Grenze, wird die Rechnung zur Zahlung gesperrt. Im Falle einer Nachbelastung berücksichtigt SAR ERP für Preisabweichungen zusätzlich den Nachbelastungswert und die Nachbelastungsmenge, sofern für die Nachbelastung eine Preisprüfung vorgesehen ist.

Kennzeichen »Preisprüfung«

Seit SAP R/3 Release 4.6C wird in der Standardauslieferung das Kennzeichen PREISPRÜFUNG gesetzt (siehe SAP Note 301481).

Toleranzschlüssel PS

Schätzpreis

Der *Toleranzschlüssel PS* (Preisabweichung Schätzpreis) wird eingesetzt, wenn der Bestellpreis in der Bestellposition auf der Registerkarte KONDITIONSSTEUERUNG als Schätzpreis gekennzeichnet wurde. Auch für diesen Toleranzschlüssel können Sie absolute und/oder prozentuale Ober- und/oder Untergrenzen einstellen, die jedoch eine andere (z. B. höhere) Toleranz aufweisen können als für eine Preisabweichung des exakten Bestellnettopreises. Sofern für eine Nachbelastung eine Preisprüfung vorgesehen wurde, berücksichtigt SAP ERP wiederum den Nachbelastungswert und die Nachbelastungsmenge für diese Preisabweichung.

Toleranzschlüssel KW

Bezugsnebenkosten

Der *Toleranzschlüssel KW* (Abweichung vom Konditionswert) ist bei geplanten Bezugsnebenkosten von Bedeutung. Für jede Bezugsnebenkostenposition prüft SAP ERP die Abweichung von den geplanten Bezugsnebenkosten. Wird eine obere Toleranzgrenze überschritten, wird die Rechnung zur Zahlung gesperrt. Wird eine untere Toleranzgrenze unterschritten, erhält der Rechnungserfasser lediglich eine Meldung über Unterschreitung der Toleranzgrenze, die Rechnung wird aber nicht zur Zahlung gesperrt.

Toleranzschlüssel VP

Abweichungen zum gleitenden Durchschnittspreis

Der *Toleranzschlüssel VP* (V-Preisabweichung) gilt für Positionen, bei denen durch die Eingangsrechnung eine Bestandsbuchung erfolgt (siehe Abschnitt 7.1.9, »V-Preisabweichung«).

E-Mail bei Toleranzüberschreitung

SAP ERP kann den Einkäufer mit Buchung der Rechnung durch eine E-Mail über die Überschreitung der Toleranzgrenzen informieren. Ob eine E-Mail an den Einkauf erfolgen soll, legen Sie buchungskreisabhängig im Customizing der Eingangsrechnung innerhalb der Logistik-Rechnungsprüfung fest. Der Menüpfad, ausgehend vom SAP Easy Access-Menü, lautet: SPRO • SAP Referenz-IMG • SAP Customizing Einführungsleitfaden • Materialwirtschaft • Logistik-Rechnungsprüfung • Eingangsrechnung • Mail an Einkauf bei Preisabweichung festlegen. Diese Einstellung legt lediglich fest, dass der Einkauf informiert werden soll. Zusätzlich muss über den Menüpfad SPRO • SAP Referenz-IMG • SAP Customizing Einführungsleitfaden • Materialwirtschaft • Logistik-Rechnungsprüfung • Nachrichtenfindung die Nachrichtenübermittlung über die Nachrichtenfindung eingestellt werden.

Buchungen in der Finanzbuchhaltung

Die Buchungen in der Finanzbuchhaltung bei reinen Preisabweichungen sind abhängig vom Preissteuerungsverfahren:

- Bei Materialien mit dem Preissteuerungsverfahren Standardpreis (S) werden Preisdifferenzen auf einem Preisdifferenzkonto gebucht.
- Bei Materialien mit dem Preissteuerungsverfahren Gleitender Durchschnittspreis (V) hängt die Buchung der Preisdifferenzen von der Bestandsdeckung ab:
  - Bei vollständiger Bestandsdeckung (Bestandsmenge ist größer oder gleich der Rechnungsmenge) wird der Wert der Preisdifferenz auf dem Bestandskonto gebucht.
  - Bei teilweiser Bestandsdeckung wird der Wert der Preisabweichung der Rechnungsmenge, die über Bestandsdeckung verfügt, auf dem Bestandskonto verbucht. Der Wert der Preisabweichung der Rechnungsmenge, die nicht über eine Bestandsdeckung verfügt, wird auf einem Preisdifferenzenkonto verbucht.

Beispiel

Bestellung:	*10 Stück zu 10,00 EUR/Stück*
Bestand:	*3 Stück*
Eingangsrechnung:	*10 Stück zu 20,00 EUR/Stück*

Verbuchung des Rechnungseingangs in der Finanzbuchhaltung ohne Berücksichtigung der Umsatzsteuer bei einer vorherigen vollständigen Buchung des Wareneingangs:

WE/RE-Verrechnungskonto	*100,00*
Bestandskonto	*30,00*
Preisdifferenzenkonto	*70,00*
an	
Kreditor	*200,00*

Bei fehlender Bestandsdeckung wird der Wert der Preisdifferenz auf einem Preisdifferenzenkonto verbucht.

Rechnungseingang vor Wareneingang

Ist der Rechnungseingang vor dem Wareneingang gebucht worden, wird der gesamte Rechnungswert auf dem WE/RE-Verrechnungskonto gebucht. Mit der Verbuchung des Wareneingangs wird das WE/RE-Verrechnungskonto ausgeglichen und der Rechnungsnettowert mit der Preisabweichung auf dem Bestandskonto verbucht.

7.1.3 Mengen- und Preisabweichung

Mengen- und Preisabweichungen können im Rahmen eines Beschaffungsvorgangs auch zusammen auftreten. Anhand eines Beispiels sollen Vorgehensweise, auftretende Meldungen und die korrespondierenden Buchungen erläutert werden. Sie erhalten die folgende Eingangsrechnung (siehe Abbildung 7.4).

Rechnung

Rechnung D57_2007

22.11.2007

Rechnung zur Bestellung 4151505101

Position	Material	Anzahl (St.)	Preis in €/St.	Betrag
10	Rohling	50	10,00	500,00
20	Flachdichtung	50	22,00	1.100,00
30	Packungsdichtung	120	-	1.000,00
				2.600,00
	Zzgl. 10% USt.		260,00	2.860,00

Abbildung 7.4 Eingangsrechnung

Anhand der Bestellstruktur erkennen Sie, dass für die Position 10 noch kein Wareneingang erfolgt ist. Für die Position 20 liegt offensichtlich eine Preisabweichung vor, da für eine Bestellmenge von 200 Stück ein Bestellnettowert von 10.000,00 EUR vereinbart wurde. Für die Position 30 liegt ebenfalls eine Preisabweichung vor (siehe Abbildung 7.5).

Abbildung 7.5 Bestellstruktur

Auf der Basis der vorgenommenen Zuordnung (Bestellung) schlägt SAP ERP bei Verwendung der Transaktion EINGANGSRECHNUNG HINZUFÜGEN die gebuchten Wareneingänge in der Positionsliste zur Abrechnung vor (siehe Abbildung 7.6).

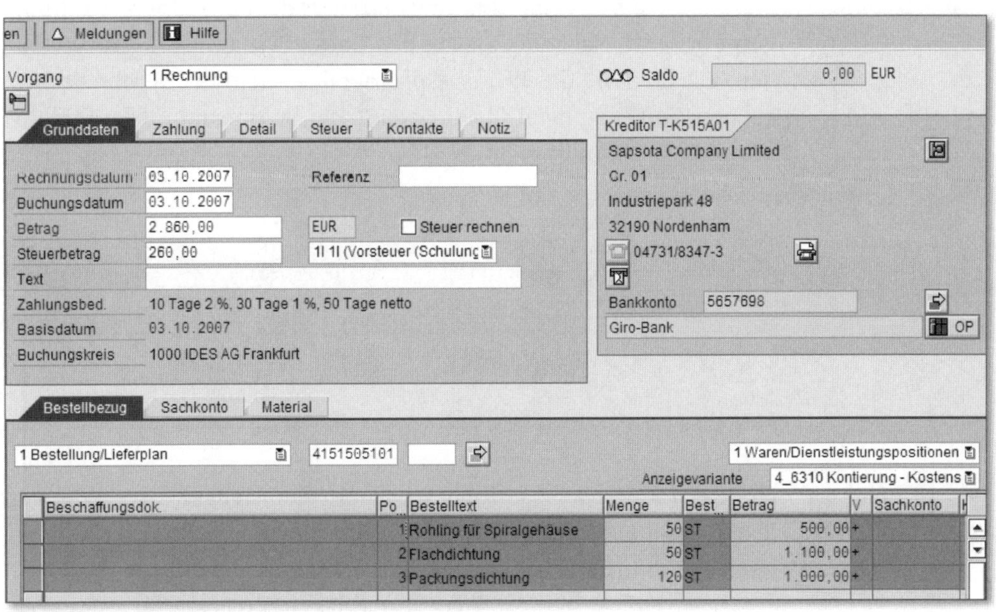

Abbildung 7.6 Bearbeitungsvorschlag von SAP ERP

Nach der Anpassung der Positionsliste an die vorliegende Eingangsrechnung erhalten Sie einen Saldo von null und ein gelbes Ampelsymbol (siehe Abbildung 7.7).

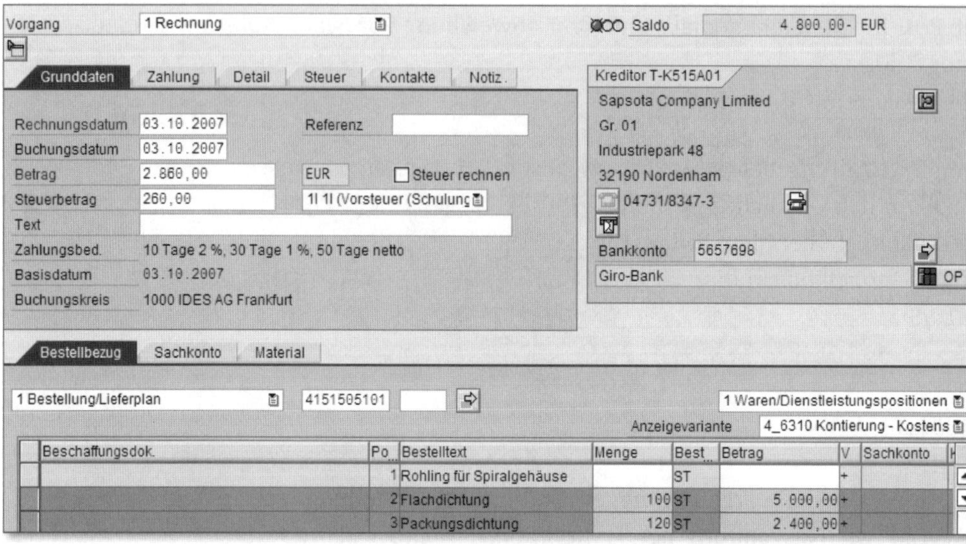

Abbildung 7.7 Bearbeitung der Positionsliste

Prüfungsprotokoll Das gelbe Ampelsymbol symbolisiert, dass die Rechnung zur Zahlung gesperrt wird. Nachdem Sie auf den Button MELDUNGEN gedrückt haben, erhalten Sie das Prüfungsprotokoll, in dem die bereits besprochenen Abweichungen für die drei Rechnungspositionen aufgeführt sind (siehe Abbildung 7.8).

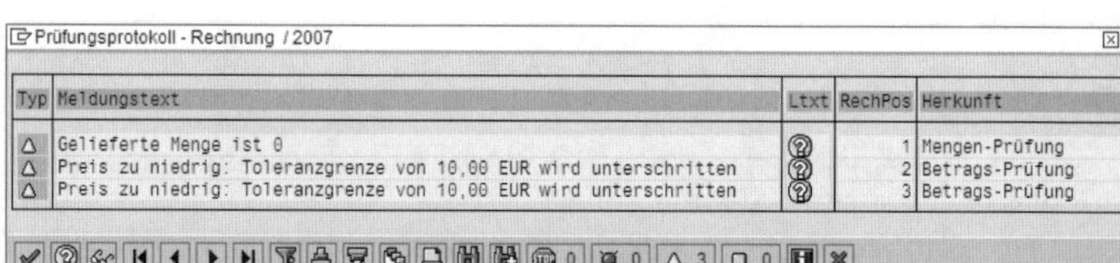

Abbildung 7.8 Prüfungsprotokoll

Auflistung der Sperrgründe Die Rechnungssperre erfolgt aufgrund der Mengenabweichung in der ersten Rechnungsposition. Der Sperrgrund wird im rechten Bereich der Positionsliste in der Spalte MENGE aufgeführt. Zusätzlich sehen Sie die weiteren Sperrgründe BESTELLPREISMENGE, PREIS, TERMIN, BETRAGSHÖHE (BTG) und QUALITÄT (siehe Abbildung 7.9).

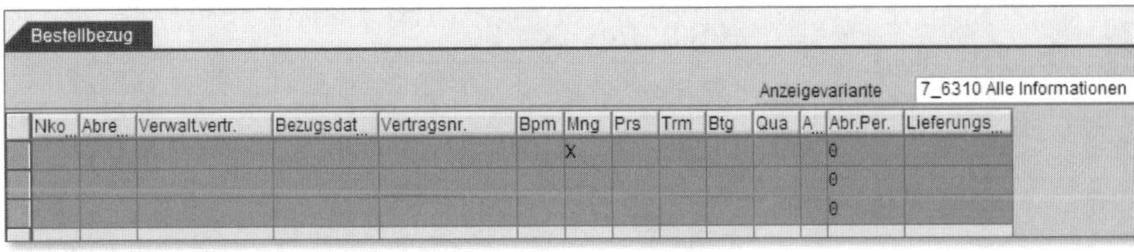

Abbildung 7.9 Sperrgründe

Den Buchhaltungsbeleg zur Eingangsrechnung erhalten Sie entweder noch vor der Verbuchung über den Button SIMULIEREN oder nach der Verbuchung über den Button FOLGEBELEGE und im Pop-up durch einen Doppelklick in die Zeile BUCHHALTUNGSBELEG (siehe Abbildung 7.10).

Abbildung 7.10 Buchhaltungsbeleg

Zahlsperre

Dass die Rechnung zur Zahlung gesperrt ist, können Sie auch an den Detaildaten der Buchungsposition 1 des Buchhaltungsbelegs anhand der erstellten Zahlsperre erkennen. Hierzu führen Sie einen Doppelklick in die erste Buchungszeile aus (siehe Abbildung 7.11).

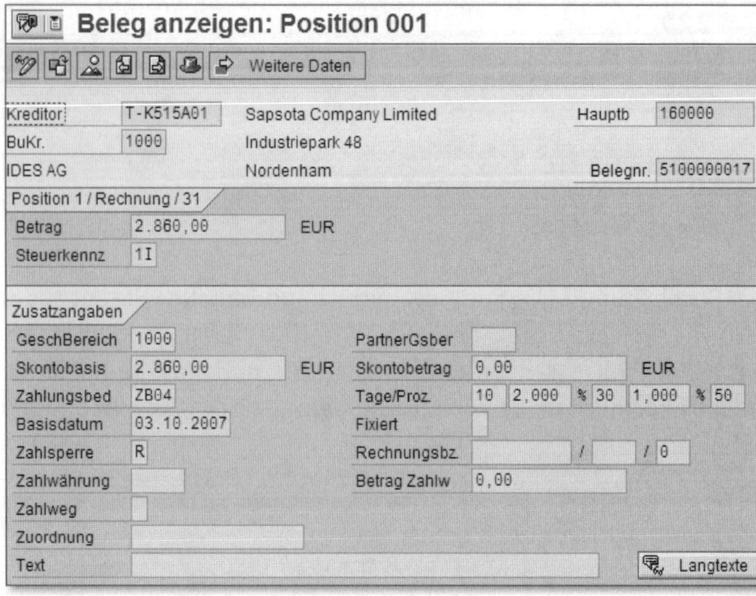

Abbildung 7.11 Zahlsperre »R« in der Buchungszeile zum Kreditorenkonto

Customizing-Einstellungen

Die Zahlsperren definieren Sie im Customizing der Logistik-Rechnungsprüfung (Menüpfad, ausgehend vom SAP Easy Access-Menü: SPRO • SAP Referenz-IMG • SAP Customizing Einführungsleitfaden • SAP Customizing Einführungsleitfaden • Materialwirtschaft • Logistik-Rechnungsprüfung • Rechnungssperre • Zahlsperre festlegen (siehe Abbildung 7.12).

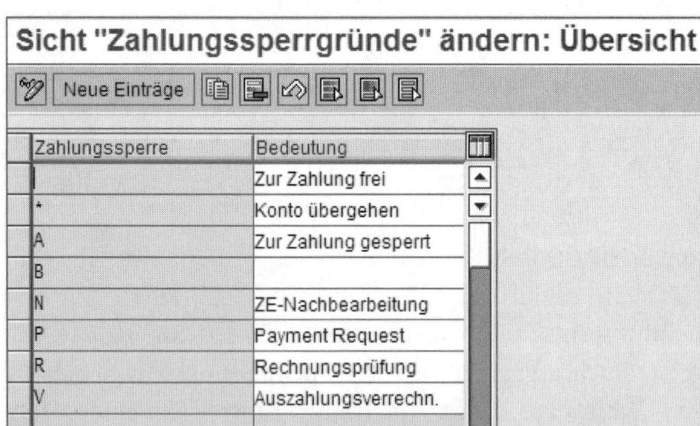

Abbildung 7.12 Zahlsperren

Zur besseren Analyse der Buchungen, die in der Finanzbuchhaltung erfolgen, sind die Vorgänge für die einzelnen Bestellpositionen in Tabelle 7.1 zusammengefasst:

Position	Bestellung Stück × EUR = Summe	Wareneingang Stück × EUR = Summe	Rechnungseingang Stück × EUR = Summe
10	200 × 10 = 2.000,00	–	50 × 10 = 500,00
20	200 × 50 = 10.000,00	100 × 50 = 5.000,00	50 × 22 = 1.100,00
30	200 × 20 = 4.000,00	120 × 20 = 2.400,00	120 × 8,33 = 1.000,00

Tabelle 7.1 Tabellarische Zusammenfassung des Beschaffungsprozesses

Buchungen in der Finanzbuchhaltung

Für die Buchungen in der Finanzbuchhaltung gilt Folgendes:

- Erfolgt der Rechnungseingang vor dem Wareneingang, wird die der Rechnungswert auf das WE/RE-Verrechnungskonto gebucht.

  Die Buchungsposition 2 über 500,00 EUR bezieht sich somit auf den Rechnungseingang der Position 10.
- Sofern die Wareneingangsmenge größer ist als die Rechnungsmenge, wird der bereits berechnete Teil der Wareneingangsmenge mit dem Rechnungspreis bewertet und der noch nicht berechnete Teil der Wareneingangsmenge mit dem Bestellpreis.

Ermittlung der Buchungsbeträge

Hieraus ergeben sich die Buchungen für die Bestellposition 20. Die Bewertung des Wareneingangs von 100 Stück auf dem Bestandskonto muss also jeweils zur Hälfte mit dem Bestellpreis und dem Rechnungspreis erfolgen. Somit ergibt sich eine Bewertung von 50 Stück × 50,00 EUR + 50 Stück × 22,00 EUR = 3.600,00 EUR.

Da durch den Wareneingang eine Bestandsbuchung von 5.000,00 EUR erfolgt ist, wird durch eine Differenzbuchung von 1.400,00 EUR (Buchungsposition 4) eine Bewertung von 3.600,00 EUR erreicht. Die Buchung von 2.500,00 EUR (Buchungsposition 3) auf dem WE/RE-Verrechnungskonto ergibt sich zum einen durch den Rechnungseingangswert von 1.100,00 EUR und zum anderen durch die Differenz zwischen dem Bestellpreis (50,00 EUR) und dem Rechnungspreis (22,00 EUR) multipliziert mit der Rechnungseingangsmenge von 50 Stück (50 Stück × (50,00 EUR – 22,00 EUR = 1.400,00 EUR).

Bei der Bestellposition 30 entsprechen sich Waren- und Rechnungseingangsmenge. Die Preisdifferenz zwischen dem Bestellpreis und dem Rechnungspreis multipliziert mit der Menge von 120 Stück ergibt einen Wert von 1.400,00 EUR. Um diesen Wert wird das Bestandskonto entlastet (Buchungsposition 6). Das WE/RE-Verrechnungskonto wird bei gleicher Waren- und Rechnungseingangsmenge um den beim Wareneingang gebuchten Betrag von 2.400,00 EUR ausgeglichen.

Sofern die Rechnungseingangsmenge größer ist als die Wareneingangsmenge, wird das WE/RE-Verrechnungskonto um die Wareneingangsmenge multipliziert mit dem Bestellpreis und die die Wareneingangsmenge übersteigende Rechnungseingangsmenge multipliziert mit dem Rechnungspreis ausgeglichen. Weiterhin wird eine Preisabweichung für den bereits gelieferten Anteil verbucht. Je nach Preissteuerungsverfahren und Bestandsdeckung erfolgt die Verbuchung auf ein Preisdifferenzenkonto bzw. das Bestandskonto.

Eine Abwandlung des aufgeführten Beispiels für die Bestellposition 30 zeigt die in Tabelle 7.2 dargestellten Vorgänge:

Position	Bestellung Stück × EUR = Summe	Wareneingang Stück × EUR = Summe	Rechnungseingang Stück × EUR = Summe
30	200 × 20 = 4.000,00	120 × 20 = 2.400,00	150 × 8,33 = 1.250,00

Tabelle 7.2 Abwandlung des Beispiels

Ohne Berücksichtigung der Umsatzsteuer würden sich die folgenden Buchungen bei einem Material mit dem Preissteuerungskennzeichen GLEITENDER DURCHSCHNITTSPREIS (V) und teilweiser Bestandsdeckung ergeben:

WE/RE-Verrechnungskonto	*2.650,00 EUR*
an	
Kreditor	*1.250,00 EUR*
Bestandskonto	*1.400,00 EUR*

Der Ausgleich des WE/RE-Verrechnungskontos um 2.650,00 EUR ergibt sich aus der Wareneingangsmenge multipliziert mit dem Bestellpreis (120 Stück × 20,00 EUR = 2.400,00 EUR) zuzüglich des Rechnungspreises multipliziert mit der Rechnungseingangsmenge, die die

Wareneingangsmenge übersteigt (8,33 EUR × (150 Stück – 120 Stück) = 250,00 EUR). Die Summe der Preisdifferenz zwischen Bestell- und Rechnungspreis multipliziert mit der Wareneingangsmenge von 1.400,00 EUR ((20,00 EUR – 8,33 EUR) × 120 Stück = 1.400,00 EUR) wird auf das Bestandskonto gebucht.

7.1.4 Bestellpreismengenabweichung

In der Bestellung werden verschiedene Mengeneinheiten unterschieden. Für eine Bestellpreismengenabweichung sind die Mengeneinheiten Bestellmenge (BME, z. B. Stück) und Bestellpreismenge (BPME, z. B. Kilogramm) von Bedeutung.

Umrechnung BME – BPME

Falls sich diese Mengeneinheiten in einer Bestellposition unterscheiden, muss ein Umrechnungsfaktor zwischen Bestellmenge und Bestellpreismenge eingegeben werden (z. B. 1 Stück = 2 Kilogramm).

Abweichungen beim Wareneingang

Bei einem Wareneingang wird die Wareneingangsmenge in Bestellmengeneinheiten und in Bestellpreismengeneinheiten angegeben. Hier können bereits Abweichungen auftreten (z. B. beträgt die Wareneingangsmenge in der Bestellmengeneinheit ein Stück und die Wareneingangsmenge in der Bestellpreismengeneinheit 1,8 Kilogramm).

Abweichungen beim Rechnungseingang

Abweichungen können auch bei der Erfassung der Eingangsrechnung auftreten, wenn bei der Eingabe der Rechnungsmenge in Bestellpreismengeneinheiten die Umrechnung zwischen Bestellmengeneinheit und Bestellpreismengeneinheit in der Rechnung nicht mehr übereinstimmt mit der Umrechnung in der Bestellung oder bei der Wareneingangsbuchung. Zusammenfassend lassen sich Bestellpreismengenabweichungen durch folgende Ungleichheiten ausdrücken:

Fall 1

Wenn der Rechnungseingang vor dem Wareneingang erfolgt:

Rechnungsmenge in Bestellpreismengeneinheit = 18 kg
Rechnungsmenge in Bestellmengeneinheit = 10 Stück

ungleich

Bestellmenge in Bestellpreismengeneinheit = 20 kg
Bestellmenge in Bestellmengeneinheit = 10 Stück

Fall 2

Wenn der Rechnungseingang nach dem Wareneingang erfolgt:

Rechnungsmenge in Bestellpreismengeneinheit = 18 kg
Rechnungsmenge in Bestellmengeneinheit = 10 Stück

ungleich

Wareneingangsmenge in Bestellpreismengeneinheit = 20 kg
Wareneingangsmenge in Bestellmengeneinheit = 10 Stück

Entsprechend diesen beiden Fällen zur Feststellung einer Bestellpreismengeneinheit lassen sich im Customizing der Rechnungssperre innerhalb der Logistik-Rechnungsprüfung zwei prozentuale Toleranzschlüssel einstellen:

Toleranzschlüssel

Beim Toleranzschlüssel BR berechnet SAP ERP die prozentuale Abweichung der Verhältnisse, wenn der Rechnungseingang *vor* dem Wareneingang erfolgt, und vergleicht diese mit der eingestellten Obergrenze und Untergrenze und sperrt die Rechnung bei der Buchung zur Zahlung, wenn die Obergrenze überschritten wird.

Beim Toleranzschlüssel BW berechnet SAP ERP die prozentuale Abweichung der Verhältnisse, wenn der Rechnungseingang *nach* dem Wareneingang erfolgt, und vergleicht diese mit der eingestellten Obergrenze und Untergrenze und sperrt die Rechnung bei der Buchung zur Zahlung, wenn die Obergrenze überschritten wird.

Vorgehensweise und Buchungen bei der Erfassung einer Eingangsrechnung mit einer Bestellpreismengeneinheit sollen am folgenden Beispiel illustriert werden:

Beispiel

Bestellung:

10 Stück (BME) eines Materials mit der Preissteuerung gleitender Preis (V) zu 5,00 EUR je Kilogramm (BPME)

Umrechnungsfaktor BME:BPME: 1 Stück = 2 kg

Gesamtnettobestellwert: 100,00 EUR

Wareneingang:

10 (BME) Stück mit 20 kg (BPME) Gesamtgewicht

Rechnungseingang:

10 Stück (BME) mit insg. 30 kg zu 5,00 EUR je Kilogramm (BPME)

Gesamtnettorechnungsbetrag: 150,00 EUR

Die prozentuale Abweichung der Verhältnisse beträgt:

(30:10/20:10 – 1) × 100 = 50 %

Menge in Bestellpreismengeneinheiten

Die Bestellpreismenge muss in der Positionsliste in der Spalte MENGE IN BPME eingegeben werden. Erfolgt diese Eingabe nicht, dann erkennt SAP ERP keine Bestellpreismengenabweichung, sondern eventuell – je nach den eingestellten Toleranzgrenzen – nur eine Preisabweichung.

Buchungen in der Finanzbuchhaltung

Die Buchungen in der Finanzbuchhaltung bei einer Bestellpreismengenabweichung entsprechen denen bei einer Preisabweichung. Entsprechend wird die Abweichung je nach Preissteuerungsverfahren und Bestandsdeckung auf das Bestandskonto oder ein Preisdifferenzenkonto gebucht.

Wareneingangsbuchung:

Bestandskonto	*100,00 EUR*
an	
WE/RE-Verrechnungskonto	*100,00 EUR*

Rechnungseingangsbuchung:

WE/RE-Verrechnungskonto	*100,00 EUR*
Bestandskonto	*50,00 EUR*
Eingangssteuer	*15,00 EUR*
an	
Kreditor	*165,00 EUR*

Preissteuerungsverfahren

Bei Materialien mit dem Preissteuerungsverfahren GLEITENDER PREIS (V) ändert sich dieser gleitende Preis im Materialstammsatz durch die Wareneingangsbuchung und die Rechnungseingangsbuchung, wenn beim Wareneingang und Rechnungseingang die jeweiligen Bestellpreismengen von denen in der Bestellung abweichen.

7.1.5 Terminabweichung

Rechnungen können zur Zahlung gesperrt werden, wenn die Erfassung der Eingangsrechnung zu früh erfolgt. Für diese Terminabweichung werden die Kalendertage zwischen dem geplanten Lieferdatum und dem Tagesdatum der Rechnungserfassung mit dem Betrag der Rechnungsposition multipliziert und mit der absoluten Obergrenze des Toleranzschlüssels ST (Terminabweichung Wert × Tage) verglichen. Ein Beispiel soll die Funktionsweise verdeutlichen:

Beispiel

Bestellung:

2 Stück eines Materials zu 10,00 EUR/Stück = 20,00 EUR zum Liefertermin 13.11.

TOLERANZSCHLÜSSEL ST: obere Grenze 60,00 EUR auf PRÜFEN eingestellt.

- Eine Rechnungserfassung am 09.11. überschreitet die Toleranzgrenze (4 Tage × 20,00 EUR = 80,00 EUR), und die Rechnung wird zur Zahlung gesperrt.
- Bei einer Rechnungserfassung am 10.11. wird die Toleranzgrenze nicht verletzt (3 Tage × 20,00 EUR = 60,00 EUR).

Terminprüfungen

Die Terminprüfung in SAP ERP weist folgende Besonderheiten auf:

- Eine Rechnungssperre wird in Form des gelben Ampelsymbols erst angezeigt, nachdem Sie auf den Button SIMULIEREN gedrückt haben, bzw. als Meldung in der Meldungsleiste, wenn Sie die Rechnung gebucht haben.
- Durch die Eingabe eines in die Zukunft verlegten Rechnungs- oder Buchungsdatums oder durch die Buchung des Wareneingangs vor dem Lieferdatum kann eine Rechnungssperre nicht verhindert werden.
- Sollte die Toleranzgrenze durch eine Preisabweichung überschritten werden, erfolgt eine Sperrung der Rechnung aufgrund der Terminabweichung und zusätzlich eventuell aufgrund der Preisabweichung.
- Für Rechnungen, die auf einem Lieferplan basieren, kann aufgrund des Fehlens eines eindeutigen Liefertermins keine Terminprüfung erfolgen.

Bei Eingangsrechnungen mit einer Terminabweichung gibt es keine Besonderheiten bei der Verbuchung dieser Eingangsrechnung in der Finanzbuchhaltung.

7.1.6 Rechnungssperre wegen Positionsbetragsprüfung

Customizing-Einstellungen

Bei Rechnungspositionen, die eine bestimmte Grenze überschreiten, kann es betriebswirtschaftlich sinnvoll sein, die Rechnung zunächst zur Zahlung zu sperren, um sie einer genaueren Prüfung zu unterziehen. Rechnungen, die wegen Überschreitung der Positionsbetragshöhe gesperrt werden, erhalten den Sperrgrund BETRAGSHÖHE (BTG). Damit die Rechnungssperre wegen Positionsbetragsprüfung erfolgen kann, sind verschiedene Einstellungen im Customizing der Logistik-Rechnungsprüfung notwendig:

- **Positionsbetragsprüfung aktivieren**
  Aktivierung der Positionsbetragsprüfung auf der Ebene des Buchungskreises (siehe Abbildung 7.13)

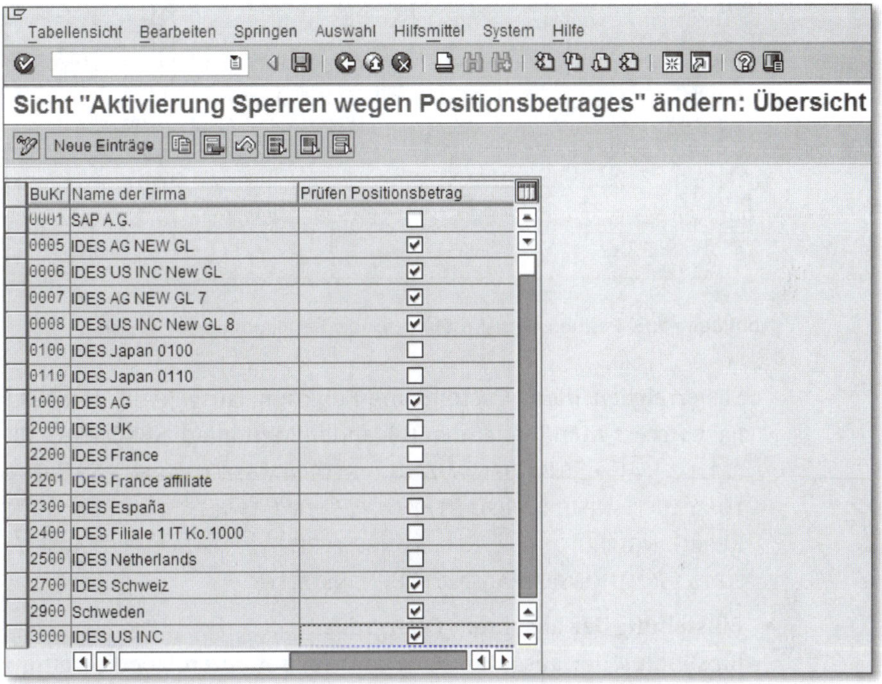

Abbildung 7.13 Positionsbetragsprüfung auf Buchungskreisebene aktivieren

  Sie erreichen diese Customizing-Funktion, ausgehend vom SAP Easy Access-Menü, über den folgenden Menüpfad: SPRO • SAP REFERENZ-IMG • SAP CUSTOMIZING EINFÜHRUNGSLEITFADEN • SAP CUSTOMIZING EINFÜHRUNGSLEITFADEN • MATERIALWIRTSCHAFT • LOGISTIK-RECHNUNGSPRÜFUNG • RECHNUNGSSPERRE • POSITIONSBETRAGSPRÜFUNG • POSITIONSBETRAGSPRÜFUNG AKTIVIEREN.

- **Positionsbetragsprüfung einstellen**
  Positionsbetragsprüfung für die gewünschten Kombinationen aus Positionstyp und Wareneingangskennzeichen der Bestellposition für den Buchungskreis einstellen (siehe Abbildung 7.14)

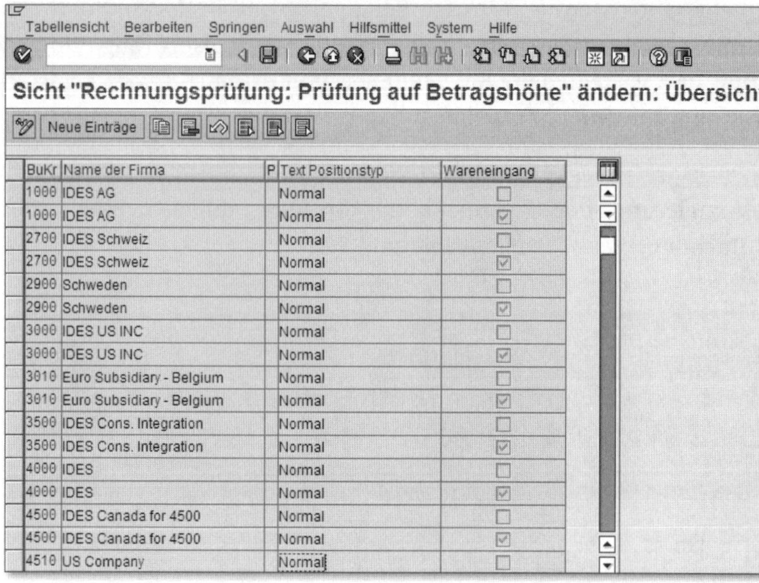

Abbildung 7.14 Positionsbetragsprüfung für die Bestellposition einstellen

Sie erreichen diese Customizing-Funktion, ausgehend vom SAP Easy Access-Menü, über den folgenden Menüpfad: SPRO • SAP REFERENZ-IMG • SAP CUSTOMIZING EINFÜHRUNGSLEITFADEN • SAP CUSTOMIZING EINFÜHRUNGSLEITFADEN • MATERIALWIRTSCHAFT • LOGISTIK-RECHNUNGSPRÜFUNG • RECHNUNGSSPERRE • POSITIONSBETRAGSPRÜFUNG • POSITIONSBETRAGSPRÜFUNG EINSTELLEN.

- **Einstellung der absoluten Obergrenze**
  Einstellung der absoluten Obergrenze, bei deren Überschreitung die Rechnungsposition wegen Betragshöhe zur Zahlung gesperrt wird. Die Einstellung erfolgt buchungskreisabhängig getrennt nach Rechnungspositionen mit Bestellbezug (Toleranzschlüssel AP) und ohne Bestellbezug (Toleranzschlüssel AN) (siehe Abbildung 7.15)

Sie erreichen diese Customizing-Funktion, ausgehend vom SAP Easy Access-Menü, über den folgenden Menüpfad: SPRO • SAP REFERENZ-IMG • SAP CUSTOMIZING EINFÜHRUNGSLEITFADEN • SAP CUSTOMIZING EINFÜHRUNGSLEITFADEN • MATERIALWIRTSCHAFT • LOGISTIK-RECHNUNGSPRÜFUNG • RECHNUNGSSPERRE • TOLERANZGRENZEN FESTLEGEN.

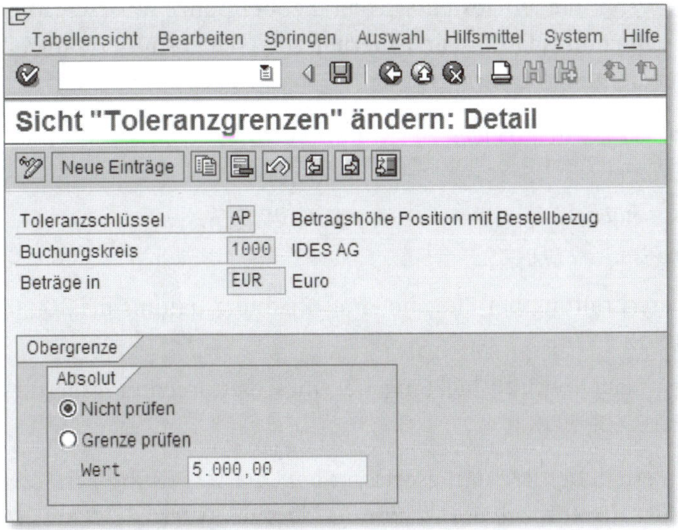

Abbildung 7.15 Toleranzschlüssel AP

7.1.7 Betragshöhe und Zeitüberschreitung Limitbestellung

Bei einer Limitbestellung prüft SAP ERP die eingebuchten Rechnungen gegen das Limit und gegen die Laufzeit in der Limitbestellung. Für Rechnungen zu Limitbestellungen können Sie buchungskreisabhängig die folgenden Toleranzgrenzen einstellen:

- absolute und prozentuale Toleranzobergrenze für die Betragshöhe (Toleranzschlüssel LA)
- absolute Toleranzobergrenze für die Laufzeitüberschreitung (Toleranzschlüssel LD)

Betragshöhe

Beim Toleranzschlüssel LA für die Betragshöhe ermittelt SAP ERP die Summe des bisher berechneten Wertes zur Bestellposition zuzüglich des berechneten Wertes der aktuellen Rechnung und vergleicht diesen Wert mit dem Wertlimit der Limitbestellung zuzüglich des kleineren Betrags aus prozentualer oder betragsmäßiger Toleranz. Bei Überschreitung der Toleranz wird die Rechnung mit dem Sperrgrund PREIS zur Zahlung gesperrt.

Laufzeit

Beim Toleranzschlüssel LD für die Laufzeitüberschreitung ermittelt SAP ERP, ausgehend vom Buchungsdatum der Rechnung, die Anzahl der Kalendertage, die außerhalb des Gültigkeitszeitraums der Limitbestellung liegen, und sperrt die Rechnung zur Zahlung (Sperrgrund:

TERMIN), wenn die eingestellte Toleranzobergrenze überschritten wird. Das Buchungsdatum kann hierbei vor oder nach der Laufzeit der Limitbestellung liegen.

Beispiel

Laufzeit der Limitbestellung:	*01.11.–10.11.*
Gesamtlimit:	*1,000,00 EUR*
Toleranzschlüssel LA:	*100,00 EUR*
Toleranzschlüssel LD:	*1*

- Zeitüberschreitung bei Eingabe eines Buchungsdatums bis 30.10. oder ab 12.11.
- Betragsüberschreitung bei Eingabe eines Nettorechnungsbetrags über 1.100,00 EUR

Informationsmeldung

Zusätzlich erhält der Rechnungserfasser bei Überschreitung der Toleranzgrenzen die Informationsmeldung, dass der Wert das Limit in der Bestellung überschreitet bzw. dass die Laufzeit nicht eingehalten wird. Die Rechnung kann dann gebucht werden, wird aber zur Zahlung gesperrt. Sie können diese Meldung auch als Fehlermeldung kennzeichnen (siehe Abbildung 7.16). Hierdurch wird die Buchung der Rechnung verhindert.

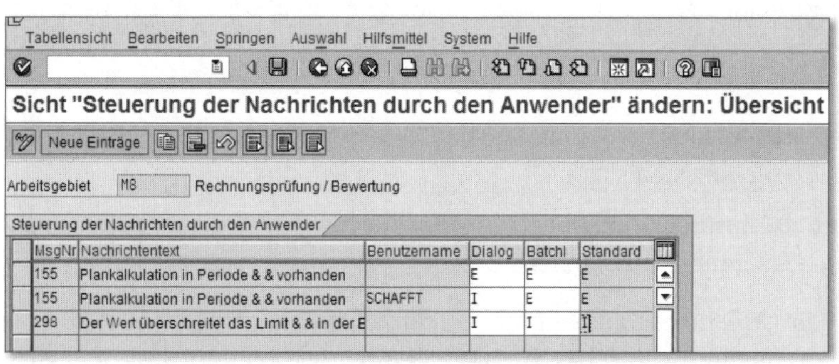

Abbildung 7.16 Eigenschaften der Systemmeldungen festlegen

Die Customizing-Transaktion (OMRM) zur Festlegung der Systemmeldungen erreichen Sie über den Menüpfad SPRO • SAP REFERENZ-IMG • SAP CUSTOMIZING EINFÜHRUNGSLEITFADEN • SAP CUSTOMIZING EINFÜHRUNGSLEITFADEN • MATERIALWIRTSCHAFT • LOGISTIK-RECHNUNGSPRÜFUNG • EIGENSCHAFTEN DER SYSTEMMELDUNGEN FESTLEGEN.

7.1.8 Kleindifferenzen automatisch bilden

Funktion

Grundsätzlich lässt sich eine Rechnung nur buchen, wenn der Saldo null beträgt. Betriebswirtschaftlich kann es sinnvoll sein, eine Kleindifferenz einzustellen, die bei positiven und negativen Abweichungen des Saldos von null dennoch die Buchung der Rechnung erlaubt und die Kleindifferenz auf das Konto Aufwand oder Ertrag aus Kleindifferenzen bucht. Bei der Rechnungserfassung dieser Kleindifferenzen ist es sinnvoll, für die Eingangsteuer die Funktion STEUER RECHNEN zu verwenden, um den Steuerbetrag in den Kopfdaten von SAP ERP aus dem Nettobetrag und dem Steuerkennzeichen der Rechnungsposition vorschlagen zu lassen. Eine Anpassung der Kleindifferenz im Betragsfeld der Rechnungsposition könnte aufgrund der Preisfortschreibung im Materialstammsatz nicht erwünscht sein.

Toleranzschlüssel BD

Zur automatischen Bildung von Kleindifferenzen steht Ihnen der buchungskreisabhängige Toleranzschlüssel BD KLEINDIFFERENZEN AUTOMATISCH BILDEN zur Verfügung (siehe Abbildung 7.17).

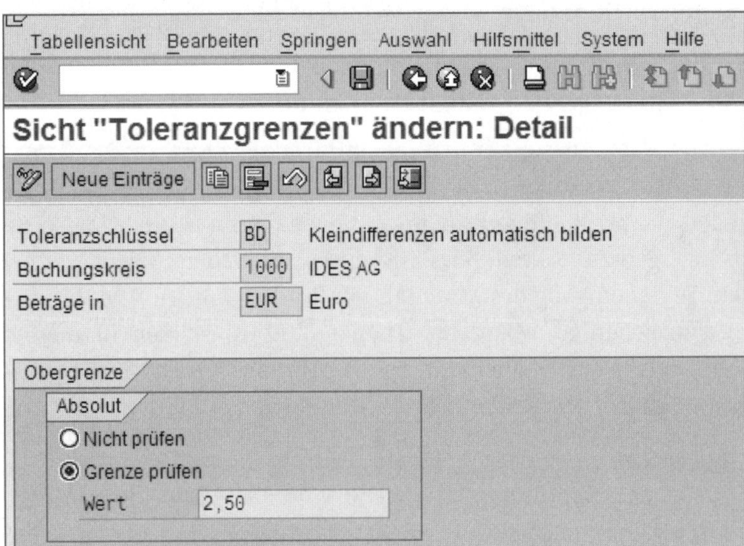

Abbildung 7.17 Toleranzschlüssel BD

Customizing-Einstellungen

Der im Feld WERT einzugebende Betrag stellt eine Obergrenze für die Abweichung dar und gilt somit für positive und negative Abweichungen. Wenn eine Differenz die Toleranzgrenzen für Kleindifferenzen übersteigt, haben Sie prinzipiell noch die Möglichkeit, über BEARBEI-

TEN • BUCHEN in der Transaktion EINGANGSRECHNUNG HINZUFÜGEN die Differenz manuell zu akzeptieren. Die Differenz wird auf ein Konto für Kleindifferenzen gebucht. Für die manuelle Akzeptanz dieser Differenzen wird das Berechtigungsobjekt M_RECH_AKZ geprüft.

7.1.9 V-Preisabweichung

Funktion

Rechnungseingänge von Materialien mit der Preissteuerung GLEITENDER DURCHSCHNITTSPREIS (V) führen bei einer Preisabweichung zu einer Bestandsbuchung, sofern die Rechnungsmenge vollständig oder teilweise durch Bestand gedeckt ist. Diese Bestandsbuchung führt auch zu einer Veränderung des gleitenden Durchschnittspreises im Materialstammsatz.

Mit dem Toleranzschlüssel VP können Sie eine prozentuale Ober- und Untergrenze festlegen. Wenn die prozentuale Veränderung des neuen gleitenden Durchschnittspreises diese Toleranzgrenzen verletzt, erhalten Sie bei der Rechnungserfassung eine entsprechende Meldung. Die Rechnung wird jedoch nicht zur Zahlung gesperrt.

7.1.10 Sperre wegen Qualitätsprüfung

Funktion

Im Materialstammsatz können Sie auf der Registerkarte QUALITÄTSMANAGEMENT mit dem Kennzeichen QM IN DER BESCHAFFUNG AKTIV und den entsprechenden Prüfeinstellungen für ein Material das Qualitätsmanagement aktivieren. Hierdurch erreichen Sie, dass bei jedem Wareneingang des Materials ein Prüflos erzeugt wird. Da dieses Kennzeichen auf Mandantenebene gültig ist, müssen Sie die Bedingungen für das Qualitätsmanagement in der Beschaffung zusätzlich über einen *Steuerschlüssel* auf Werksebene konkretisieren.

Die Einstellungen zu diesen Steuerschlüsseln finden Sie im Customizing der Qualitätsprüfung, ausgehend vom SAP Easy Access-Menü, über den Menüpfad SPRO • SAP REFERENZ-IMG • SAP CUSTOMIZING EINFÜHRUNGSLEITFADEN • SAP CUSTOMIZING EINFÜHRUNGSLEITFADEN • QUALITÄTSMANAGEMENT • QM IN DER LOGISTIK • QM IN DER BESCHAFFUNG • STEUERSCHLÜSSEL DEFINIEREN (siehe Abbildung 7.18).

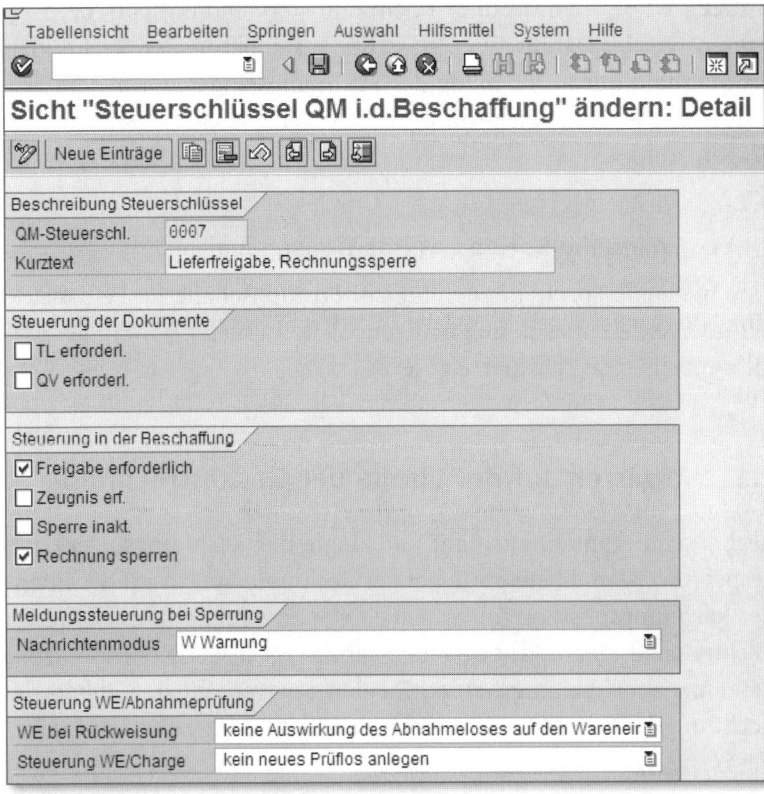

Abbildung 7.18 Steuerschlüssel QM in der Beschaffung

Vorgehensweise

Mit dem Kennzeichen RECHNUNG SPERREN im Steuerschlüssel und dem Eintrag dieses Steuerschlüssels im Materialstammsatz veranlassen Sie SAP ERP bei der Rechnungserfassung zu der Prüfung, ob das Prüflos zurückgewiesen wurde oder ob zum Prüflos noch kein Verwendungsentscheid getroffen wurde. In beiden Fällen wird die Rechnung zur Zahlung gesperrt. Da für eine Bestellposition mehrere Wareneingänge erfolgen können, wird für jeden Wareneingang ein Prüflos erzeugt. Weiterhin kann eine Rechnung vor oder nach einem Wareneingang eintreffen. Sofern eine wareneingangsbezogene Rechnungsprüfung für die Bestellposition vereinbart wurde, wird die Rechnung für den betroffenen Wareneingang zur Zahlung gesperrt, wenn das Prüflos zurückgewiesen wurde oder noch kein Verwendungsentscheid getroffen wurde. Bei Vereinbarung einer bestellbezogenen Rechnungsprüfung wird die Rechnung zur Zahlung gesperrt, wenn das Prüflos zu einem beliebigen Wareneingang zurückgewiesen wurde oder noch kein Verwendungsentscheid getroffen wurde. Daraus folgt, dass bei bestellbezogener Rechnungsprüfung und der Verbuchung des Rechnungseingangs vor dem Wareneingang die Qualitätsprüfung nicht für eine Rechnungssperre zum Tragen kommt.

7.1.11 Manuelle Sperre auf Positionsebene

Eine manuelle Sperre können Sie auf Positionsebene im Feld SPERRGRUND MANUELL setzen. Im Finanzbuchhaltungsbeleg wird in der Kreditorenzeile eine Zahlsperre gesetzt.

7.2 Sperren auf der Ebene der Gesamtrechnung

Rechnungen können auch auf der Ebene des Rechnungsbelegkopfs gesperrt werden. Ebenso wie bei der Rechnungssperre auf der Ebene der Rechnungsposition führt auch eine Sperre auf der Kopfebene der Rechnung zu einem Eintrag einer Zahlsperre in der Kreditorenzeile des Finanzbuchhaltungsbelegs. Zu den Sperren auf der Ebene des Rechnungsbelegkopfs gehören die *stochastische Sperre* und die *manuelle Sperre*.

7.2.1 Stochastische Sperre

Bei einer stochastischen Sperre wird die Rechnung zur Zahlung gesperrt, wenn kein anderer Sperrgrund zum Tragen kam und die mathematischen Bedingungen zu dieser Sperre erfüllt sind. Die stochastische Sperre dient dazu, stichprobenartig z. B. jede zehnte Rechnung noch einmal zu überprüfen.

Customizing-Einstellungen

Zur Einstellung der stochastischen Sperre stehen Ihnen in SAP ERP zwei Customizing-Funktionen zur Verfügung:

- die buchungskreisabhängige Aktivierung der stochastischen Sperre über den Menüpfad SPRO • SAP REFERENZ-IMG • SAP CUSTOMIZING EINFÜHRUNGSLEITFADEN • SAP CUSTOMIZING EINFÜHRUNGSLEITFADEN • MATERIALWIRTSCHAFT • LOGISTIK-RECHNUNGSPRÜFUNG • RECHNUNGSSPERRE • STOCHASTISCHES SPERREN • STOCHASTISCHES SPERREN AKTIVIEREN (siehe Abbildung 7.19)

- die buchungskreisabhängige Einstellung der stochastischen Sperre über den Menüpfad SPRO • SAP REFERENZ-IMG • SAP CUSTOMIZING EINFÜHRUNGSLEITFADEN • SAP CUSTOMIZING EINFÜHRUNGSLEITFADEN • MATERIALWIRTSCHAFT • LOGISTIK-RECHNUNGSPRÜFUNG • RECHNUNGSSPERRE • STOCHASTISCHES SPERREN • STOCHASTISCHES SPERREN EINSTELLEN (siehe Abbildung 7.20)

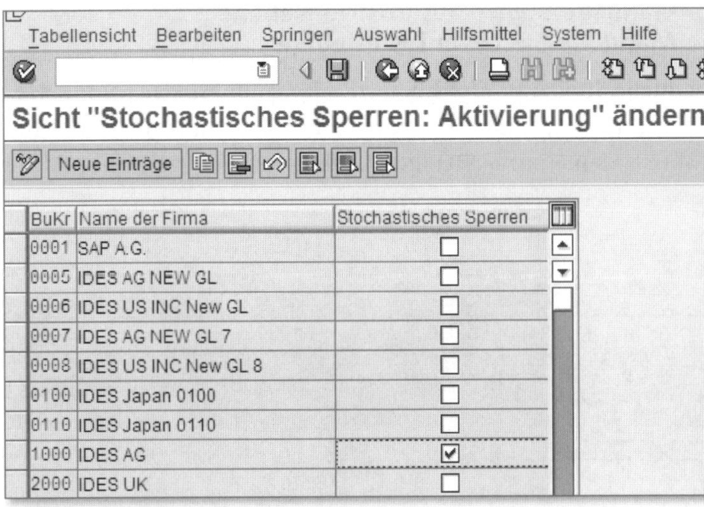

Abbildung 7.19 Stochastische Sperre aktivieren

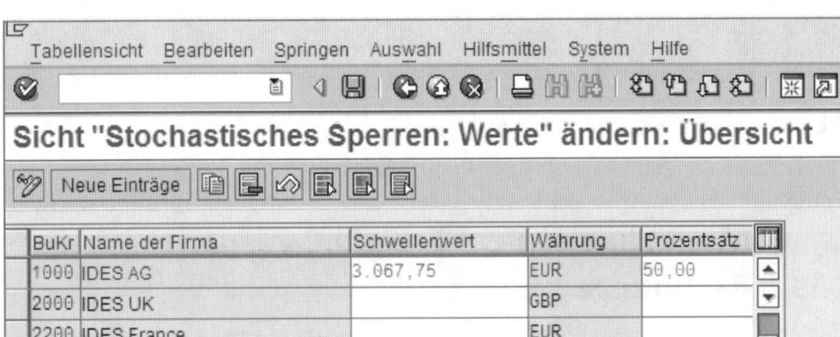

Abbildung 7.20 Stochastische Sperre einstellen

Beispiel

Im Beispiel der Abbildung 7.20 beträgt im Buchungskreis 1000 der Schwellenwert 3.067,75 EUR und der Prozentsatz 50,00 %. Diese Einstellung führt dazu, dass ab einem Rechnungsgesamtbetrag von 3.067,75 EUR die Wahrscheinlichkeit einer stochastischen Sperre 50 % beträgt. Die Wahrscheinlichkeit einer stochastischen Sperre für

Rechnungsgesamtbeträge unterhalb des Schwellenwertes verändert sich proportional zum Prozentsatz. Wenn z. B. eine Rechnung mit einem Gesamtrechnungsbetrag von 613,55 EUR (20 % des Schwellenwertes) erfasst wird, dann beträgt die Wahrscheinlichkeit der stochastischen Sperre ebenfalls nur noch 20 % des eingegebenen Prozentsatzes von 50 %, somit 10 %.

7.2.2 Manuelle Sperre auf Kopfebene

Eine manuelle Sperre auf der Ebene des Rechnungsbelegkopfs setzen Sie in den Kopfdaten auf der Registerkarte ZAHLUNG im Feld ZAHLSPERRE durch den Eintrag RECHNUNGSPRÜFUNG (R) (siehe Abbildung 7.21).

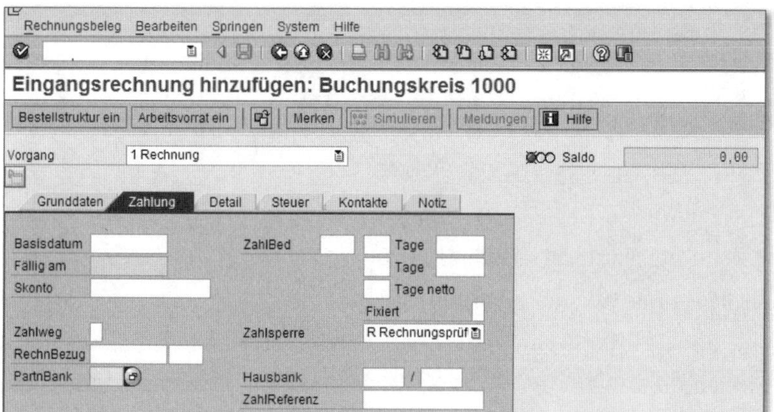

Abbildung 7.21 Zahlsperre auf Kopfebene

7.3 Möglichkeiten zur Freigabe gesperrter Rechnungen

Die in der Logistik-Rechnungsprüfung erfassten Rechnungen können zur Zahlung gesperrt sein. Die Finanzbuchhaltung kann die Zahlung über das Zahlprogramm nicht automatisch regulieren. Die Gründe für eine Rechnungssperre sind:

- eine manuelle Zahlsperre auf Kopf- oder Positionsebene
- eine Sperre aus Qualitätsgründen
- eine stochastisch gesperrte Rechnung

- eine Zahlsperre aufgrund der Überschreitung einer Abweichungstoleranzobergrenze (in Klammern sind die entsprechenden Toleranzschlüssel angegeben):
  - Betragshöhe der Rechnungsposition mit oder ohne Bestellbezug (AP, AN)
  - Betragshöhe oder Zeitüberschreitung bei der Limitbestellung (LA, LD)
  - prozentuale Bestellpreismengenabweichung (BR, BW)
  - Mengenabweichung mit und ohne Wareneingang (DQ, DW)
  - Preisabweichung zum Bestellpreis, zum Schätzpreis oder zum Konditionswert (PP, PS, KW)
  - Terminabweichung (ST)

Möglichkeiten der Freigabe von Rechnungen

Zur Freigabe der Rechnungen stehen Ihnen die folgenden Möglichkeiten zur Verfügung:

- die manuelle Freigabe von Rechnungen
- die automatische Freigabe von Rechnungen
  - online
  - in der Hintergrundverarbeitung

Darüber hinaus können Sie die Freigabe von Rechnungen aufgrund von Preisabweichungen über einen Workflow steuern, wodurch der Einkäufer durch ein Workitem im Business Workplace über die Rechnungssperre informiert wird.

7.3.1 Die manuelle Freigabe von Rechnungen

Für die Freigabe von Rechnungen verwenden Sie die Transaktion GESPERRTE RECHNUNGEN FREIGEBEN. Sie erreichen diese Transaktion, ausgehend vom SAP Easy Access-Menü, über den Menüpfad SAP MENÜ • LOGISTIK • MATERIALWIRTSCHAFT • LOGISTIK-RECHNUNGSPRÜFUNG • WEITERVERARBEITUNG • GESPERRTE RECHNUNGEN FREIGEBEN (MRBR).

Bildbereiche

Im Einstiegsbild der Transaktion stehen Ihnen die folgenden vier Bildbereiche zur Verfügung:

- Bildbereich zur Selektion der gesperrten Rechnungen
- Bildbereich zur Auswahl der Verarbeitung der selektierten Rechnungen

- Bildbereich zur Auswahl des Sperrverfahrens
- Bildbereich zur Auswahl einer Anzeigevariante (siehe Abbildung 7.22)

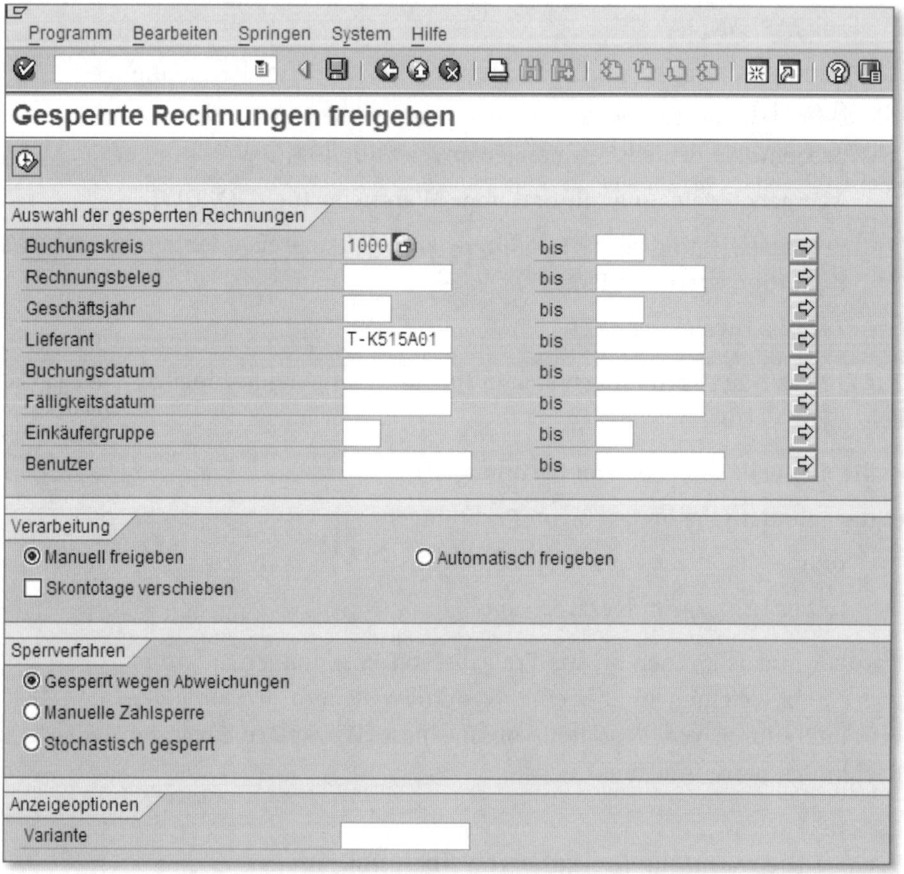

Abbildung 7.22 Einstiegsbild der Transaktion »Gesperrte Rechnungen freigeben«

Im Bildbereich AUSWAHL DER GESPERRTEN RECHNUNGEN können Sie anhand verschiedener Selektionskriterien die zu bearbeitenden Rechnungen selektieren.

Skontotage verschieben

Im Bildbereich zur Verarbeitung der selektierten Rechnungen entscheiden Sie sich entweder für die *manuelle* Freigabe oder die *automatische* Freigabe von Rechnungen. Zudem haben Sie die Möglichkeit, die Skontotage zu verschieben.

Zahlungsfristenbasisdatum

Bei der Erfassung der Rechnung schlägt SAP ERP auf der Registerkarte ZAHLUNG in den Kopfdaten ein Zahlungsfristenbasisdatum (Feld: BASISDATUM) vor, das überschrieben werden kann. Auf dieses Zahlungsfristenbasisdatum beziehen sich die Fristen für die Skontofälligkeit und die Nettofälligkeit. Der Zeitraum zwischen Rechnungssperre und Freigabe der Rechnung verringert diese Fristen. Durch das Kennzeichen SKONTOTAGE VERSCHIEBEN werden bei der Rechnungsfreigabe die Skontotage in der Kreditorenzeile des Finanzbuchhaltungsbelegs um die Differenz aus dem Tagesdatum und dem Zahlungsfristenbasisdatum erhöht (siehe Abbildung 7.23).

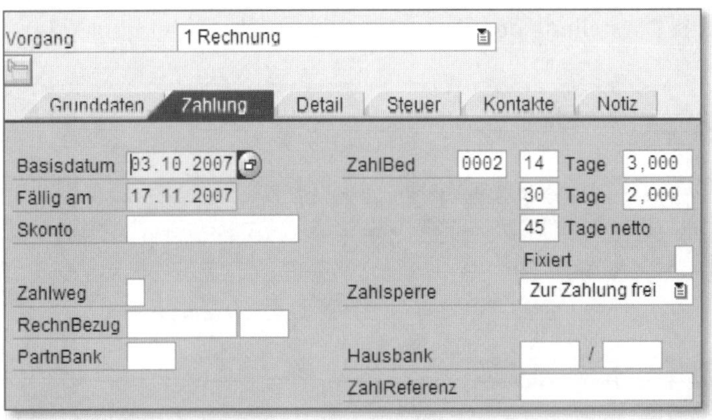

Abbildung 7.23 Basisdatum

Beispiel »Skontotage verschieben«

Im Beispiel der Abbildung 7.23 ergibt sich das Basisdatum aus dem Lieferdatum der Bestellung oder dem Buchungsdatum des Wareneingangs. Die Skontofristen und Skontosätze werden aus dem Lieferantenstammsatz bzw. der Bestellung vorgeschlagen. Bei einer Verschiebung der Skontotage um fünf Tage ergibt sich der 22.11.2007 als neuer Fälligkeitstermin. Die Skontofristen erhöhen sich ebenfalls – so etwa die Skontofrist zum Abzug von 3 % Skonto vom 17.10.2007 auf den 22.10.2007.

Die Auswahlmöglichkeiten im Bildbereich zur Auswahl des Sperrverfahrens sind davon abhängig, ob Sie die manuelle Freigabe oder die automatische Freigabe im Bildbereich zur Verarbeitung der selektierten Rechnungen ausgewählt haben.

Sperrverfahren für die manuelle Rechnungsfreigabe

Bei der manuellen Freigabe sind die folgenden Sperrverfahren möglich:

- gesperrt wegen Abweichungen
- manuelle Zahlsperre (auf Kopfebene)
- stochastisch gesperrt

Wenn zu einer manuellen Zahlsperre auf Kopfebene noch eine Zahlsperre auf der Positionsebene hinzukommt, wird diese Rechnung beim Sperrverfahren GESPERRT WEGEN ABWEICHUNGEN angezeigt. Dasselbe gilt für eine manuelle Sperre auf der Ebene der Rechnungsposition.

Im Bildbereich zur Auswahl einer Anzeigevariante können Sie ein Layout für die Darstellung der Liste auswählen (siehe Abbildung 7.24).

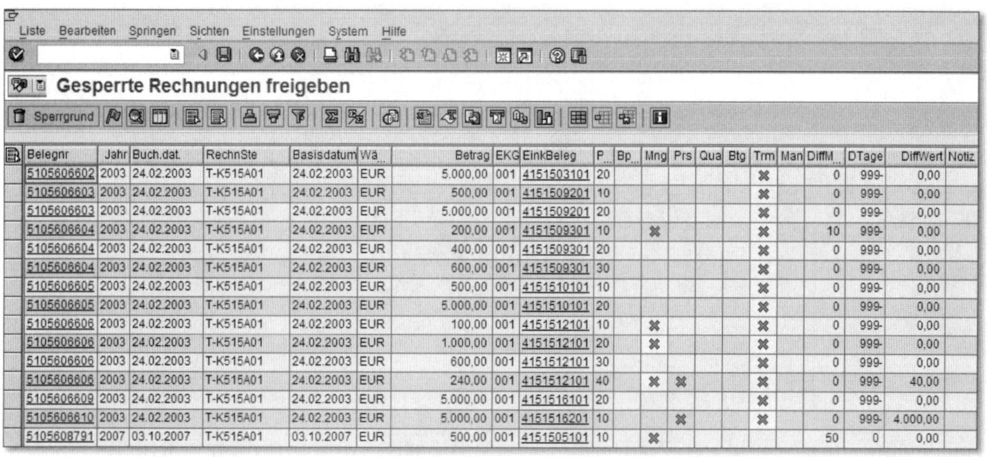

Belegnr	Jahr	Buch.dat.	RechnSte	Basisdatum	Wä...	Betrag	EKG	EinkBeleg	P...	Bp...	Mng	Prs	Qua	Btg	Trm	Man	DiffM...	DTage	DiffWert	Notiz
5105606602	2003	24.02.2003	T-K515A01	24.02.2003	EUR	5.000,00	001	4151503101	20						X		0	999-	0,00	
5105606603	2003	24.02.2003	T-K515A01	24.02.2003	EUR	500,00	001	4151509201	10						X		0	999-	0,00	
5105606603	2003	24.02.2003	T-K515A01	24.02.2003	EUR	5.000,00	001	4151509201	20						X		0	999-	0,00	
5105606604	2003	24.02.2003	T-K515A01	24.02.2003	EUR	200,00	001	4151509301	10		X				X		10	999-	0,00	
5105606604	2003	24.02.2003	T-K515A01	24.02.2003	EUR	400,00	001	4151509301	20						X		0	999-	0,00	
5105606604	2003	24.02.2003	T-K515A01	24.02.2003	EUR	600,00	001	4151509301	30						X		0	999-	0,00	
5105606605	2003	24.02.2003	T-K515A01	24.02.2003	EUR	500,00	001	4151510101	10						X		0	999-	0,00	
5105606605	2003	24.02.2003	T-K515A01	24.02.2003	EUR	5.000,00	001	4151510101	20						X		0	999-	0,00	
5105606606	2003	24.02.2003	T-K515A01	24.02.2003	EUR	100,00	001	4151512101	10		X				X		0	999-	0,00	
5105606606	2003	24.02.2003	T-K515A01	24.02.2003	EUR	1.000,00	001	4151512101	20		X				X		0	999-	0,00	
5105606606	2003	24.02.2003	T-K515A01	24.02.2003	EUR	600,00	001	4151512101	30						X		0	999-	0,00	
5105606606	2003	24.02.2003	T-K515A01	24.02.2003	EUR	240,00	001	4151512101	40		X	X			X		0	999-	40,00	
5105606609	2003	24.02.2003	T-K515A01	24.02.2003	EUR	5.000,00	001	4151516101	20						X		0	999-	0,00	
5105606610	2003	24.02.2003	T-K515A01	24.02.2003	EUR	5.000,00	001	4151516201	10			X			X		0	999-	4.000,00	
5105608791	2007	03.10.2007	T-K515A01	03.10.2007	EUR	500,00	001	4151505101	10		X						50	0	0,00	

Abbildung 7.24 Liste der gesperrten Rechnungen

Die Darstellung der Liste können Sie nach eigenen Bedürfnissen anpassen.

Sperrgründe in der Listanzeige

Die Sperrgründe sind in den Spalten BESTELLPREISMENGE (BPM), MENGE (MNG), PREIS (PRS), QUALITÄT (QUA), BETRAGSHÖHE (BTG), TERMIN (TRM) und MANUELL (MAN) angegeben. Die Sperrgründe, die bereits hinfällig geworden sind, sind gelb hinterlegt. Wenn Sie den Cursor auf einem Sperrgrund positionieren und den Button SPERRGRUND LÖSCHEN drücken, wird dieser Sperrgrund gelöscht. Ein gelöschter Sperrgrund wird durch ein Papierkorbsymbol gekennzeichnet. Sobald alle Sperrgründe einer Rechnung gelöscht sind und Sie auf den Button ÄNDERUNGEN SICHERN drücken, wird die Zahlsperre aus der Rechnung gelöscht.

Abweichungssperre und manuelle Zahlsperre

Sofern eine Rechnung noch eine manuelle Zahlsperre auf Kopfebene enthält, ist diese Rechnung noch nicht zur Zahlung freigegeben. Sie erhalten dann die Meldung ES WURDEN X RECHNUNGEN FREIGEGEBEN, X ENTHALTEN NOCH EINE MANUELLE SPERRE. Sie können diese Rechnung manuell freigeben, indem Sie in der Transaktion GESPERRTE RECHNUNGEN FREIGEBEN das Sperrverfahren MANUELLE ZAHLSPERRE wählen, die gewünschten Rechnungsbelege markieren, den Button RECHNUNG FREIGEBEN drücken und abschließend die Änderungen sichern.

Sie können auch eine komplette Rechnung freigeben, indem Sie die Rechnungszeile markieren und auf den Button RECHNUNG FREIGEBEN drücken. Hierdurch werden alle Rechnungspositionen dieser Rechnung markiert. Über den Button ÄNDERUNGEN SICHERN geben Sie die Rechnung zur Zahlung frei.

Verzweigung in Belege und Stammdaten

Aus der Liste der gesperrten Rechnungen können Sie über den Menüeintrag SPRINGEN in beteiligte Belege oder Stammdaten verzweigen, sich Umfeldinformationen anzeigen lassen oder eine ABC-Analyse durchführen. Aus der Rechnungsbeleganzeige gelangen Sie über SPRINGEN • ÄNDERUNGSBELEGE ANZEIGEN in die Anzeige der Änderungsbelege zu dieser Rechnung (siehe Abbildung 7.25).

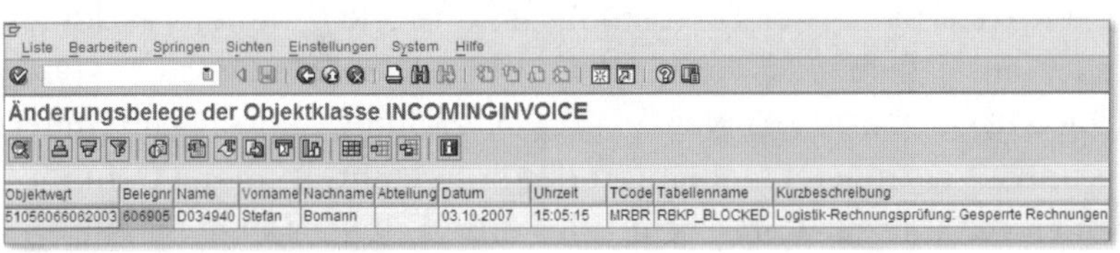

Abbildung 7.25 Änderungsbelege

7.3.2 Die automatische Freigabe von Rechnungen

Die automatische Freigabe von Rechnungen ist nur im Rahmen des Sperrverfahren GESPERRT WEGEN ABWEICHUNGEN möglich. Hierbei werden die hinfällig gewordenen Sperrgründe gelöscht. Sobald alle Sperrgründe einer Rechnung gelöscht sind, wird die Rechnung zur Zahlung freigegeben, solange nicht noch manuelle Sperren enthalten sind.

Hinfällig gewordene Abweichungen

Sperrgründe wegen Abweichungen können z. B. hinfällig werden:

- bei Mengenabweichungen durch eine Nachlieferung oder durch eine Gutschrift
- bei Preisabweichungen durch eine Korrektur des Bestellpreises
- bei Betrags- oder Zeitüberschreitungen einer Limitbestellung durch die Anpassung des Gesamtlimits oder der Laufzeit in der Limitbestellung
- bei Terminabweichungen im Laufe der Zeit

Der Sperrgrund QUALITÄT wird durch einen positiven Verwendungsentscheid des Prüfloses hinfällig.

Vorgehensweise bei der automatischen Freigabe

Auf dem Einstiegsbild der Transaktion GESPERRTE RECHNUNGEN FREIGEBEN selektieren Sie die freizugebenden Rechnungen, die Verarbeitung AUTOMATISCH FREIGEBEN, das Sperrverfahren GESPERRT WEGEN ABWEICHUNGEN und eventuell eine Anzeigevariante und drücken auf den Button AUSFÜHREN. Als Ergebnis werden Ihnen die freigegebenen Rechnungsbelege aufgelistet.

Die automatische Freigabe von Rechnungen können Sie auch im Hintergrund über das Programm RM08RELEASE ausführen. Sie erreichen diese Programmausführung über das Menü PROGRAMM • IM HINTERGRUND AUSFÜHREN der Transaktion GESPERRTE RECHNUNGEN FREIGEBEN oder aus jedem Bild von SAP ERP über den Menüpfad SYSTEM • DIENSTE • REPORTING. Sowohl bei der Programmausführung im Hintergrund als auch beim Onlinestart des Programms kann die Definition einer Variante zur Vorbelegung des Auswahlbildes sinnvoll sein.

7.4 Die manuelle Rechnungskürzung auf der Ebene der Rechnungsposition

Die manuelle Rechnungskürzung auf der Ebene der Rechnungsposition ist eine Funktion in SAP ERP zur Bearbeitung von Eingangsrechnungen, die vom Lieferanten offensichtlich falsch erstellt wurden.

Beispiel

Hierbei kann es sich z. B. um eine Eingangsrechnung handeln, die bei einem korrekten Preis eine Rechnungsmenge enthält, die höher ist als die Wareneingangsmenge. Wenn Sie diese Rechnung mit der Transaktion EINGANGSRECHNUNG HINZUFÜGEN einbuchen, wird – in Abhängigkeit von den eingestellten Toleranzgrenzen – die Rechnung aufgrund einer Mengenabweichung zur Zahlung gesperrt, und SAP ERP erwartet entweder eine Nachlieferung oder eine Gutschrift. Wenn mit dem Lieferanten bereits geklärt wurde, dass eine Nachlieferung nicht erfolgen wird, können Sie bei der Erfassung der Eingangsrechnung diesen offensichtlichen Fehler in der Eingangsrechnung sofort korrigieren.

Vorteil der Rechnungskürzung

Durch diese sofortige Fehlerkorrektur der Rechnungsposition vermeiden Sie, dass diese Rechnung die beschriebene Zahlungssperre erhält und entsprechend nachbearbeitet werden muss. (Selbstverständlich kann eine Nachbearbeitung dennoch erforderlich werden, wenn z. B. eine manuelle Zahlsperre eingestellt wird oder eine stochastische Zahlsperre auftritt).

Offensichtliche Lieferantenfehler

Mit der Rechnungskürzungsfunktion können Sie offensichtliche Lieferantenfehler bei der Erstellung der Rechnung auf der Ebene der Rechnungsposition in Bezug auf die Rechnungsmenge und/oder den Rechnungsbetrag kürzen. In den folgenden Abschnitten werden die Vorgehensweise der Rechnungskürzung und die Auswirkungen auf die Buchungen in der Finanzbuchhaltung erläutert. Sie werden sehen, dass SAP ERP die Rechnungskürzung in der Finanzbuchhaltung nicht explizit vornimmt, sondern zwei Buchhaltungsbelege erzeugt: einen Buchhaltungsbeleg über die Rechnungswerte der Eingangsrechnung und einen über die erfolgten Kürzungen.

7.4.1 Die Rechnungskürzung bei Preisabweichung

Möglichkeiten zur Bearbeitung einer Preisabweichung

Die Kürzung einer Rechnungsposition bei einer Preisabweichung bedeutet, dass die in Rechnung gestellte Menge korrekt ist oder aber die Mengenabweichung akzeptiert wird, weil der Lieferant z. B. eine Nachlieferung angekündigt hat. Für die Bearbeitung einer Preisabweichung haben Sie zwei Möglichkeiten:

- **Akzeptanz der Preisabweichung**
  Wenn Sie die Preisabweichung akzeptieren wollen, überschreiben Sie in der Positionsliste der Transaktion EINGANGSRECHNUNG HINZUFÜGEN in der Spalte BETRAG den von SAP ERP vorgeschlagenen Rechnungsbetrag mit dem Rechnungsbetrag der Eingangsrechnung.
- **Kürzung der Preisabweichung**
  Um den Rechnungsbetrag zu kürzen, geben Sie in der Positionsliste der Transaktion EINGANGSRECHNUNG HINZUFÜGEN zusätzlich zu den Vorschlagsdaten den abweichenden Rechnungsbetrag ein.

Beispiel Die Vorgehensweise bei der Rechnungskürzung soll an einem Beispiel verdeutlicht werden. Sie erhalten die Eingangsrechnung aus Abbildung 7.26.

Rechnung

Rechnung D60_2007
17.11.2007

Rechnung zur Bestellung 4151505101

Position	Material	Anzahl (St.)	Preis in €/St.	Betrag
10	Rohling	10	10,00	100,00
20	Flachdichtung	20	53.00	1.060,00
30	Packungsdichtung	80	20,50	1.640,00
40	Sperrring	10	4,00	40,00
			10% USt.	284,00
			Gesamtbetrag	**3.124,00**

Abbildung 7.26 Eingangsrechnung

Analyse des Saldos Wenn Sie diese Eingangsrechnung mit der Transaktion EINGANGSRECHNUNG HINZUFÜGEN erfassen, ergibt sich das folgende Bild (siehe Abbildung 7.27).

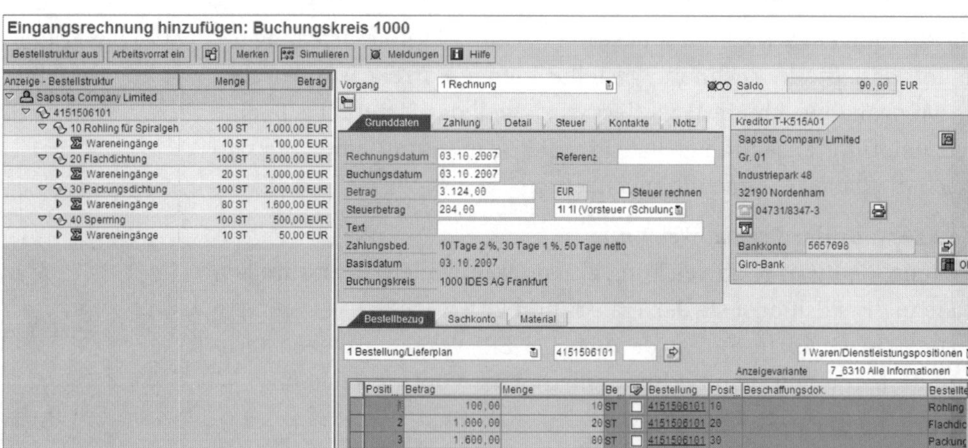

Abbildung 7.27 Erfassungsbild der Transaktion »Eingangsrechnung hinzufügen«

Insgesamt ergibt sich ein Saldo von 90,00 EUR, der sich folgendermaßen zusammensetzt:

- Für die Rechnungsposition 1 ergeben sich keine Abweichungen zwischen den Vorschlagswerten von SAP ERP aus der Bestellstruktur und der vorliegenden Eingangsrechnung.
- In der Rechnungsposition 2 ergibt sich zwischen dem Vorschlagswert von SAP ERP in Höhe von 1.000,00 EUR und der Eingangsrechnung in Höhe von 1.060,00 EUR eine Differenz in Höhe von 60,00 EUR.
- In der Rechnungsposition 3 ergibt sich zwischen dem Vorschlagswert von SAP ERP in Höhe von 1.600,00 EUR und der Eingangsrechnung in Höhe von 1.640,00 EUR eine Differenz in Höhe von 40,00 EUR.
- In der Rechnungsposition 4 beträgt der Vorschlagswert von SAP ERP 50,00 EUR. Der Rechnungsbetrag gemäß vorliegender Eingangsrechnung ist mit 40,00 EUR geringer als der Vorschlagswert. Somit kommt eine Rechnungskürzung für diese Position nicht in Betracht, es ergibt sich aber eine Abweichung von 10,00 EUR.

Der Saldo von 90,00 EUR ergibt sich somit aus der Addition der Positionsbetragsabweichungen von 60,00 EUR + 40,00 EUR – 10,00 EUR = 90,00 EUR. Zur Kürzung der Rechnungspositionen 2 und 3 steht Ihnen in der Positionsliste die Anzeigevariante RECHNUNGSKÜRZUNG zur Verfügung (siehe Abbildung 7.28).

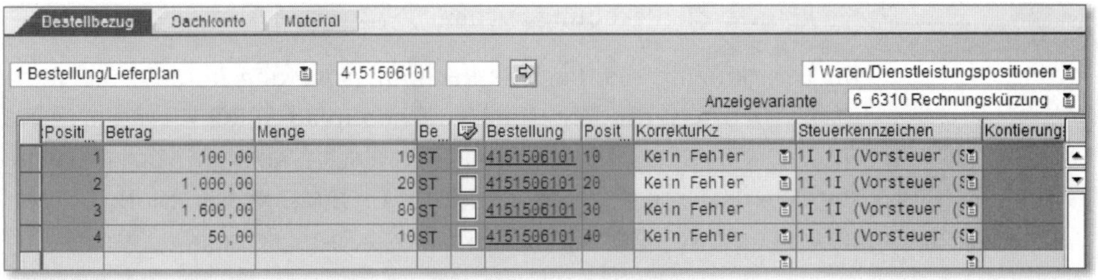

Abbildung 7.28 Anzeigevariante Rechnungskürzung

Anzeigevariante Rechnungskürzung

Nachdem Sie diese Anzeigevariante eingestellt haben und das Korrekturkennzeichen in den betreffenden Positionen auf LIEFERANTENFEHLER: RECHNUNGSKÜRZUNG gesetzt haben, erhalten Sie die beiden zusätzlichen Datenfelder RECHNUNGSBETRAG LAUT LIEFERANT und

RECHNUNGSMENGE LAUT LIEFERANT. In diesen beiden Datenfeldern geben Sie für beide Rechnungspositionen die Werte gemäß der vorliegenden Lieferantenrechnung ein (siehe Abbildung 7.29).

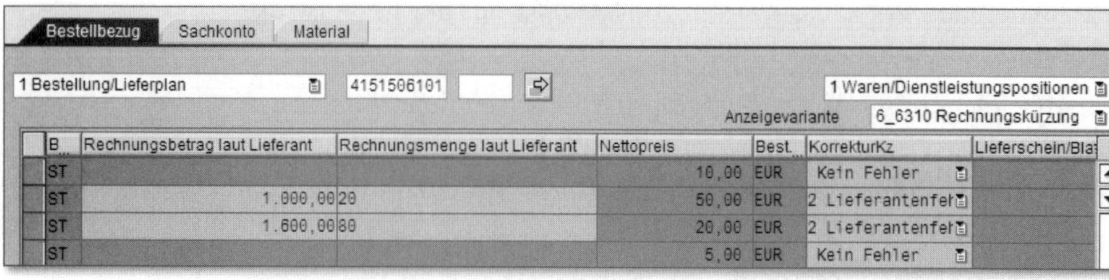

Abbildung 7.29 Rechnungsbetrag und Rechnungsmenge gemäß Lieferantenrechnung und Korrekturkennzeichen

Anschließend erhalten Sie eine Meldung über die Höhe der Rechnungskürzung (siehe Abbildung 7.30).

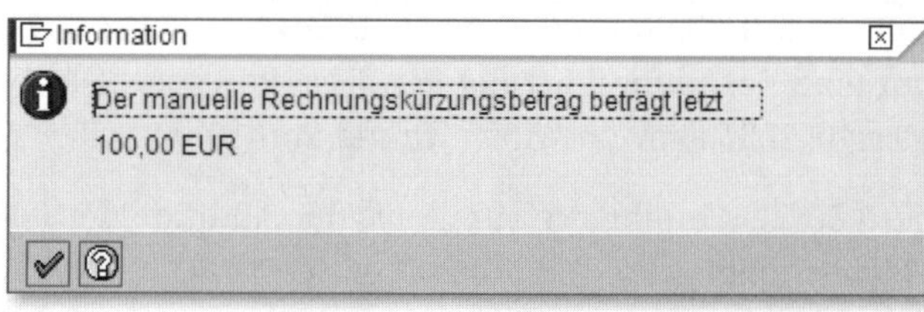

Abbildung 7.30 Meldung über den Rechnungskürzungsbetrag

Nach der Korrektur der Rechnungsposition 4 ist der Saldo null, und Sie können die Rechnung buchen.

Im Customizing der Logistik-Rechnungsprüfung können Sie Rechnungskürzungsgründe definieren (Menüpfad SPRO • SAP REFERENZ-IMG • SAP CUSTOMIZING EINFÜHRUNGSLEITFADEN • MATERIALWIRTSCHAFT • LOGISTIK-RECHNUNGSPRÜFUNG • EINGANGSRECHNUNG • RECHNUNGSKÜRZUNG • RECHNUNGSKÜRZUNGSGRÜNDE PFLEGEN).

Buchungen in der Finanzbuchhaltung

Die Buchung dieser Eingangsrechnung in der Finanzbuchhaltung erfolgt durch zwei Buchhaltungsbelege. Im ersten Buchhaltungsbeleg finden Sie die folgenden Buchungen:

WE/RE-Verrechnungskonto 2.750,00 EUR
Eingangssteuer (Vorsteuer) 284,00 EUR
Verrechnung Rechnungskürzung 100,00 EUR
an
Rohstoffe 10,00 EUR
Kreditor 3.124,00 EUR

Der Gesamtbetrag der Rechnungskürzung wird auf einem Zwischenkonto VERRECHNUNG RECHNUNGSKÜRZUNG gebucht. Der geringere Rechnungsbetrag der Rechnungsposition 4 verringert den Bestandswert auf dem Konto ROHSTOFFE.

Der zweite Buchhaltungsbeleg nimmt einen Ausgleich des Kontos VERRECHNUNG RECHNUNGSKÜRZUNG vor und verringert die Verbindlichkeiten gegenüber dem Kreditor und die Forderungen aus der Vorsteuer:

Kreditor 110,00 EUR
an
Verrechnung Rechnungskürzung 100,00 EUR
Eingangssteuer 10,00 EUR

Vorsteuerkorrektur

Die Korrektur der Vorsteuer erfolgt in diesem Beispiel im Korrektur- oder Reklamationsbeleg.

Customizing-Einstellungen

Sie können im Customizing der Logistik-Rechnungsprüfung auch festlegen, dass die Steuerkürzung im Originalbeleg erfolgen soll (siehe Abbildung 7.31).

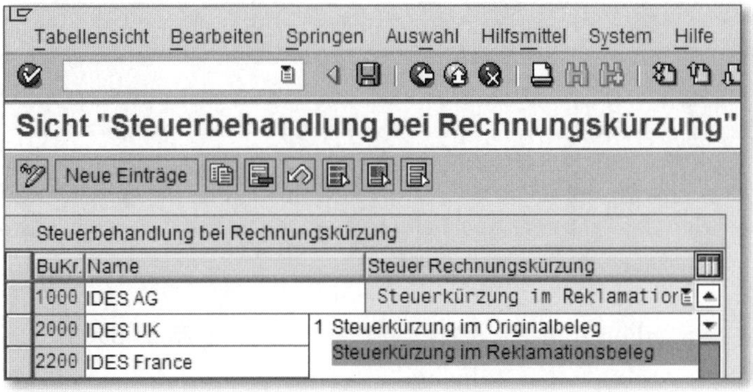

Abbildung 7.31 Steuerbehandlung bei Rechnungskürzung

Sie erreichen diese Customizing-Einstellung über den Menüpfad SPRO • SAP Referenz-IMG • SAP Customizing Einführungsleitfaden • Materialwirtschaft • Logistik-Rechnungsprüfung • Eingangsrechnung • Rechnungskürzung • Steuerbehandlung bei Rechnungskürzung. In der Bestellentwicklung der Bestellposition und im Status des Bestellkopfs wird der gekürzte Rechnungsbetrag aufgeführt. Die Rechnungskürzungen sind an diesen Stellen also nicht erkennbar.

Nachricht an den Lieferanten

Mit der Buchung der Rechnung erstellt SAP ERP einen Nachrichtensatz der Nachrichtenart Reklamation, mit der dem Lieferanten die Ursache für die Rechnungskürzung angezeigt wird. Die Transaktion Nachrichten ausgeben erreichen Sie über den Menüpfad SAP Menü • Logistik • Materialwirtschaft • Logistik-Rechnungsprüfung • Weiterverarbeitung • Nachrichten ausgeben (MR90).

7.4.2 Die Rechnungskürzung bei Mengenabweichung

Die Kürzung einer Rechnungsposition bei einer Mengenabweichung bedeutet, dass der in Rechnung gestellte Preis korrekt ist oder aber die Preisabweichung akzeptiert wird. Die Vorgehensweise bei der Verbuchung der Eingangsrechnung bei Mengenabweichung entspricht der Vorgehensweise bei der Preisabweichung.

Teilweise Akzeptanz der Abweichungen

Eine Abweichung (Mengen- wie auch Preisabweichung) kann auch teilweise akzeptiert werden. Die erforderlichen Eingaben bei der Transaktion Eingangsrechnung hinzufügen sollen an folgendem Beispiel verdeutlicht werden:

Beispiel zur teilweisen Akzeptanz einer Mengenabweichung

Bestellung:	*10 Stück zu 20,00 EUR/Stück*
Wareneingang:	*7 Stück*
Rechnungseingang:	*10 Stück zu 20,00 EUR/Stück*

Der Rechnungseingang soll mit der Menge von acht Stück akzeptiert werden, weil der Lieferant eine Nachlieferung von einem Stück angekündigt hat.

Folgende Eingaben und Korrekturen der Positionsliste müssen vorgenommen werden (siehe Tabelle 7.3):

	Betrag	Menge	Rechnungsbetrag laut Lieferant	Rechnungsmenge laut Lieferant
Abrechnungs-vorschlag	140,00	7	–	–
Korrektur/ Eingaben	160,00	8	200,00	10

Eingaben in der Positionsliste

Tabelle 7.3 Eingaben und Korrekturen in der Positionsliste

Buchungen in der Finanzbuchhaltung

Die Verbuchung in der Finanzbuchhaltung erfolgt wie auch im Beispiel der Preisabweichung durch zwei Buchhaltungsbelege:

WE/RE-Verrechnungskonto	*160,00 EUR*
Eingangssteuer	*30,00 EUR*
Verrechnung Rechnungskürzung	*40,00 EUR*
an	
Kreditor	*220,00 EUR*
und	
Kreditor	*44,00 EUR*
an	
Verrechnung Rechnungskürzung	*40,00 EUR*
Eingangssteuer	*4,00 EUR*

7.4.3 Die Rechnungskürzung bei Mengen- und Preisabweichung

Bearbeitungsmöglichkeiten

Eine Eingangsrechnung kann auch eine Mengen- und Preisabweichung aufweisen. Zur Bearbeitung dieser Eingangsrechnung im Rahmen der Rechnungskürzung haben Sie die folgenden Möglichkeiten:

1. Akzeptanz der Mengenabweichung und Kürzung der Preisabweichung
2. Akzeptanz der Preisabweichung und Kürzung der Mengenabweichung
3. teilweise Akzeptanz der Mengen- und/oder Preisabweichung und teilweise Kürzung der Preis- und/oder Mengenabweichung

Der dritte Fall soll wiederum an einem Beispiel erläutert werden:

Beispiel zur teilweisen Akzeptanz einer Mengen- und Preisabweichung

Bestellung:	*10 Stück zu 20,00 EUR/Stück*
Wareneingang:	*7 Stück*
Rechnungseingang:	*10 Stück zu 22,00 EUR/Stück*

Der Rechnungseingang soll in Höhe einer Menge von acht Stück akzeptiert werden, weil der Lieferant eine Nachlieferung von einem Stück angekündigt hat. Die Preisabweichung wird nur bis zum Betrag von 21,00 EUR/Stück akzeptiert:

Eingaben in der Positionsliste

Folgende Eingaben und Korrekturen der Positionsliste müssen vorgenommen werden (siehe Tabelle 7.4):

	Betrag	Menge	Rechnungsbetrag laut Lieferant	Rechnungsmenge laut Lieferant
Abrechnungsvorschlag	140,00	7	–	–
Korrektur/Eingaben	168,00	8	220,00	10

Tabelle 7.4 Eingaben und Korrekturen in der Positionsliste

Ermittlung der Buchungsbeträge

Der manuelle Rechnungskürzungsbetrag ergibt sich durch die nicht akzeptierte Rechnungsmenge multipliziert mit dem Rechnungspreis/Stück zuzüglich der akzeptierten Rechnungsmenge multipliziert mit dem Betrag der nicht akzeptierten Preisabweichung. Somit:

2 Stück × 22,00 EUR + 8 Stück × 1,00 EUR = 52,00 EUR

Die Verbuchung in der Finanzbuchhaltung erfolgt wiederum durch zwei Buchhaltungsbelege, wobei das WE/RE-Verrechnungskonto mit dem folgenden Betrag bebucht wird:

Buchungen in der Finanzbuchhaltung

Die durch den Wareneingang gedeckte Rechnungseingangsmenge multipliziert mit dem Bestellpreis zuzüglich der die Wareneingangsmenge übersteigenden Rechnungseingangsmenge multipliziert mit dem akzeptierten Rechnungspreis.

Somit:

7 Stück × 20,00 EUR/Stück + 1 Stück × 21,00 EUR/Stück = 161,00 EUR

WE/RE-Verrechnungskonto	*161,00 EUR*
Eingangssteuer	*22,00 EUR*
Verrechnung Rechnungskürzung	*52,00 EUR*
Bestandskonto/Preisdifferenzenkonto	*7,00 EUR*
an	
Kreditor	*242,00 EUR*
und	
Kreditor	*57,20 EUR*
an	
Verrechnung Rechnungskürzung	*52,00 EUR*
Eingangssteuer	*5,20 EUR*

7.5 Der pauschale Differenzausgleich auf der Ebene des Gesamtrechnungsbetrags

Wenn Sie Rechnungen mit vielen Positionen erhalten, kann es betriebswirtschaftlich unzweckmäßig sein, den Grund für geringfügige Abweichungen zu ermitteln. Aus diesem Grund können Sie den bereits beschriebenen Toleranzschlüssel BD KLEINDIFFERENZEN AUTOMATISCH BILDEN einsetzen, um Kleindifferenzen auszubuchen. Diese Einstellung ist auf Buchungskreisebene für alle Lieferanten gültig.

Lieferantenabhängige Toleranzen

Wenn Sie für einzelne Lieferanten auf Buchungskreisebene besondere Toleranzen für Kleindifferenzen festlegen oder über diese Kleindifferenzen hinausgehende Toleranzen definieren möchten, innerhalb der Eingangsrechnungen auf der Ebene des Gesamtbetrags gekürzt oder akzeptiert werden sollen, steht Ihnen die Customizing-Funktion LIEFERANTENABHÄNGIGE TOLERANZEN zur Verfügung (siehe Abbildung 7.32).

Sie erreichen diese Customizing-Funktion über den Menüpfad SPRO • SAP REFERENZ-IMG • SAP CUSTOMIZING EINFÜHRUNGSLEITFADEN • MATERIALWIRTSCHAFT • LOGISTIK-RECHNUNGSPRÜFUNG • EINGANGSRECHNUNG • LIEFERANTENABHÄNGIGE TOLERANZEN EINSTELLEN.

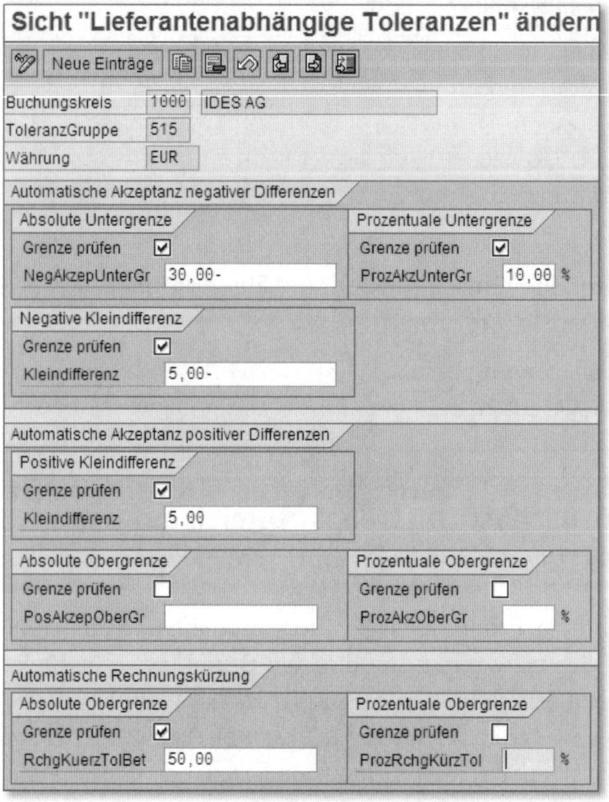

Abbildung 7.32 Lieferantenabhängige Toleranzen

Bildbereiche

In dieser Customizing-Funktion können Sie neben dem Kopfbereich drei Bildbereiche mit einzelnen Einstellungsmöglichkeiten erkennen:

- automatische Akzeptanz negativer Differenzen
  - absolute und prozentuale Untergrenze negativer Differenzen
  - negative Kleindifferenz
- automatische Akzeptanz positiver Differenzen
  - absolute und prozentuale Obergrenze positiver Differenzen
  - positive Kleindifferenz
- automatische Rechnungskürzung mit einer absoluten oder prozentualen Obergrenze

Bei einer negativen Differenz ist der Rechnungsnettogesamtbetrag niedriger als die Nettosumme der Positionen. Bei einer positiven Differenz ist der Rechnungsnettogesamtbetrag höher als die Nettosumme der Positionen. Wenn sowohl eine prozentuale Grenze als auch eine absolute Grenze vorliegt, berücksichtigt SAP ERP das Minimum beider Grenzen.

7.5.1 Customizing-Einstellungen und Buchungen bei positiven Differenzen

Bei positiven Differenzen prüft SAP ERP zunächst, ob die Differenz innerhalb der eingestellten Toleranz für Kleindifferenzen liegt. Wird diese absolute Kleindifferenzentoleranz überschritten, prüft SAP ERP, ob die Differenz innerhalb der Toleranzgrenzen für die automatische Rechnungskürzung liegt. Wird auch diese Toleranz überschritten, kann die Rechnung nicht gebucht werden.

Beispiel

Im Fallbeispiel liegt eine positive Differenz vor, denn der Rechnungsnettogesamtbetrag (968,00 EUR – 88,00 EUR = 880,00 EUR) ist höher als die Nettosumme der Positionen (100,00 EUR + 500,00 EUR + 200,00 EUR + 50,00 EUR = 850,00 EUR). Diese positive Differenz von 30,00 EUR liegt innerhalb der absoluten Obergrenze der automatischen Rechnungskürzung von 50,00 EUR (siehe Abbildung 7.33).

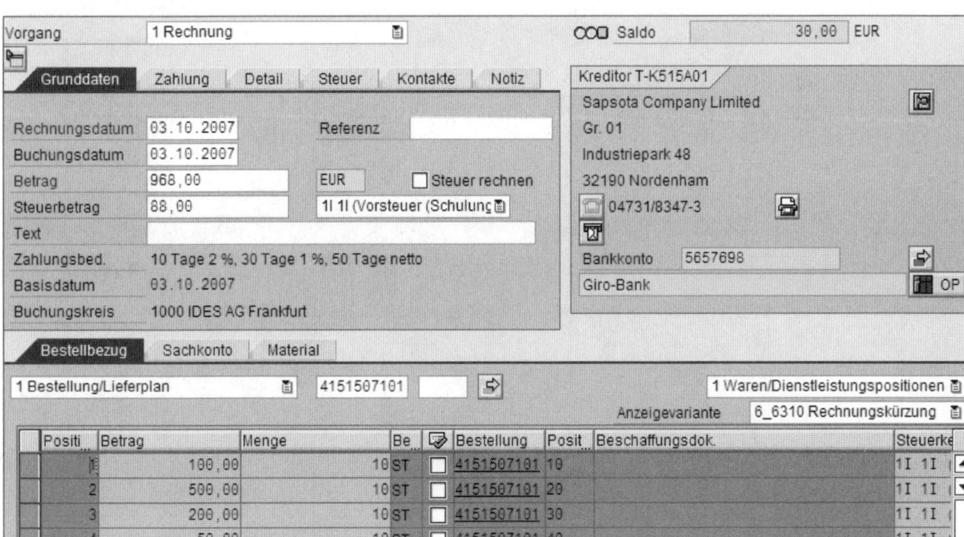

Abbildung 7.33 Rechnungskürzung auf Gesamtbetragsebene

Buchungen in der Finanzbuchhaltung

Die Buchungen dieser Rechnungskürzung auf der Ebene des Gesamtrechnungsbetrags in der Finanzbuchhaltung entsprechen denen für die Rechnungskürzung auf der Ebene der einzelnen Rechnungsposition:

WE/RE-Verrechnungskonto	*850,00 EUR*
Eingangssteuer	*88,00 EUR*
Verrechnung Rechnungskürzung	*30,00 EUR*
an	
Kreditor	*968,00 EUR*
und	
Kreditor	*33,00 EUR*
an	
Verrechnung Rechnungskürzung	*30,00 EUR*
Eingangssteuer	*3,00 EUR*

Die Verbuchung dieser Rechnung in der Logistik-Rechnungsprüfung ist jedoch nur deshalb möglich, weil die Toleranzen dieser Toleranzgruppe dem Lieferanten im Stammsatz zugeordnet wurden (siehe Abbildung 7.34).

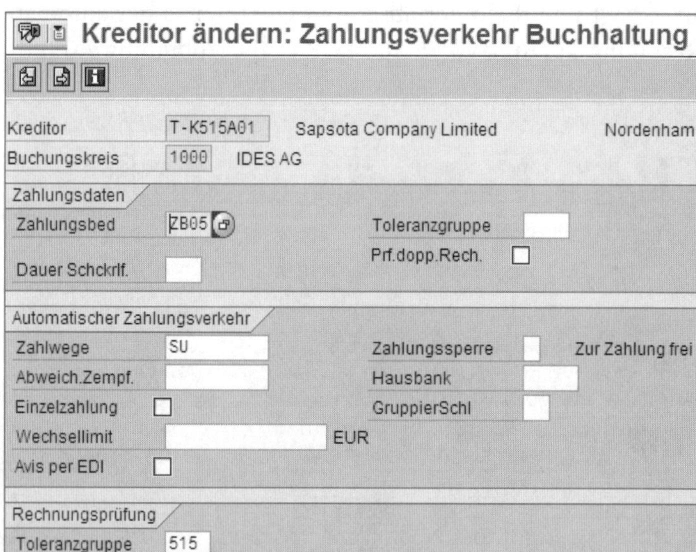

Abbildung 7.34 Toleranzgruppe im Lieferantenstammsatz

Sie finden dieses Feld in der Sicht ZAHLUNGSVERKEHR der Buchungskreisdaten des Lieferantenstammsatzes über den Menüpfad SAP MENÜ • LOGISTIK • MATERIALWIRTSCHAFT • EINKAUF • STAMMDATEN • LIEFERANT • ZENTRAL • ANZEIGEN/ÄNDERN.

Keine pauschale Rechnungskürzung

Diese pauschale Rechnungskürzung wird von SAP ERP in den folgenden Fällen jedoch *nicht* durchgeführt:

- wenn eine Rechnungsposition bereits manuell gekürzt wurde
- wenn eine Differenz manuell über BEARBEITEN • AKZEPTIEREN UND BUCHEN akzeptiert wurde
- wenn eine Gutschrift erfasst wird

In diesen Fällen prüft SAP ERP, ob die Differenz innerhalb des Minimums aus der absoluten und prozentualen Obergrenze zur automatischen Akzeptanz liegt. Wenn ja, dann akzeptiert SAP ERP diese positive Differenz, und die Rechnung kann trotz Abweichungen gebucht werden. Wenn das Kennzeichen GRENZE PRÜFEN für die Toleranzgrenzen zur automatischen Rechnungskürzung nicht gesetzt ist und die positive Differenz innerhalb der Toleranzen zur Akzeptanz positiver Differenzen liegt, bucht SAP ERP diese Differenz auf ein Preisdifferenzenkonto. Ist in der gleichen Situation zusätzlich das Kennzeichen GRENZE PRÜFEN für die Toleranzgrenzen zur automatischen Rechnungskürzung gesetzt und werden diese Grenzen eingehalten, wird die Rechnung gekürzt.

7.5.2 Customizing-Einstellungen und Buchungen bei negativen Differenzen

Wenn bei negativen Differenzen die Differenz innerhalb der eingestellten Toleranz für Kleindifferenzen liegt, kann die Rechnung gebucht werden, und SAP ERP erstellt in der Finanzbuchhaltung – ebenso wie bei positiven Kleindifferenzen – eine Buchungszeile auf einem Kleindifferenzenkonto. Eine negative Differenz, die die eingestellte Kleindifferenz übersteigt, aber noch innerhalb des Minimums aus absoluter und prozentualer Untergrenze liegt, wird ebenfalls auf ein Kleindifferenzenkonto gebucht. Erst wenn die negative Differenz höher ausfällt, kann die Rechnung nicht gebucht werden. Im Gegensatz zur Rechnungskürzung positiver Differenzen wird bei der Standardauslieferung von SAP ERP bei einer Akzeptanz negativer Differenzen für den Lieferanten kein Nachrichtensatz erzeugt.

7.6 Zusammenfassung

In diesem Kapitel wurden die möglichen Abweichungen bei der Rechnungserfassung, die korrespondierenden Toleranzschlüssel und Customizing-Einstellungen sowie die Buchungen in der Finanzbuchhaltung erläutert. Weiterhin haben Sie die Möglichkeiten zur Freigabe gesperrter Rechnungen und zur Rechnungskürzung kennen gelernt.

Dieses Kapitel behandelt Funktionen zur Erhöhung der Effizienz und zur Automatisierung der Rechnungsprüfung. Hierzu zählen z. B. die Rechnungsprüfung im Hintergrund und die automatische Wareneingangsabrechnung.

8 Spezielle Techniken in der Logistik-Rechnungsprüfung

In den vorherigen Kapiteln zur Logistik-Rechnungsprüfung wurden verschiedene Techniken der manuellen Erfassung von Eingangsrechnungen erörtert. Eingangsrechnungen können von SAP ERP aber auch automatisch erstellt und gebucht werden. In diesem Kapitel werden die folgenden Formen der automatisierten Rechnungserstellung behandelt:

- die Rechnungsprüfung im Hintergrund
- die automatische Wareneingangsabrechnung
- die Abrechnung von Verbindlichkeiten aus der Beschaffung von Konsignations- und Pipelinematerial
- die Abrechnung mit Rechnungsplänen

8.1 Die Rechnungsprüfung im Hintergrund

Vorgehensweise

Bei der Erfassung einer Eingangsrechnung im Hintergrund geben Sie lediglich die Kopfinformationen einer Eingangsrechnung an und treffen eine Zuordnung (z. B. zu einer Bestellung oder einem Lieferschein). Die Positionsliste wird zunächst noch nicht erzeugt. Erst nach dem Start eines Abrechnungsprogramms erstellt SAP ERP eine Positionsliste auf der Basis der zu berechnenden Mengen und Werte. Hierbei prüft SAP ERP, ob die Rechnung gebucht werden kann. Die im Hintergrund erfassten Eingangsrechnungen werden anschließend in einer Übersichtsliste weiterbearbeitet.

Anwendungsbeispiel

Die Rechnungsprüfung im Hintergrund eignet sich für Eingangsrechnungen mit einer Vielzahl von Positionen, die nicht im Einzelnen geprüft werden sollen, oder für Eingangsrechnungen, bei denen Sie Rechnungssperren vermeiden wollen, weil z. B. bereits ein Wareneingang erfolgt ist, aber noch nicht gebucht wurde.

Prozessschritte

Die Gesamtbearbeitung der Rechnungsprüfung lässt sich in drei Einzelschritte unterteilen:

1. die Erfassung der Eingangsrechnung im Hintergrund
2. die Erstellung von Rechnungspositionen im Hintergrund durch ein Abrechnungsprogramm
3. die Weiterbearbeitung der Eingangsrechnungen durch eine Übersichtsliste

8.1.1 Die Erfassung der Eingangsrechnung im Hintergrund

Für die Erfassung der Eingangsrechnung im Hintergrund steht Ihnen die Transaktion EINGANGSRECHNUNG FÜR RECHNUNGSPRÜFUNG IM HINTERGRUND HINZUFÜGEN (MIRA) zur Verfügung. Sie erreichen diese Transaktion über den Menüpfad SAP MENÜ • LOGISTIK • MATERIALWIRTSCHAFT • LOGISTIK-RECHNUNGSPRÜFUNG • BELEGERFASSUNG • EINGANGSRECHNUNG FÜR BELEGERFASSUNG IM HINTERGRUND HINZUFÜGEN. Im Erfassungsbild können Sie die Vorgänge RECHNUNG, GUTSCHRIFT, NACHTRÄGLICHE ENTLASTUNG und NACHTRÄGLICHE BELASTUNG verwenden.

Vorgänge »Rechnung« und »Gutschrift«

Sinnvollerweise werden die Vorgänge RECHNUNG und GUTSCHRIFT verwendet, weil SAP ERP hierzu auf der Basis von Vorgängen entsprechende Positionen erstellen kann.

Weiterhin erfassen Sie die vorliegenden Rechnungskopfinformationen und nehmen eine Zuordnung vor (siehe Abbildung 8.1).

Ändern der Zuordnung

Im Bildbereich ÄNDERN DER ZUORDNUNG kann die vorgenommene Zuordnung eingeschränkt werden. Hierbei handelt es sich um die Kennzeichen für Lieferungen und Retouren. Bei der Kennzeichnung der Retouren werden in der Positionsliste alle Bestellpositionen aufgeführt, die Retourenbestellpositionen sind.

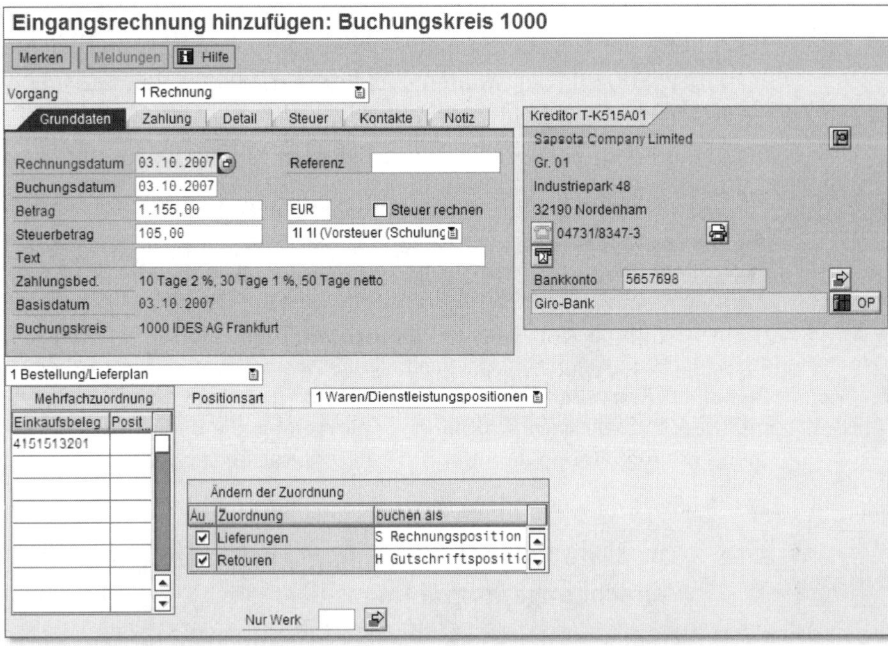

Abbildung 8.1 Erfassungsbild der Rechnungsprüfung im Hintergrund

Bei der Kennzeichnung der Lieferungen werden in der Positionsliste alle Bestellpositionen aufgeführt, die keine Retourenbestellpositionen sind. Für eine Retourenbestellposition ist in der Positionsübersicht der Bestellung das Kennzeichen RETOURENPOSITION gesetzt. Sie erhalten z. B. die folgende Eingangsrechnung (siehe Abbildung 8.2).

Rechnung

Rechnung D78_2007

27.11.2007

Rechnung zur Bestellung 4151560091

Position	Material	Anzahl (St.)	Preis in €/St.	Betrag
10	XYZ	10	20,00	200,00
20	**Retoure** XYZ	1	10,00	./. 10,00
				190,00
	Zzgl. 10% USt.			19,00
				209,00

Abbildung 8.2 Eingangsrechnung mit Retourenposition

Zur Erfassung der Rechnung wählen Sie den Vorgang RECHNUNG, als Zuordnung die Nummer des Bestellbelegs, und im Bildbereich ÄNDERN DER ZUORDNUNG wählen Sie LIEFERUNGEN BUCHEN ALS RECHNUNGSPOSITION und RETOUREN BUCHEN ALS GUTSCHRIFTSPOSITION (siehe auch Abbildung 8.1). Anschließend sichern Sie die Rechnung, oder Sie wählen MERKEN.

Gemerkte Eingangsrechnungen mit der Transaktion »Übersicht Rechnungen« bearbeiten

Gemerkte Eingangsrechnungen, die mit der Transaktion EINGANGSRECHNUNG IM HINTERGRUND ERFASSEN erstellt wurden, werden nicht im Arbeitsvorrat der Transaktionen EINGANGSRECHNUNG HINZUFÜGEN oder EINGANGSRECHNUNG VORERFASSEN aufgeführt. Somit können Sie diese Rechnungen nur mittels der Transaktion ÜBERSICHT RECHNUNGEN bearbeiten.

8.1.2 Die Erstellung von Rechnungspositionen durch ein Abrechnungsprogramm

Das Programm RMBABG00 erstellt die Positionen zu dem Rechnungsbeleg auf der Basis der bereits gelieferten, aber noch nicht abgerechneten Materialmengen und des Bestellpreises.

Sie erreichen dieses Programm über die Menüleiste des SAP Easy Access-Menüs über den Menüpfad SYSTEM • DIENSTE • REPORTING. Hier können Sie auch Selektionsvarianten definieren. Nach der Eingabe des Programmnamens erreichen Sie das Einstiegsbild und können die zu erstellenden Rechnungspositionen anhand verschiedener Selektionskriterien einschränken und z. B. auch zunächst einen Testlauf durchführen (siehe Abbildung 8.3).

Kleindifferenzen, Rechnungskürzung und -akzeptanz

Ebenso wie bei der manuellen Rechnungserfassung werden auch bei der Rechnungsprüfung im Hintergrund die Toleranzen für Kleindifferenzen und für die automatische Rechnungskürzung/Rechnungsakzeptanz berücksichtigt. Ihr Systemadministrator kann den Abrechnungslauf zu bestimmten Zeitpunkten auch periodisch einplanen.

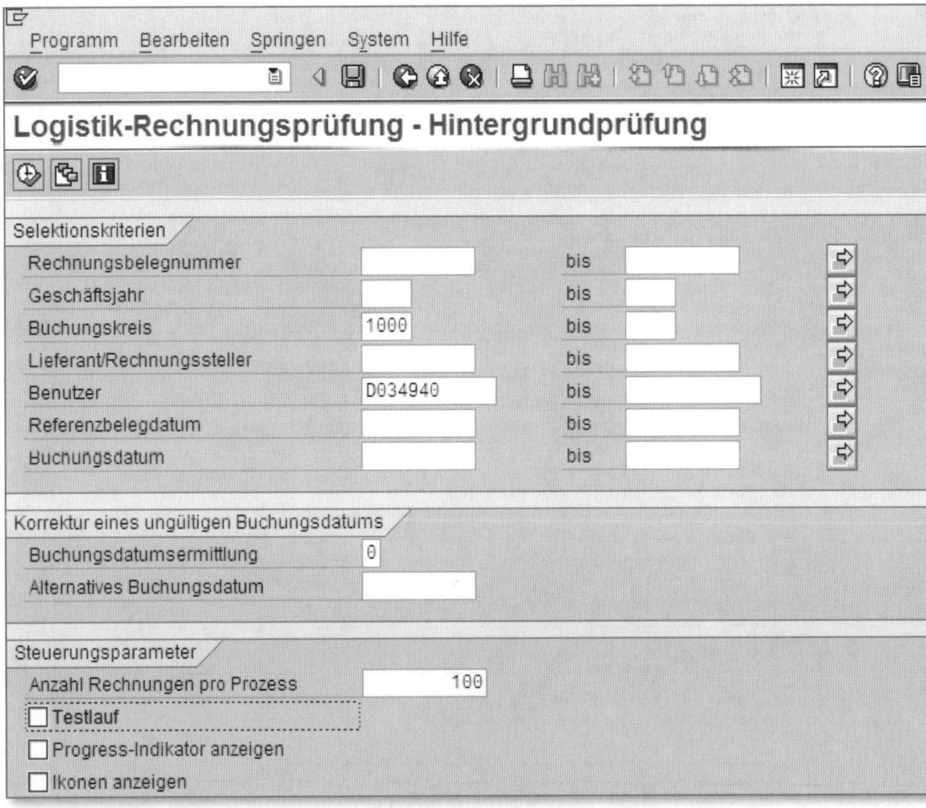

Abbildung 8.3 Selektionsbildschirm des Programms RMBABG00

Zu beachten ist jedoch, dass z. B. bei einem stündlichen Abrechnungslauf unzweckmäßig viele Rechnungssperren aufgrund noch nicht gebuchter Wareneingänge auftreten können. Diese müssen dann noch weiterbearbeitet werden. Bei einem abendlichen Abrechnungslauf sollten die Wareneingänge bereits gebucht worden sein, so dass sich eine hohe Anzahl von Rechnungssperren vermeiden lässt und zudem die Systemperformance tagsüber nicht belastet wird.

Nach der Ausführung des Abrechnungsprogramms erhalten Sie ein Prüfungsergebnis mit Angaben z. B. zur Anzahl der geprüften Rechnungen, zur Anzahl der korrekt verbuchten Rechnungen und zur Laufzeit des Abrechnungsprogramms (siehe Abbildung 8.4).

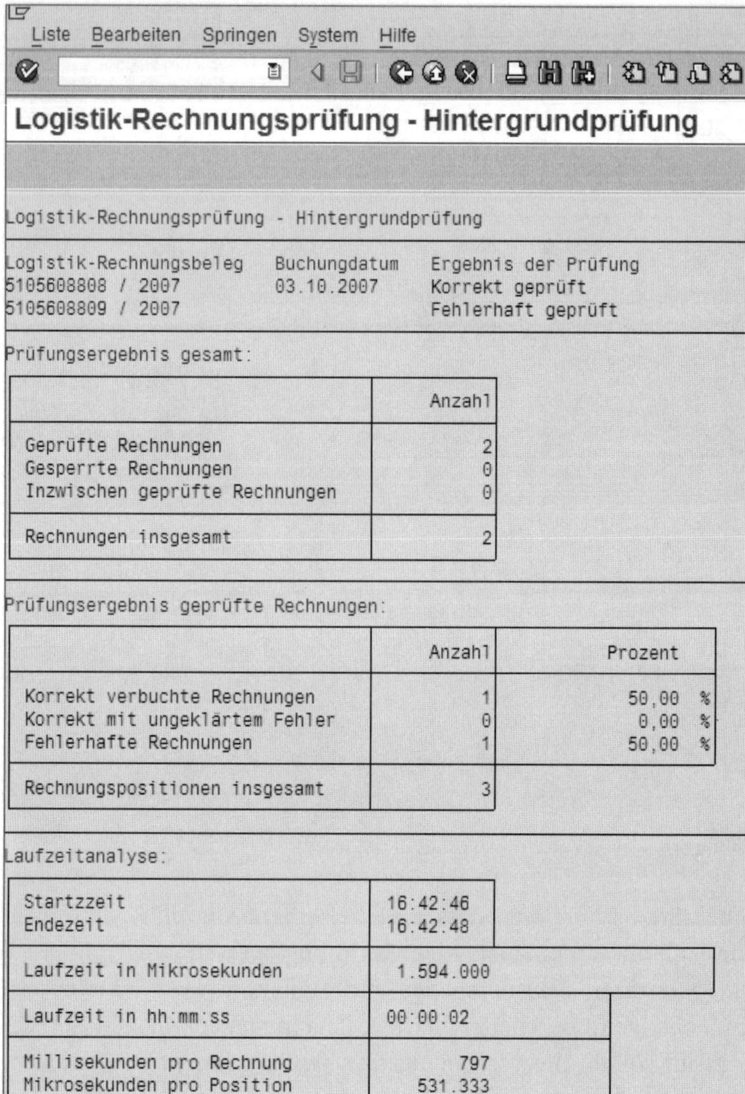

Logistik-Rechnungsbeleg	Buchungdatum	Ergebnis der Prüfung
5105608808 / 2007	03.10.2007	Korrekt geprüft
5105608809 / 2007		Fehlerhaft geprüft

Prüfungsergebnis gesamt:

	Anzahl
Geprüfte Rechnungen	2
Gesperrte Rechnungen	0
Inzwischen geprüfte Rechnungen	0
Rechnungen insgesamt	2

Prüfungsergebnis geprüfte Rechnungen:

	Anzahl	Prozent
Korrekt verbuchte Rechnungen	1	50,00 %
Korrekt mit ungeklärtem Fehler	0	0,00 %
Fehlerhafte Rechnungen	1	50,00 %
Rechnungspositionen insgesamt	3	

Laufzeitanalyse:

Startzzeit	16:42:46
Endezeit	16:42:48
Laufzeit in Mikrosekunden	1.594.000
Laufzeit in hh:mm:ss	00:00:02
Millisekunden pro Rechnung	797
Mikrosekunden pro Position	531.333

Abbildung 8.4 Prüfungsergebnis

8.1.3 Die Weiterbearbeitung der Eingangsrechnung durch eine Übersichtsliste

Transaktion »Übersicht Rechnungen«

Zur Weiterbearbeitung der erstellten Rechnungspositionen und zur Analyse fehlerhafter Rechnungen steht Ihnen in SAP ERP die Transaktion ÜBERSICHT RECHNUNGEN zur Verfügung. Sie erreichen diese Transaktion über den Menüpfad SAP MENÜ • LOGISTIK • MATERIAL-

WIRTSCHAFT • LOGISTIK-RECHNUNGSPRÜFUNG • WEITERVERARBEITUNG • ÜBERSICHT RECHNUNGEN. Im Einstiegsbild dieser Transaktion können Sie die Rechnungen selektieren, die Ihnen in Listform angezeigt werden sollen. Darüber hinaus können Sie nach der Erfassungsart und dem Rechnungsstatus selektieren (siehe Abbildung 8.5).

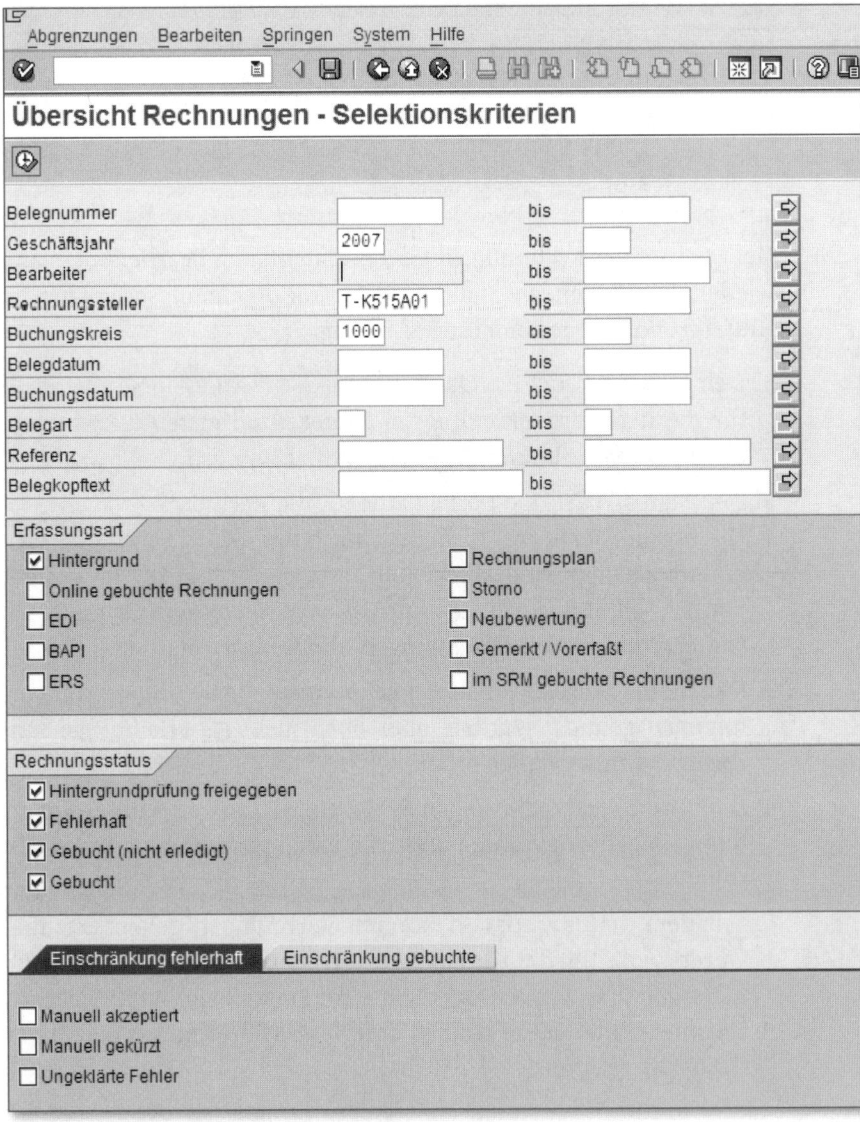

Abbildung 8.5 Übersicht Rechnungen – Auswahlbild

Neben Informationen zum Rechnungsbeleg (z. B. Belegnummer, Rechnungssteller und Bruttobetrag) erhalten Sie auch Informationen über den Status einer Rechnung (siehe letzte Spalte in Abbildung 8.6).

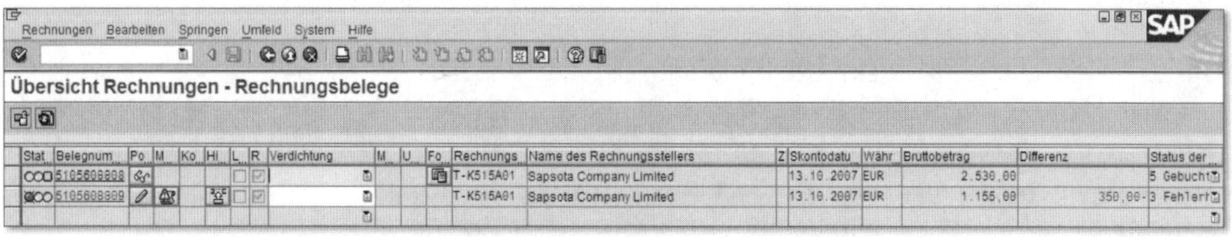

Abbildung 8.6 Liste der Rechnungsbelege

Rechnungsstatus

Der Status einer Rechnung gibt den momentanen Bearbeitungsstand wieder. Die folgenden Status sind für die Rechnungserfassung im Hintergrund von besonderer Bedeutung:

1. Den Status FÜR DIE HINTERGRUNDPRÜFUNG VORGESEHEN erhält eine für die Rechnungserfassung im Hintergrund erstellte Rechnung, bevor das Abrechnungsprogramm gestartet wurde.
2. Den Status FEHLERHAFT erhält eine für die Rechnungserfassung im Hintergrund erstellte Rechnung, nachdem das Abrechnungsprogramm gelaufen ist und SAP ERP zu hohe Differenzen festgestellt hat. Diesen Status erhalten auch für die Rechnungserfassung im Hintergrund erstellte Rechnungen, die gemerkt wurden.
3. Den Status KORREKT erhalten Rechnungen, die im Hintergrund erfolgreich gebucht wurden, aber noch nicht als erledigt gekennzeichnet werden sollen.
4. Den Status GEBUCHT erhalten Rechnungen, die im Hintergrund erfolgreich gebucht wurden und als erledigt gekennzeichnet werden sollen.
5. Mit dem Status GELÖSCHT können Rechnungen gekennzeichnet werden, die für die Hintergrundverarbeitung erfasst, aber noch nicht gebucht wurden oder mit dem Status FEHLERHAFT gekennzeichnet sind. Zudem können vorerfasste Rechnungen den Status GELÖSCHT erhalten.

Status »Korrekt« und »Gebucht«

Der Statusunterschied zwischen Korrekt und Gebucht dient einerseits zur Unterscheidung zwischen im Dialog gebuchten Rechnungen, die den Status Gebucht erhalten, und den Rechnungen, die im Hintergrund gebucht wurden und automatisch den Status Korrekt oder Gebucht erhalten können. Die Entscheidung, ob eine im Hintergrund gebuchte Rechnung den Status Gebucht oder Korrekt erhält, können Sie im Customizing der Logistik-Rechnungsprüfung festlegen (siehe Abbildung 8.7). Wenn Sie für im Hintergrund gebuchte Rechnungen den Status Korrekt vergeben, können Sie die neu gebuchten Rechnungen erkennen und durch eine Statusänderung auf Gebucht als bearbeitet kennzeichnen.

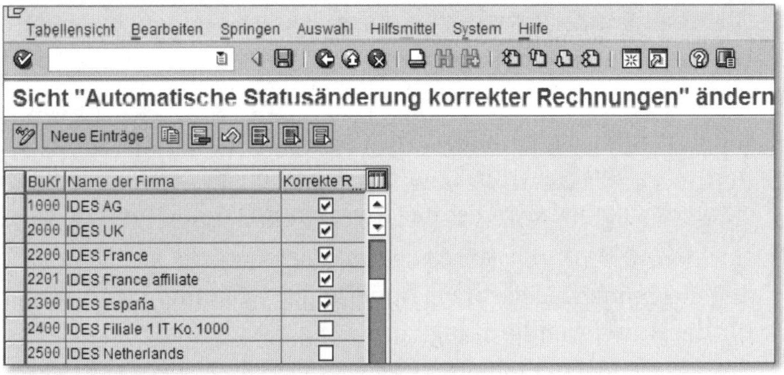

Abbildung 8.7 Automatische Statusänderung festlegen

Sie erreichen diese Customizing-Einstellung, ausgehend vom SAP Easy Access-Menü, über den Menüpfad SPRO • SAP Referenz-IMG • SAP Customizing Einführungsleitfaden • Materialwirtschaft • Logistik-Rechnungsprüfung • Rechnungsprüfung im Hintergrund • Automatische Statusänderung festlegen. Im Beispiel in Abbildung 8.7 ist für den Buchungskreis 1000 das Kennzeichen gesetzt. Somit erhalten die in diesem Buchungskreis im Hintergrund gebuchten Rechnungen den Status Gebucht. Diesen Rechnungen kann dann der Status Korrekt nicht mehr zugewiesen werden.

Bearbeitungs- und Informationsmöglichkeiten

Aus der Listanzeige der Eingangsrechnungen der Transaktion Übersicht Rechnungen stehen Ihnen z. B. die folgenden Bearbeitungsmöglichkeiten zur Verfügung:

- Sie können sich über den Button Positionen anzeigen Kopf-, Positions- und Kreditorendaten zum Rechnungsbeleg anzeigen lassen.

- Sie können sich über den Button FEHLERPROTOKOLL ANZEIGEN über die Fehlergründe informieren.
- Sie können über den Button POSITIONEN ÄNDERN den fehlerhaften Rechnungsbeleg und die Zuordnung ändern.
- Sie können mit dem Button FÜR HINTERGRUNDPRÜFUNG EINPLANEN den Rechnungsbeleg erneut für die Hintergrundprüfung vorsehen.

Bearbeitung fehlerhafter Rechnungen

Für die weitere Bearbeitung fehlerhafter Rechnungsbelege im Rahmen der Hintergrundverarbeitung stehen Ihnen die folgenden Möglichkeiten zur Verfügung:

1. Über den Button POSITIONEN ÄNDERN können Sie den Rechnungsbeleg ändern und sofort buchen.
2. Über den Button POSITION ÄNDERN nehmen Sie erforderliche Änderungen an einzelnen oder allen Positionen vor und weisen den Rechnungsbeleg anschließend mit dem Button FÜR HINTERGRUNDPRÜFUNG EINPLANEN wieder der Hintergrundverarbeitung zu.
3. Mit dem Button FÜR HINTERGRUNDPRÜFUNG EINPLANEN sehen Sie den Rechnungsbeleg, ohne Änderungen vorzunehmen, wieder für die Hintergrundprüfung vor.

Diese dritte Bearbeitungsmöglichkeit bietet sich an, wenn die Fehlerkorrektur im nächsten Abrechnungslauf z. B. durch die zwischenzeitliche Verbuchung eines bislang fehlenden Wareneingangs behoben werden kann.

8.2 Die automatische Wareneingangsabrechnung

Die automatische Wareneingangsabrechnung ist ein Verfahren, mit dem Rechnungen automatisch von SAP ERP erstellt und verbucht werden können. Die manuelle Erfassung einer Eingangsrechnung ist dann nicht mehr erforderlich, jedoch möglich.

Vorteile

Die Vorteile dieses Verfahrens sind offensichtlich:

- Sie haben selbst die Möglichkeit, einen Beschaffungsvorgang abzuschließen, ohne auf einen Rechnungseingang warten zu müssen.
- Übermittlungs- und Erfassungsfehler können ausgeschlossen werden.

- Rechnungssperren wegen Mengen- und Preisabweichungen können nicht auftreten (jedoch kann eine Rechnung z. B. aufgrund einer stochastischen Sperre zur Zahlung gesperrt werden).
- Durch die eingesparten Prozesskosten lassen sich mit dem Lieferanten eventuell günstigere Einkaufspreise vereinbaren.

Evaluated Receipt Settlement

Die automatische Wareneingangsabrechnung wird auch als ERS-Verfahren (*Evaluated Receipt Settlement*) bezeichnet. Die Daten zur Rechnungserstellung werden aus der Bestellung, den zur Bestellung gebuchten Wareneingängen und dem Kreditorenstammsatz gezogen. Mit der Abrechnung wird ein Nachrichtensatz erzeugt, der an den Lieferanten übermittelt werden kann. Die automatische Wareneingangsabrechnung muss mit dem Lieferanten vereinbart werden und gilt prinzipiell zunächst einmal für alle Bestellungen und Materialien (mit und ohne Materialstammsatz).

Voraussetzungen

Die folgenden Voraussetzungen sind zur automatischen Wareneingangsabrechnung sind notwendig:

- In den Einkaufsdaten des Kreditorenstammsatzes muss das Kennzeichen AUTOMATISCHE WARENEINGANGSABRECHNUNG LIEFERUNG gesetzt sein.
- In den Einkaufsdaten des Kreditorenstammsatzes bzw. in den Kopfdaten der Bestellung muss ein Zahlungsbedingungsschlüssel angegeben sein, für den im Customizing des Lieferantenstammsatzes ein Vorschlagswert für das Zahlungsfristenbasisdatum angegeben ist.
- Im Einkaufsinformationssatz zur relevanten Material-/Lieferantenkombination darf das Kennzeichen KEINE AUTOMATISCHE WARENEINGANGSABRECHNUNG nicht gesetzt sein.
- In der Bestellposition müssen die Kennzeichen WARENEINGANGSBEZOGENE RECHNUNGSPRÜFUNG und AUTOMATISCHE WARENEINGANGSABRECHNUNG gesetzt sein, und es muss ein Steuerkennzeichen angegeben sein. Zudem darf der Bestellpreis in der Konditionssteuerung der Bestellposition nicht als Schätzpreis gekennzeichnet sein.
- Die Wareneingangsbuchung muss mit Bezug zur Bestellung gebucht worden sein.

Automatische Wareneingangsabrechnung ausschließen

Durch das Setzen des Kennzeichens KEINE AUTOMATISCHE WARENEINGANGSABRECHNUNG in den Einkaufsorganisationsdaten des Einkaufsinformationssatzes können Sie die automatische Wareneingangsabrechnung für bestimmte Materialien unterbinden. Zudem können Sie das Kennzeichen WARENEINGANGSBEZOGENE RECHNUNGSPRÜFUNG in der Bestellposition deaktivieren.

Automatische Wareneingangsabrechnung für Rahmenvertragspositionen

Die automatische Wareneingangsabrechnung können Sie auch für eine Rahmenvertragsposition vereinbaren.

Für die automatische Wareneingangsabrechnung verwenden Sie die Transaktion AUTOMATISCHE WARENEINGANGSABRECHNUNG (MRRL) über den Menüpfad SAP MENÜ • LOGISTIK • MATERIALWIRTSCHAFT • LOGISTIK-RECHNUNGSPRÜFUNG • AUTOMATISCHE ABRECHNUNG • AUTOMATISCHE WARENEINGANGSABRECHNUNG. Die Transaktion kann online oder im Hintergrund ausgeführt werden. Für die Hintergrundverarbeitung können Sie die Transaktion SA38 über die Menüleiste und den Menüpfad SYSTEM • DIENSTE • REPORTING erreichen. Der Programmname lautet RMMR1MRS. Hier können Sie auch Varianten für die Programmausführung nutzen.

Angaben im Einstiegsbild

Im Einstiegsbild der AUTOMATISCHEN WARENEINGANGSABRECHNUNG können Sie die abzurechnenden Vorgänge z. B. nach Buchungskreis, Werk, Lieferant oder Einkaufsbeleg eingrenzen. Zudem können Sie die Anzahl der zu erzeugenden Belege durch das Feld BELEGABGRENZUNG z. B. auf einen Rechnungsbeleg pro Lieferant, pro Bestellung oder pro Bestellposition begrenzen. Durch die Markierung des Feldes TESTLAUF werden zunächst sämtliche Prüfungen durchgeführt, aber noch keine Rechnungsbelege erstellt (siehe Abbildung 8.8).

Automatische Wareneingangsabrechnung und Retouren

Die automatische Wareneingangsabrechnung können Sie auch zur Erzeugung einer Gutschrift verwenden, wenn bereits eine Rechnung gebucht wurde und anschließend eine Rücklieferung, eine Retoure oder ein Wareneingangsstorno durchgeführt wurde.

Über den Button AUSFÜHREN erhalten Sie ein Protokoll der automatischen Wareneingangsabrechnung (siehe Abbildung 8.9).

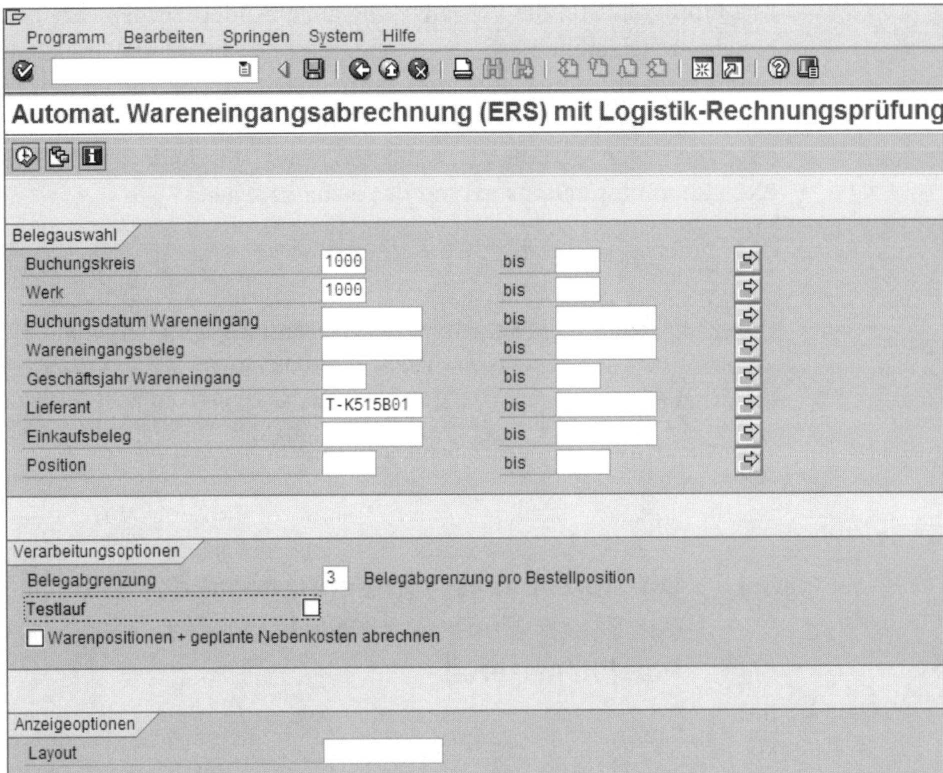

Abbildung 8.8 Einstiegsbild der automatischen Wareneingangsabrechnung

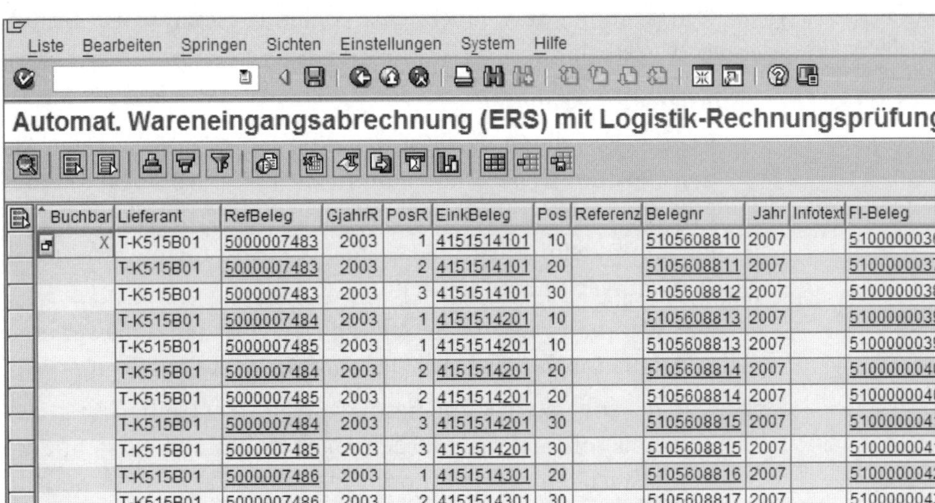

Buchbar	Lieferant	RefBeleg	GjahrR	PosR	EinkBeleg	Pos	Referenz	Belegnr	Jahr	Infotext	FI-Beleg
X	T-K515B01	5000007483	2003	1	4151514101	10		5105608810	2007		5100000036
	T-K515B01	5000007483	2003	2	4151514101	20		5105608811	2007		5100000037
	T-K515B01	5000007483	2003	3	4151514101	30		5105608812	2007		5100000038
	T-K515B01	5000007484	2003	1	4151514201	10		5105608813	2007		5100000039
	T-K515B01	5000007485	2003	1	4151514201	10		5105608813	2007		5100000039
	T-K515B01	5000007484	2003	2	4151514201	20		5105608814	2007		5100000040
	T-K515B01	5000007485	2003	2	4151514201	20		5105608814	2007		5100000040
	T-K515B01	5000007484	2003	3	4151514201	30		5105608815	2007		5100000041
	T-K515B01	5000007485	2003	3	4151514201	30		5105608815	2007		5100000041
	T-K515B01	5000007486	2003	1	4151514301	20		5105608816	2007		5100000042
	T-K515B01	5000007486	2003	2	4151514301	30		5105608817	2007		5100000043

Abbildung 8.9 Protokoll

Das Protokoll listet die Vorgänge, die abgerechnet wurden, mit den erstellten Belegnummern des Rechnungsbelegs und des Buchhaltungsbelegs auf. Aus dieser Liste können Sie in die erzeugten Belege verzweigen und sich auch den Materialbeleg und den Einkaufsbeleg anzeigen lassen. Für die nicht abgerechneten Vorgänge erstellt SAP ERP einen Informationstext mit der Fehlerursache.

Manuelle Rechnungserfassung

Für eine Bestellposition, für die eine automatische Wareneingangsabrechnung vorgesehen ist, können Sie auch manuell eine Eingangsrechnung erfassen. Sie erhalten bei der Rechnungserfassung und bei der Rechnungsvorerfassung eine entsprechende Meldung. Wenn Sie eine manuelle Rechnungserfassung durchführen, dann wird bei einer anschließenden automatischen Wareneingangsabrechnung eine Nullrechnung ohne Buchhaltungsbeleg erzeugt.

8.3 Die Abrechnung von Verbindlichkeiten aus der Beschaffung von Konsignations- und Pipelinematerial

Die Beschaffung von Konsignations- und Pipelinematerial ist dadurch gekennzeichnet, dass der Lieferant keine Rechnung oder Gutschrift stellt, sondern die gebuchten Materialentnahmen und Rücklieferungen eigenständig abgerechnet werden.

Merkmale der Konsignations- und Pipelinematerialbeschaffung

Die Konsignations- und Pipelinematerialbeschaffung weist die folgenden Merkmale auf:

- **Konsignationsmaterial:**
  - Bei der Bestellung von Konsignationsmaterial verwenden Sie den Positionstypen KONSIGNATION (K). Die Eingabe eines Bestellpreises ist nicht möglich. Ein Materialstammsatz und ein Einkaufsinformationssatz mit der Ausprägung KONSIGNATION müssen vorhanden sein.
  - Der Wareneingang zur Bestellung erfolgt in den unbewerteten Konsignationsbestand des Lieferanten.
  - Durch eine Warenausgangsbuchung oder Umbuchung des Konsignationsmaterials in den eigenen Bestand entsteht eine Verbindlichkeit auf dem Konto VERBINDLICHKEITEN AUS KONSIGNATIONS- UND PIPELINEMATERIAL in Höhe des Infosatzpreises.
  - Die Erfassung einer Eingangsrechnung ist nicht möglich.

- **Pipelinematerial**
  - Pipelinematerial (z. B. Wasser oder Benzin) muss nicht disponiert werden, und es erfolgt keine Bestandsführung. Für Pipelinematerial werden keine Einkaufsbelege erstellt.
  - Für Materialien der Materialart PIPELINE müssen ein Materialstammsatz mit Einkaufs- und Buchhaltungsdaten und ein Einkaufsinformationssatz mit der Ausprägung PIPELINE vorhanden sein.
  - Durch eine Warenausgangsbuchung entsteht eine Verbindlichkeit auf dem Konto VERBINDLICHKEITEN AUS KONSIGNATIONS- UND PIPELINEMATERIAL in Höhe des Infosatzpreises.

Die durch den Warenausgang oder Verbrauch entstehenden Verbindlichkeiten aus Konsignations- und Pipelinematerial werden online oder im Hintergrund periodisch mit der Transaktion KONSIGNATIONS- UND PIPELINEABRECHNUNG (MRKO) abgerechnet. Der Menüpfad lautet: SAP MENÜ • LOGISTIK • MATERIALWIRTSCHAFT • LOGISTIK-RECHNUNGSPRÜFUNG • AUTOMATISCHE ABRECHNUNG • KONSIGNATIONS- UND PIPELINEABRECHNUNG (siehe Abbildung 8.10).

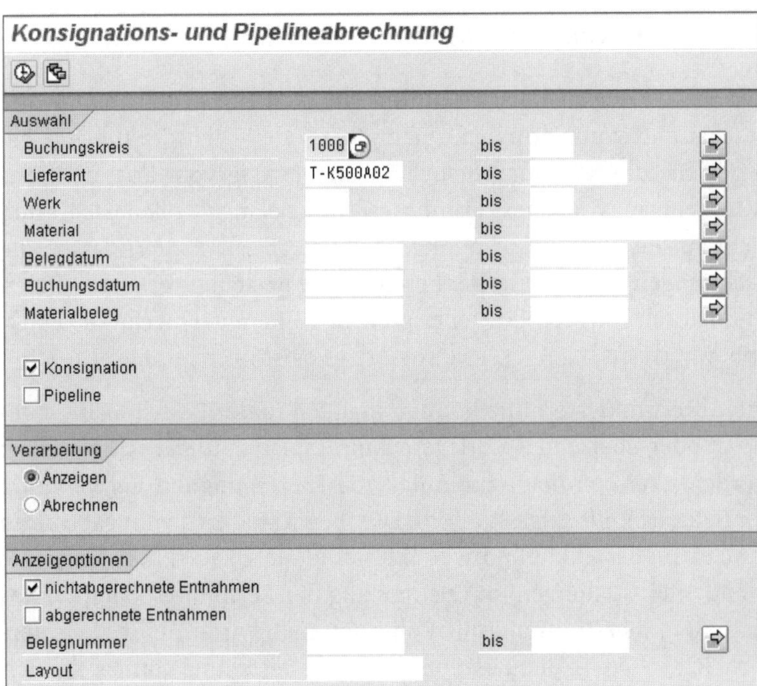

Abbildung 8.10 Selektionsbild »Konsignations- und Pipelineabrechnung«

Eingaben auf dem Selektionsbild

Auf dem Selektionsbild stehen Ihnen verschiedene Selektionskriterien zur Verfügung. Zudem können Sie entscheiden, ob Sie Konsignationsmaterial und/oder Pipelinematerial bearbeiten wollen und ob Sie sich das Ergebnis zunächst anzeigen lassen oder direkt die Abrechnung vornehmen wollen. Nachdem Sie auf den Button AUSFÜHREN geklickt haben, werden Ihnen in einer Ergebnisliste die abzurechnenden/abgerechneten Positionen angezeigt (siehe Abbildung 8.11).

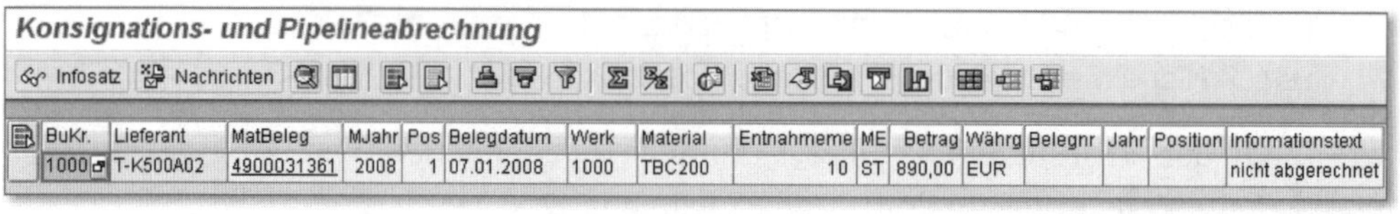

Abbildung 8.11 Ergebnis der Konsignations- und Pipelineabrechnung

Mit jeder Abrechnung kann ein Nachrichtensatz erzeugt werden, der dem Lieferanten Informationen zur Abrechnung übermittelt.

8.4 Die Rechnungsplanabrechnung

Einsatzmöglichkeiten

Der Einsatz der Rechnungsplanfunktionalität ist zweckmäßig für die Beschaffung von Verbrauchsmaterialien oder Dienstleistungen, bei denen Sie die Rechnungserstellung unabhängig vom Zeitpunkt des Wareneingangs oder der Leistungserfassung planen wollen. Sie warten nicht auf die Eingangsrechnung des Lieferanten, sondern lassen die Rechnungen auf der Basis der bereits in der Bestellung erfassten Daten automatisch von SAP ERP generieren. SAP ERP nutzt hierfür die Funktion AUTOMATISCHE ABRECHNUNGEN der Logistik-Rechnungsprüfung.

Vorgehensweise

Die Abrechnungstermine können manuell in der Bestellposition gepflegt oder über einen Vorlagerechnungsplan automatisch generiert werden. SAP empfiehlt zur Anlage der Bestellung die Verwendung der Belegart RAHMENBESTELLUNG. Dies bewirkt, dass die Eingabe einer Laufzeit im Bestellkopf notwendig ist und diese Laufzeit, bei entsprechenden Einstellungen im Customizing der Rechnungsplanart, automatisch in den Rechnungsplan übernommen wird. Auf der Registerkarte RECHNUNG in den Positionsdaten der Bestellung können Sie sich über den Button RECHNUNGSPLAN die Rechnungsplanart und die Abrechnungstermine anzeigen lassen (siehe Abbildung 8.12).

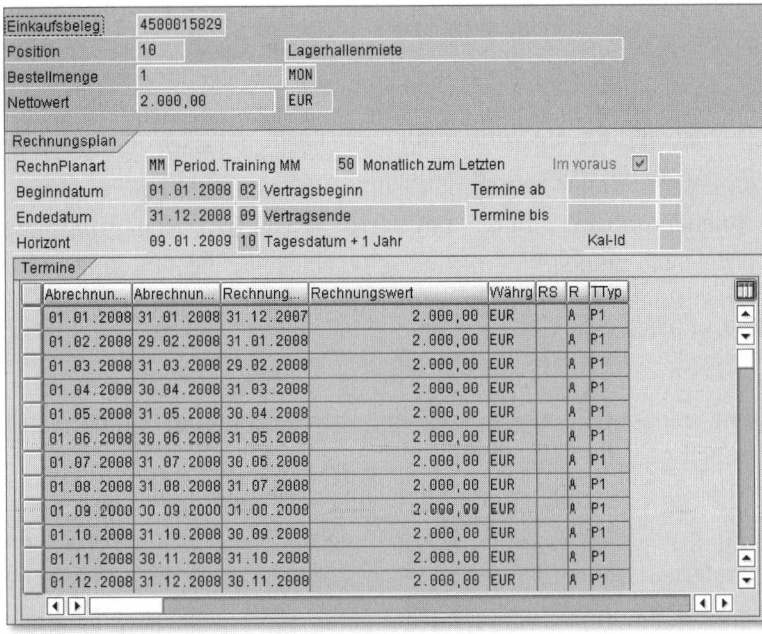

Abbildung 8.12 Rechnungsplan der Bestellposition

Die automatische Rechnungserstellung durch den Einsatz von Rechnungsplänen kommt für zwei verschiedene Beschaffungsvorgänge in Betracht:

- **Periodischer Rechnungsplan**
  Der *periodische Rechnungsplan* bietet sich für Beschaffungsvorgänge an, die zu einem gleich bleibenden, periodischen Rechnungsbetrag führen. Beispiele hierfür sind Zeitungsabonnements oder Miet- und Leasingverträge. Bei einem periodischen Rechnungsplan wird der Gesamtbetrag der Bestellposition zu den in der Bestellung gepflegten Rechnungsterminen automatisch abgerechnet.

Konstante, periodische Beträge

- **Teilrechnungsplan**
  Der *Teilrechnungsplan* eignet sich zur Beschaffung preisintensiver Verbrauchsmaterialien oder Dienstleistungen, die ebenfalls in Teilbeträgen automatisch abgerechnet werden sollen. Im Gegensatz zu periodischen Rechnungsplänen wird der Gesamtwert der Bestellposition auf die einzelnen Rechnungstermine aufgeteilt.

Variable, unperiodische Beträge

Die Vorgehensweise bei der Verwendung der Rechnungsplanfunktionalität wird am Beispiel eines periodischen Rechnungsplans erörtert.

Voraussetzungen für die Rechnungsplanabrechnung

Zunächst sind für die Verwendung der Rechnungsplanfunktionalität einige Voraussetzungen zu erfüllen:

- Im Lieferantenstammsatz muss das Kennzeichen für die automatische Wareneingangsabrechnung gesetzt sein. Dieses Kennzeichen wird in die Bestellposition überführt. Wenn dieses Kennzeichen nicht gesetzt ist, können Sie die Rechnungen nicht automatisch erzeugen.
- Mit der Bestellposition darf kein oder nur ein unbewerteter Wareneingang verbunden sein.
- Die Bestellposition muss kontiert sein. Somit eignen sich Rechnungspläne nicht für die Beschaffung und Abrechnung von Lagermaterial.
- In der Bestellposition wird die automatische Wareneingangsabrechnung vereinbart, das Kennzeichen RECHNUNGSEINGANG ist gesetzt, und ein Steuerkennzeichen gepflegt.
- Die Abrechnung des Rechnungsplans erfolgt mit der Transaktion RECHNUNGSPLANABRECHNUNG (MRIS), die Sie über den Menüpfad SAP MENÜ • LOGISTIK • MATERIALWIRTSCHAFT • LOGISTIK-RECHNUNGSPRÜFUNG • AUTOMATISCHE ABRECHNUNGEN • RECHNUNGSPLANABRECHNUNG erreichen.
- Im Selektionsbild der Rechnungsplanabrechnung können Sie die abzurechnenden Positionen z. B. werks- und lieferantenabhängig oder je Einkaufsbeleg auswählen. Über das Kennzeichen BELEGABGRENZUNG steuern Sie, wie viele Rechnungsbelege erzeugt werden. Zudem können Sie die Abrechnung online oder im Hintergrund durchführen und auch zunächst als Testlauf starten (siehe Abbildung 8.13).

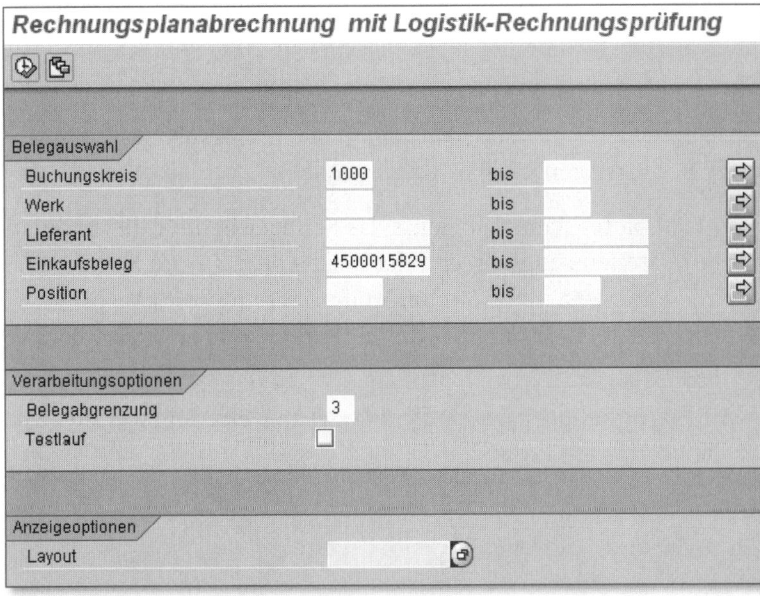

Abbildung 8.13 Selektionsbild der Rechnungsplanabrechnung

Als Ergebnis erhalten Sie eine Liste mit den abgerechneten Positionen (siehe Abbildung 8.14).

Abbildung 8.14 Ergebnis der Rechnungsplanabrechnung

Aus dieser Liste können Sie z. B. in die beteiligten Belege verzweigen, Summen bilden, sortieren und individuelle Layouteinstellungen vornehmen.

8.5 Zusammenfassung

Die speziellen Techniken der Rechnungsprüfung beinhalten die Rechnungsprüfung im Hintergrund, die automatische Wareneingangsabrechnung, die Abrechnung von Konsignations- und Pipelineverbindlichkeiten und die Rechnungsplanabrechnung.

Die Kontenfindung ist die buchhalterische Schnittstelle zwischen der Materialwirtschaft und der Finanzbuchhaltung. In diesem Kapitel werden die Grundlagen und Zusammenhänge der Kontenfindung behandelt.

9 Kontenfindung

Die automatische Kontenfindung in SAP ERP versorgt jeden buchhalterisch relevanten Buchungsvorgang der Materialwirtschaft automatisch mit den zu bebuchenden Sachkonten. Das bedeutet, dass Sie keine Sachkonten manuell einzugeben brauchen. Um diese Funktion zu ermöglichen, muss im Customizing des SAP ERP-Systems die automatische Kontenfindung eingestellt werden.

Die Kontenfindung läuft automatisch an der Schnittstelle zwischen Materialwirtschaft und Finanzbuchhaltung ab und wird durch verschiedene Einflussfaktoren in den SAP ERP-Komponenten Bestandsführung sowie Bewertung und Kontierung bestimmt. Es gibt daher kein allumfassendes Customizing-Menü für die Kontenfindung, in dem alle Einstellungen vorgenommen werden können. Stattdessen muss die Pflege der Einstellungen in den unterschiedlichen Teilbereichen erfolgen. Alternativ ist die Verwendung des Kontenfindungsassistenten möglich, der in Kapitel 10, »Kontenfindungsassistent«, beschrieben wird.

9.1 Grundlagen der Kontenfindung

Manuelle Einstellung der Kontenfindung

In diesem Abschnitt erhalten Sie detaillierte Erläuterungen zu den einzelnen Customizing-Schritten in der manuellen Pflege der Kontenfindung.

Einmal eingestellt, wird die Kontenfindung nur in Ausnahmefällen geändert. Sorgen Sie daher für eine geeignete Dokumentation der Einstellungen in Ihrem System. Dies erleichtert Ihnen die Konzeption einer Änderung oder Neueinstellung erheblich. Tipps hierzu erhalten Sie in Anhang D dieses Buches.

Die Kontenfindung wird durch folgende Parameter bestimmt:

- Bewertungsebene
- Bewertungssteuerung bzw. Bewertungsmodifikationskonstante
- Kontenplan
- Bewegungsart
- Bewertungsklasse
- Vorgang der Kontenfindung
- Kontomodifikation

Aus diesen Parametern wird im Customizing unter Materialwirtschaft • Bewertung und Kontierung • Kontenfindung • Kontenfindung ohne Assistent • automatische Buchungen einstellen (Transaktion OMWB) für den jeweiligen Buchungsvorgang das zu bebuchende Sachkonto ermittelt.

In den folgenden Abschnitten erläutern wir nacheinander diese Einflussfaktoren und verdeutlichen das Zusammenspiel der einzelnen Faktoren.

9.2 Einstellungen zur Bewertungsebene

Unter *Bewertungsebene* versteht man die Ebene innerhalb der Organisationsstruktur in der Materialbewertung in SAP ERP. Die Bewertungsebene ist außerdem die organisatorische Einheit für die Kontenfindung.

Organisatorische Entscheidung für Werk oder Buchungskreis

Die Einstellung zur Bewertungsebene ist eine organisatorische Entscheidung, die im Customizing zur Unternehmensstruktur getroffen werden muss. Sie legt fest, wie differenziert die Materialbewertung in Ihrem System abläuft – genauer: Die Bewertungsebene steuert, welche organisatorische Einheit für die Bewertung der Materialbestände verantwortlich ist.

Die Bewertungsebene kann auf folgenden organisatorischen Ebenen festgelegt werden (siehe Abbildung 9.1):

- auf Werksebene
- auf Buchungskreisebene

Sie können die Bewertungsebene im Customizing unter UNTERNEHMENSSTRUKTUR • DEFINITION • LOGISTIK ALLGEMEIN • BEWERTUNGSEBENE FESTLEGEN definieren. Sie gilt anschließend für den gesamten Mandanten.

In den meisten Fällen wird die Bewertungsebene auf Werksebene festgelegt. Damit sind Sie in der Lage, Ihre Bestände in Abhängigkeit von Ihren Werken unterschiedlich zu bewerten. Es kann allerdings auch ausreichend sein, die Bewertung auf Buchungskreisebene zu definieren. Die Bewertung Ihrer Bestände findet in diesem Fall für alle Werke auf die gleiche Weise statt.

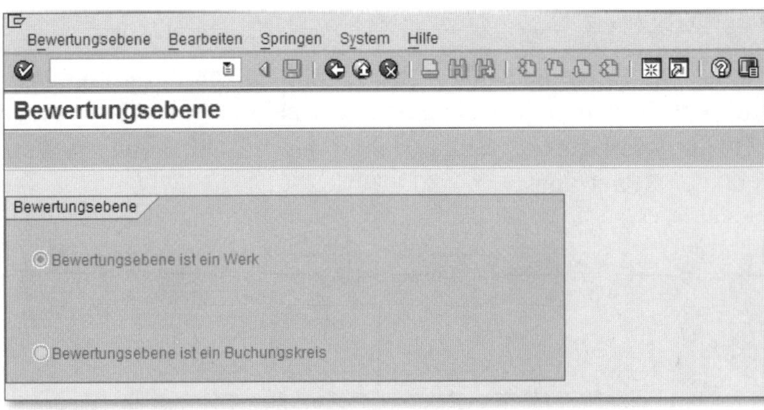

Abbildung 9.1 Detailansicht des Customizings zur Bewertungsebene

Bewertung auf Werksebene z. T. vorgeschrieben

In einigen Fällen ist die Bewertung auf Werksebene zwingend erforderlich. Dies ist etwa dann der Fall, wenn Sie die Produktionsplanung (Modul PP) in SAP ERP oder die Erzeugniskalkulation (Modul CO) einsetzen oder wenn Sie in einem Handelsunternehmen tätig sind und Ihr System ein Retailsystem ist.

Achtung

Die einmal getroffene Entscheidung zur Bewertungsebene lässt sich nicht mehr ohne eine aufwändige Umsetzung Ihrer Daten im System umstellen.

Oft wird in diesem Zusammenhang auch vom *Bewertungskreis* gesprochen. Der Bewertungskreis entspricht der Bewertungsebene, das bedeutet also, dass beide Begriffe synonym sind. Aus Sicht der Materialbewertung spricht man vom Bewertungskreis, aus organisatorischer Sicht von der Bewertungsebene.

Bewertungsebene ist das Werk

Als Anwender können Sie die Aussteuerung Ihres Systems an der Möglichkeit zur werksbezogenen Pflege des Materialpreises in der Pflege des Materialstammsatzes BUCHHALTUNGSSICHT 1 erkennen. Wenn Sie die BUCHHALTUNGSSICHT 1 eines Materialstammsatzes aufrufen und das System von Ihnen die Eingabe einer Werksnummer verlangt, ist die Bewertungsebene in Ihrem System auf WERK eingestellt.

Über die Einstellung BEWERTUNGSEBENE IST EIN WERK ermöglichen Sie die Differenzierung der Bewertungspreise in einzelnen Werken. Materialien können dann pro Werk einen unterschiedlichen Bewertungspreis besitzen.

Abbildung 9.2 veranschaulicht die Zuordnung von Bewertungspreisen zu Werken. Innerhalb des Buchungskreises 0001 hat das Material 4711 im Werk 1000 den Bewertungspreis 1,50 EUR und im Werk 2000 den Bewertungspreis 2,50 EUR.

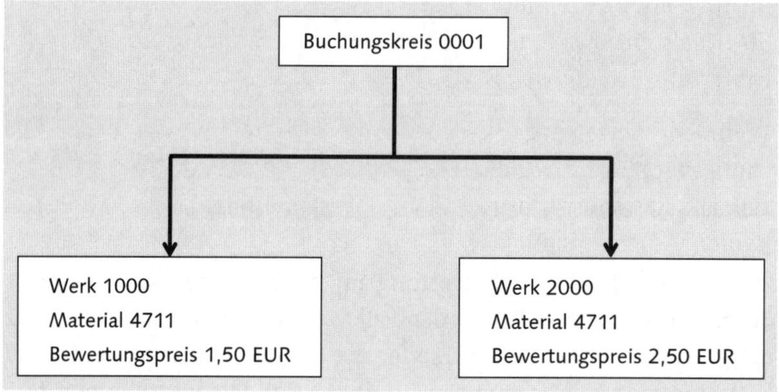

Abbildung 9.2 Werksbezogene Materialpreise

Bewertungsebene ist der Buchungskreis

Wenn Sie hier die Einstellung BEWERTUNGSEBENE IST EIN BUCHUNGSKREIS wählen, gelten alle eingestellten Sachkonten der Kontenfindung jeweils für die Materialbewertung im gesamten Buchungskreis. In allen Werken eines Buchungskreises werden dann die gleichen Bewertungspreise für ein Material verwendet.

Abbildung 9.3 verdeutlicht diesen Zusammenhang. Innerhalb des Buchungskreises 0001 hat das Material 4711 sowohl in Werk 1000 als auch in Werk 2000 den gleichen Bewertungspreis von 1,50 EUR.

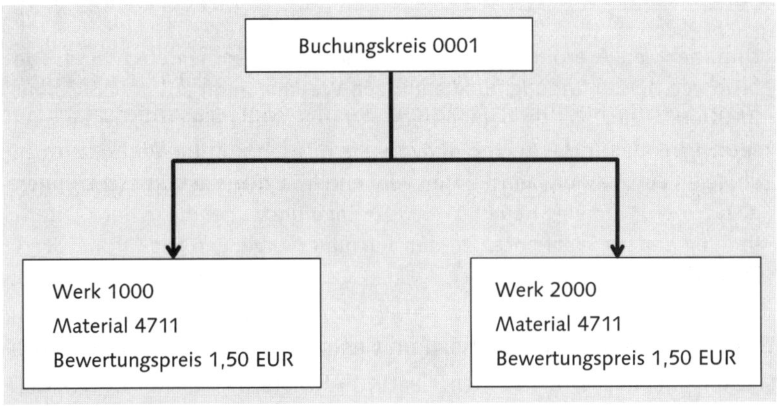

Abbildung 9.3 Buchungskreisbezogene Materialpreise

9.3 Die Bewertungsmodifikationskonstante

Im folgenden Abschnitt wird die *Bewertungsmodifikationskonstante* (BMK) als ein Instrument zur Differenzierung und Gruppierung der Bewertung erläutert.

Wenn alle Bewertungskreise in Ihrem Unternehmen für gleiche Buchungsvorgänge die gleichen Sachkonten verwenden können, also z. B. alle Bestandsbuchungen für Rohstoffe auf die gleichen Rohstoffkonten vorgenommen werden, dann kommen Sie ohne die BMK aus. In diesem Fall können Sie diesen Abschnitt überspringen und ab Abschnitt 9.4, »Einstellungen zum Kontenplan«, weiterlesen.

Wenn es aber mindestens einen Bewertungskreis gibt, der für Bestandsbuchungen bei Rohstoffen ein anderes Sachkonto verwenden soll, dann sollten Sie jetzt weiterlesen.

Die Bewertungssteuerung kann unter Zuhilfenahme einer BMK erfolgen. Über die BMK können unterschiedliche Bewertungskreise (siehe Abschnitt 9.2, »Einstellungen zur Bewertungsebene«) mit unterschiedlichen Konten in der Kontenfindung ausgeprägt werden. Die BMK dient also als zusätzliche Unterteilung, wenn in unterschiedlichen Werken unterschiedliche Preise gepflegt werden sollen.

BMK als Ordnungskriterium unterhalb der Bewertungsebene

Die BMK fungiert als Zwischenebene zwischen Bewertungskreis und Sachkontenzuordnung – über sie lassen sich auch Bewertungskreise gruppieren.

Beispiel

Unternehmen A eröffnet zwei neue Werke in einem anderen Land. Die bisherige Kontenfindung für alle übrigen Werke kommt ausschließlich mit BMK 0001 aus. Für die beiden neuen Werke gelten aber andere Voraussetzungen als für die derzeit aktiven. Sie müssen z. B. für Verbrauchsbuchungen andere Aufwandskonten verwenden. Um diese Voraussetzungen abzubilden, wird eine neue BMK 0002 eingeführt, über die in der Kontenfindung andere Sachkonten zu den Buchungsvorgängen zugeordnet werden können.

Die Bewertungssteuerung wird im Customizing unter MATERIALWIRTSCHAFT • BEWERTUNG UND KONTIERUNG • KONTENFINDUNG • KONTENFINDUNG OHNE ASSISTENT • BEWERTUNGSSTEUERUNG FESTLEGEN (siehe Abbildung 9.4) gepflegt. Sie kann die Ausprägungen AKTIV oder NICHT AKTIV haben (siehe Abbildung 9.5).

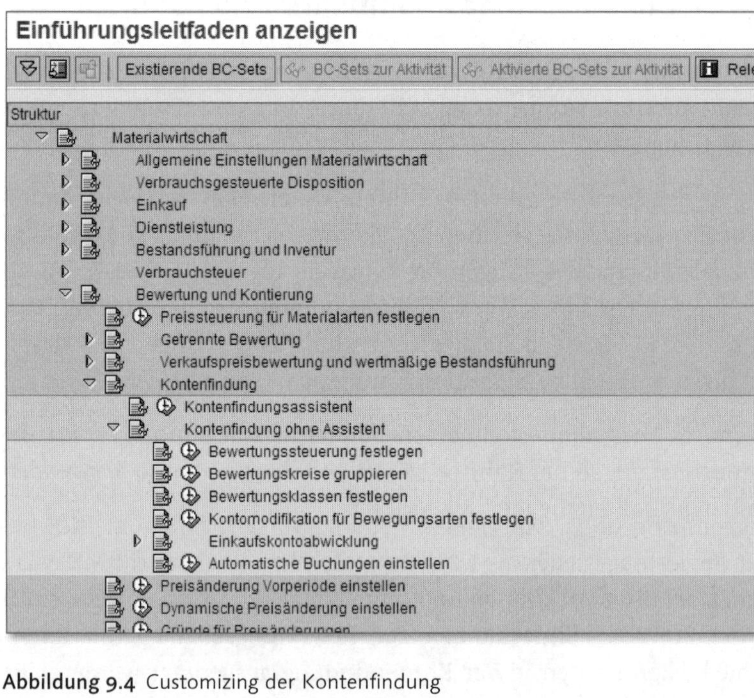

Abbildung 9.4 Customizing der Kontenfindung

Aktivierung der BMK

Durch Wahl des jeweiligen Radiobuttons wird die Verwendung der Bewertungsmodifikationskonstanten für alle Buchungsvorgänge ermöglicht. Wenn Sie ohne BMK auskommen, wählen Sie hier BEWERTUNGSMODIFIKATIONSKONSTANTE NICHT AKTIV. Bei den weiteren Einstellungen zur Kontenfindung können Sie dann keinen Bezug zu einer BMK herstellen.

Wählen Sie hier BEWERTUNGSMODIFIKATIONSKONSTANTE AKTIV, können Sie eine Zuordnung der BMK zu allen Bewertungskreisen vornehmen.

Tipp

Falls Sie sich nicht sicher sind, ob in Ihrem Unternehmen die Verwendung einer BMK vielleicht zu einem späteren Zeitpunkt eine Rolle spielen könnte, können Sie auch zunächst die BMK-Verwendung aktivieren und alle Bewertungskreise mit einem einheitlichen Wert (z. B. 0001) versehen. So haben Sie bei einer späteren Erweiterung Ihrer Unternehmensstruktur für die bisherigen Werke keinen Umstellungsbedarf und pflegen lediglich die neuen Bewertungskreise in einer neuen BMK nach.

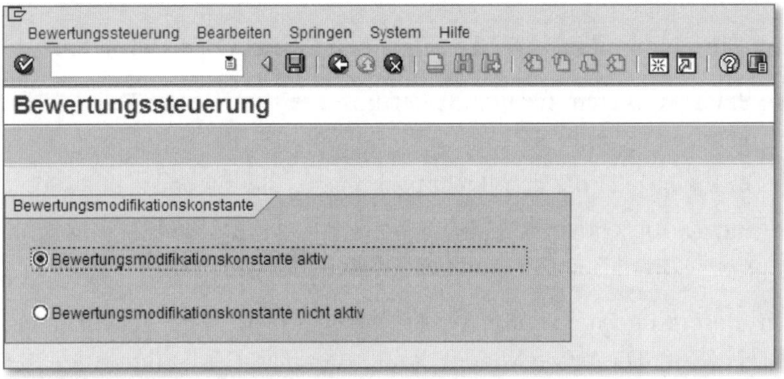

Abbildung 9.5 Bewertungssteuerung

Die Zuordnung eines Bewertungskreises zu einer BMK erfolgt im Customizing unter MATERIALWIRTSCHAFT • BEWERTUNG UND KONTIERUNG • KONTENFINDUNG • KONTENFINDUNG OHNE ASSISTENT • BEWERTUNGSKREISE GRUPPIEREN (siehe auch Abbildung 9.4).

> **Beispiel**
>
> Sie haben die Bewertungsebene auf Bewertungsebene ist ein Werk eingestellt. Zusätzlich haben Sie die Anforderung, dass innerhalb eines Buchungskreises in einigen Werken auf unterschiedliche Sachkonten gebucht werden soll.

Abbildung 9.6 zeigt, wie Ihre Systemeinstellungen aussehen könnten.

Abbildung 9.6 Customizing der BMK

Im Einzelnen müssen Sie die folgenden Einstellungen vornehmen:

- BewertKrs steht für den Bewertungskreis, in diesem Fall z. B. das Werk RFDC oder RFST.
- BuKr. bezeichnet den Buchungskreis, in diesem Fall z. B. R300.
- BewModifKonst ist schließlich die Bewertungsmodifikationskonstante, in diesem Beispiel USRE bzw. US01 oder 0001.

Beispiel für eine BMK

In diesem Beispiel gehört der Bewertungskreis RFDC zu Buchungskreis R300. Dieser verwendet den Kontenplan CAUS. Ihm ist die Bewertungsmodifikationskonstante USRE zugeordnet. Ein weiterer Bewertungskreis mit Namen RFST hat die Bewertungsmodifikationskonstante US01. Im Customizing der automatischen Kontenfindung können diese unterschiedlichen BMK zu den in Abbildung 9.7 gezeigten Ausprägungen führen.

In Abbildung 9.7 sehen Sie die systemseitigen Einstellungen zur automatischen Kontenfindung für den Vorgang WRX – WE-RE-Verrechnung. Es wird deutlich, dass für die BMK US01 ein anderes Sachkonto hinterlegt wurde als für BMK USRE. Detaillierte Erläuterungen dazu erhalten Sie in Abschnitt 9.7, »Vorgang der Kontenfindung«.).

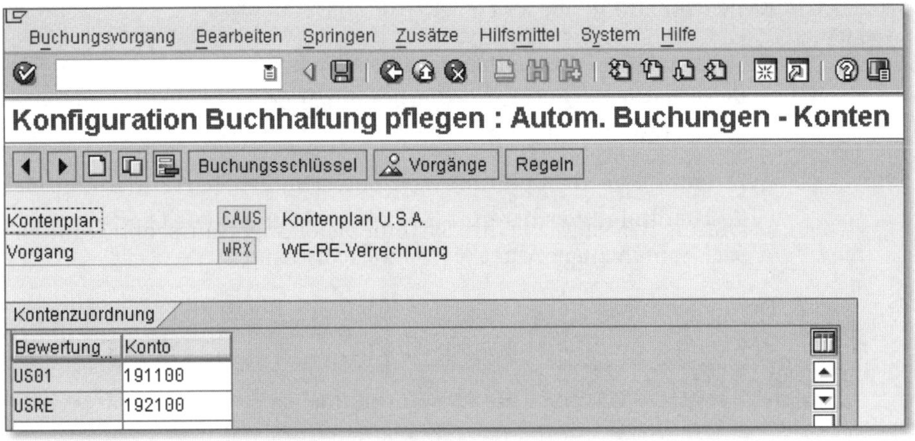

Abbildung 9.7 Customizing der Kontenfindung für den Vorgang WE-RE-Verrechnung mit BMK

Auswirkungen in der Kontenfindung bei Verwendung der BMK

Als Resultat wird das System für den Bewertungskreis RFST (mit BMK US01) im Vorgang WRX das Sachkonto 191100 in der Kontenfindung verwenden und im Bewertungskreis RFDC (mit BMK USRE) das Sachkonto 192100.

Den Zusammenhang zwischen der BMK und den Vorgängen in der Kontenfindung der Materialwirtschaft verdeutlicht Abbildung 9.8.

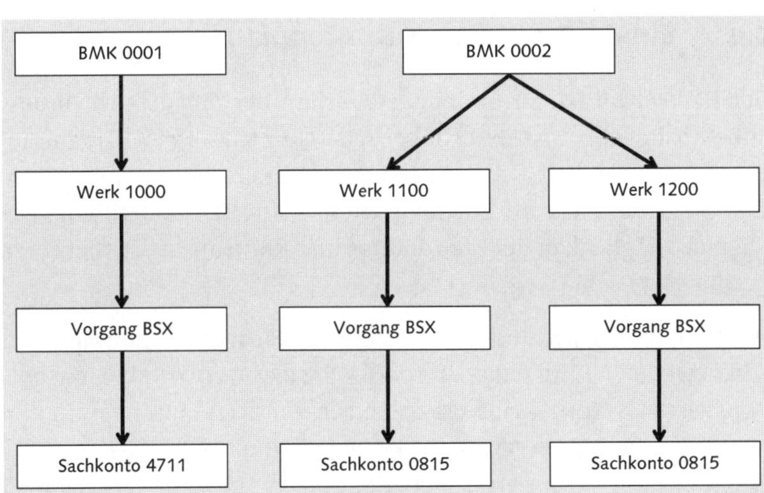

Abbildung 9.8 Gruppierung von Werken zu BMK

Vor- und Nachteile von BMK

BMK haben folgende Vorteile:

- Sie ermöglichen eine differenzierte Sachkontenzuordnung pro Bewertungskreis, z. B. kann Werk A ein anderes Sachkonto zugeordnet werden als Werk B.
- Es kann eine Gruppierung von Bewertungskreisen innerhalb der Kontenfindung erfolgen, z. B. können Werken aus Land A andere Sachkonten zugeordnet werden als aus Land B.

Dem gegenüber stehen folgende Nachteile bei der Verwendung der Bewertungsmodifikationskonstanten:

- Für jede BMK muss die Kontenfindung separat eingestellt werden – daraus resultiert ein erhöhter Pflegeaufwand.
- Jedes zusätzliche Ordnungskriterium innerhalb der Kontenfindung erhöht die Komplexität bei den erforderlichen Einstellungen.

Fazit

Für eine differenzierte Verwendung von Sachkonten in unterschiedlichen Bewertungskreisen können Sie die BMK nutzen. Die Einstellungen zur BMK erfordern jedoch einen erhöhten Pflegeaufwand.

9.4 Einstellungen zum Kontenplan

Der *Kontenplan* ist ein Ordnungskriterium der Finanzbuchhaltung. Er beinhaltet alle finanzbuchhalterischen Konten für eine Organisationseinheit innerhalb eines Buchungskreises. Ein Kontenplan kann aber auch für mehrere Buchungskreise gültig sein. Abbildung 9.9 zeigt die Möglichkeit der Zuordnung eines Kontenplans zu mehreren Buchungskreisen.

Der Kontenplan wird im Customizing der Finanzbuchhaltung unter Finanzwesen • Hauptbuchhaltung • Sachkonten • Stammdaten • Vorarbeiten • Kontenplanverzeichnis bearbeiten hinterlegt und im Anschluss unter Finanzwesen • Hauptbuchhaltung • Sachkonten • Stammdaten • Vorarbeiten • Buchungskreis einem Kontenplan zuordnen einem Buchungskreis zugeordnet (siehe Abbildung 9.10).

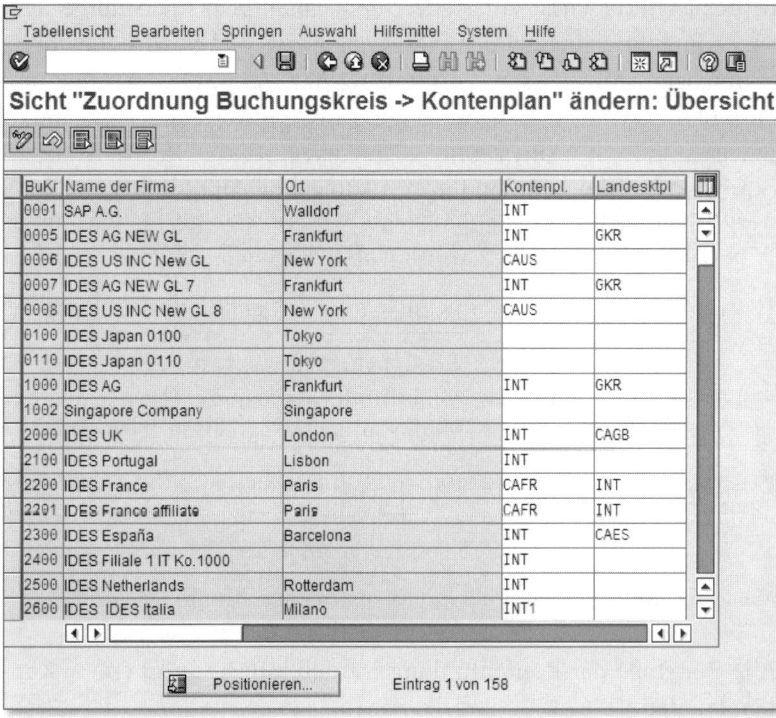

Abbildung 9.9 Zuordnung von Kontenplan zu Buchungskreis

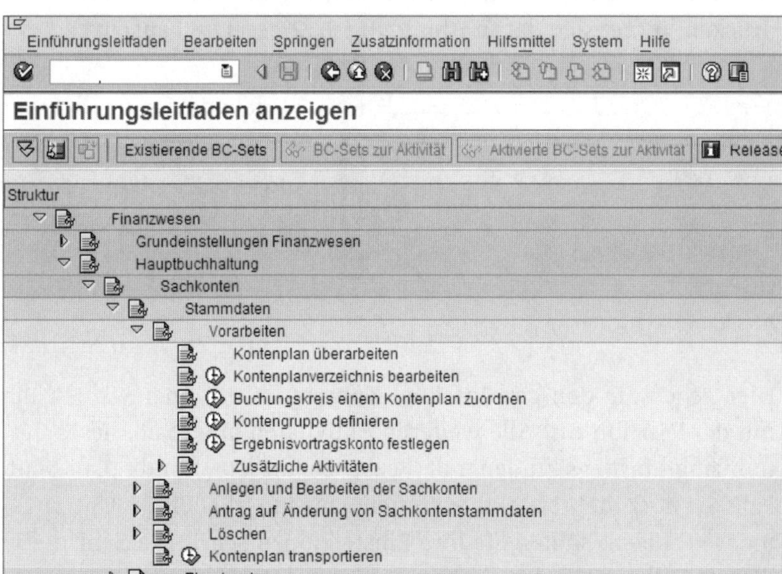

Abbildung 9.10 Customizing des Kontenplans

Zusammenhang zwischen Kontenplan und MM-Kontenfindung

In der Materialwirtschaft steuert der Kontenplan die Summe aller Sachkonten zu einem Buchungsvorgang bei und wird daher beim erstmaligen Aufruf der Customizing-Aktivität AUTOMATISCHE BUCHUNGEN EINSTELLEN (Customizing: LOGISTIK • MATERIALWIRTSCHAFT • BEWERTUNG UND KONTIERUNG • KONTENFINDUNG • KONTENFINDUNG OHNE ASSISTENTEN, Transaktion OMWB) ausgewählt (siehe Abbildung 9.11).

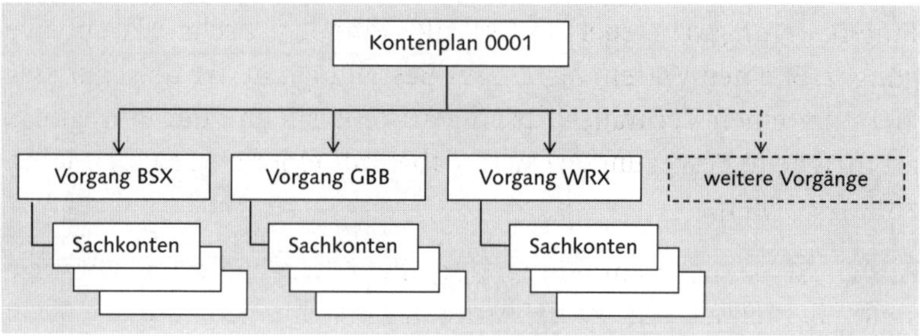

Abbildung 9.11 Zusammenhang zwischen Kontenplan und MM-Kontenfindung

Alle Vorgänge der Kontenfindung werden mit Bezug zu einem Kontenplan definiert.

Wenn Sie Transaktion AUTOMATISCHE KONTENFINDUNG EINSTELLEN (OMWB), siehe Abbildung 9.4, aufrufen und den Button KONTIERUNG drücken, öffnet sich das in Abbildung 9.12 gezeigte Fenster.

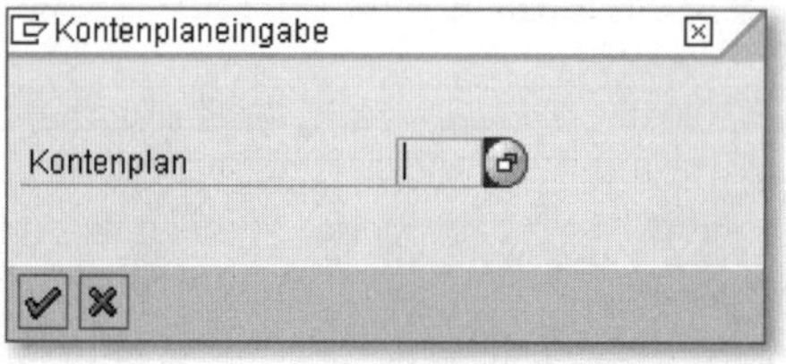

Abbildung 9.12 Kontenplaneingabe

Hier geben Sie den gewünschten Kontenplan ein oder wählen ihn mit der F4-Hilfe aus. Alle weiteren Aktivitäten innerhalb dieses Customizing-Einstiegs finden mit Bezug zu diesem Kontenplan statt. Falls Sie über mehrere aktive Kontenpläne innerhalb Ihres Unternehmens verfügen, sollten Sie Ihre Einstellungen Schritt für Schritt – in diesem Fall Kontenplan für Kontenplan – durchführen.

Über den Menüpfad BEARBEITEN • KONTENPLANWECHSEL können Sie den Kontenplan wechseln, ohne die Transaktion verlassen zu müssen.

9.5 Einstellungen zur Bewegungsart und Kontomodifikation

Eine *Bewegungsart* steuert in SAP ERP eine logistische Warenbewegung, z. B. einen Wareneingang zur Bestellung mit der Bewegungsart 101 oder einen Verbrauch für eine Kostenstelle mit der Bewegungsart 201. Jede Bewegungsart wird dabei mit einer eindeutigen Kennziffer versehen.

Einfluss der Bewegungsarten auf die MM-Kontenfindung

Aus Sicht der Kontenfindung sind die Bewegungsarten voreingestellt. Sie müssen hier keine weiteren Einstellungen zu einer Bewegungsart vornehmen, wenn Sie mit dem SAP-Standard arbeiten. Gleichwohl kann es notwendig sein, für bestimmte Bewegungsarten die *Kontomodifikation* auf unternehmensspezifische Anforderungen zu ändern. Hierfür stehen Ihnen die in diesem Abschnitt beschriebenen Customizing-Einstellungen zur Verfügung.

Die Einstellungen zu den Bewegungsarten finden Sie im Customizing unter MATERIALWIRTSCHAFT • BESTANDSFÜHRUNG UND INVENTUR • BEWEGUNGSARTEN • BEWEGUNGSARTEN KOPIEREN, ÄNDERN (Transaktion OMJJ). Abbildung 9.13 zeigt den Customizing-Pfad für die Einstellungen der Bewegungsart.

Verknüpfung zwischen Bewegungsart und Kontenfindung

Die Verknüpfungen zur Kontenfindung werden im Teildialog KONTOMODIFIKATION vollzogen. Markieren Sie hierfür eine Bewegungsart aus dem rechten Fenster, und navigieren Sie per Doppelklick in der linken Struktur auf den Eintrag KONTOMODIFIKATION. Hier wird einer Bewegungsart ein Vorgangsschlüssel und ggf. eine Kontomodifikation (siehe auch Abschnitt 9.5, »Einstellungen zur Bewegungsart und Kontomodifikation«) zugeordnet und damit ein Kontenvorgang ausgeprägt.

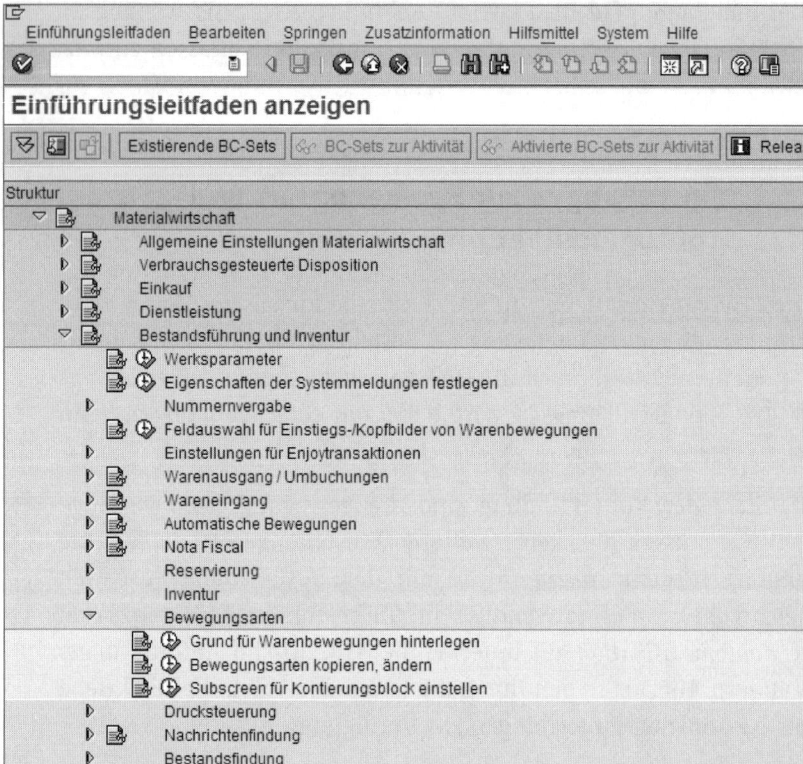

Abbildung 9.13 Customizing der Bewegungsarten

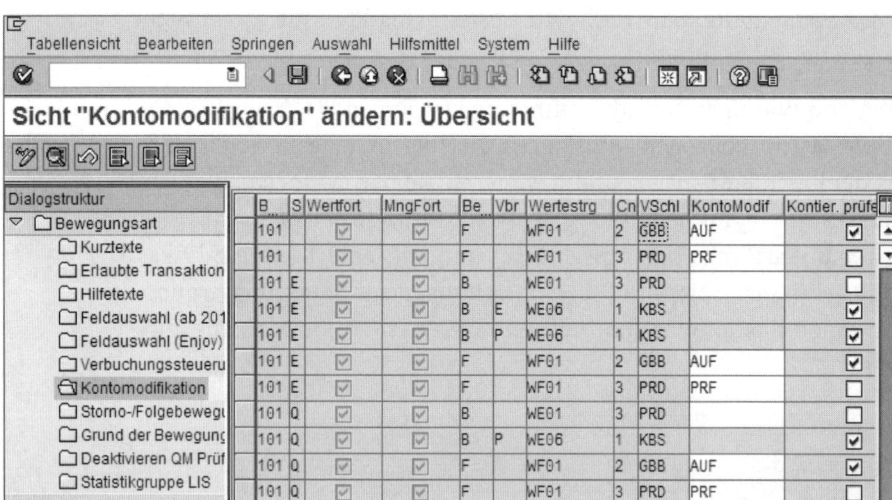

Abbildung 9.14 Kontomodifikation zur Bewegungsart

In Abbildung 9.14 wird die Kontomodifikation zur Bewegungsart 101 (WARENEINGANG ZUR BESTELLUNG) gezeigt. Tabelle 9.1 erläutert die Abkürzungen, die Sie zur Einstellung der Kontomodifikation zur Bewegungsart benötigen.

Abkürzung	Erläuterung
B	Bewegungsart (101 = WARENEINGANG ZUR BESTELLUNG)
S	Sonderbestandskennzeichen
Wertfort	Wertfortschreibung
MngFort	Mengenfortschreibung
Be	Bewegungskennzeichen
Vbr	Verbrauchskennzeichen
Wertestrg	Wertestring
Cn	fortlaufender Zähler
VSchl	Vorgangsschlüssel
Kontomodif	Kontomodifikation
Kontier. prüfen	Kontierung prüfen

Tabelle 9.1 Erläuterung der Abkürzungen in der Kontomodifikation zur Bewegungsart

Kontomodifikation als Bestandteil der Kontenfindung

Der erste Eintrag in Zeile 1 bedeutet Folgendes: Ein Wareneingang ohne Sonderbestandskennzeichen mit wert- und mengenmäßiger Fortschreibung, der auftragskontiert ist, nutzt beim Vorgangsschlüssel GBB die Kontomodifikation AUF. Bei der Wareneingangsbuchung wird die Eingabe einer gültigen Auftragsnummer geprüft. Details zu Vorgangsschlüsseln finden Sie in Abschnitt 9.7, »Vorgang der Kontenfindung«.

Der Buchungssatz für eine Wareneingangsbuchung dieser Zeile lautet dann BESTAND (Vorgangsschlüssel BSX) »an« GEGENBUCHUNG ZUR BESTANDSBUCHUNG (Vorgangsschlüssel GBB) mit Kontomodifikation AUF.

Bei bestimmten Vorgängen der Kontenfindung werden zur genaueren Aussteuerung von betriebswirtschaftlichen Prozessen zusätzlich Kontomodifikationen verwendet. Als Beispiel kann hier der Vorgang GBB – GEGENBUCHUNG ZUR BESTANDSBUCHUNG – herangezogen werden: Ohne eine Kontomodifikation würde jeder GBB-Vorgang, egal, ob Warenzu- oder -abgang auf dasselbe Aufwands- bzw. Ertragskonto gebucht werden.

Unterteilung der Kontenfindung nach logistischen Kriterien

Da aber Vorgänge wie Bestandsaufnahmen, Warenausgänge, Verschrottungen und Inventurdifferenzbuchungen auf unterschiedliche Aufwands-, Verbrauchs- oder Ertragskonten gebucht werden müssen, bedient man sich in der Kontenfindung der Materialwirtschaft der Kontomodifikation.

Zu folgenden Vorgängen der Kontenfindung werden im SAP-Standard Kontomodifikationen ausgeliefert:

- GEGENBUCHUNG ZUR BESTANDSBUCHUNG (Vorgang der Kontenfindung: GBB)
- PREISDIFFERENZEN (Vorgang der Kontenfindung: PRD)
- KONSIGNATIONSVERBINDLICHKEITEN (Vorgang der Kontenfindung: KON)

Über die Kontomodifikation erfolgt die Zuordnung von finanzbuchhalterischen Sachkonten zu speziellen logistischen Warenbewegungen. Die Kontomodifikationen werden zu einer bestimmten Ausprägung einer Bewegungsart im Customizing hinterlegt (Pfad: siehe Einstellungen zur Bewegungsart, Transaktion OMJJ) und mit einem Buchungsvorgang der Kontenfindung verknüpft.

Tabelle 9.2 gibt eine Übersicht über Kontomodifikationen.

Vorgang	Kontomodifikation	Bedeutung
GBB	AUA	Auftragsabrechnung
GBB	AUF	für Wareneingänge zu Aufträgen (ohne Kontierung) und bei Auftragsabrechnung, wenn AUA nicht gepflegt ist
GBB	AUI	Ist-Tarifnachverrechnung von Kostenstelle direkt an Material (mit Kontierung)
GBB	BSA	für Bestandsaufnahmen (Bewegungsart 561)
GBB	INV	für Aufwand/Ertrag aus Inventurdifferenzen
GBB	VAX	für Warenausgänge für Kundenaufträge ohne Kontierungsobjekt (das Konto ist keine Kostenart)
GBB	VAY	für Warenausgänge für Kundenaufträge mit Kontierungsobjekt (das Konto ist eine Kostenart)
GBB	VBO	für Verbräuche aus dem Lieferantenbeistellbestand (BWA 543)

Tabelle 9.2 Übersicht über Kontomodifikationen

Vorgang	Konto-modifikation	Bedeutung
GBB	VBR	für interne Warenausgänge (z. B. für Kostenstelle)
GBB	VKA	für Kundenauftragskontierung (z. B. bei Einzelbestellung)
GBB	VKP	für Projektkontierung (z. B. bei Einzelbestellung)
GBB	VNG	für Verschrottung/Vernichtung (BWA 551)
GBB	VQP	für Stichprobenentnahmen ohne Kontierung
GBB	VQY	für Stichprobenentnahmen mit Kontierung
GBB	ZOB	für Wareneingänge ohne Bestellungen (BWA 501)
GBB	ZOF	für Wareneingänge ohne Fertigungsaufträge (BWA 521 und 531)
KON		keine für Konsignationsverbindlichkeiten
KON	PIP	für Pipelineverbindlichkeiten
PRD		keine für Wareneingänge und Rechnungseingänge zu Bestellungen
PRD	PRF	für Wareneingänge zu Fertigungsaufträgen und Auftragsabrechnung
PRD	PRA	für Warenausgänge und andere Bewegungen
PRD	PRU	für Umbuchungen (Preisdifferenzen bei externen Beträgen)

Tabelle 9.2 Übersicht über Kontomodifikationen (Forts.)

Die Zuordnung der Kontomodifikationen zu Bewegungsarten können auch im Customizing der Bewertung und Kontierung unter MATERIALWIRTSCHAFT • BEWERTUNG UND KONTIERUNG • KONTENFINDUNG • KONTENFINDUNG OHNE ASSISTENT • KONTOMODIFIKATIONEN FÜR BEWEGUNGSARTEN FESTLEGEN vorgenommen werden (siehe Abbildung 9.15).

In dieser Customizing-Einstellung wird der Überblick über sämtliche Bewegungsarten mit allen zugeordneten Kontomodifikationen dargestellt. Sie umfasst daher eine große Anzahl an Einträgen. Einen übersichtlicheren Überblick über jede einzelne Bewegungsart erhalten Sie im Customizing der Bewegungsarten (siehe Abschnitt 9.5, »Einstellungen zur Bewegungsart und Kontomodifikation«, Transaktion OMJJ).

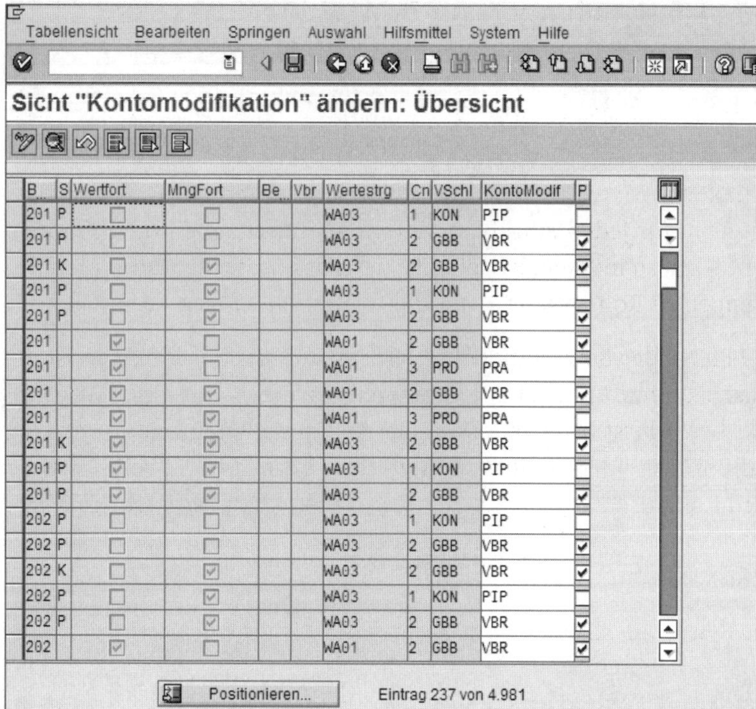

B...	S	Wertfort	MngFort	Be...	Vbr	Wertestrg	Cn	VSchl	KontoModif	P
201	P	☐	☐			WA03	1	KON	PIP	☐
201	P	☐	☐			WA03	2	GBB	VBR	☑
201	K	☐	☑			WA03	2	GBB	VBR	☑
201	P	☐	☑			WA03	1	KON	PIP	☐
201	P	☐	☑			WA03	2	GBB	VBR	☑
201		☑	☐			WA01	2	GBB	VBR	☑
201		☑	☐			WA01	3	PRD	PRA	☐
201		☑	☑			WA01	2	GBB	VBR	☑
201		☑	☑			WA01	3	PRD	PRA	☐
201	K	☑	☑			WA03	2	GBB	VBR	☑
201	P	☑	☑			WA03	1	KON	PIP	☐
201	P	☑	☑			WA03	2	GBB	VBR	☑
202	P	☐	☐			WA03	1	KON	PIP	☐
202	P	☐	☐			WA03	2	GBB	VBR	☑
202	K	☐	☑			WA03	2	GBB	VBR	☑
202	P	☐	☑			WA03	1	KON	PIP	☐
202	P	☐	☑			WA03	2	GBB	VBR	☑
202		☑	☐			WA01	2	GBB	VBR	☑

Abbildung 9.15 Customizing der Details zur Kontomodifikation

Die Inhalte, bezogen auf eine Bewegungsart, sind jedoch in beiden Customizing-Punkten identisch.

Tipp für den erfahrenen Anwender

Technisch betrachtet, erfolgt über den Einstieg Kontomodifikationen für Bewegungsarten der Aufruf auf den Tabellen-View V_156X_KO. Diesen können Sie auch über die Pflegetransaktion SM30 bearbeiten.

Beispiel

Ein Beispiel für eine mögliche unternehmensspezifische Anpassung ist die folgende Bebuchung: Falls Sie für eine bestimmte Bewegungsart (z. B. 101 auf Sonderbestand Q) ein anderes Sachkonto bebuchen wollen als für einen Wareneingang ohne Sonderbestandskennzeichen, können Sie über eine eigendefinierte Kontomodifikation eine Unterscheidung in der Kontenfindung ermöglichen.

9.6 Einstellungen zur Bewertungsklasse und Kontoklassenreferenz

Die *Bewertungsklasse* ist ein Ordnungskriterium unterhalb der Materialart. Über eine Bewertungsklasse können Buchungen für unterschiedliche Materialien auf dieselben Sachkonten gruppiert werden, um nicht für jeden einzelnen Materialstammsatz die Kontenfindung definieren zu müssen. Beispiel: Bewertungsklasse 3000 gruppiert Buchungen zu Rohstoffen.

Wer pflegt die Bewertungsklasse?

Die Pflege der Bewertungsklasse zu einem Materialstammsatz ist die einzige direkte Tätigkeit eines Anwenders, die die Kontenfindung direkt beeinflusst. Alle anderen Elemente der Kontenfindung sind im Customizing voreingestellt und werden nicht direkt beeinflusst. So wird z. B. durch die Auswahl einer Bewertungsklasse zu einem Material das im Customizing voreingestellte Bestandskonto für dieses Material wirksam.

Die Bewertungsklassen werden im Customizing unter MATERIALWIRTSCHAFT • BEWERTUNG UND KONTIERUNG • KONTENFINDUNG • KONTENFINDUNG OHNE ASSISTENT • BEWERTUNGSKLASSEN FESTLEGEN eingestellt. Nach dem Customizing-Einstieg in die Pflege der Bewertungsklassen erreichen Sie die in Abbildung 9.16 dargestellte Unterstruktur.

Mithilfe der *Kontoklassenreferenz* (KKR) können eine oder mehrere Bewertungsklassen einer Materialart zugeordnet werden. Die Bedeutung der KKR in Bezug auf die Kontenfindung wird in diesem Abschnitt näher erläutert. Beispiel: KKR 0001 gruppiert die Bewertungsklassen für Rohstoffe zur Materialart ROH.

Die KKR ist ein Ordnungskriterium zwischen Materialart und Bewertungsklasse. Verschiedene Bewertungsklassen können über eine KKR gruppiert und anschließend einer Materialart zugeordnet werden. Hiermit kann die zur Verfügung stehende Auswahl an Bewertungsklassen bei der Neuanlage eines Materialstammsatzes beeinflusst und vereinfacht werden.

Definition von Bewertungsklasse und KKR

Im SAP-Standard werden bereits einige Kontoklassenreferenzen und Bewertungsklassen ausgeliefert. Sie können entweder diese verwenden oder eigene definieren.

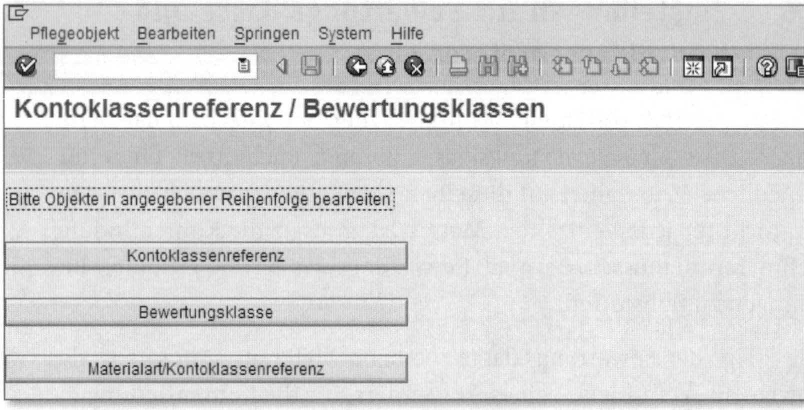

Abbildung 9.16 Unterstruktur zur Bewertungsklasse

Bitte halten Sie bei der eigenen Definition die in Abbildung 9.16 angegebenen Reihenfolge ein:

1. Definieren Sie die KKR (siehe Abbildung 9.17).
2. Ordnen Sie die KKR den Bewertungsklassen zu (siehe Abbildung 9.18).
3. Ordnen Sie die KKR einer oder mehreren Materialarten zu (siehe Abbildung 9.19).

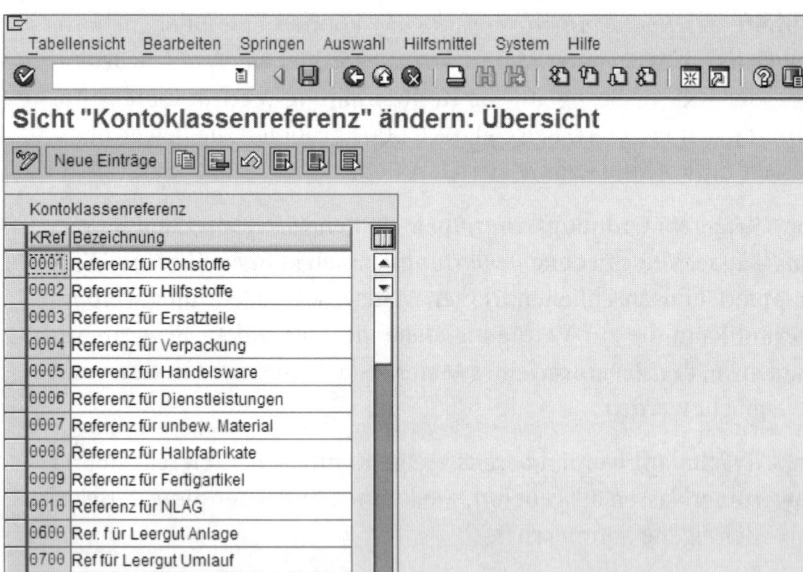

Abbildung 9.17 Customizing der Details zur Kontoklassenreferenz

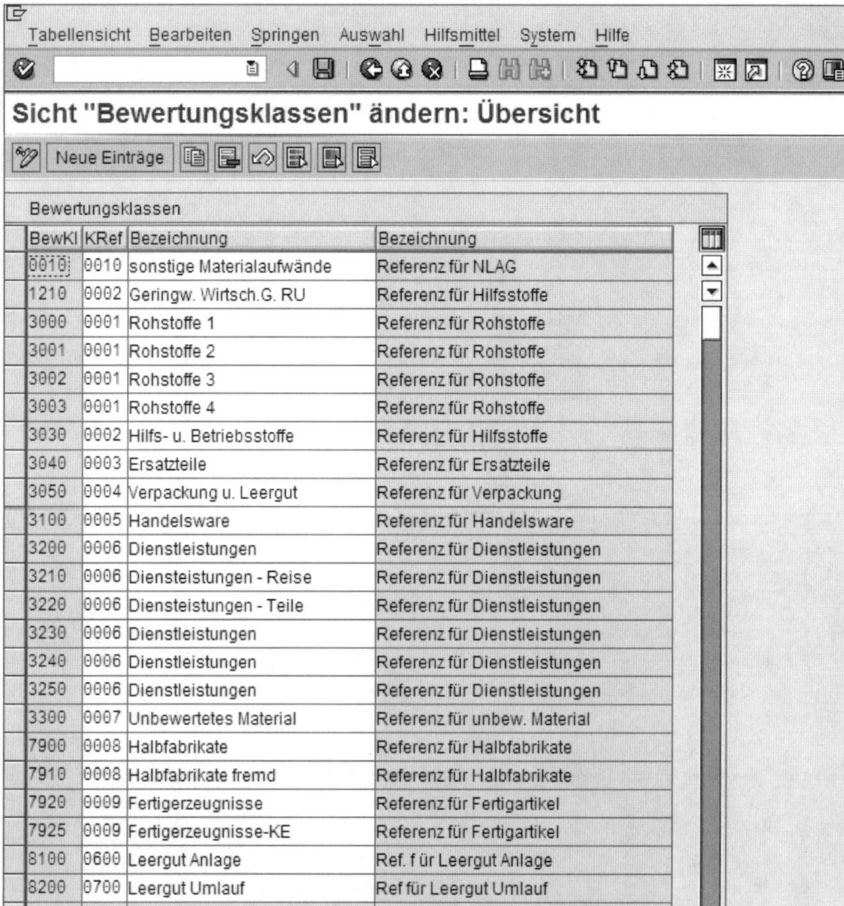

BewKl	KRef	Bezeichnung	Bezeichnung
0010	0010	sonstige Materialaufwände	Referenz für NLAG
1210	0002	Geringw. Wirtsch.G. RU	Referenz für Hilfsstoffe
3000	0001	Rohstoffe 1	Referenz für Rohstoffe
3001	0001	Rohstoffe 2	Referenz für Rohstoffe
3002	0001	Rohstoffe 3	Referenz für Rohstoffe
3003	0001	Rohstoffe 4	Referenz für Rohstoffe
3030	0002	Hilfs- u. Betriebsstoffe	Referenz für Hilfsstoffe
3040	0003	Ersatzteile	Referenz für Ersatzteile
3050	0004	Verpackung u. Leergut	Referenz für Verpackung
3100	0005	Handelsware	Referenz für Handelsware
3200	0006	Dienstleistungen	Referenz für Dienstleistungen
3210	0006	Diensteistungen - Reise	Referenz für Dienstleistungen
3220	0006	Diensteistungen - Teile	Referenz für Dienstleistungen
3230	0006	Dienstleistungen	Referenz für Dienstleistungen
3240	0006	Dienstleistungen	Referenz für Dienstleistungen
3250	0006	Dienstleistungen	Referenz für Dienstleistungen
3300	0007	Unbewertetes Material	Referenz für unbew. Material
7900	0008	Halbfabrikate	Referenz für Halbfabrikate
7910	0008	Halbfabrikate fremd	Referenz für Halbfabrikate
7920	0009	Fertigerzeugnisse	Referenz für Fertigartikel
7925	0009	Fertigerzeugnisse-KE	Referenz für Fertigartikel
8100	0600	Leergut Anlage	Ref. f ür Leergut Anlage
8200	0700	Leergut Umlauf	Ref für Leergut Umlauf

Abbildung 9.18 Customizing der Details zur Bewertungsklasse

Im Beispiel in Abbildung 9.18 sehen die Zuordnung der Bewertungsklassen 3000 bis 3003 (Rohstoffe 1 bis 4) zur Kontoklassenreferenz 0001 (Referenz für Rohstoffe). Hiermit werden die zur Verfügung stehenden Bewertungsklassen für Rohstoffe unter einem gemeinsamen Ordnungskriterium zusammengefasst.

Materialart, KKR und Bewertungsklasse im Zusammenspiel

Im dritten Teildialog zum Customizing-Einstieg (siehe Abbildung 9.16) wird die Kontoklassenreferenz einer Materialart zugeordnet.

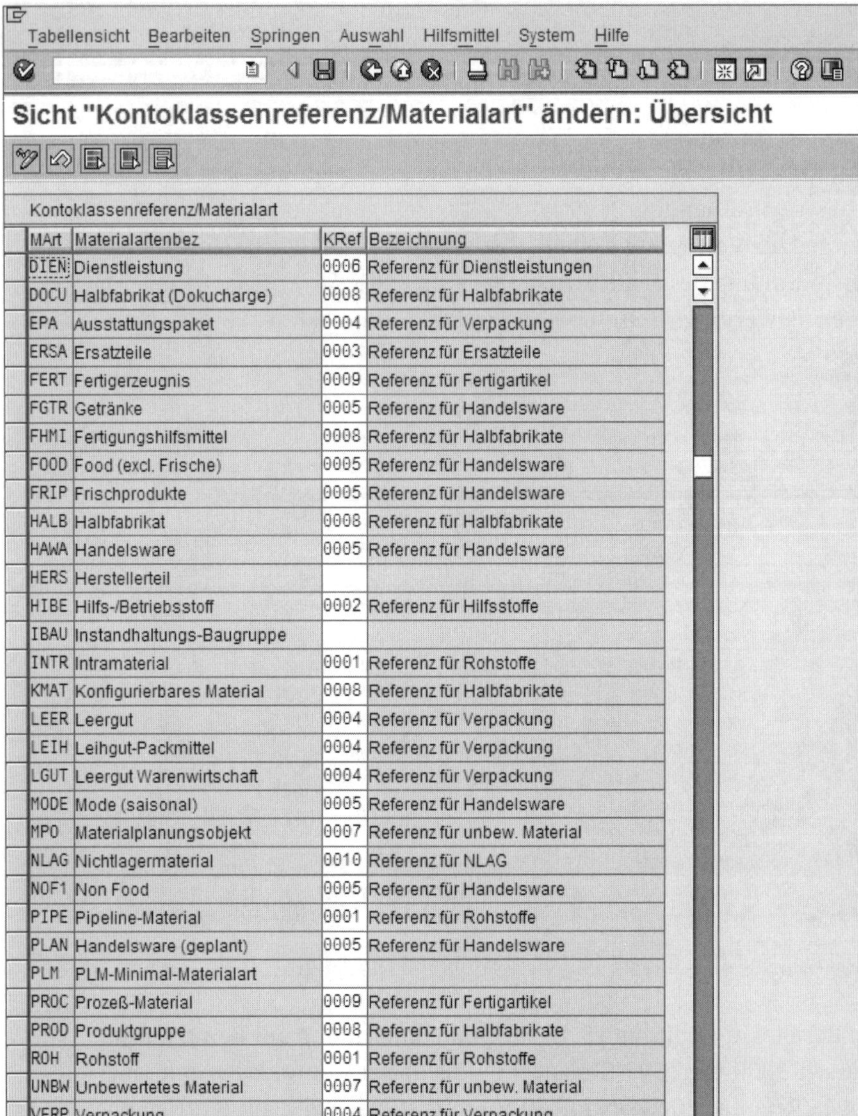

MArt	Materialartenbez	KRef	Bezeichnung
DIEN	Dienstleistung	0006	Referenz für Dienstleistungen
DOCU	Halbfabrikat (Dokucharge)	0008	Referenz für Halbfabrikate
EPA	Ausstattungspaket	0004	Referenz für Verpackung
ERSA	Ersatzteile	0003	Referenz für Ersatzteile
FERT	Fertigerzeugnis	0009	Referenz für Fertigartikel
FGTR	Getränke	0005	Referenz für Handelsware
FHMI	Fertigungshilfsmittel	0008	Referenz für Halbfabrikate
FOOD	Food (excl. Frische)	0005	Referenz für Handelsware
FRIP	Frischprodukte	0005	Referenz für Handelsware
HALB	Halbfabrikat	0008	Referenz für Halbfabrikate
HAWA	Handelsware	0005	Referenz für Handelsware
HERS	Herstellerteil		
HIBE	Hilfs-/Betriebsstoff	0002	Referenz für Hilfsstoffe
IBAU	Instandhaltungs-Baugruppe		
INTR	Intramaterial	0001	Referenz für Rohstoffe
KMAT	Konfigurierbares Material	0008	Referenz für Halbfabrikate
LEER	Leergut	0004	Referenz für Verpackung
LEIH	Leihgut-Packmittel	0004	Referenz für Verpackung
LGUT	Leergut Warenwirtschaft	0004	Referenz für Verpackung
MODE	Mode (saisonal)	0005	Referenz für Handelsware
MPO	Materialplanungsobjekt	0007	Referenz für unbew. Material
NLAG	Nichtlagermaterial	0010	Referenz für NLAG
NOF1	Non Food	0005	Referenz für Handelsware
PIPE	Pipeline-Material	0001	Referenz für Rohstoffe
PLAN	Handelsware (geplant)	0005	Referenz für Handelsware
PLM	PLM-Minimal-Materialart		
PROC	Prozeß-Material	0009	Referenz für Fertigartikel
PROD	Produktgruppe	0008	Referenz für Halbfabrikate
ROH	Rohstoff	0001	Referenz für Rohstoffe
UNBW	Unbewertetes Material	0007	Referenz für unbew. Material
VERP	Verpackung	0004	Referenz für Verpackung

Abbildung 9.19 Customizing der Details zu Kontoklassenreferenz und Materialart

Das in Abbildung 9.18 hergestellte Ordnungskriterium KKR 0001 wird im folgenden Customizing-Punkt einer Materialart (hier: INTR, PIPE und ROH) zugeordnet. Wenn Sie einen Materialstammsatz aufrufen, können Sie die Gruppierung in einer Kontoklassenreferenz und Zuordnung zu einer Materialart an der Auswahl der zur Verfügung stehenden Bewertungsklassen erkennen. Hierzu müssen Sie die Wertehilfe (F4-Hilfe) zur Bewertungsklasse in der Buchhaltungssicht 1 des Materialstammsatzes (siehe Abbildung 9.20) aufrufen.

Über die Zuordnung eines Materialstammsatzes zu einer Materialart werden Voreinstellungen des Customizings – hier: Auswahl der zur Verfügung stehenden Bewertungsklassen – gefunden und dem Anwender zur Verfügung gestellt. Bezogen auf dieses Beispiel bedeutet die Zuordnung des Materials zur Materialart Rohstoff, dass keine anderen Bewertungsklassen als 3000–3003 ausgewählt werden können.

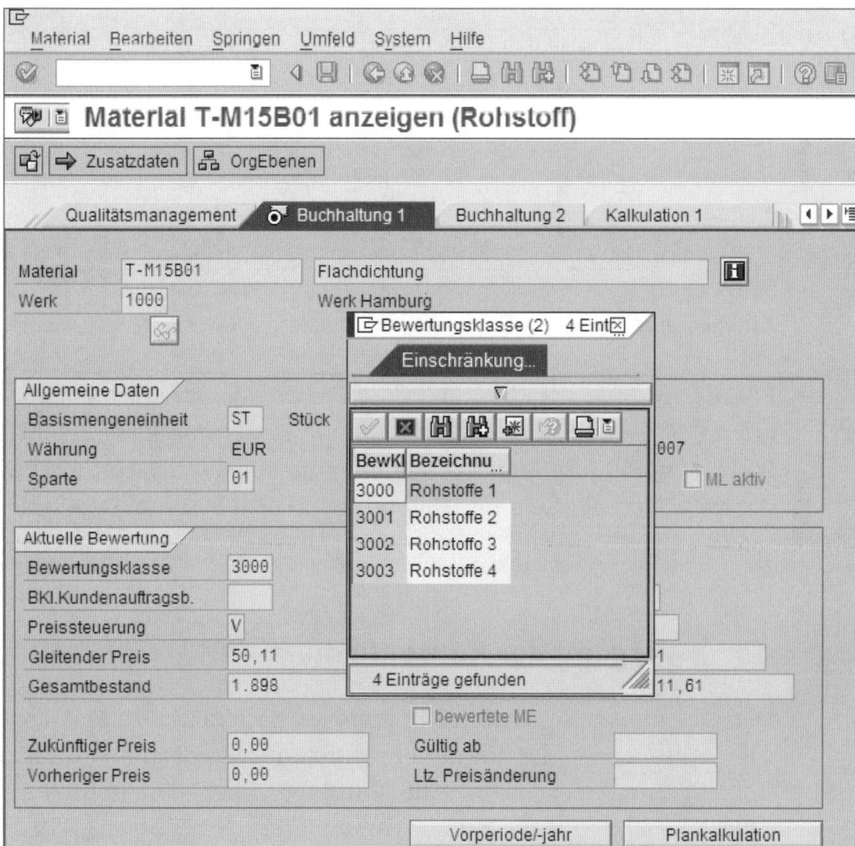

Abbildung 9.20 Materialstamm »Buchhaltung 1«

Exkurs: Ermittlung der zugehörigen Bewertungsklassen bei Neuanlage eines Materialstammsatzes

Die Anlage eines Materialstammsatzes erfolgt immer mit Bezug zu einer Materialart. Diese wählen Sie bereits beim Einstieg in die Transaktion MM01 aus. Hierdurch kann das System die KKR ermitteln und stellt für die Pflege der Buchhaltungssicht 1 die zugeordneten Bewertungsklassen in der F4-Hilfe zum Feld BEWERTUNGSKLASSE zur Verfügung. Dieses Zusammenspiel wird in Abbildung 9.20 und Abbildung 9.21 verdeutlicht.

Den Zusammenhang zwischen Materialart, KKR und Bewertungsklasse sehen Sie in Abbildung 9.21.

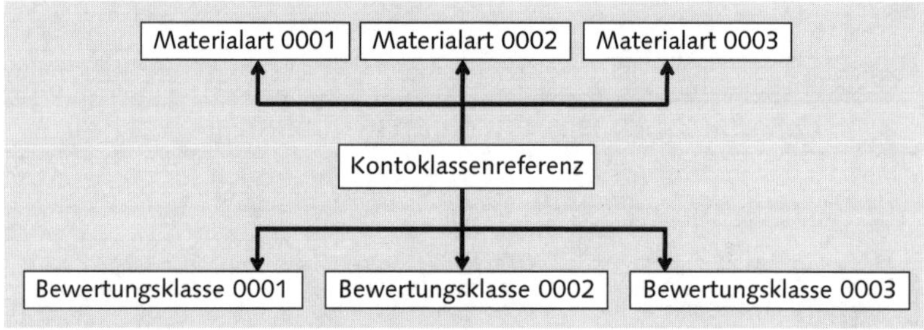

Abbildung 9.21 Zusammenhang zwischen Materialart, KKR und Bewertungsklasse

Für Sie als Anwender bedeutet dies: Für ein Material der Materialarten 0001, 0002 oder 0003 stehen die Bewertungsklassen 0001, 0002 oder 0003 im Materialstammsatz zur Auswahl. Technisch findet diese Verknüpfung im Hintergrund über die Kontoklassenreferenz statt.

9.7 Vorgang der Kontenfindung

Der *Vorgang* der Kontenfindung gruppiert Sachkonten zu Teilbereichen. Alle weiteren Details der Kontenfindung werden unter diesem Vorgang zusammengefasst. Alle Vorgänge haben ein dreistelliges Kürzel. So sind z. B. alle Bestandskonten unter dem Vorgang BSX zu finden.

Die gesamte Sachkontenzuordnung der Materialwirtschaft ist unter diesen Vorgängen gruppiert und wird im Customizing unter MATERIALWIRTSCHAFT • BEWERTUNG UND KONTIERUNG • KONTENFINDUNG • KONTENFINDUNG OHNE ASSISTENT • AUTOMATISCHE BUCHUNGEN EINSTELLEN (siehe Abbildung 9.4) definiert. Einen Ausschnitt der zur Verfügung stehenden Vorgänge zeigt Abbildung 9.23.

Nach dem Customizing-Einstieg in die Pflege AUTOMATISCHE BUCHUNGEN EINSTELLEN erreichen Sie die in Abbildung 9.22 gezeigte Unterstruktur.

Abbildung 9.22 Unterstruktur zur Kontenfindung

Die Details zu den drei Buttons werden in den nachfolgenden Abschnitten erläutert.

9.7.1 Kontierung

Die Kontenfindung ist über »Vorgänge« in Teilbereiche unterteilt

In diesem Abschnitt stellen wir Ihnen die konkreten Einstellungen zu einem Buchungsvorgang vor.

Im Folgenden finden Sie einige Beispiele zu Vorgängen der Kontenfindung mit Anwendungsfällen:

- BSX (Kontenfindung zu Bestandskonten)
  - Bestandsmehrung
  - Bestandsminderung
- WRX (Kontenfindung zu WE/RE-Verrechnungskonten)
  - Gegenbuchung zu Wareneingängen zur Bestellung
  - Gegenbuchung zu Rechnungseingängen zur Bestellung
- GBB (Kontenfindung zu Gegenbuchungen der Bestandsbuchung)
  - Bestandsaufnahme
  - Wareneingänge ohne Bestellungen
  - Warenausgänge zu Kundenaufträgen

Nachdem Sie den Button KONTIERUNG gedrückt haben, erreichen Sie die Konfiguration der Buchhaltung – das Herzstück der Kontenfindung (siehe Abbildung 9.23) mit der Übersicht über die Vorgänge und Vorgangsschlüssel der Kontenfindung.

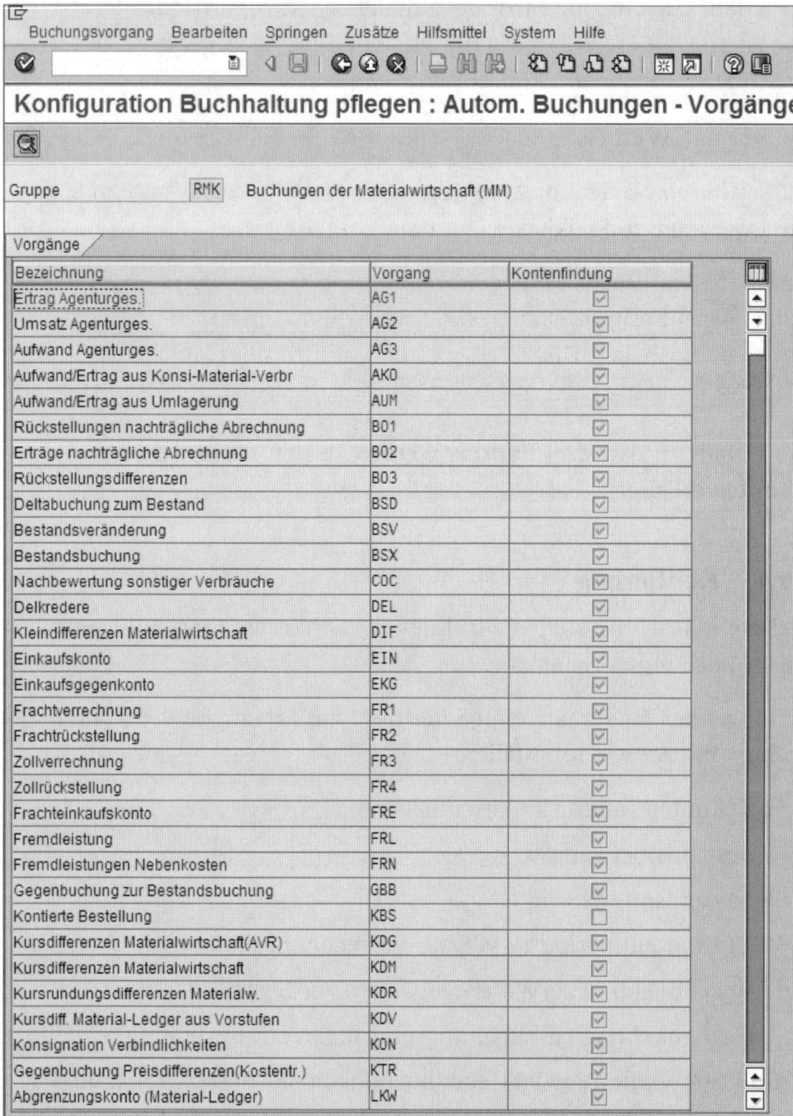

Bezeichnung	Vorgang	Kontenfindung
Ertrag Agenturges.	AG1	X
Umsatz Agenturges.	AG2	X
Aufwand Agenturges.	AG3	X
Aufwand/Ertrag aus Konsi-Material-Verbr	AKO	X
Aufwand/Ertrag aus Umlagerung	AUM	X
Rückstellungen nachträgliche Abrechnung	B01	X
Erträge nachträgliche Abrechnung	B02	X
Rückstellungsdifferenzen	B03	X
Deltabuchung zum Bestand	BSD	X
Bestandsveränderung	BSV	X
Bestandsbuchung	BSX	X
Nachbewertung sonstiger Verbräuche	COC	X
Delkredere	DEL	X
Kleindifferenzen Materialwirtschaft	DIF	X
Einkaufskonto	EIN	X
Einkaufsgegenkonto	EKG	X
Frachtverrechnung	FR1	X
Frachtrückstellung	FR2	X
Zollverrechnung	FR3	X
Zollrückstellung	FR4	X
Frachteinkaufskonto	FRE	X
Fremdleistung	FRL	X
Fremdleistungen Nebenkosten	FRN	X
Gegenbuchung zur Bestandsbuchung	GBB	X
Kontierte Bestellung	KBS	
Kursdifferenzen Materialwirtschaft(AVR)	KDG	X
Kursdifferenzen Materialwirtschaft	KDM	X
Kursrundungsdifferenzen Materialw.	KDR	X
Kursdiff. Material-Ledger aus Vorstufen	KDV	X
Konsignation Verbindlichkeiten	KON	X
Gegenbuchung Preisdifferenzen(Kostentr.)	KTR	X
Abgrenzungskonto (Material-Ledger)	LKW	X

Abbildung 9.23 Customizing der Detailübersicht für die Kontenfindung

Keine Angst: Sie müssen nicht zu jedem Vorgang Einstellungen vornehmen – Sie bekommen in dieser Übersicht aber alle möglichen Vorgänge der Kontenfindung der Materialwirtschaft angeboten. So kann es gut sein, dass Sie in Ihrem Unternehmen z. B. die Vorgänge AG1 bis AG3 gar nicht ausprägen müssen. Wenn Sie allerdings in Ihrem Unternehmen mit wertmäßig bestandsgeführten Materialien arbeiten wollen und diese mithilfe des Einkaufsmoduls der Materialwirtschaft beschaffen wollen, müssen Sie in jedem Fall die Vorgänge BSX (BESTANDSBUCHUNG), GBB (GEGENBUCHUNG ZUR BESTANDSBUCHUNG) und WRX (WE/RE-VERRECHNUNGSKONTO) ausprägen.

Zur weiteren Navigation markieren Sie einen Vorgang und wählen die Lupe oder doppelklicken auf eine Vorgangszeile.

Beispiel: Beim Buchen eines Wareneingangs zu einer Bestellung mit einer Bestellposition erzeugt das System einen Material- und einen Buchhaltungsbeleg. Diese Belege können z. B. über die Transaktionen MIGO oder MB03 angezeigt werden. Verzweigen Sie jetzt auf den Buchhaltungsbeleg, sehen Sie zwei Buchungszeilen: Die erste Buchungszeile repräsentiert die Buchung auf das Bestandskonto (Vorgang BSX, Sachkonto 790000), die zweite die Gegenbuchung auf das WE/RE-Verrechnungskonto (Vorgang WRX, Sachkonto 191100). Abbildung 9.24 zeigt den Buchhaltungsbeleg zu diesem Beispiel.

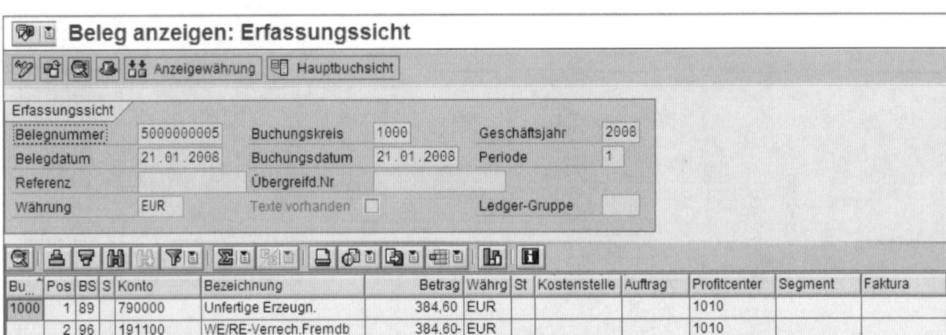

Abbildung 9.24 Buchhaltungsbeleg

Um diesen Buchungsvorgang zu ermöglichen, müssen Sie also die Sachkonten zu den Vorgängen BSX (BESTANDSBUCHUNG) und WRX (WE/RE-VERRECHNUNGSKONTO) pflegen.

Detaillierung zur Kontenfindung über Regeln

Durch Doppelklick auf eine Vorgangszeile navigieren Sie in die Pflege der Sachkonten zum jeweiligen Vorgang der Kontenfindung. Je nachdem, wie detailliert Ihre Kontenfindung ausfällt bzw. wie viele Einflussfaktoren (Regeln) zur Kontenfindung Sie ermöglichen, können die folgenden Spalten in der Tabelle angezeigt werden:

- Bewertungsmodifikationskonstante
- Bewertungsklasse
- Kontomodifikation (auch: Allgemeine Modifikation)
- Sachkonto Soll
- Sachkonto Haben

In Abbildung 9.25 finden Sie ein Beispiel für einen hohen Detaillierungsgrad der Kontenfindung.

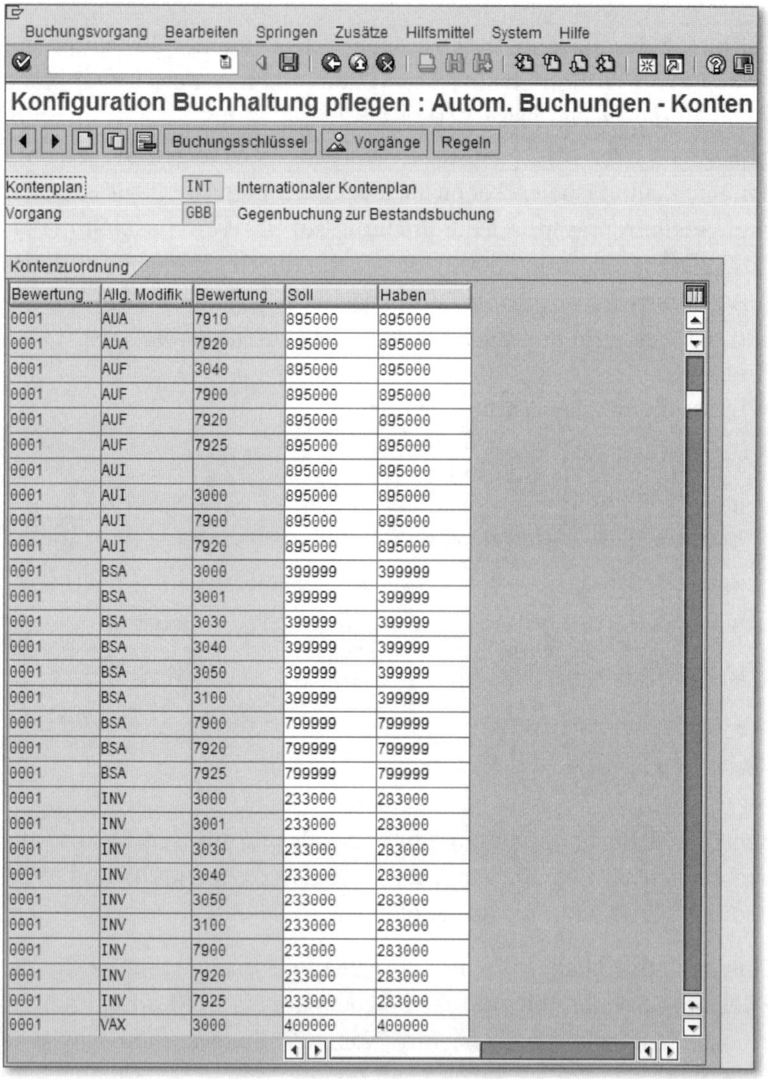

Bewertung...	Allg. Modifik...	Bewertung...	Soll	Haben
0001	AUA	7910	895000	895000
0001	AUA	7920	895000	895000
0001	AUF	3040	895000	895000
0001	AUF	7900	895000	895000
0001	AUF	7920	895000	895000
0001	AUF	7925	895000	895000
0001	AUI		895000	895000
0001	AUI	3000	895000	895000
0001	AUI	7900	895000	895000
0001	AUI	7920	895000	895000
0001	BSA	3000	399999	399999
0001	BSA	3001	399999	399999
0001	BSA	3030	399999	399999
0001	BSA	3040	399999	399999
0001	BSA	3050	399999	399999
0001	BSA	3100	399999	399999
0001	BSA	7900	799999	799999
0001	BSA	7920	799999	799999
0001	BSA	7925	799999	799999
0001	INV	3000	233000	283000
0001	INV	3001	233000	283000
0001	INV	3030	233000	283000
0001	INV	3040	233000	283000
0001	INV	3050	233000	283000
0001	INV	3100	233000	283000
0001	INV	7900	233000	283000
0001	INV	7920	233000	283000
0001	INV	7925	233000	283000
0001	VAX	3000	400000	400000

Abbildung 9.25 Kontierungen im Detail zu Vorgang GBB

In diesem Beispiel für den Vorgang GBB wird das Sachkonto mit folgendem Schlüssel gesucht: Bewertungsmodifikationskonstante, Kontomodifikation und Bewertungsklasse. Im Anschluss wird noch zwischen Soll- und Haben-Buchung unterschieden.

Exkurs: Ermittlung der Schlüsselwerte

Falls Sie sich jetzt fragen, ob Sie diese Schlüsselwerte bei jeder Buchung mitgeben müssen, beachten Sie Folgendes:

Die Bewertungsmodifikationskonstante wird im Customizing zu einem Bewertungskreis gefunden (siehe Abschnitt 9.3, »Die Bewertungsmodifikationskonstante«), also z. B. zu einem Werk.

Die Kontomodifikation wird aus der Bewegungsart ermittelt (siehe Abschnitt 9.5, »Einstellungen zur Bewegungsart und Kontomodifikation«), die Bewertungsklasse wird aus dem zu bebuchenden Materialstammsatz beigesteuert (siehe Abschnitt 9.6, »Einstellungen zur Bewertungsklasse und Kontoklassenreferenz«).

Diese Einflussfaktoren können Sie über den Button REGELN verändern. Hier können Sie über den Button DETAILS auch festlegen, welche KONTENFINDUNGSREGELN für diesen Vorgang gepflegt werden müssen.

Für den Grad der Detaillierung in Abbildung 9.25 sind folgende Einstellungen unter REGELN notwendig:

- SOLL/HABEN für die Darstellung von Soll- und Haben-Konto in separaten Spalten
- ALLG. MODIFIKATION für die Darstellung der Bewertungsmodifikationskonstanten
- BEWERTUNGSMODIF für die Darstellung der Kontomodifikation
- BEWERTUNGSKLASSE für die Darstellung der Bewertungsklasse

Die Einstellungen werden gepflegt, wie in Abbildung 9.26 dargestellt.

In diesem Beispiel wird mit dem maximalen Detaillierungsgrad zur Konfiguration für den Vorgang GBB gearbeitet.

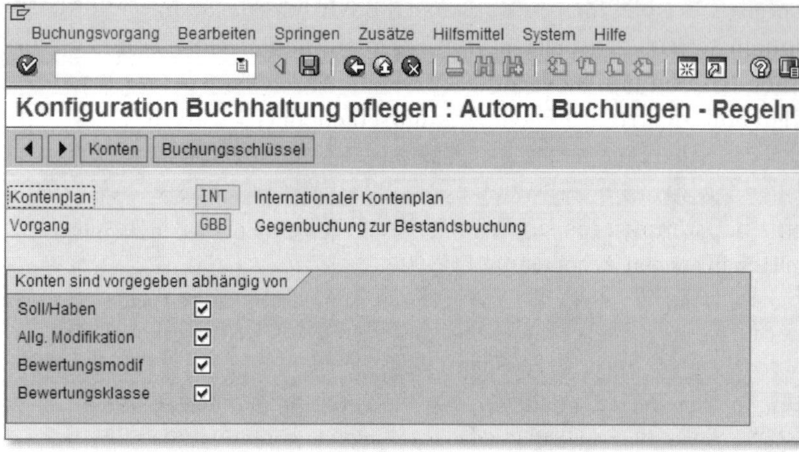

Abbildung 9.26 Kontenfindungsregeln für den Vorgang GBB (Gegenbuchung zur Bestandsbuchung)

Umgekehrt betrachtet, reicht es für einige Vorgänge vielleicht aus, nur ein Sachkonto anzugeben, auf dem sämtliche Buchungen ohne eine weitere Differenzierung auflaufen. Ein Beispiel könnte hier der Vorgang WRX (WE-RE-VERRECHNUNGSKONTO) wie im folgenden Beispiel in Abbildung 9.27 sein.

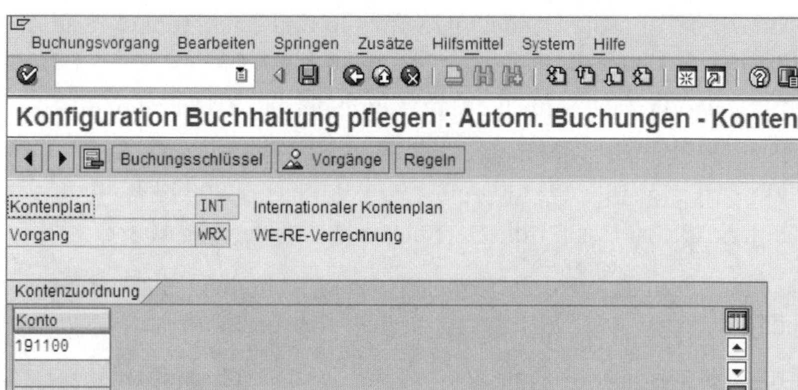

Abbildung 9.27 Kontenfindung ohne weitere Regeln für den Vorgang WRX (WE-RE-Verrechnung)

Wir haben hier auf jede weitere Detaillierung verzichtet – alle Buchungen zum Vorgang WE-RE-VERRECHNUNG laufen auf ein einziges Sachkonto 191100. Bei den Einstellungen unter REGELN ist dann kein Häkchen gesetzt (siehe Abbildung 9.26).

Über den Button BUCHUNGSSCHLÜSSEL können Sie zwei Werte pflegen: einen Schlüssel für Soll- und einen für Haben-Buchungen. Auf diese Weise steuern Sie mehr finanzbuchhalterisch orientierte Werte wie z. B. Kontoart und notwendige Angaben zu einer Buchungsposition. Falls Sie einen neuen Vorgang in der Kontenfindung einstellen wollen, zu dem im SAP-Standard keine Buchungsschlüssel vorhanden sind, stimmen Sie sich bitte genau mit Ihren Kollegen aus dem Bereich Financial Accounting (FI) ab.

Buchungsschlüssel gehören der Finanzbuchhaltung!

Eingabeprüfung

Die Eingabefelder der Sachkonten unterliegen *keiner* strengen Eingabeprüfung. Es erfolgt bei Eingabe eines unbekannten Sachkontos lediglich eine Warnmeldung – Sie müssen hier also exakt bei der Eingabe sein (am besten arbeiten Sie mit einer Kopiervorlage!).

Umgekehrt können Sie auch Buchungen bewusst unterbinden: Falls Sie für einen bestimmten Buchungsvorgang keine Einträge innerhalb der Kontenfindung gepflegt haben, wird das System bei der Buchung einer Warenbewegung zu diesem Vorgang z. B. mit dem folgenden Fehler reagieren: KONTENFINDUNG FÜR DEN EINTRAG INT BSX ____ ___ 0710 NICHT MÖGLICH.

Keine Eingabeprüfung im Feld »Sachkonto«

Hierbei bedeuten die einzelnen Teile der Fehlermeldung Folgendes:

- Kontenplan (hier: INT)
- Vorgangsschlüssel (= Buchungsvorgang, hier: BSX)
- Bewertungsmodifikationskonstante (hier: leer)
- Kontomodifikation (hier: leer)
- Bewertungsklasse (hier: 0710)

Für die Bewertungsklasse 0710 wurde im Buchungsvorgang BSX mit Bewertungsmodifikationskonstante und Kontomodifikation blank bezogen auf den Kontenplan INT kein Eintrag gefunden.

Wollen Sie dem Anwender hingegen deutlich machen, dass für dieses Material (derzeit) noch keine Buchungen erlaubt sind, können Sie die Einträge in der Kontenfindung bereits vorsehen, allerdings mit einem nicht vorhandenen Sachkonto (z. B. NOPOSTING) aussteuern. Die Fehlermeldung bei der Buchung einer Warenbewegung sieht dann in etwa wie folgt aus: SACHKONTO NOPOSTING IST IM KONTENPLAN INT NICHT VORHANDEN.

9.7.2 Simulation der Kontenfindung

Test der Einstellungen zur Kontenfindung

Mit der Simulation der Kontenfindung können Buchungen auf Sachkonten simuliert werden, ohne konkrete Geschäftsvorfälle im SAP-System buchen zu müssen. Sie können also nach Abschluss Ihrer Einstellungen Ihre Kontenfindung »testen«, bevor Sie mit den Buchungen in der Materialwirtschaft beginnen. Ein mögliches Ergebnis dieses Reportes sehen Sie am Ende dieses Abschnitts.

> **Tipp**
>
> Wenn Sie nach einer Grundlage für die Dokumentation Ihrer Einstellungen im System suchen, finden Sie unter SIMULATION bzw. SACHKONTEN eine gute Ausgangsbasis. In Anhang D dieses Buches machen wir Vorschläge, die ihren Dateninhalt zum Teil aus diesen Funktionen beziehen.

Anpassung der Anzeige vor dem Start

Vor dem Drücken des Buttons SIMULATION (siehe Abbildung 9.28) sollten Sie im Menüpunkt EINSTELLUNGEN • SIMULATION Ihre Auswahl zu dem in der Folge verwendeten Report treffen.

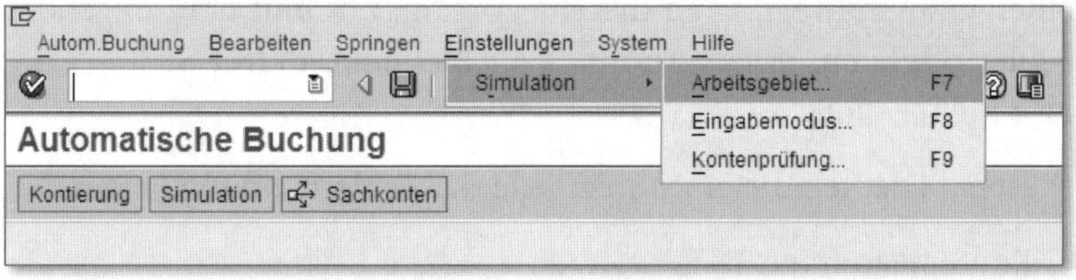

Abbildung 9.28 Einstellungen zur Simulation

Arbeitsgebiet

Sie können die Simulation entweder für Bewegungen zur Bestandsführung oder für Vorgänge der Rechnungsprüfung aufrufen.

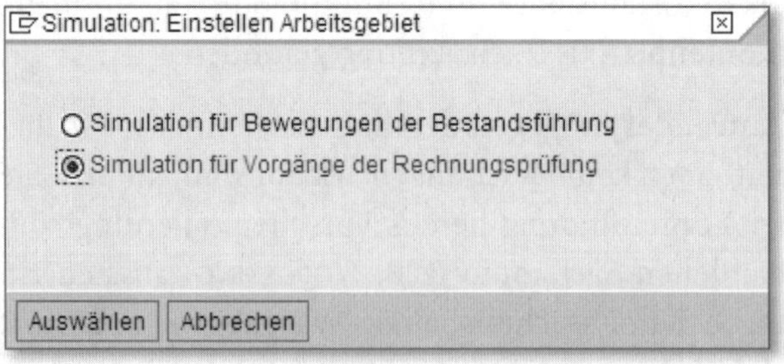

Abbildung 9.29 Einstellung zum Arbeitsgebiet

Bewegungen der Bestandsführung sind z. B.:

- Wareneingang zur Bestellung
- Wareneingang zu Kontierung

Vorgänge der Rechnungsprüfung sind z. B.:

- Rechnungseingang Lagermaterial
- Rechnungseingang Kreditor

Eingabemodus

Mit Eingabemodus ist die Simulation mit einer konkreten Materialnummer oder einer Bewertungsklasse gemeint. Sie können also hier die Simulation mit einem konkreten Material durchführen, dann wird das System im Hintergrund die zugehörige Bewertungsklasse ermitteln oder direkt mit einer Bewertungsklasse als Eingabemodus starten, falls z. B. noch keine Materialien für diese Bewertungsklasse angelegt wurden. Zur Auswahl markieren Sie den entsprechenden Radiobutton, wie in Abbildung 9.30 dargestellt.

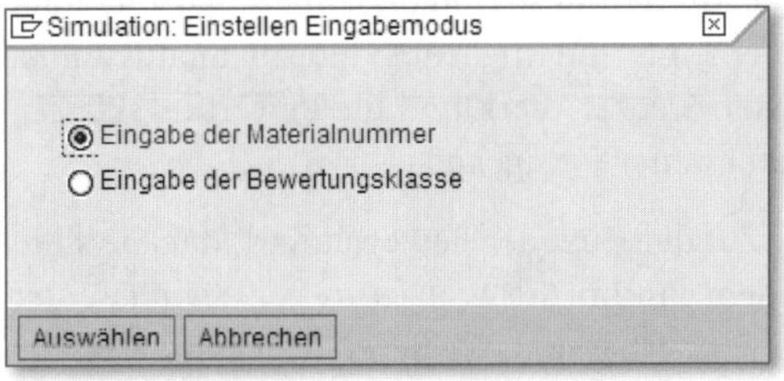

Abbildung 9.30 Einstellungen zum Eingabemodus

Kontenprüfung

Falls alle in der Kontenfindung hinterlegten Sachkonten bereits im System vorhanden sein sollten, können Sie die Simulation inklusive Prüfung referenzierter Sachkonten durchführen (wie in Abbildung 9.31 dargestellt). Falls Sie einige Sachkonten noch nicht im System angelegt haben – die Kontenfindung prüft die Referenz bei der Eingabe ja nicht (siehe dazu auch den Abschnitt 9.7.1, »Kontierung«) –, sollten Sie die Prüfung ohne Referenzierung durchführen.

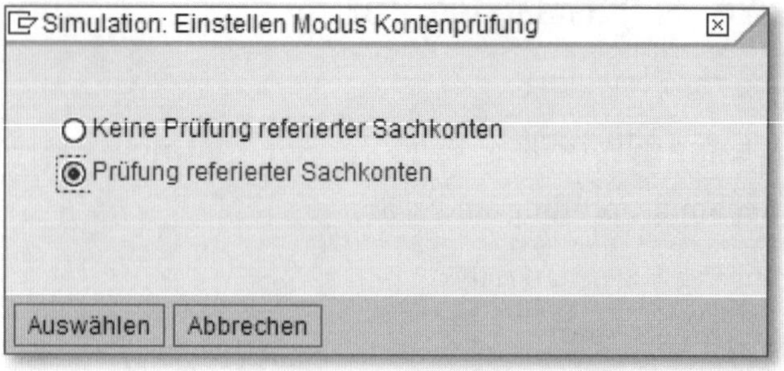

Abbildung 9.31 Einstellung zur Kontenprüfung

Falls Sie beim ersten Aufrufen dieses Programms keine Einstellungen verändern, wird das Programm mit folgenden Grundeinstellungen gestartet:

- Simulation für Bewegungen der Bestandsführung
- Eingabe der Materialnummer
- Prüfung referierter Sachkonten

Eingabe der eigentlichen Simulationsdaten

In dem nun folgenden Bild können Sie Ihre Simulationsdaten (siehe Abbildung 9.32) eingeben. Hiermit sind in diesem Fall das Werk und die Materialnummer gemeint. Ändern Sie den Eingabemodus auf BEWERTUNGSKLASSE, müssen Sie das Werk und die Bewertungsklasse – und nicht die Materialnummer – eingeben.

Stellen Sie den Cursor auf den Text der Bewegungsart, den Sie simulieren möchten. Mit dem Button AUSWÄHLEN treffen Sie die Unterscheidung, zu welcher Sonderbestandsart dieser Bewegungsart (siehe Abschnitt 9.5, »Einstellungen zur Bewegungsart und Kontomodifikation«) Sie die Kontierungen simulieren möchten. Als Ergebnis wird dieser Text in Blau dargestellt (hier: WE WARENEINGANG). Das Ergebnis der Simulation können Sie über den Button KONTIERUNGEN abrufen. Über die Buttons BEWEGUNGSART+ und BEWEGUNGSART– schalten Sie die Bewegungsart um jeweils einen Zähler herauf bzw. herunter.

Das Ergebnis zur Auswahl in Abbildung 9.32 sehen Sie in Abbildung 9.33.

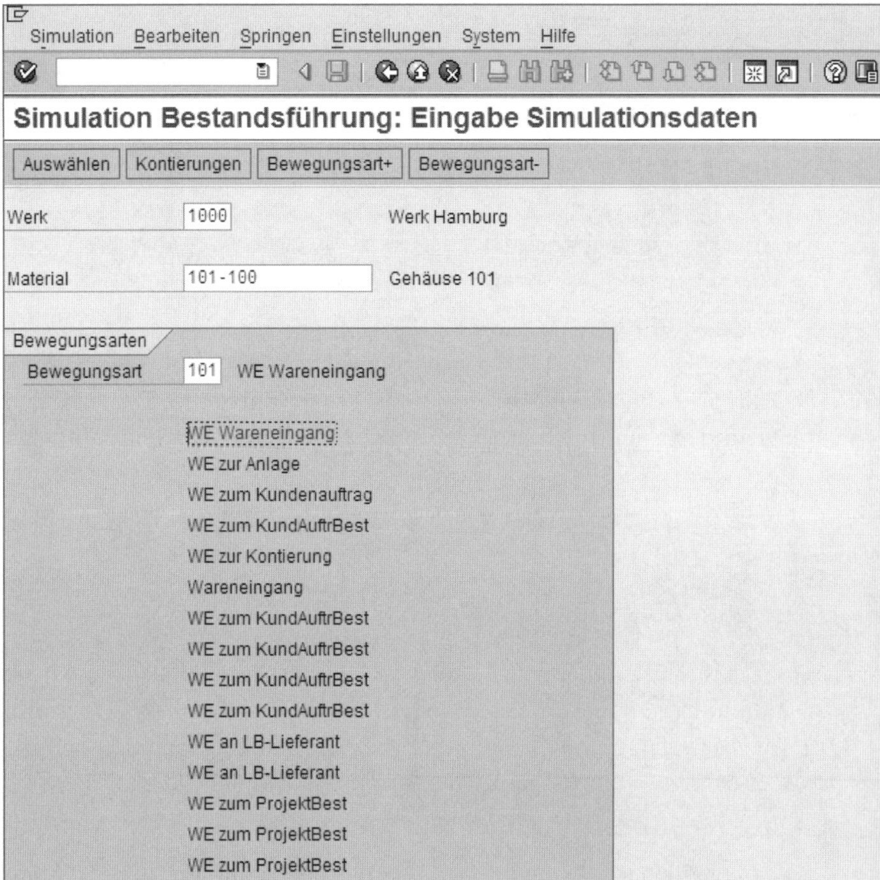

Abbildung 9.32 Eingabe der Simulationsdaten

Navigation innerhalb der Simulation

Die Buttons BEWEGUNG+ und BEWEGUNG– verändern in der angezeigten Bewegungsart die Auswahl der Sonderbestandsart um jeweils einen Schritt. Der Button BILDAUFBAU PRÜFEN verzweigt in einen Report, mit dem die Feldstatus zwischen der Bewegungsart der Materialwirtschaft und den finanzbuchhalterischen Sachkonten abgeglichen werden können.

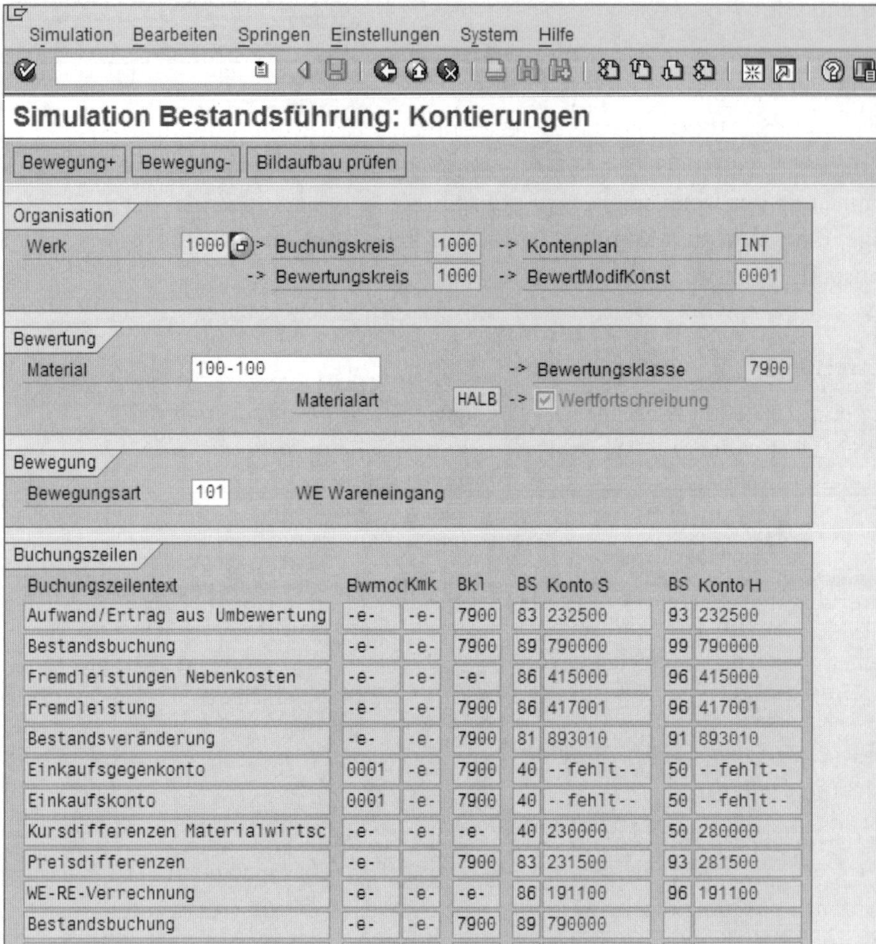

Abbildung 9.33 Simulation der Bestandsführung – Kontierungen

In den weiteren Bildschirmbereichen dieses Beispiels werden folgende Informationen dargestellt und wie folgt gegliedert:

- Organisation
- Bewertung
- Bewegung
- Buchungszeilen

Diese Bereiche erläutern wir im Folgenden genauer:

Organisation

Das eingegebene Werk 1000 gehört zu Buchungskreis 1000, und dieser verwendet den Kontenplan INT. Werk 1000 entspricht dem Bewertungskreis 1000, und dieser verwendet die Bewertungsmodifikationskonstante 0001. Somit ist das System, bezogen auf die Ermittlung der Details der Kontenfindung in Abbildung 9.25, in der Lage, die Daten zum Kontenplan und zur Bewertungsmodifikationskonstanten vorzubelegen

Bewertung

Material 100-100 gehört zur Bewertungsklasse 7900 und zur Materialart HALB, für die eine Wertfortschreibung im Bewertungskreis vorgesehen ist. Hierüber wird die Bewertungsklasse vorbelegt.

Bewegung

Ausgewählt wurde aus der Bewegungsart 101 der Vorgang WE WARENEINGANG (ohne Sonderbestandskennzeichen). Hierüber wird die Kontomodifikation (= blank) vorbelegt.

Buchungszeilen

In den nachfolgend dargestellten Zeilen listet das System alle Vorgänge auf, zu denen mit den oben vorbelegten Daten Einträge in der Kontenfindung ermittelt wurden. Die Bedeutung und die Herkunft der ermittelten Daten veranschaulicht Tabelle 9.3.

Buchungszeilentext	ermittelt aus	Text des Buchungsvorgangs
Bwmod	Organisation	Bewertungsmodifikationskonstante
Kmk	Bewegung	Kontomodifikation
Bkl	Bewertung	Bewertungsklasse
BS	Vorgang	Buchungsschlüssel
Konto S	Vorgang	Konto Soll
Konto H	Vorgang	Konto Haben

Tabelle 9.3 Bedeutung und Herkunft der Buchungszeilen

Betrachten wir jetzt einige Buchungszeilen im Detail zur Erläuterung: Für die erste Buchungszeile AUFWAND/ERTRAG AUS UMBEWERTUNG ist in der Kontenfindung keine Regel für die Verwendung einer Bewertungsmodifikationskonstanten gepflegt, daher der Eintrag: -E-. Es gibt hier lediglich die Regel zur Verwendung der Bewertungsklasse (siehe Abbildung 9.34).

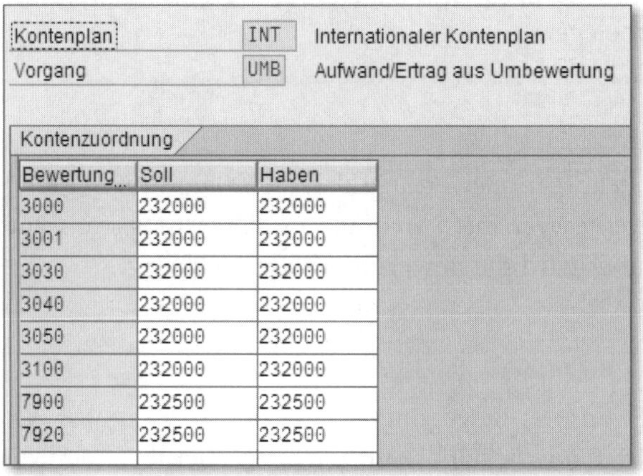

Kontenplan INT Internationaler Kontenplan
Vorgang UMB Aufwand/Ertrag aus Umbewertung

Kontenzuordnung

Bewertung...	Soll	Haben
3000	232000	232000
3001	232000	232000
3030	232000	232000
3040	232000	232000
3050	232000	232000
3100	232000	232000
7900	232500	232500
7920	232500	232500

Abbildung 9.34 Kontenfindung im Detail zur Umbewertung

Für den Vorgang FREMDLEISTUNGEN NEBENKOSTEN wurde zusätzlich auf die Regel zur Verwendung der Bewertungsklasse verzichtet, daher ist auch dieser Eintrag: -E-.

Kontenplan INT Internationaler Kontenplan
Vorgang FRN Fremdleistungen Nebenkosten

Kontenzuordnung

Konto
415000

Abbildung 9.35 Kontenfindung Detail FRN

Beim Vorgang EINKAUFSKONTO wird die Regel Bewertungsmodifikationskonstante verwendet, allerdings ist hier kein Eintrag für die Bewertungsklasse 7900 vorhanden, daher erfolgt die Darstellung im Feld SACHKONTO mit dem Eintrag: --FEHLT--.

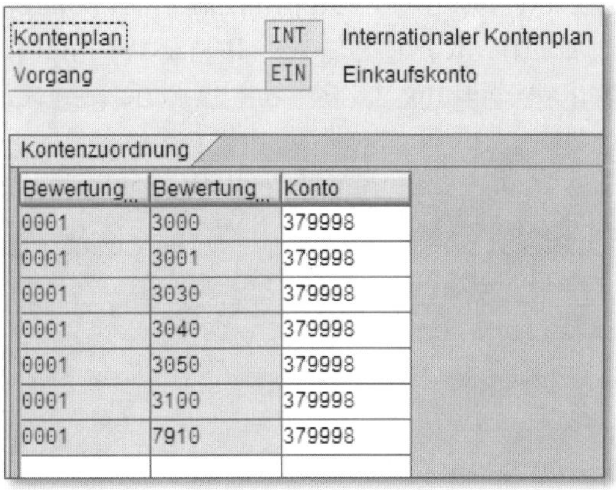

Kontenplan INT Internationaler Kontenplan
Vorgang EIN Einkaufskonto

Kontenzuordnung

Bewertung...	Bewertung...	Konto
0001	3000	379998
0001	3001	379998
0001	3030	379998
0001	3040	379998
0001	3050	379998
0001	3100	379998
0001	7910	379998

Abbildung 9.36 Kontenfindung Detail EIN

Für den Vorgang Bestandsbuchung ist keine Regel zur Unterscheidung im Sachkonto nach Soll und Haben vorhanden, daher erfolgt die Darstellung nur im Feld Konto S.

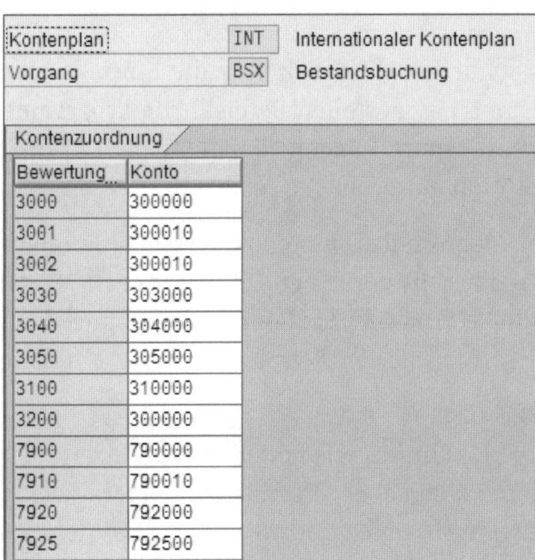

Kontenplan INT Internationaler Kontenplan
Vorgang BSX Bestandsbuchung

Kontenzuordnung

Bewertung...	Konto
3000	300000
3001	300010
3002	300010
3030	303000
3040	304000
3050	305000
3100	310000
3200	300000
7900	790000
7910	790010
7920	792000
7925	792500

Abbildung 9.37 Kontenfindung im Detail zu Vorgang BSX

Fazit

Bei der Simulation prüft das System anhand selektierter Daten die Kontenfindung für alle Vorgänge und stellt das Ergebnis in verschiedenen Bildschirmausgaben dar, zwischen denen der Anwender auswählen kann.

Report zur Dokumentation

Im Menü unter SIMULATION\REPORT (oder Funktionstaste F8) können Sie den Report AUTOMATISCHE KONTIERUNGEN BESTANDSFÜHRUNG (ROOLMB05) starten (siehe Abbildung 9.38).

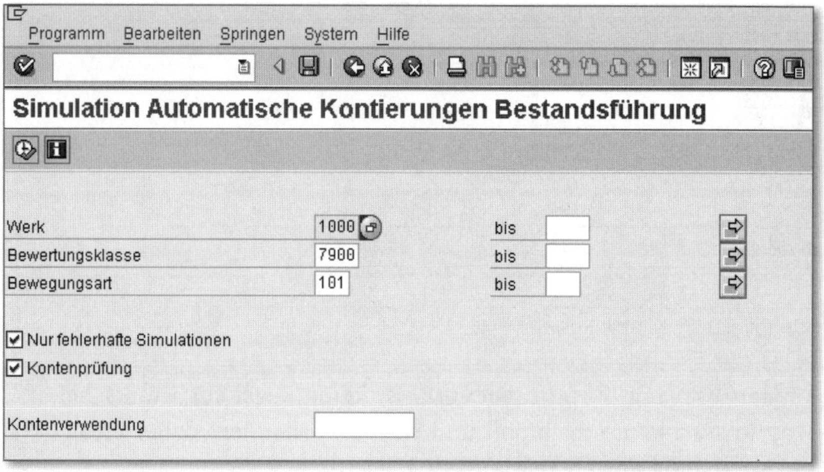

Abbildung 9.38 Report zur Simulation – Selektionsbild

Dieser gibt Ihnen einen schnellen Überblick über die Einstellungen zur Kontenfindung für einen ausgewählten Bereich. Die Programmdokumentation zu diesem Report können Sie mit dem Button I neben dem AUSFÜHREN-Button aufrufen.

Wenn Sie den Report aus der Simulation heraus starten, sind einige Eingaben im Selektionsbild bereits vorbelegt – in diesem Fall: WERK, BEWERTUNGSKLASSE und BEWEGUNGSART. Sie können den Report dann sofort starten. Das Ergebnis zu diesem Beispiel wird in Abbildung 9.39 dargestellt.

Das System stellt das Ergebnis ähnlich wie in der Online-Anzeige der Simulation dar. Zusätzlich werden aber fehlende Parameter – wie in diesem Fall die fehlenden Sachkonten für die Einkaufskonten-Abwicklung – nochmals am Ende zusammengefasst dargestellt, damit Sie einen schnelleren Überblick erhalten.

Das Ergebnis dieses Reportes können Sie ausdrucken oder auch in eine Excel-Datei herunterladen, wie in Abbildung 9.40 dargestellt.

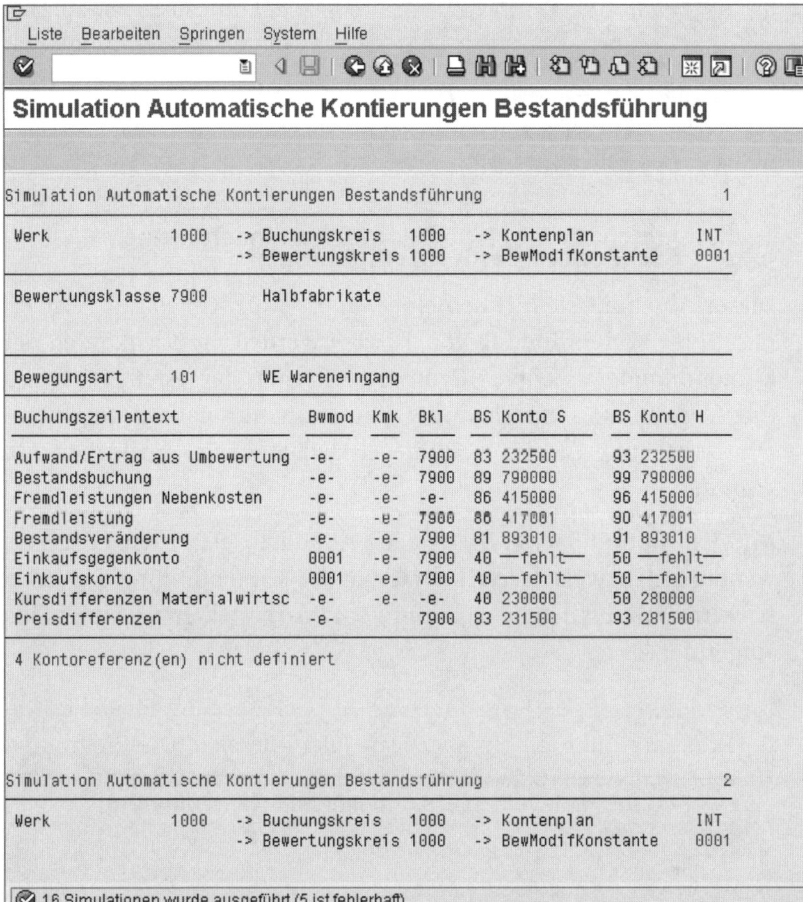

Abbildung 9.39 Report zur Simulation – Ergebnis

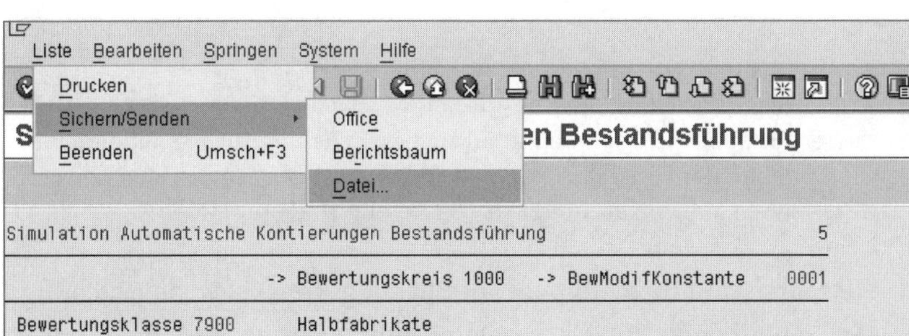

Abbildung 9.40 Report zur Simulation – Downloadfunktion

Tipp

Sollten Sie diesen Download mit der Voreinstellung im Eingabemodus auf Bewertungsklassenebene durchführen (siehe Abbildung 9.30), dann haben Sie bereits eine sehr umfangreiche Möglichkeit zur Dokumentation Ihrer Kontenfindung genutzt.

9.7.3 Sachkonten der Kontenfindung

Dieser Abschnitt stellt Ihnen eine weitere Möglichkeit zur Auswertung Ihrer Kontenfindung vor. Hierbei werden die Sachkonten der Kontenfindung als oberes Ordnungskriterium dargestellt und wird ihre Verwendung innerhalb der Kontenfindung danach gegliedert. Die Darstellung ist also quasi gegensätzlich zu der im letzten Abschnitt.

Kontrolle der Einstellungen in der Kontenfindung: Sachkonten

Mit dem Button SACHKONTEN (siehe Abbildung 9.28) wird der Verwendungsnachweis der Sachkonten in der Kontenfindung der Materialwirtschaft mit dem in Abbildung 9.41 dargestellten Selektionsbild aufgerufen.

Abbildung 9.41 Verwendungsnachweis über Sachkonten

Tipp

Lesen Sie auch die Dokumentation zu diesem Report, die Sie mit dem Button I neben dem Button AUSFÜHREN (Funktionstaste F8) aufrufen können. Hier finden Sie eine ausführliche Erläuterung zu diesem Report.

Sie sollten nun Ihre Auswahl auf Buchungskreis- bzw. auf Buchungskreis- und Bewertungskreisebene einschränken. Mit dem Button AUSFÜHREN erhalten Sie einen Überblick über die Verwendung der Sachkonten in der Kontenfindung der Materialwirtschaft. Die Darstellung ist nach den in Tabelle 9.4 aufgeführten Ordnungskriterien gegliedert.

Gliederungsebene	Darstellung/Beschreibung
1. Kontenplan	dreistelliges Kürzel des Kontenplans, der dem ausgewählten Buchungskreis zugeordnet ist
2. Sachkonto	Kontonummer mit Beschreibung und Kontentyp (Bilanz, GuV)
3. Bewertungsklasse	mit Langtext
4. Vorgangsschlüssel	Vorgang der Kontenfindung
5. Kontomodifikation	nur bei den relevanten Vorgängen (siehe Abschnitt 9.5, »Einstellungen zur Bewegungsart und Kontomodifikation«)

Tabelle 9.4 Gliederungskriterien des Sachkontennachweises

Weiterhin listet der Report die zugehörige Bewertungsmodifikationskonstante auf und gibt für unzulässige/fehlende Einträge ein Statusicon mit Fehlerbeschreibung an. Abbildung 9.42 zeigt ein Beispiel für einen Verwendungsnachweis.

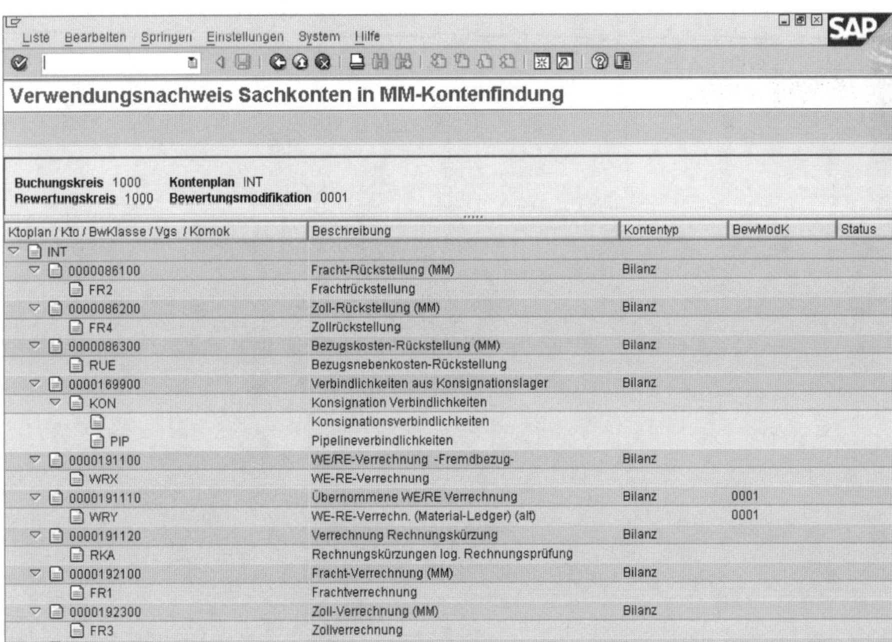

Abbildung 9.42 Verwendungsnachweis der Sachkonten zu einem Buchungskreis

Über den Menüpunkt LISTE können Sie sich den Verwendungsnachweis ausdrucken. Ein direkter Download in MS Excel ist hier nicht möglich.

9.8 Zusammenfassung

Nachdem wir in diesem Kapitel die Einstellungen zur Kontenfindung im Detail angesprochen und die verschiedenen Customizing-Pfade für die Einstellung veranschaulicht haben, bekommen Sie im nächsten Kapitel mithilfe des Kontenfindungsassistenten die Möglichkeit, eine Reihe von Einstellungen abfragebasiert durchzuführen.

Der Kontenfindungsassistent ermöglicht eine strukturierte Bearbeitung von Einstellungen zur Kontenfindung in Ihrem Unternehmen. Er lässt sich auch optional zur manuellen Pflege verwenden und bietet die Möglichkeit einer Dokumentationsvorlage.

10 Kontenfindungsassistent

Dieses Kapitel befasst sich mit den einzelnen Einstellungen im Kontenfindungsassistenten. Nach einer Einleitung erläutern wir Ihnen die Verwendung der Teilschritte des Kontenfindungsassistenten im Detail und geben Ihnen Querverweise auf vertiefende Informationen innerhalb dieses Buches.

10.1 Einleitung

Unterstützte Abfrage

Der Kontenfindungsassistent stellt eine Alternative zur manuellen Einstellung der Kontenfindung in den einzelnen Customizing-Einstiegen dar, die in Kapitel 9, »Kontenfindung«, erläutert wurden.

Im Kontenfindungsassistenten ist eine Reihe der notwendigen Schritte zur Einstellung der Kontenfindung in einer unterstützten Abfrage zusammengefasst. Verwendet man den Assistenten, erhält man die Möglichkeit zur Bearbeitung der folgenden Kontenfindungseinstellungen:

- **Einkaufskontoabwicklung aktivieren**
  Die Einkaufskontoabwicklung ist eine gesetzliche Anforderung in einigen europäischen Ländern.
- **Bewertungssteuerung festlegen**
  Die Bewertung erfolgt auf Buchungskreis- oder Werksebene.
- **Bewertungskreise gruppieren**
  Einsatz und Verwendung der Bewertungsmodifikationskonstanten

- **Bewertungsklassen festlegen**
  Definition der verwendeten Bewertungsklassen und deren Zuordnung zu Materialarten (Kontoklassenreferenz)
- **Automatische Buchungen einstellen**
  Zuordnung von Sachkonten zu den Vorgangsschlüsseln
- **Kontomodifikation für Bewegungsarten festlegen**
  Zuordnung von Vorgangsschlüsseln zu Bewegungsarten

Detailinformationen

Der Assistent ist in einzelne Bilder (im Folgenden Teilschritte genannt) unterteilt und stellt für die jeweils auszuführende Funktion ergänzende Hinweise – so genannte *Detailinformationen* – zur Verfügung. Diese unterteilen sich nochmals in eine Empfehlung zu diesem Teilschritt und eine ERP-Bedeutung. Die ERP-Bedeutung ist an den erfahrenen Anwender gerichtet, die Empfehlung soll eher den ungeübten Anwender unterstützen.

Dokumentation der Kontenfindungseinstellungen

Aufgrund der vorgegebenen Struktur eignet sich der Kontenfindungsassistent auch zur Erstellung einer unternehmensspezifischen Dokumentation der Einstellungen zur Kontenfindung. Im vorletzten Teilschritt des Assistenten haben Sie die Möglichkeit, diese Einstellungen in einem Report auszudrucken.

10.2 Teilschritte des Kontenfindungsassistenten

Der Kontenfindungsassistent ist in einzelne Teilschritte unterteilt, die inhaltlich aufeinander aufbauen. Sie sollten also diese Teilschritte einzeln durchlaufen und die erforderlichen Einstellungen vornehmen, bevor Sie den nächsten Teilschritt beginnen. Falls Sie zwischendurch Ihre Arbeit unterbrechen möchten, vergessen Sie bitte nicht, einmal bis zum Teilschritt 15 zu navigieren, um Ihre Arbeit zu sichern.

10.2.1 Teilschritt 1 – Begrüßung

Nach Ausführen des Customizing-Einstiegs unter MATERIALWIRTSCHAFT • BEWERTUNG UND KONTIERUNG • KONTENFINDUNG • KONTENFINDUNGSASSISTENT erscheint das Begrüßungsbild (siehe Abbildung 10.1). Der Bildschirm unterteilt sich in die folgenden drei Bereiche:

- **Linke Seite**
  Im Navigationsbereich wird das aktuelle Bild markiert dargestellt und per Symbol der Zustand der Bearbeitung angezeigt. Rote Symbole kennzeichnen unbearbeitete Teile, gelbe Symbole kennzeichnen die Teile, die sich in Bearbeitung befinden, und grüne Symbole zeigen fertig bearbeitete Teile.
- **Rechte Seite**
  Hier wird der zu bearbeitende Teilschritt dargestellt und erläutert. Für jeden Teilschritt erhalten Sie hier auch weiterführende Hilfe per Hyperlink.
- **Buttons in der Fußleiste**
  Hier können Sie durch die einzelnen Bereiche vorwärts- und rückwärtsnavigieren. Falls Sie einen bestimmten Teilschritt nicht sofort vollständig bearbeitet haben, können Sie auch später dorthin zurückkehren.

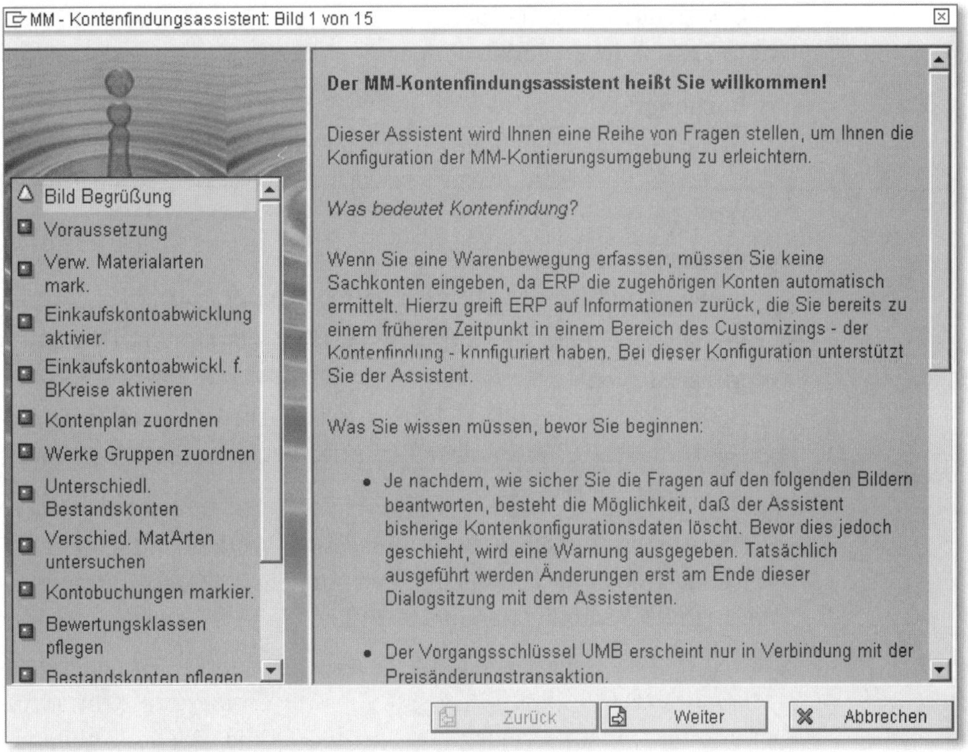

Abbildung 10.1 Begrüßung im ersten Teilschritt des Kontenfindungsassistenten

Speichern der Einstellungen

Die Ergebnisse Ihrer Arbeit innerhalb des Kontenfindungsassistenten können nur am Ende (Teilschritt 15 von 15) gespeichert werden. Sollten Sie vorher Ihre Arbeit unterbrechen wollen, vergessen Sie nicht, einmal bis zu Teilschritt 15 durchzunavigieren und mithilfe des Buttons FERTIGSTELLEN Ihre Einstellungen zu sichern. Sollten Sie im Laufe Ihrer Arbeit den Button ABBRECHEN in der Fußleiste drücken, erscheint die Sicherheitsabfrage DATEN WERDEN VERLOREN GEHEN. Bestätigen Sie hier mit JA, gehen alle Ihre Einstellungen verloren, bestätigen Sie mit NEIN, kehren Sie zum Assistenten zurück.

10.2.2 Teilschritt 2 – Voraussetzungen

Unternehmensstruktur der Materialarten

Der Kontenfindungsassistent setzt auf einer bestehenden Unternehmensstruktur sowie den Grundeinstellungen zu den verwendeten Materialarten in Ihrem SAP ERP-System auf. In Abbildung 10.2 haben Sie die Möglichkeit, diese Voraussetzungen, bestehend aus den folgenden drei Teilbereichen, zu prüfen und gegebenenfalls noch Einstellungen vorzunehmen:

- **Buchungskreise**
  (siehe Customizing-Pfad UNTERNEHMENSSTRUKTUR • DEFINITION • FINANZWESEN • BUCHUNGSKREIS BEARBEITEN, KOPIEREN, LÖSCHEN, PRÜFEN)
- **Werke**
  (siehe Customizing-Pfad UNTERNEHMENSSTRUKTUR • DEFINITION • LOGISTIK ALLGEMEIN • WERK DEFINIEREN, KOPIEREN, LÖSCHEN, PRÜFEN)
- **Materialarten**
  (siehe Customizing-Pfad LOGISTIK ALLGEMEIN • MATERIALSTAMM • GRUNDEINSTELLUNGEN • MATERIALARTEN • EIGENSCHAFTEN DER MATERIALARTEN FESTLEGEN)

Weitere Erläuterungen zu Buchungskreisen, Werken und Materialarten finden Sie in diesem Buch in den Kapiteln 2, »Organisationsebenen«, und 3, »Stammdaten in SAP ERP«.

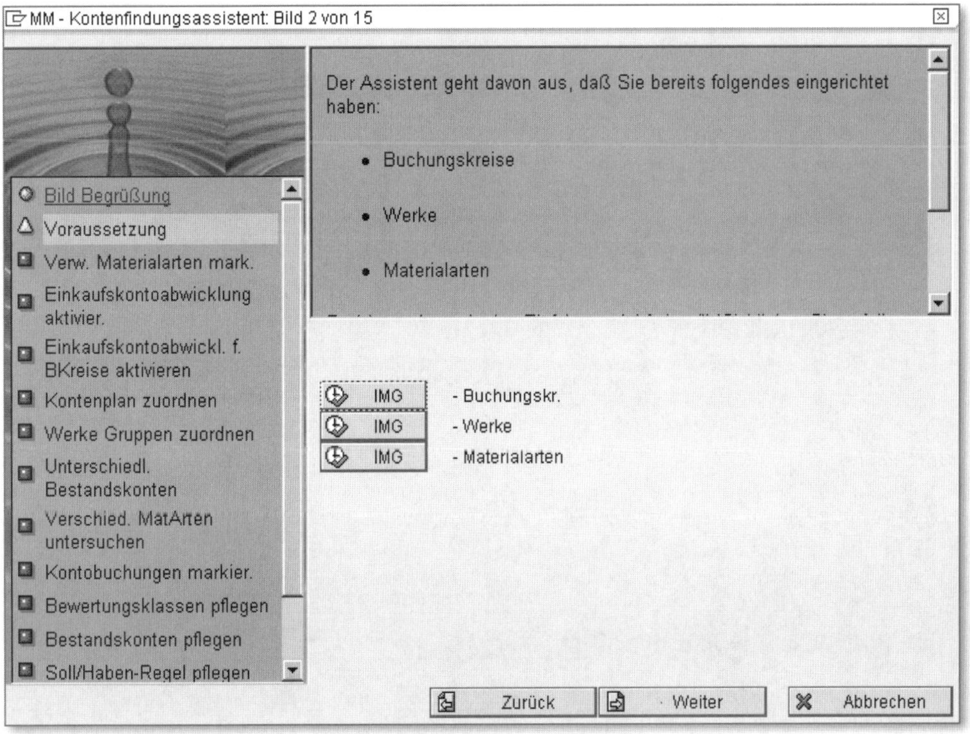

Abbildung 10.2 Voraussetzungen für die Nutzung des Assistenten

10.2.3 Teilschritt 3 – Verwendete Materialarten markieren

Im Gegensatz zu dem in Abbildung 10.2 dargestellten Teilschritt, in dem Sie die Eigenschaften einer Materialart ausprägen können, haben Sie im Teilschritt 3 die Möglichkeit, die verwendeten Materialarten für Ihre Kontenfindung zu bestimmen. Aus den vorangegangenen Kapiteln dieses Buches wissen Sie bereits, dass einer Materialart eine Kontoklassenreferenz zugeordnet wird, um im Ergebnis dem Anwender eine Auswahl an Bewertungsklassen bei der Materialstammpflege bereitzustellen (siehe Abschnitt 9.6, »Einstellungen zur Bewertungsklasse und Kontoklassenreferenz«).

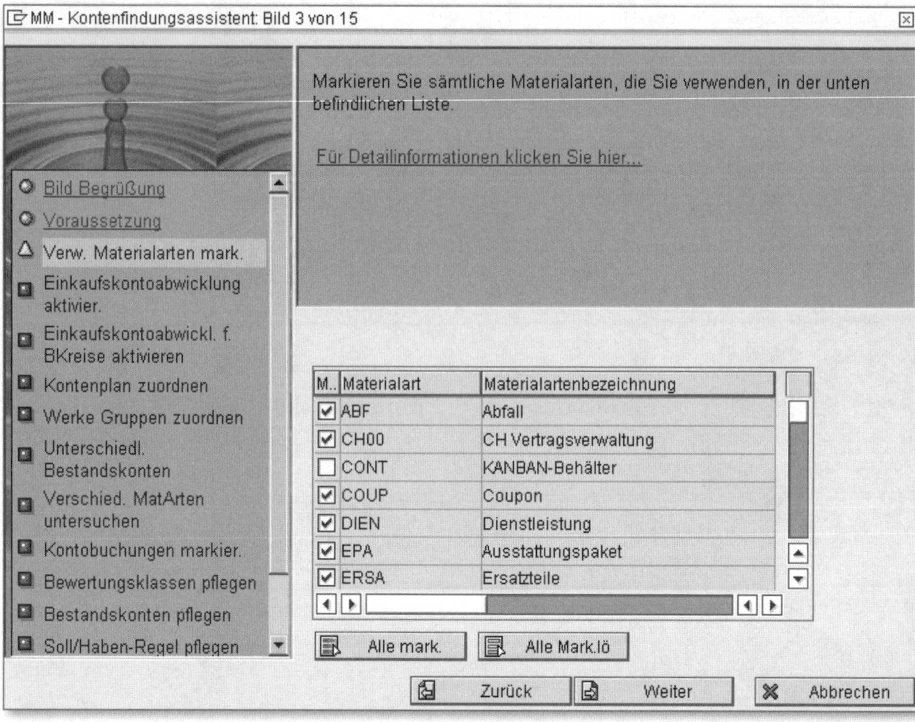

Abbildung 10.3 Verwendete Materialarten

Festlegung der Materialart

In Teilschritt 3 können Sie nun die verwendeten Materialarten für Ihre Kontenfindung bestimmen, indem Sie diese markieren (siehe Abbildung 10.3). In den folgenden Teilschritten werden Ihnen diese Materialarten für die weitere Pflege bereitgestellt bzw. vorgeschlagen. Sie können hier zunächst alle Materialarten markieren. Dies führt im weiteren Verlauf Ihrer Pflege allerdings zu einem hohen Pflegeaufwand. Im Gegensatz dazu können Sie hier auch zunächst nur eine Materialart, z. B. FERT für Fertigware, markieren und diese komplett fertig stellen. Sie können damit Ihre eigenen Erfahrungen mit dem Kontenfindungsassistenten machen und diese bei der Pflege der weiteren Materialarten berücksichtigen.

10.2.4 Teilschritt 4 – Einkaufskontoabwicklung aktivieren

Die Verwendung des so genannten *Einkaufskontos* stellt eine gesetzliche Anforderung in einigen europäischen Ländern dar. Mithilfe des Einkaufskontos werden die Bestandsveränderungen bei einem *Wareneingang zur Bestellung* zusätzlich auf einem Einkaufskonto und einem Einkaufsgegenkonto verbucht. Die Sachkonten zu diesen Buchungen werden in der Kontenfindung separat unter den Vorgangsschlüsseln EIN für Einkaufskonto parallel zu BSX – Bestandsbuchung – sowie EKG – Einkaufsgegenkonto – parallel zu WRX – WE-RE-Verrechnung – geführt.

Optionale Einstellungen

Die Einstellungen zur Einkaufskontenabwicklung werden in zwei Teilschritten vorgenommen: Im ersten Schritt wird die Abwicklung grundsätzlich aktiviert, und in einem zweiten Schritt die Abwicklung für bestimmte Buchungskreise zugelassen. In Teilschritt 4 des Kontenfindungsassistenten erfolgt die grundsätzliche Aktivierung der Einkaufskontenabwicklung (siehe Abbildung 10.4).

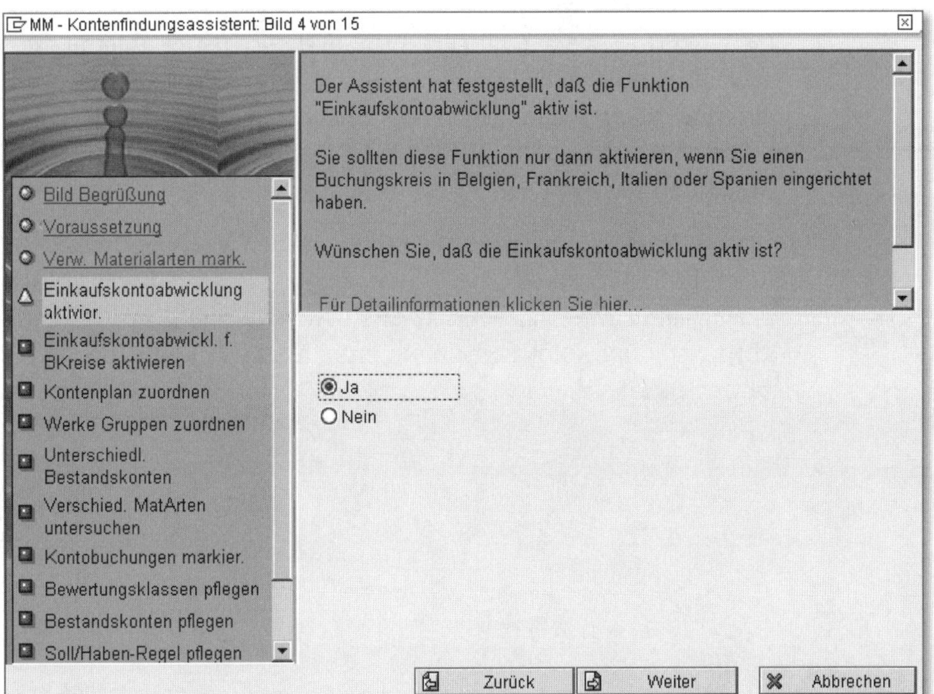

Abbildung 10.4 Einkaufskontoabwicklung aktivieren

Zeitpunkt der Aktivierung

Spätere Aktivierung der Einkaufskontenabwicklung: Sie können auch zu einem späteren Zeitpunkt entscheiden, ob Sie die Einkaufskontenabwicklung aktivieren möchten, dann können Sie hier den Radiobutton NEIN aktivieren. Oder Sie können die Abwicklung grundsätzlich zulassen (dann JA aktivieren) und in Teilschritt 5 bei der Auswahl der Buchungskreise erst einmal alle Buchungskreise deaktivieren. Zu einem späteren Zeitpunkt können Sie gezielt die Buchungskreise aussteuern, für die die Einkaufskontenabwicklung benötigt wird.

Diese Einstellung entspricht in der manuellen Vorgehensweise der Auswahl EINKAUFSKONTOABWICKLUNG IM BUCHUNGSKREIS AKTIVIEREN im Customizing unter MATERIALWIRTSCHAFT • BEWERTUNG UND KONTIERUNG • KONTENFINDUNG • KONTENFINDUNG OHNE ASSISTENT • EINKAUFSKONTOABWICKLUNG.

10.2.5 Teilschritt 5 – Einkaufskontenabwicklung für Buchungskreise aktivieren

In Teilschritt 5 werden nun die Buchungskreise per Markierung ausgewählt, für die eine Einkaufskontenabwicklung benötigt wird. Falls die Abwicklung grundsätzlich zugelassen ist und einzelne Buchungskreise aktiviert wurden, werden die dafür benötigen Sachkonten in Abbildung 10.5 gepflegt.

Diese Einstellung entspricht in der manuellen Vorgehensweise der Auswahl EINSTELLUNGEN ZUR EINKAUFSKONTENABWICKLUNG im Customizing unter MATERIALWIRTSCHAFT • BEWERTUNG UND KONTIERUNG • KONTENFINDUNG • KONTENFINDUNG OHNE ASSISTENT • EINKAUFSKONTOABWICKLUNG.

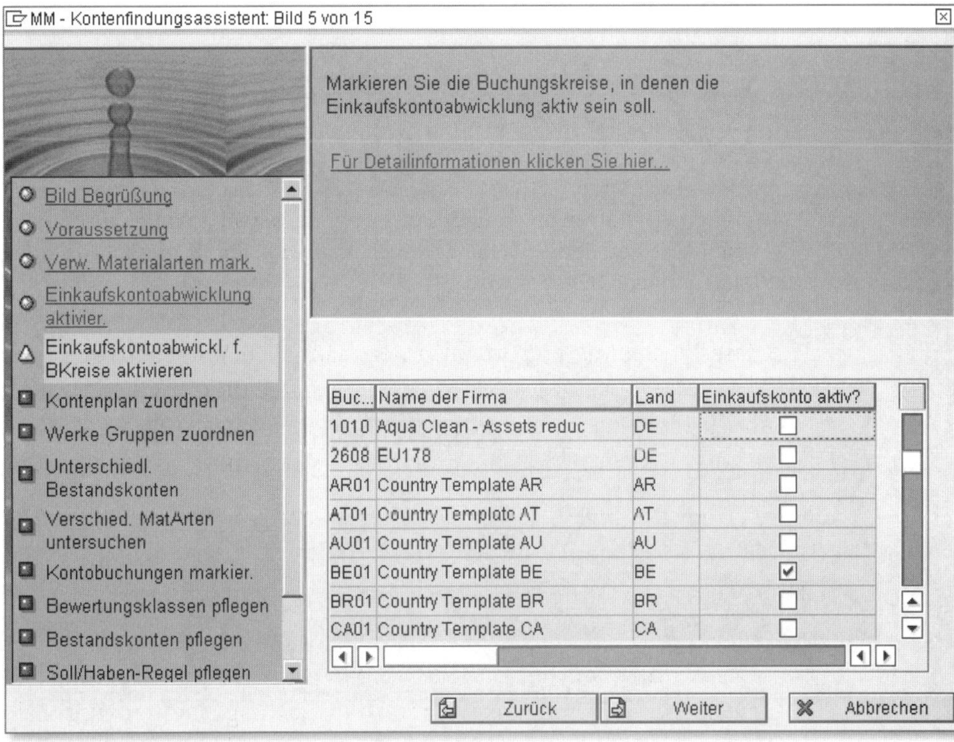

Abbildung 10.5 Einkaufskontoabwicklung für Buchungskreise

10.2.6 Teilschritt 6 – Kontenplan zuordnen

Alle für die Kontenfindung verwendeten Sachkonten müssen zu einem Kontenplan zugeordnet sein. Tragen Sie hier den zu verwendenden Kontenplan für Ihre Kontenfindung ein.

Diese Einstellung entspricht in der manuellen Vorgehensweise, die in Abschnitt 9.4, »Einstellungen zum Kontenplan«, beschrieben ist, der Auswahl des Kontenplans im Pop-up nach Verzweigen in den Bereich KONTIERUNG im Customizing unter MATERIALWIRTSCHAFT • BEWERTUNG UND KONTIERUNG • KONTENFINDUNG • KONTENFINDUNG OHNE ASSISTENT • AUTOMATISCHE BUCHUNGEN EINSTELLEN/KONTIERUNG.

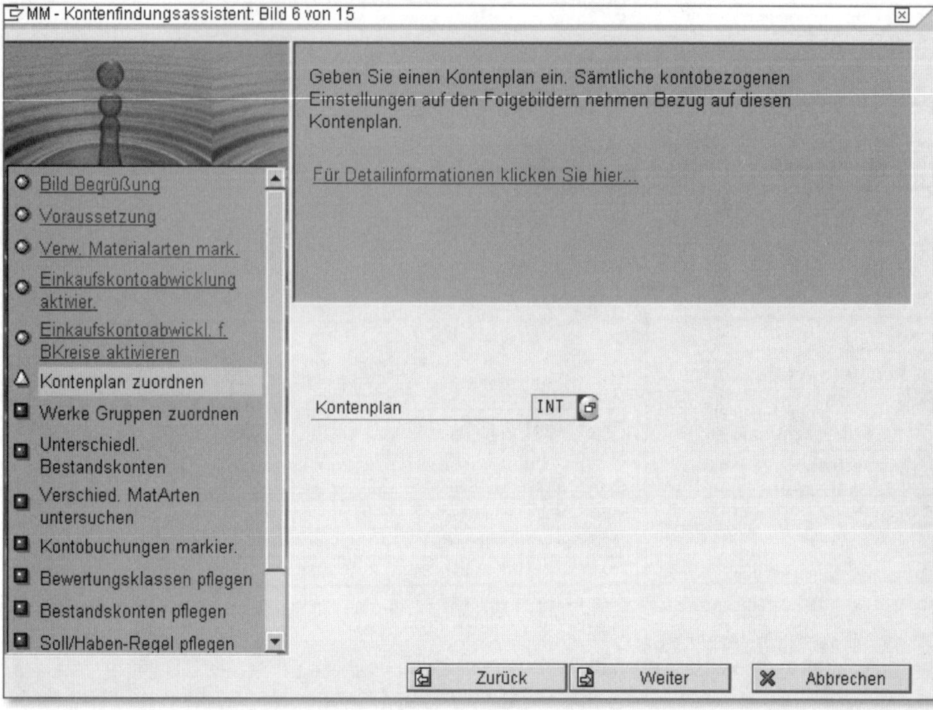

Abbildung 10.6 Kontenplan zuordnen

10.2.7 Teilschritt 7 – Werke Gruppen zuordnen

Bewertungsmodifikationskonstante

Wenn Sie für bestimmte Werke Ihre Geschäftsvorfälle auf unterschiedliche Sachkonten buchen lassen wollen, können Sie innerhalb der Konten die so genannte Bewertungsmodifikationskonstante verwenden (siehe Abschnitt 9.3, »Die Bewertungsmodifikationskonstante«). In diesem Teilschritt gruppieren Sie die Werke, die auf identische Sachkonten buchen sollen, mithilfe eines vierstelligen *Gruppencodes*. Der Gruppencode bezeichnet die Bewertungsmodifikationskonstante. Falls Sie derzeit keines Ihrer Werke unterschiedlich bebuchen wollen, können Sie entweder für alle Werke einen identischen Gruppencode zuordnen oder alle Eingabefelder leer lassen (siehe Abbildung 10.7).

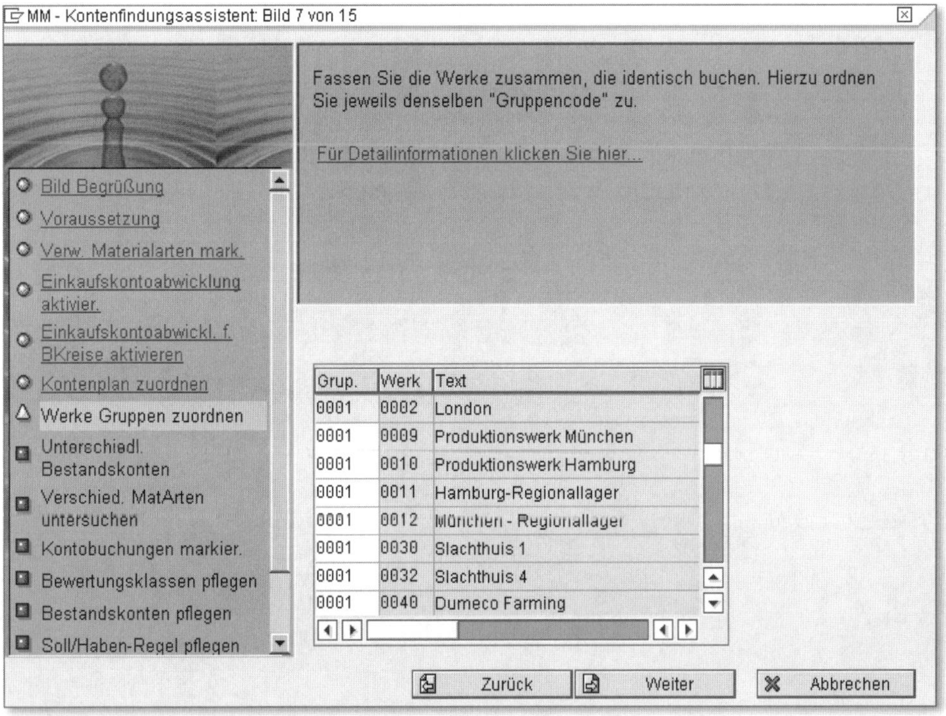

Abbildung 10.7 Werke Gruppen zuordnen

Diese Einstellung entspricht in der manuellen Vorgehensweise der Zuordnung der Bewertungsmodifikationskonstanten im Customizing unter Materialwirtschaft • Bewertung und Kontierung • Kontenfindung • Kontenfindung ohne Assistent • Bewertungskreise gruppieren.

10.2.8 Teilschritt 8 – Unterschiedliche Bestandskonten

Kontenfindungsregeln

Die Ermittlung eines Sachkontos zu einem Buchungsvorgang kann in der automatischen Kontenfindung nach unterschiedlichen *Regeln* erfolgen. Diese Regeln können Sie pro Vorgangsschlüssel individuell auswählen. Eine mögliche Regel ist z. B. die Verwendung der Bewertungsmodifikationskonstanten. Im letzten Schritt (Teilschritt 7) wurden bereits Werke zu *Gruppen* zugeordnet. In diesem Schritt kann die Kontenfindung jetzt um die Verwendung dieser Regel erweitert werden (siehe Abbildung 10.8).

Zuordnung der Bewertungsklasse

Nachdem in dem Beispiel für das Buch unterschiedliche Bewertungsmodifikationskonstanten zugeordnet wurden, haben Sie in Teilschritt 8 die Möglichkeit, die Kontenfindungsregel für den Vorgangsschlüssel BSX (BESTANDSKONTEN) generell um diese Bewertungsmodifikationskonstante zu erweitern, um die differenzierte Aussteuerung der Kontenfindung zu gewährleisten.

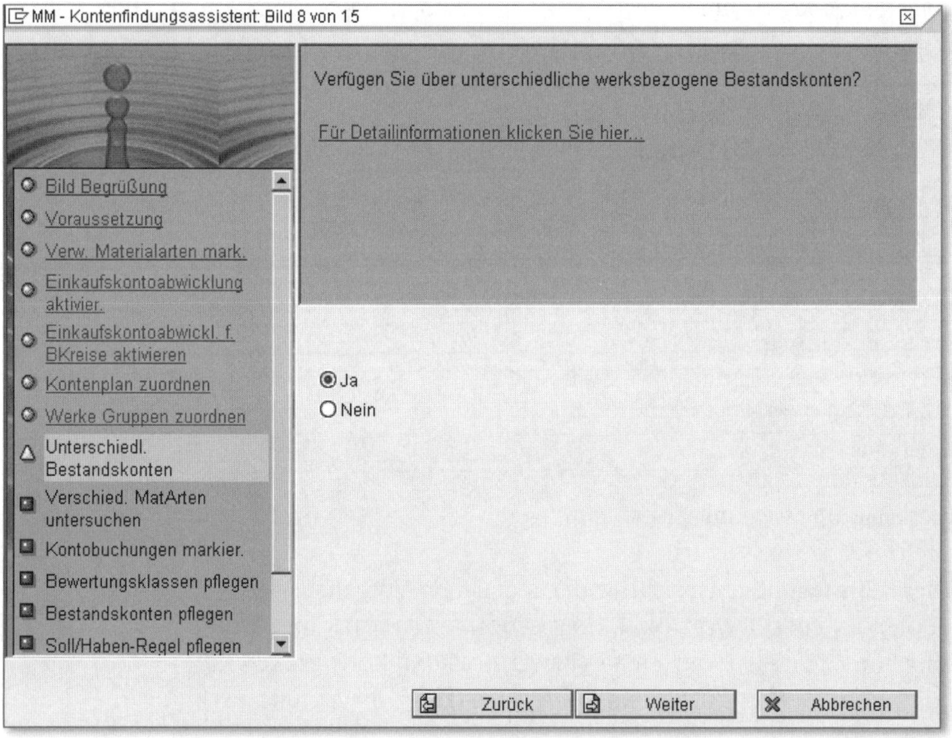

Abbildung 10.8 Unterschiedliche Bestandskonten

Diese Einstellung entspricht in der manuellen Vorgehensweise der Auswahl BEWERTUNGSMODIFIKATION in den Regeln zum Vorgangsschlüssel BSX im Customizing-Pfad MATERIALWIRTSCHAFT • BEWERTUNG UND KONTIERUNG • KONTENFINDUNG • KONTENFINDUNG OHNE ASSISTENT • AUTOMATISCHE BUCHUNGEN EINSTELLEN\KONTIERUNG.

Weitere Details zu dieser Einstellung erhalten Sie in Abschnitt 9.7, »Vorgang der Kontenfindung«.

10.2.9 Teilschritt 9 – Verschiedene Materialarten untersuchen

Bewertungsklassen-Regel

In diesem Arbeitsschritt wird die Verwendung einer weiteren Regel – die Unterscheidung innerhalb der Kontenfindung nach der Bewertungsklasse – festgelegt. Der Kontenfindungsassistent stellt für die folgenden internen Vorgangsschlüssel die Verwendung der *Bewertungsklassen-Regel* immer ein:

- AKO – Aufwand/Ertrag aus Konsi-Material-Verbrauch
- AUM – Aufwand/Ertrag aus Umlagerung
- BSV – Bestandsveränderung
- BSX – Bestandsbuchung
- EIN – Einkaufskonto
- EKG – Einkaufsgegenkonto
- FRL – Fremdleistung
- GBB – Gegenbuchung zur Bestandsbuchung
- PRD – Preisdifferenzen

Falls Sie einen der hier genannten Vorgangsschlüssel nicht individuell nach der Bewertungsklasse ausprägen wollen, müssen Sie dies manuell rückgängig machen.

Diese Einstellung entspricht in der manuellen Vorgehensweise der Auswahl BEWERTUNGSKLASSE in den Regeln zu den unterschiedlichen Vorgangsschlüsseln im Customizing-Pfad MATERIALWIRTSCHAFT • BEWERTUNG UND KONTIERUNG • KONTENFINDUNG • KONTENFINDUNG OHNE ASSISTENT • AUTOMATISCHE BUCHUNGEN EINSTELLEN\KONTIERUNG.

Erweiterung der Vorgangsschlüssel

Die Einstellung JA in Teilschritt 9 bewirkt (siehe Abbildung 10.9), dass die Bewertungsklasse in zusätzlichen internen Vorgangsschlüsseln als Unterscheidungskriterium zur Kontenfindung aufgenommen werden kann. Die genaue Ausprägung, welche zusätzlichen Vorgangsschlüssel Sie mit der Bewertungsklasse erweitern wollen, legen Sie dann im nächsten Teilschritt (Teilschritt 10) fest.

Weitere Details zu dieser Einstellung erhalten Sie in Abschnitt 9.7, »Vorgang der Kontenfindung«.

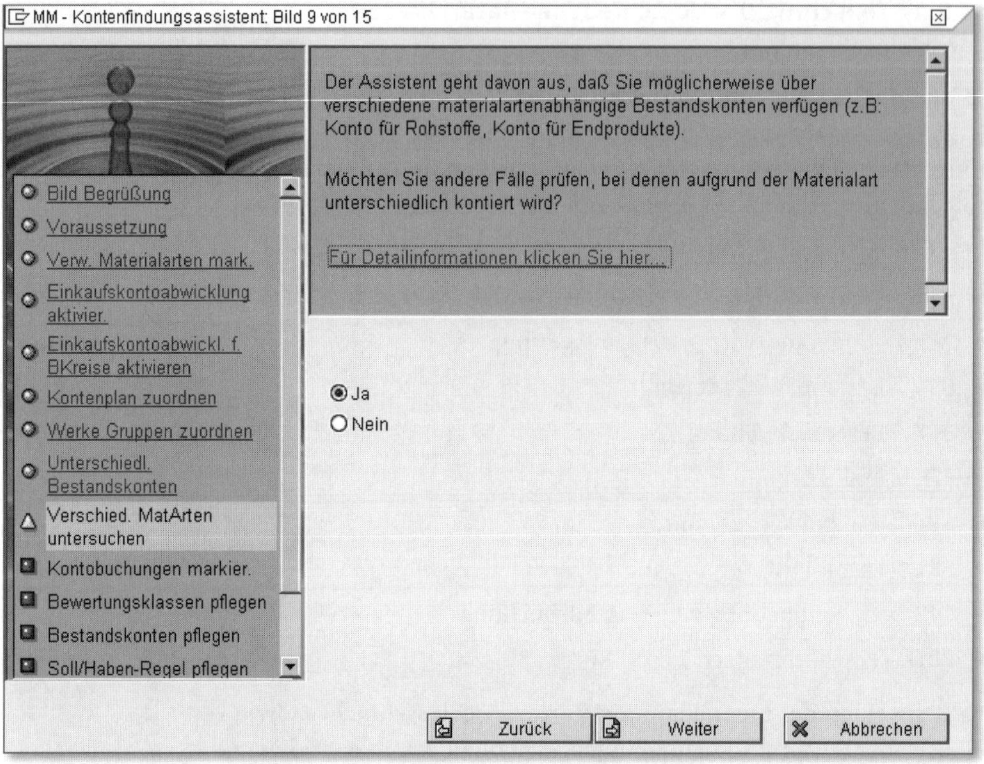

Abbildung 10.9 Verschiedene Materialarten untersuchen

10.2.10 Teilschritt 10 – Kontobuchungen markieren

In Teilschritt 10 haben Sie jetzt die Möglichkeit, zusätzliche interne Vorgangsschlüssel mit der Bewertungsklassen-Regel einzustellen. Markieren Sie dazu die entsprechenden Vorgangsschlüssel in der angezeigten Tabelle (siehe Abbildung 10.10).

Jeder markierte Vorgang erhält im Ergebnis die zusätzliche Spalte zur Pflege der Bewertungsklasse innerhalb der Kontenfindung.

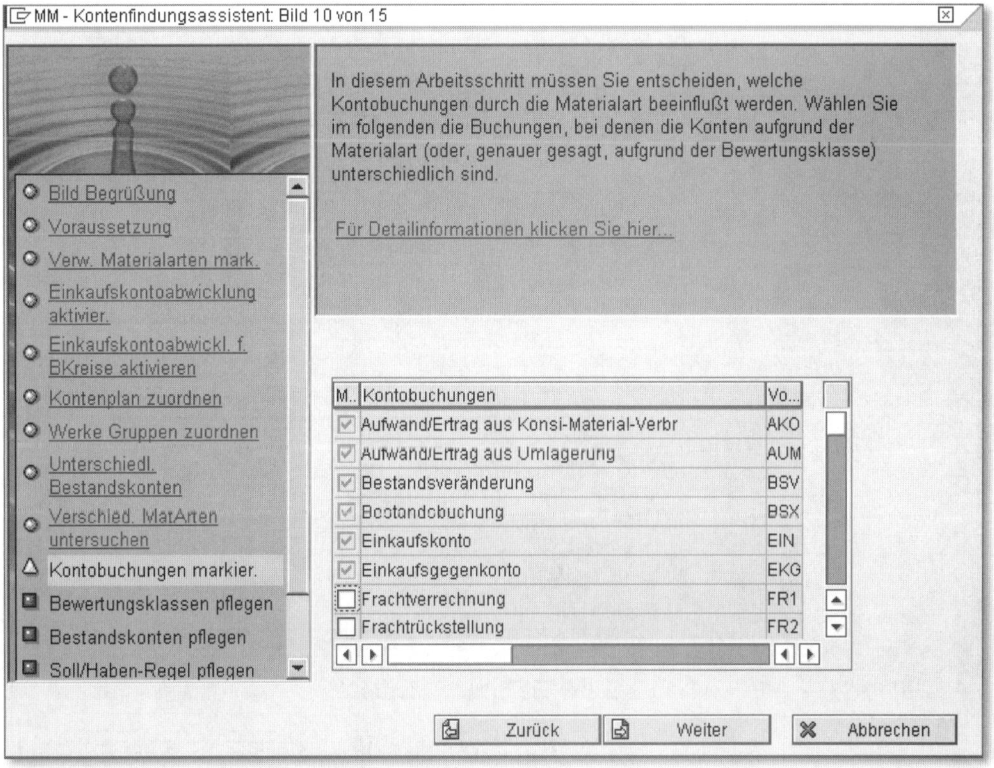

Abbildung 10.10 Kontobuchungen markieren

10.2.11 Teilschritt 11 – Bewertungsklassen pflegen

Zuordnung von Materialart zur Bewertungsklasse

Zu den verwendeten Materialarten aus Teilschritt 3 können Sie jetzt Bewertungsklassen anlegen. Der Kontenfindungsassistent übernimmt automatisch die technische Verknüpfung mithilfe der Kontenklassenreferenz. Wenn Sie für eine Materialart unterschiedliche Bewertungsklassen anlegen möchten (z.B. für unterschiedliche Rohstoffe) klicken Sie mit der Maus in die entsprechende Zeile und wählen BEWERTUNGSKLASSEN ÄNDERN (siehe Abbildung 10.11).

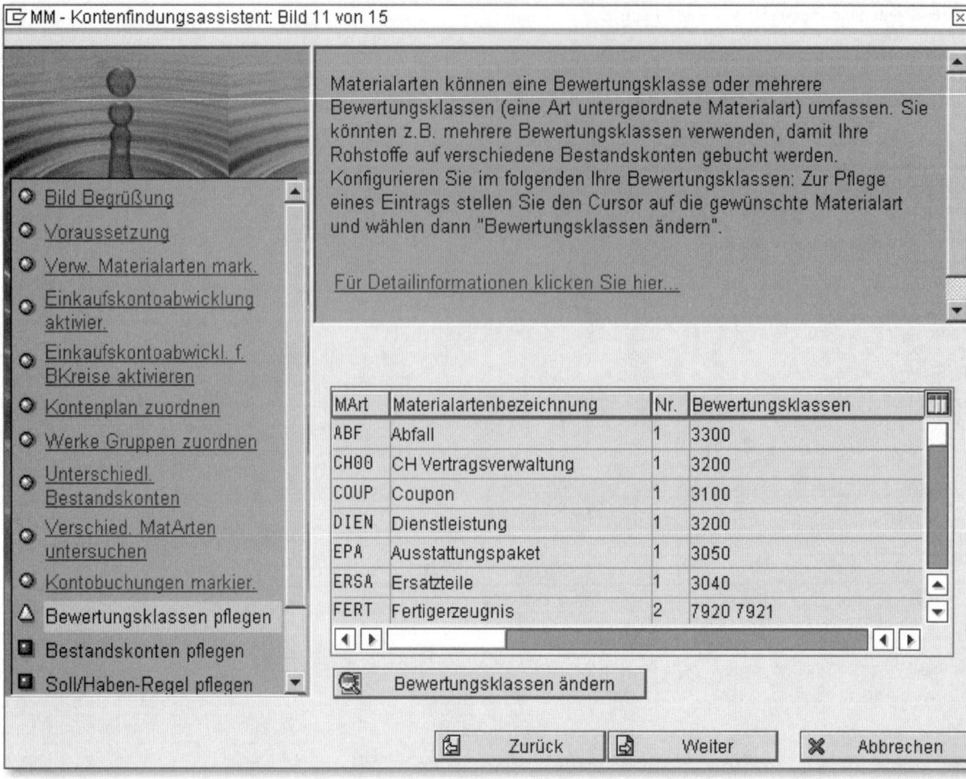

Abbildung 10.11 Pflege der Bewertungsklassen

In der angezeigten Tabelle werden die folgenden Details angezeigt:

- MART – Materialart
- MATERIALARTENBEZEICHNUNG
- NR. – Nummer der automatisch erzeugten Kontoklassenreferenz
- BEWERTUNGSKLASSEN – Schlüssel der eingegebenen Bewertungsklassen nacheinander

Pflege zusätzlicher Bewertungsklassen

In Abbildung 10.11 wurden für die Materialart FERT zwei unterschiedliche Bewertungsklassen 7920 und 7921 angelegt. Nach Verzweigen in die Einstellung zu BEWERTUNGSKLASSEN ÄNDERN bekommen Sie folgenden Pflegebildschirm angezeigt (siehe Abbildung 10.12).

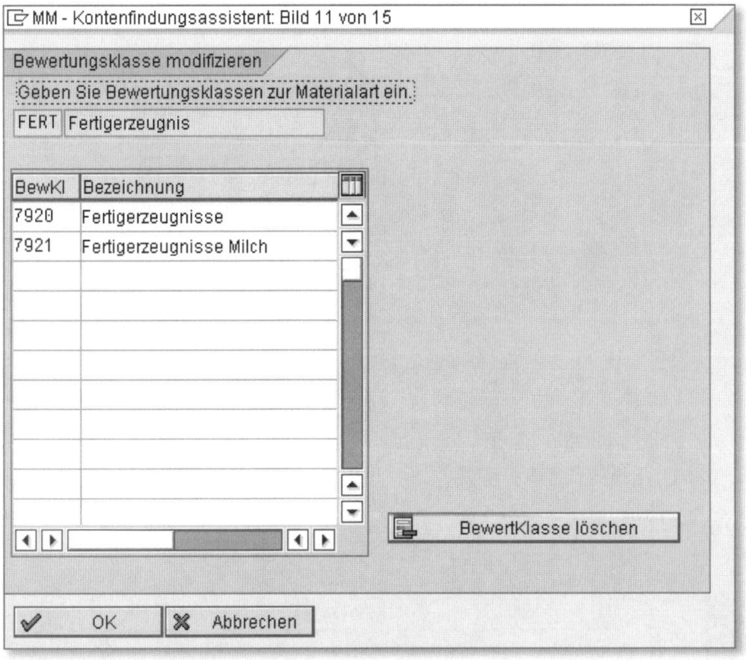

Abbildung 10.12 Bewertungsklasse modifizieren

Hier können Sie weitere Bewertungsklassen aufnehmen oder mithilfe des Buttons löschen. Diese Einstellung entspricht in der manuellen Vorgehensweise der Auswahl BEWERTUNGSKLASSE ÄNDERN in der Pflege der Bewertungsklassen im Customizing-Pfad MATERIALWIRTSCHAFT • BEWERTUNG UND KONTIERUNG • KONTENFINDUNG • KONTENFINDUNG OHNE ASSISTENT • BEWERTUNGSKLASSEN FESTLEGEN.

10.2.12 Teilschritt 12 – Bestandskonten pflegen

In diesem Teilschritt pflegen Sie die Sachkonten zum internen Vorgang BSX – BESTANDSKONTEN. Alle weiteren Buchungsvorgänge werden in späteren Teilschritten bearbeitet. Die Pflegetabelle ist wie in Abbildung 10.13 unterteilt.

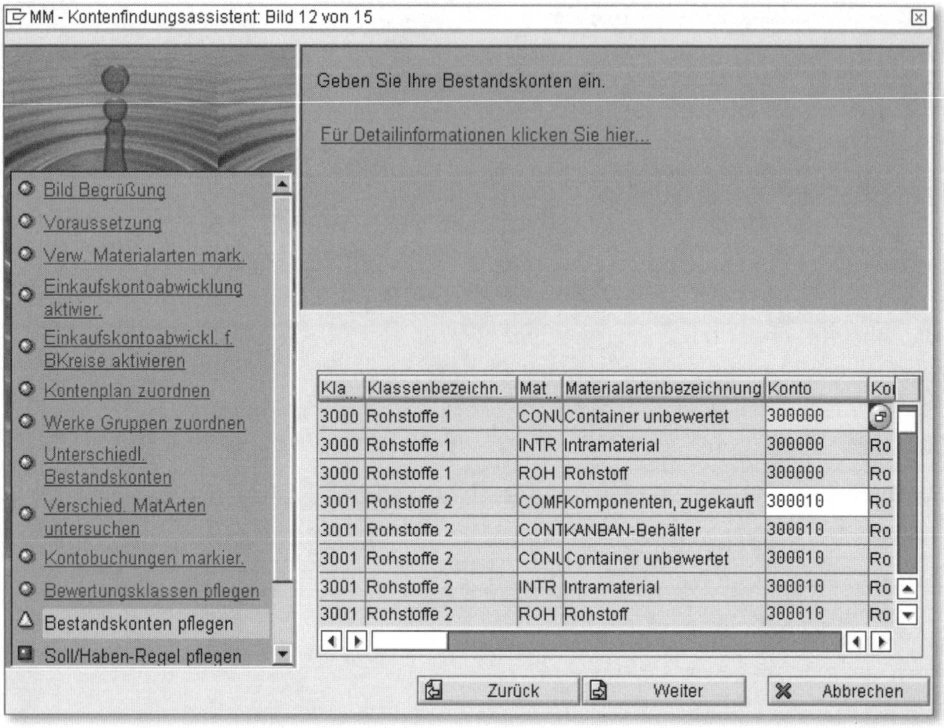

Abbildung 10.13 Bestandskonten pflegen

Pflege der Bestandskonten

Innerhalb der Tabelle werden die folgenden Spalten angezeigt:

- Bewertungsklasse
- Bewertungsklassenbezeichnung
- Materialart
- Materialartenbezeichnung
- Konto
- Kontobezeichnung

Die Unterscheidung der Sachkonten nach Soll/Haben und die Anzeige der Kontomodifikation werden vom Kontenfindungsassistenten bei Bestandskonten nicht unterstützt. Weiterhin werden nur die bewerteten Materialarten angezeigt. Die Materialart UNBW kommt hier also nicht vor.

Diese Einstellung entspricht in der manuellen Vorgehensweise der Auswahl und Ausprägung des internen Vorgangsschlüssels BSX im Customizing-Pfad MATERIALWIRTSCHAFT • BEWERTUNG UND KONTIE-

RUNG • KONTENFINDUNG • KONTENFINDUNG OHNE ASSISTENT • AUTOMATISCHE BUCHUNGEN EINSTELLEN\KONTIERUNG.

10.2.13 Teilschritt 13 – Soll/Haben-Regel pflegen

Soll/Haben-Regel für separate Sachkonten

Ein weiteres Unterscheidungskriterium innerhalb der Kontenfindung ist die Unterscheidung der Sachkonten nach Soll- und Haben-Buchung. Bei einigen Buchungsvorgängen (z. B. Aufwands- und Ertragsbuchungen) kann es sinnvoll sein, für Soll und Haben unterschiedliche Sachkonten zu verwenden. Hierfür wird die *Soll/Haben-Regel* verwendet. Im Ergebnis stehen für die Pflege der Kontenfindung dann zwei unterschiedliche Felder zur Eingabe der Sachkonten (Soll und Haben) bereit.

In Teilschritt 13 kann per Markierung ausgewählt werden, für welche internen Vorgänge nach Soll- und Haben-Buchung unterschieden werden soll (siehe Abbildung 10.14).

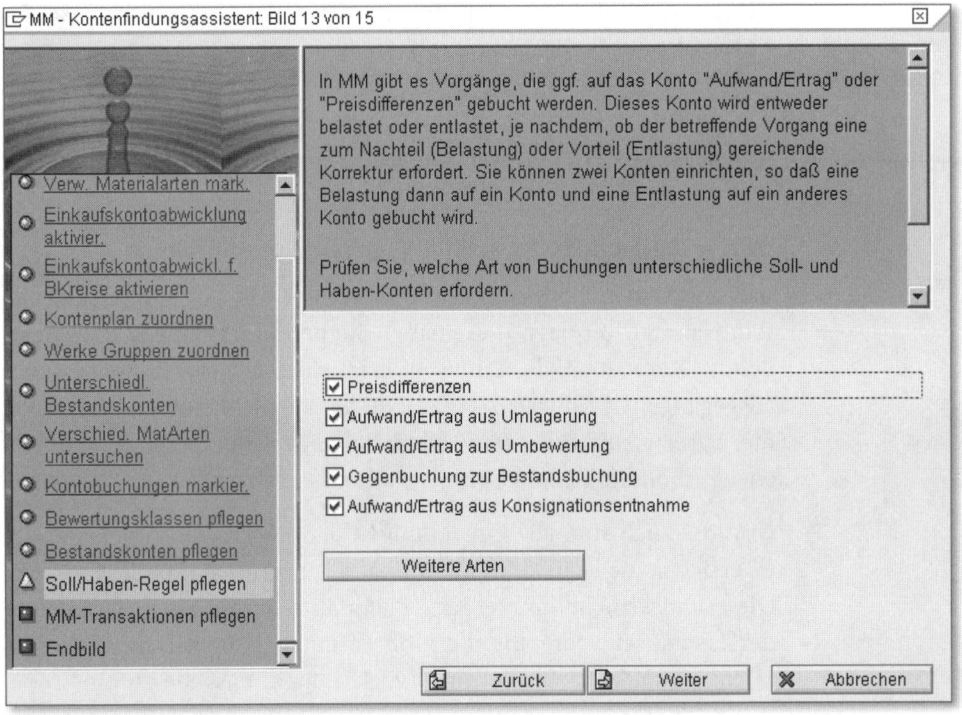

Abbildung 10.14 Soll/Haben-Regel pflegen

In diesem Beispiel werden für die folgenden internen Vorgänge jeweils zwei unterschiedliche Eingabefelder für Soll- und Haben-Buchung bereitgestellt:

- PRD – Preisdifferenzen
- AUM – Aufwand/Ertrag aus Umlagerung
- UMB – Aufwand/Ertrag aus Umbewertung
- GBB – Gegenbuchung zur Bestandsbuchung
- AKO – Aufwand/Ertrag aus Konsi-Material-Verbrauch

Falls Sie die Unterscheidung nach Soll und Haben für weitere Vorgänge verwenden wollen, können Sie diese über den Button WEITERE ARTEN auswählen.

Hier hat die Pflege über den Kontenfindungsassistenten den Vorteil, dass man nicht für jeden einzelnen internen Vorgang die Regel einstellen muss.

Diese Einstellung entspricht in der manuellen Vorgehensweise der Auswahl und Ausprägung des jeweiligen internen Vorgangsschlüssels im Customizing-Pfad MATERIALWIRTSCHAFT • BEWERTUNG UND KONTIERUNG • KONTENFINDUNG • KONTENFINDUNG OHNE ASSISTENT • AUTOMATISCHE BUCHUNGEN EINSTELLEN\KONTIERUNG.

10.2.14 Teilschritt 14 – MM-Transaktionen pflegen

In Teilschritt 14 werden alle Sachkonten mit Ausnahme der Bestandskonten gepflegt (diese haben Sie bereits in Teilschritt 12 bearbeitet). Der Aufbau des Bildes unterscheidet sich etwas von den vorausgegangenen – durch die Vielzahl der Möglichkeiten, die man von hier aus hat, sind in diesem Teilschritt weitere Buttons untergebracht (siehe Abbildung 10.15).

Grundsätzlich sind alle Einstellungen dann vorhanden, wenn in der Übersichtstabelle in der ersten Spalte ein grüner Haken erscheint. Die grundsätzliche Empfehlung lautet also: Setzen Sie Ihre Arbeit in der ersten Zeile fort, die nicht durch einen grünen Haken gekennzeichnet ist. Es kann allerdings vorkommen, dass Sie zu einem bestimmten Vorgang gar nicht alle Ausprägungen wählen können oder wollen.

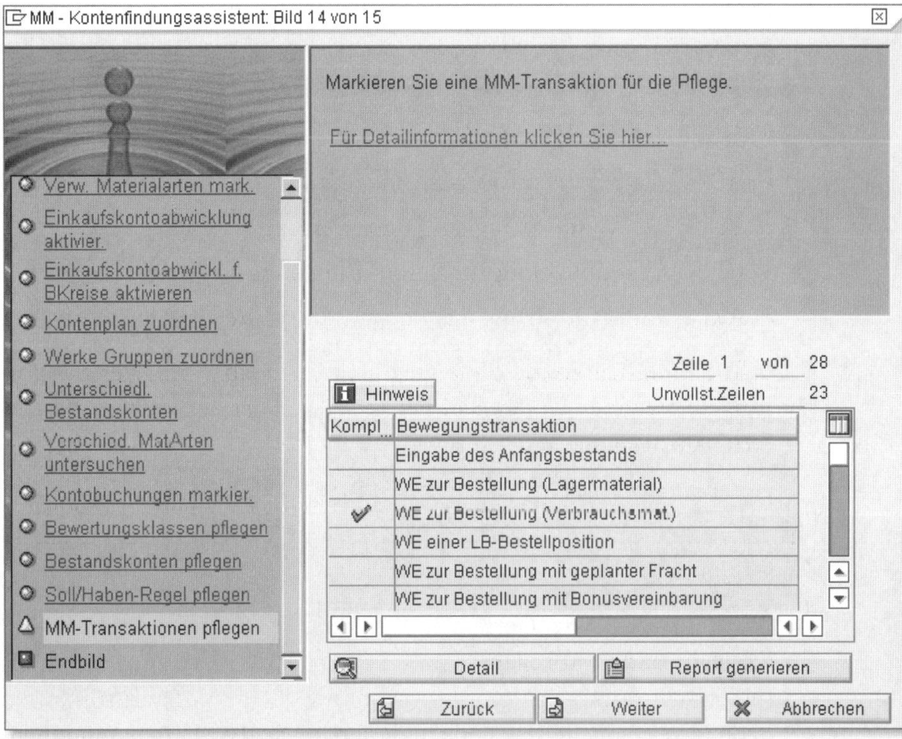

Abbildung 10.15 MM-Transaktionen pflegen

Dies werden wir im Weiteren am Beispiel des Vorgangs EINGABE DES ANFANGSBESTANDES (interner Vorgangsschlüssel: GBB, Kontomodifikation: BSA) näher betrachten (siehe Abbildung 10.17).

Unterhalb der Tabelle gibt es zwei Buttons: DETAIL – zur Pflege des markierten Eintrags aus der Tabelle – und REPORT GENERIEREN, mithilfe dessen Sie sich die schon eingangs erwähnte Dokumentation zu Ihren Einträgen ausdrucken können.

Nachdem Sie die Detailpflege zum ersten Eintrag in der Übersichtstabelle aufgerufen haben, erscheint das in Abbildung 10.16 dargestellte Bild. Bei der Buchung GBB – BSA (Gegenbuchung zur Bestandsbuchung, Bestandsaufnahme) wird auf der einen Seite der jeweilige Bestand erhöht oder vermindert. Dies bedeuten die Einträge in der ersten Zeile: KONTOBUCHUNG = BESTANDSBUCHUNG und KTO BELAST (Konto belastet) = INV-ACCT (Inventory Account).

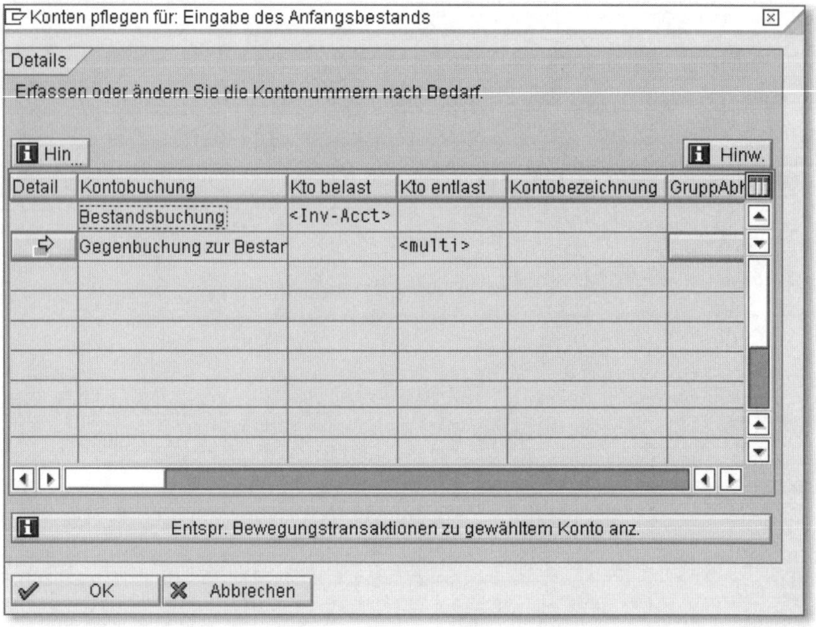

Abbildung 10.16 Konten pflegen

In der zweiten Zeile sehen Sie in der ersten Spalte ein Icon mit einem gelben Pfeil und in der Spalte KTO ENTLAST (Konto entlastet) den Hinweis MULTI. Dies bedeutet, dass sich hinter diesem Eintrag weitere Einträge verbergen, die mithilfe des Icons angezeigt werden können.

Nach einem Klick auf das Icon mit dem gelben Pfeil sehen Sie folgendes Detailbild (siehe Abbildung 10.17).

In dieser Übersicht erhalten Sie zu den folgenden Kontenfindungsregeln Einträge in der Tabelle:

- Bewertungsmodifikationskonstante
- Bewertungsklasse
- Allgemeine Modifikation = BSA (Bestandsaufnahme)
- Soll/Haben-Regel

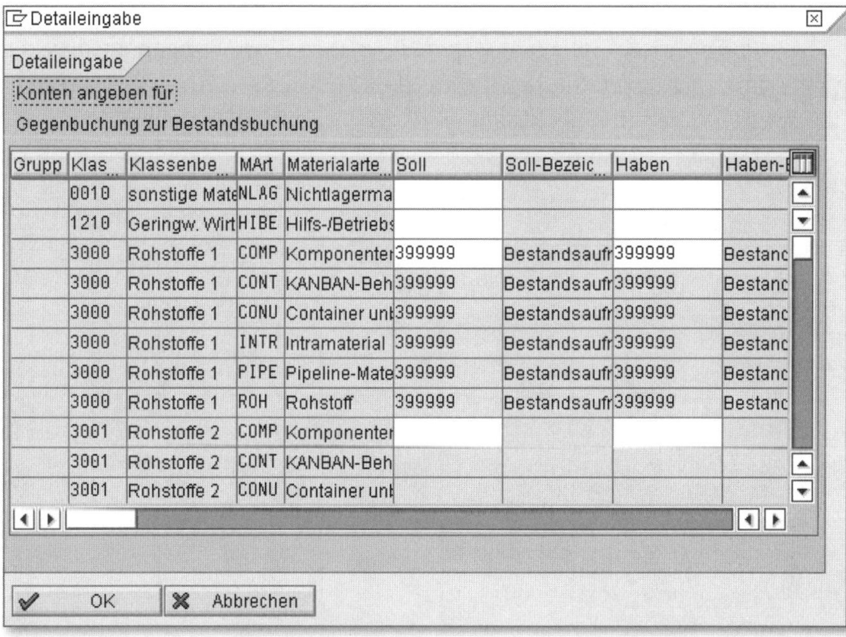

Abbildung 10.17 GBB – BSA (Detaileingabe)

Bis auf die erforderlichen Einträge zu den Sachkonten in Soll und Haben ist die Tabelle bereits aufbereitet: Die Bewertungsmodifikationskonstante ist zwar aktiviert, aber in diesem Bereich der Tabelle leer (im unteren Bereich der Tabelle könnten noch Einträge für die weitere Unterscheidung auftauchen). Die Bewertungsklassen in der zweiten Spalte sind das hier angezeigte *Sortierkriterium*. Danach folgen Materialart und -artenbezeichnung und in den darauffolgenden Spalten die Sachkonten – getrennt nach Soll und Haben – und deren Bezeichnungen.

Bereits beim Einstieg in Teilschritt 14 haben wir festgestellt, dass dieser Vorgang nicht durch einen grünen Haken als erledigt gekennzeichnet war. Jetzt sehen Sie, dass in der Tabelle Einträge fehlen. Dies kann entweder bedeuten, dass die Pflege noch nicht fertig gestellt ist, oder sogar gewollt sein: Vielleicht wollen Sie die Bestandsaufnahme für einige Bewertungsklassen nicht in Ihrer Kontenfindung vorsehen.

Nach Abschluss Ihrer Eingaben bestätigen Sie diese mit OK und kehren zum ursprünglichen Bildschirm (Teilschritt 14) zurück. Wenn Sie alle Bewegungstransaktionen erfolgreich gepflegt haben, können Sie sich im Anschluss einen Report über Ihre Einstellungen ausdrucken lassen. Drücken Sie hierfür auf den Button REPORT GENERIEREN, und Sie erhalten die in Abbildung 10.18 dargestellte Druckliste.

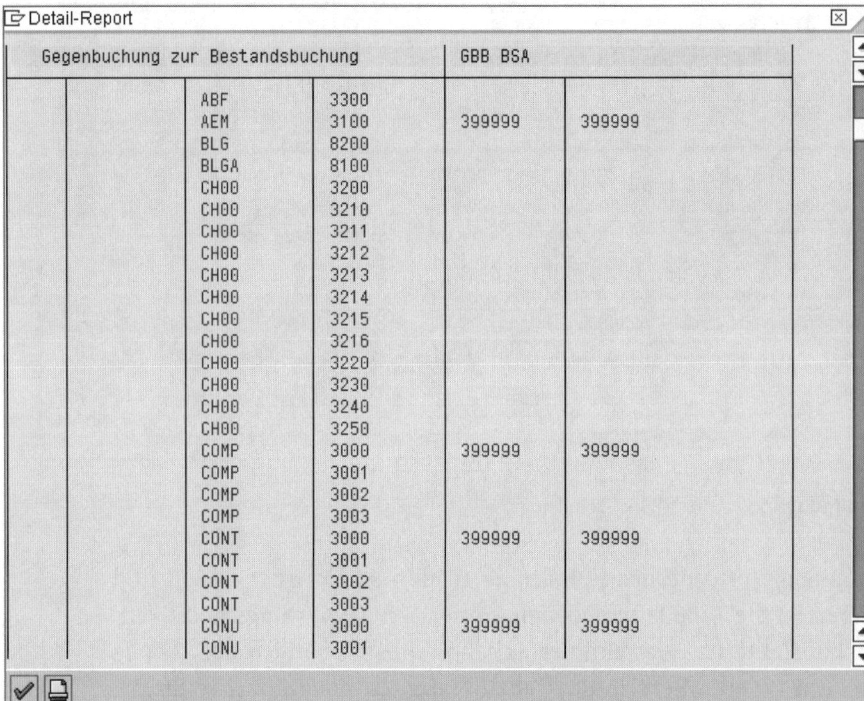

Detail-Report

Gegenbuchung zur Bestandsbuchung				GBB BSA	
		ABF	3300		
		AEM	3100	399999	399999
		BLG	8200		
		BLGA	8100		
		CH00	3200		
		CH00	3210		
		CH00	3211		
		CH00	3212		
		CH00	3213		
		CH00	3214		
		CH00	3215		
		CH00	3216		
		CH00	3220		
		CH00	3230		
		CH00	3240		
		CH00	3250		
		COMP	3000	399999	399999
		COMP	3001		
		COMP	3002		
		COMP	3003		
		CONT	3000	399999	399999
		CONT	3001		
		CONT	3002		
		CONT	3003		
		CONU	3000	399999	399999
		CONU	3001		

Abbildung 10.18 Detail-Report zu Bild 14 zur Pflege der MM-Transaktionen

Hier sehen Sie eine Übersicht über die in diesem Beispiel vorgenommenen Einstellungen zur GBB – BSA. Über das Druck-Icon können Sie sich diese Liste ausdrucken– Achtung: Sie ist ziemlich lang!

10.2.15 Teilschritt 15 – Endbild

Dieser Teilschritt beinhaltet keine weitere Pflege einer Einstellung zur Kontenfindung – dennoch ist er entscheidend für die Sicherung Ihrer Eingaben, wie bereits in den vorangegangenen Kapiteln erwähnt.

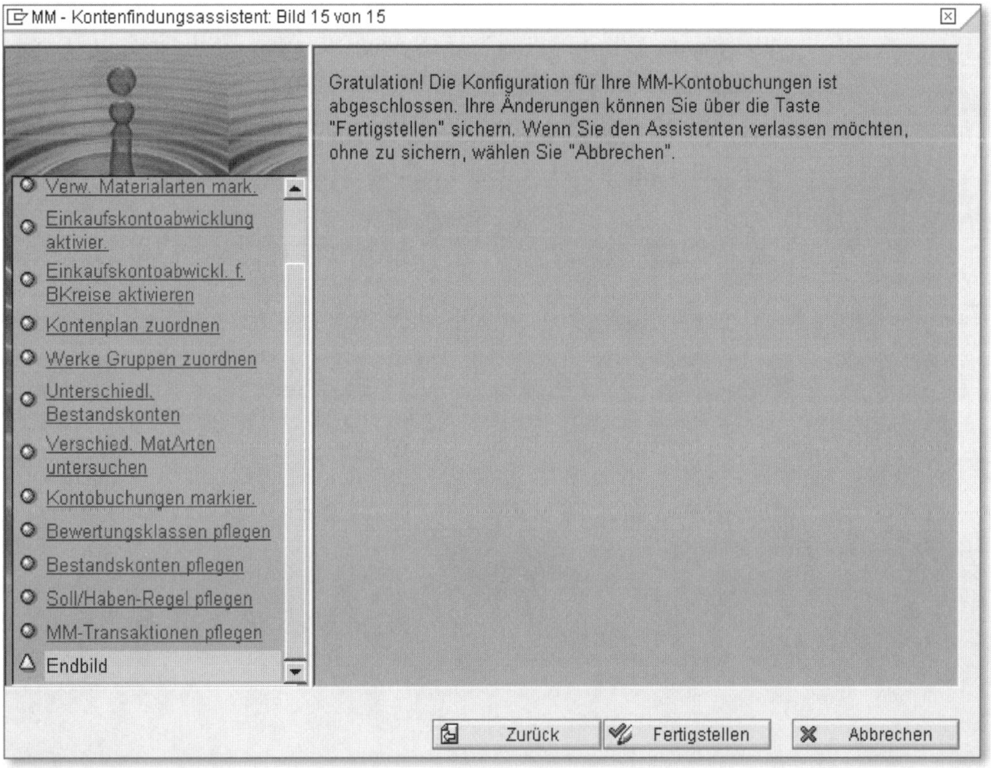

Abbildung 10.19 Endbild

Am unteren Bildrand finden Sie den Button FERTIGSTELLEN, mit dessen Hilfe die Eingaben gespeichert werden (siehe Abbildung 10.19). Nochmals der Hinweis: Wenn Sie jetzt auf ABBRECHEN klicken und das nachfolgende Pop-up bestätigen, sind Ihre Eingaben verloren.

10.3 Zusammenfassung

Mithilfe des Kontenfindungsassistenten lassen sich die wesentlichen Einstellungen für die Kontenfindung aus einem einzigen Customizing- Einstieg heraus vornehmen. Ein weiterer Vorteil liegt in dem sachlogisch aufeinander aufbauenden Ablauf, der die Einstellungen in der vom System benötigten Abfolge darstellt, so dass auch der weniger geübte Anwender alle Einstellungen in der richtigen Reihenfolge vornehmen kann.

Der Kontenfindungsassistent eignet sich sowohl für die Neuanlage einer Kontenfindung in einem System als auch für die gezielte Ergänzung einzelner Einträge.

Denken Sie auf jeden Fall daran, dass der Button zur Speicherung der Eingaben lediglich auf dem Endbild erreichbar ist.

Die getrennte Bewertung dient zur unterschiedlichen Bewertung von Teilbeständen in Ihrem Unternehmen. Dieses Kapitel beschreibt, wie Sie die getrennte Bewertung im SAP-System umsetzen.

11 Getrennte Bewertung

Mit der getrennten Bewertung können Sie Teilbestände in Ihrem Unternehmen unterschiedlich bewerten. In diesem Kapitel werden sowohl die Möglichkeiten der getrennten Bewertung als auch die Vorgehensweise zur Einstellung der getrennten Bewertung näher betrachtet. Den Abschluss bildet ein Beispiel aus der Anwendung, in dem von den Voraussetzungen über die erforderlichen Einstellungen bis hin zur Beschaffung eines getrennt bewerteten Materials die systemseitigen Schritte erklärt werden.

11.1 Möglichkeiten der getrennten Bewertung

Die getrennte Bewertung wird verwendet, um Teilbestände eines Materials in einem Bewertungskreis unterschiedlich zu bewerten. Wenn Sie z. B. ein Material in einem Werk aus zwei unterschiedlichen Ländern beziehen, haben Sie mit der getrennten Bewertung die Möglichkeit, die Buchhaltungssicht 1 des Materialstamms für dieses Material mit unterschiedlichen Bewertungssegmenten für die jeweiligen Länder auszuprägen.

So können Sie dem Bewertungssegment aus Land 1 eine andere Bewertungsklasse geben als dem Bewertungssegment aus Land 2 und damit in der Kontenfindung unterschiedliche Sachkonten – z. B. unterschiedliche Bestandskonten – ansteuern.

Beschaffungsart als Beispiel für getrennte Bewertung

Eine andere Möglichkeit zur Verwendung der getrennten Bewertung wäre die Unterscheidung nach der Beschaffungsart – Fremdbeschaffung oder Eigenfertigung. Weitere Möglichkeiten der Unterscheidung können mithilfe des Customizings auch unternehmensspezifisch erstellt werden. Hierbei sollen Ihnen die nachfolgenden Abschnitte helfen.

Mit der getrennten Bewertung sind Sie in der Lage, zu einem Materialstammsatz innerhalb eines Bewertungskreises unterschiedliche Bewertungssegmente anzulegen. Für jedes Bewertungssegment können Sie Bereiche der Buchhaltungssicht 1 im Materialstammsatz unterschiedlich ausprägen. So haben Sie die Möglichkeit, in einem Bewertungssegment z. B. die folgenden Attribute separat zu pflegen:

- Bewertungsklasse
- Preissteuerung
- Preis pro Preiseinheit

Das System führt die Materialbestände und Materialbestandswerte auf Bewertungskreisebene kumuliert in einem so genannten *Kopfsegment*. Für dieses Kopfsegment muss die Preissteuerung V eingestellt sein – auf dieser Ebene ist keine Standardpreissteuerung erlaubt. Die Bewertungsteilsegmente hingegen können im Bezug auf die Preissteuerung individuell gepflegt werden.

Kopfsegmente vs. Teilsegmente

Zur Anlage eines Materialstammsatzes mit getrennter Bewertung wählen Sie im Bild BUCHHALTUNG 1 im Detailblock ALLGEMEINE DATEN einen Bewertungstyp aus. Beim Speichern des Materialstammsatzes legt das System jetzt das Kopfsegment an – denken Sie hier an die verbindliche Preissteuerung V!

In der Folge können Sie jetzt Teilsegmente zu einer Bewertungsart pflegen. Dies kann entweder manuell durch Anlage mithilfe der Transaktion MATERIAL ANLEGEN (MM01) (Pfad LOGISTIK • MATERIALWIRTSCHAFT • STAMMDATEN • MATERIALSTAMM • MATERIAL • MATERIAL ANLEGEN) erfolgen oder automatisch während einer Warenbewegung.

Die nachfolgenden Kapitel zeigen Ihnen die notwendigen Einstellungen im Customizing, um die getrennte Bewertung verwenden zu können.

11.2 Getrennte Bewertung aktivieren

Wenn Sie die getrennte Bewertung nutzen möchten, muss zunächst im Customizing (Pfad MATERIALWIRTSCHAFT • BEWERTUNG UND KONTIERUNG • GETRENNTE BEWERTUNG • GETRENNTE BEWERTUNG AKTIVIEREN) die Verwendung aktiviert werden (siehe Abbildung 11.1).

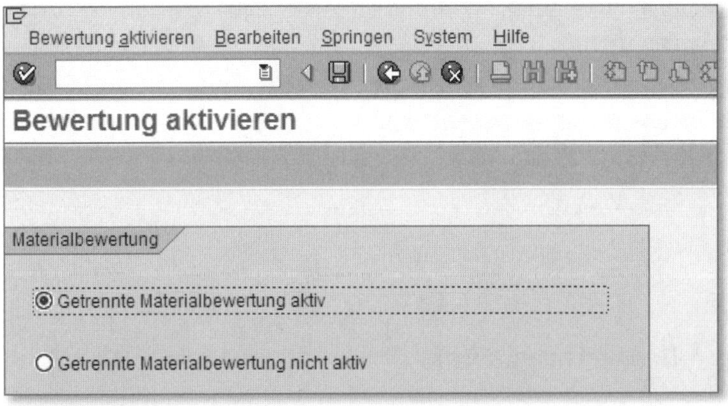

Abbildung 11.1 Getrennte Bewertung aktivieren

Empfehlung: Getrennte Bewertung aktivieren

Die getrennte Bewertung wird auf Mandantenebene aktiviert (Tabelle TCURM). In der SAP-Standardauslieferung ist der Schalter auf GETRENNTE MATERIALBEWERTUNG AKTIV gesetzt. Sie können diese Einstellung auch dann in dieser Stellung lassen, wenn Sie die getrennte Bewertung zunächst nicht nutzen wollen. Falls Sie später einmal mit der getrennten Bewertung arbeiten wollten, wäre sonst eine Umstellung nur mit erheblichem Aufwand möglich.

11.3 Getrennte Bewertung einstellen

Im darunterliegenden Customizing-Einstieg werden alle weiteren Einstellungen zur getrennten Bewertung vorgenommen (Pfad MATERIALWIRTSCHAFT • BEWERTUNG UND KONTIERUNG • GETRENNTE BEWERTUNG • GETRENNTE BEWERTUNG EINSTELLEN).

Die Einstellungen zur getrennten Bewertung sind im Customizing in drei Bereichen grob gegliedert:

- Globale Arten
- Globale Typen
- Lokale Definitionen

Für jeden Bereich finden Sie nach Auswahl des Customizing-Einstiegs einen Button in der oberen Bildleiste (siehe Abbildung 11.2).

Abbildung 11.2 Getrennte Materialbewertung

11.4 Bewertungsarten

Unter dem Begriff *Globale Arten* sind alle zulässigen Bewertungsarten gebündelt. Eine Bewertungsart ist in Kombination mit einem Bewertungstyp verantwortlich für die Unterscheidung der Bewertung eines Materials.

Im Materialstammsatz eines getrennt bewerteten Materials werden die Bewertungsteilsegmente anhand der Bewertungsarten unterschieden. So können z. B. dem Bewertungstyp B (Beschaffungsart) die Bewertungsarten (Teilsegmente) EIGEN und FREMD zugeordnet sein.

Bewertungstypen und Bewertungsarten

Tabelle 11.1 gibt Ihnen einen Überblick über mögliche Bewertungstypen in Kombination mit den Bewertungsarten.

Der Bewertungstyp X (Autom Charge) stellt in der SAP-Standardauslieferung eine Besonderheit dar. Diese wird in Abschnitt 11.5, »Bewertungstypen«, behandelt.

Bewertungstyp	Bewertungsart
B = Beschaffungsart	EIGEN FREMD
C = Zustand	C1 C2 C3
H = Herkunft	LAND1 LAND2
R = Retail	RNORMAL RAKTION
X = Autom (Charge)	

Tabelle 11.1 Bewertungstypen in Kombination mit den Bewertungsarten

In Abbildung 11.3 sehen Sie den Bildaufbau für den Einstieg in die Pflege der Bewertungsarten:

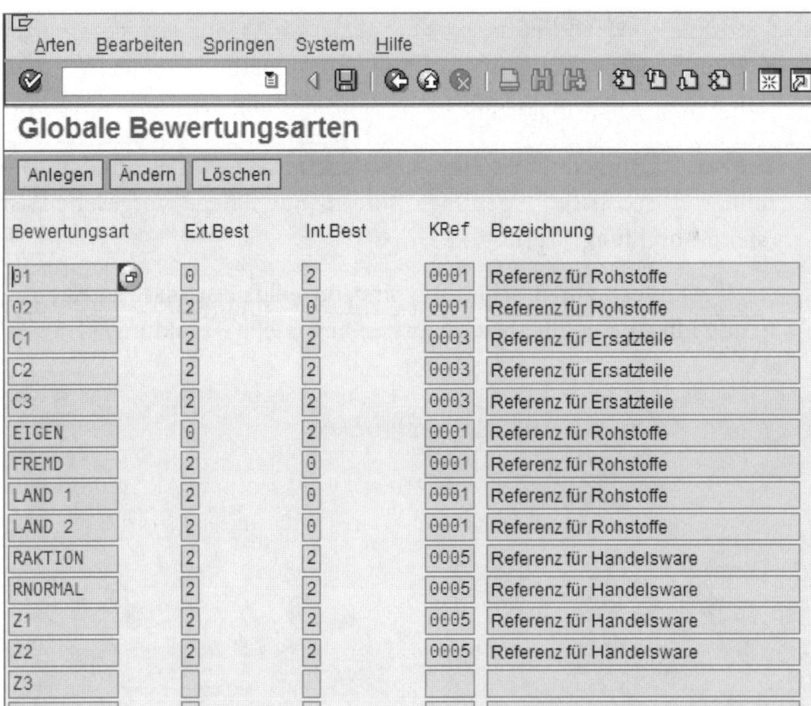

Abbildung 11.3 Globale Bewertungsarten

Einstellungen zur Bewertungsart

Zu einer Bewertungsart werden die folgenden Einstellungen vorgenommen:

- Verhalten bei externen Bestellungen, Einstellungsmöglichkeiten siehe Abbildung 11.7
- Verhalten bei internen Bestellungen, Einstellungsmöglichkeiten siehe Abbildung 11.8
- verwendete Kontoklassenreferenz für die Bewertungsart, siehe Abschnitt 9.6, »Einstellungen zur Bewertungsklasse und Kontoklassenreferenz«, in diesem Buch

Um eine Bewertungsart zu ändern oder zu löschen, stellen Sie den Cursor in die entsprechende Zeile und wählen den jeweiligen Button.

Externe und interne Beschaffungsarten

Die Möglichkeiten der Materialbeschaffung werden wie folgt unterschieden:

- externe Beschaffung
- interne Beschaffung
- beide Beschaffungsarten

Die Ausprägungen für einen Materialstammsatz werden auf dem Detailbild DISPOSITION 2 gepflegt, sofern eine Pflege vorgesehen ist (siehe Abbildung 11.4).

Im Detailblock zur Beschaffung sind im Feld BESCHAFFUNGSART folgende Eingabemöglichkeiten vorgesehen (siehe Abbildung 11.5).

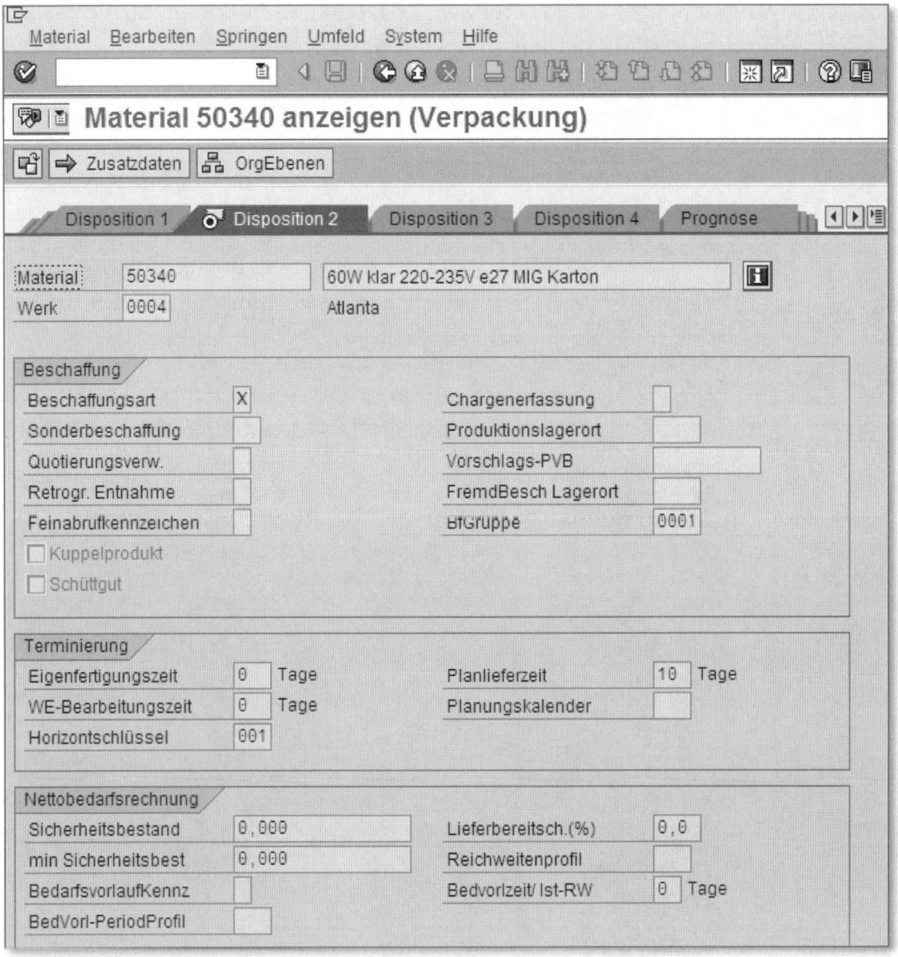

Abbildung 11.4 Materialstamm

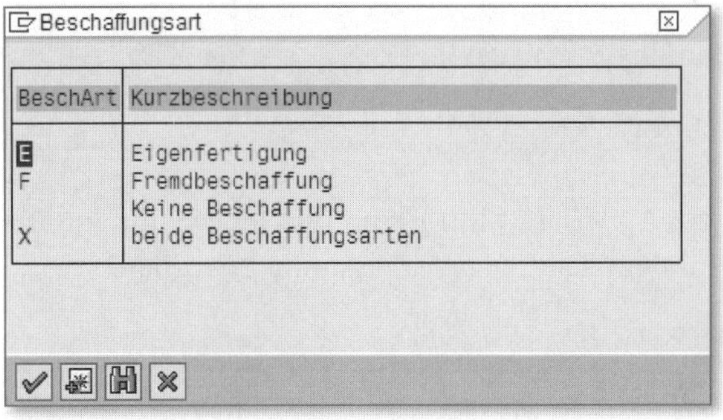

Abbildung 11.5 Beschaffungsart – Details

Sollten Sie für eine Materialart nur eine Beschaffungsform erlauben wollen, stellen Sie dies über den Einführungsleitfaden im Customizing zur Materialart ein: LOGISTIK ALLGEMEIN • MATERIALSTAMM • GRUNDEINSTELLUNGEN • MATERIALARTEN • EIGENSCHAFTEN DER MATERIALARTEN FESTLEGEN

Wählen Sie hierzu eine Materialart per Markierung aus, und klicken Sie auf die Lupe.

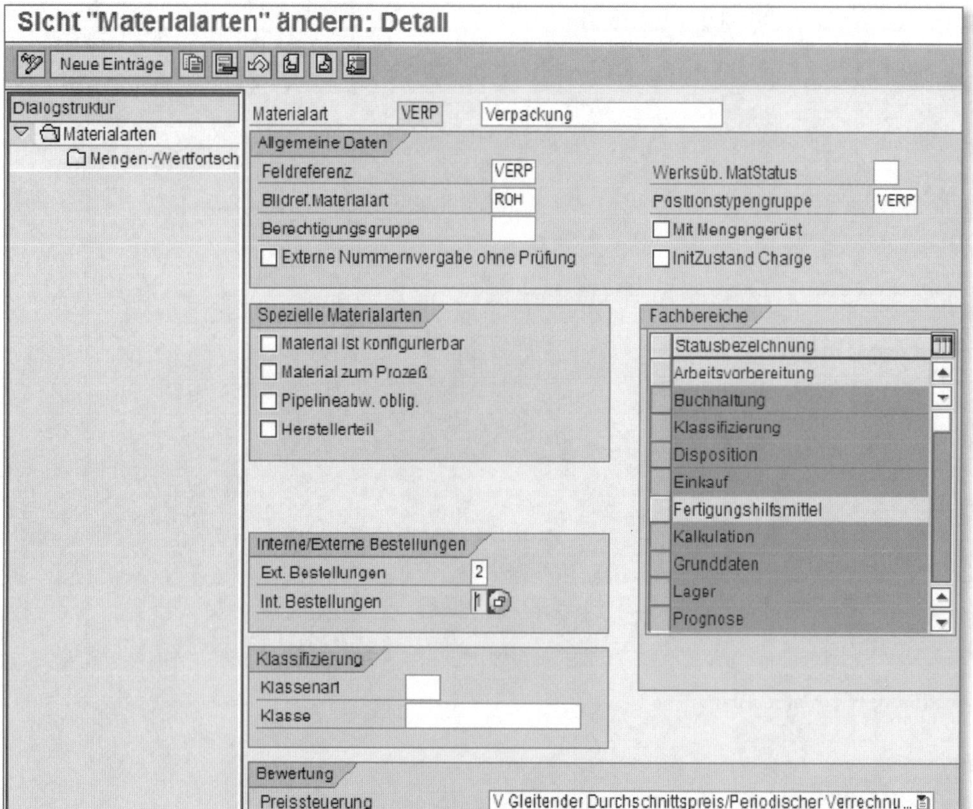

Abbildung 11.6 Materialarten ändern

In diesem Beispiel zur Materialart VERP sind für externe und interne Bestellungen folgende Einstellungen vorgenommen worden:

- EXTERNE BESTELLUNGEN: 2
- INTERNE BESTELLUNGEN: 1

Wenn Sie im jeweiligen Feld auf die Feldhilfe (F4-Hilfe) klicken, bekommen Sie die folgenden Auswahlmöglichkeiten angezeigt:

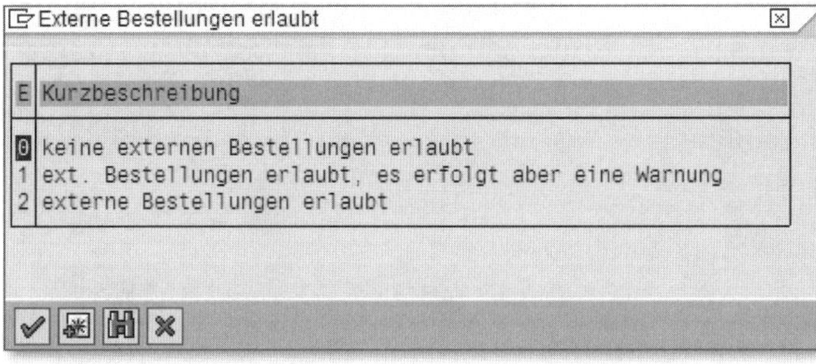

Abbildung 11.7 Externe Bestellungen

Bedeutung: Eine externe Bestellung liegt vor, wenn diese an einen externen Lieferanten gerichtet ist.

Für dieses Beispiel ist die Möglichkeit der Fremdbeschaffung zugelassen, das bedeutet, dass Sie Bestellungen an externe Lieferanten für diese Materialart erstellen können.

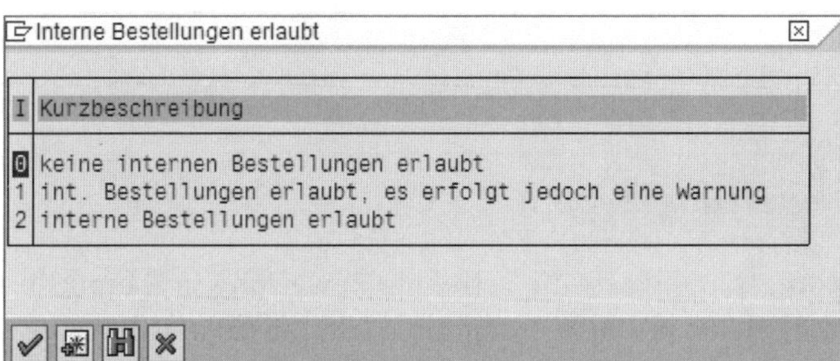

Abbildung 11.8 Interne Bestellung

Bedeutung: Eine interne Bestellung liegt vor, wenn diese als Grundlage für den Prozess der Eigenfertigung (Produktion) verwendet werden kann.

Im zweiten Feld zur internen Bestellung können Sie ebenfalls Bestellungen anlegen, allerdings erscheint bei der Anlage einer Bestellung eine Warnmeldung.

Zusammengefasst bedeuten die Customizing-Einstellungen für dieses Beispiel zur Materialart VERP, dass Verpackungsmaterialien in diesem System vorrangig extern beschafft werden sollten, eine Eigenfertigung jedoch nicht ausdrücklich untersagt ist.

Die identischen Auswahlmöglichkeiten sehen Sie jetzt im Detailbild zur Bewertungsart. Auch hier können Sie zu einer Bewertungsart Ihre Einstellungen zu externen und internen Bestellungen hinterlegen (siehe Abbildung 11.9).

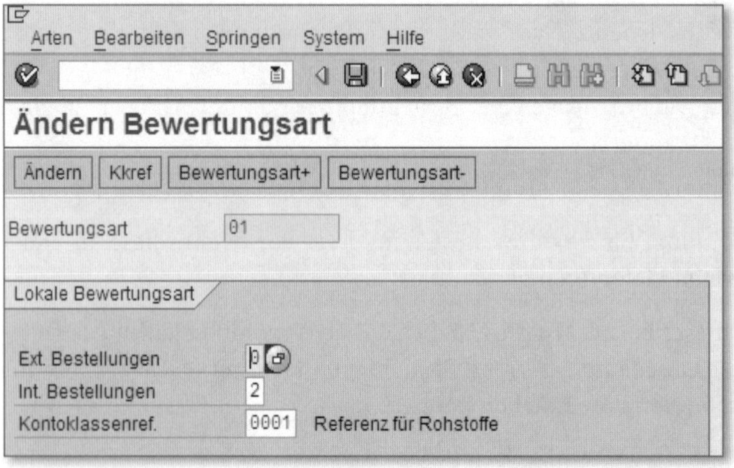

Abbildung 11.9 Ändern der Bewertungsart

11.5 Bewertungstypen

Der Bewertungstyp gliedert die getrennte Bewertung in Hauptkriterien. In Kombination mit Bewertungsarten kann so für den jeweiligen Verwendungszweck eine sinnvolle Trennung von unterschiedlichen Bewertungsbereichen geschaffen werden. Der Bewertungstyp wird im Ergebnis für jeden Bewertungskreis, in dem die getrennte Bewertung verwendet werden soll, einem Materialstammsatz zugeordnet.

Einstellungen zum Bewertungstyp

Zu einem Bewertungstyp nehmen Sie die folgenden Einstellungen vor (siehe Abbildung 11.10):

- vorgeschlagene Bewertungsart bei Fremdbeschaffung (externe Bestellungen)
- Kennzeichen zur verbindlichen Verwendung der vorgeschlagenen Bewertungsart bei Fremdbeschaffung – das Feld Bewertungsart können Sie bei der Bestellanlage nicht ändern

- vorgeschlagene Bewertungsart bei Eigenfertigung (interne Bestellungen)
- Kennzeichen zur verbindlichen Verwendung der vorgeschlagenen Bewertungsart bei Eigenfertigung – das Feld BEWERTUNGSART kann bei der Auftragsanlage nicht geändert werden
- vorgeschlagene Bewertungsart bei Bestandsveränderungen in Handelsaktionen im Retail (nur bei Retailsystemen)
- Kennzeichen zur verbindlichen Verwendung der vorgeschlagenen Bewertungsart bei Retailaktionen – das Feld BEWERTUNGSART können Sie bei Anlage einer Bestellung zu einer Retailaktion ebenfalls nicht ändern
- automatische Ermittlung der Bewertungsart – bei chargenpflichtigen Materialien wird bei einem Wareneingang automatisch die Bewertungsart ermittelt und – sofern noch nicht vorhanden – ein neues Bewertungssegment angelegt

Abbildung 11.10 Globale Bewertungstypen

Zur Anpassung eines Bewertungstyps klicken Sie in die entsprechende Zeile und drücken den Button ÄNDERN. Im darauffolgenden Detailbild können Sie Ihre Einstellungen erfassen (siehe Abbildung 11.11).

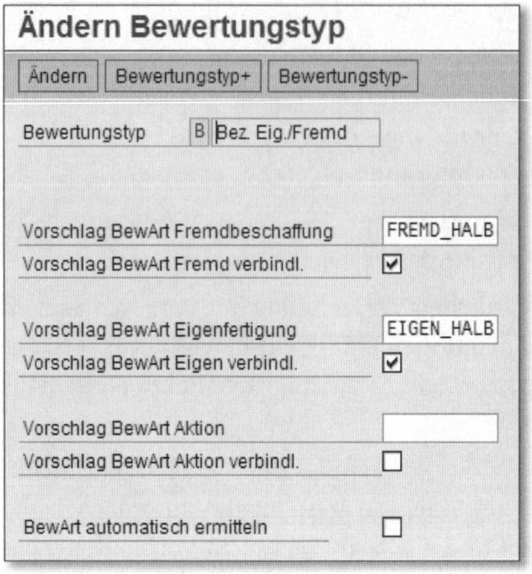

Abbildung 11.11 Ändern des Bewertungstyps

Besonderheit: Bewertungstyp X

Der Bewertungstyp X – AUTOM (CHARGE) stellt in der SAP-Standardauslieferung folgende Besonderheit dar: Wenn Sie einen chargenpflichtigen Materialstammsatz mit dem Bewertungstyp X anlegen und buchen zu diesem Material einen Wareneingang, übernimmt das System die ermittelte Charge automatisch als neues Bewertungsteilsegment. Sie erhalten so zu jedem neu eingebuchten Material einen neuen Bewertungsstammsatz (siehe Abbildung 11.12).

Die vorhandenen Bewertungsteilsegmente können z. B. über die Anzeige des Materialstammsatzes aufgelistet werden. Wählen Sie hierzu aus dem Anwendungsmenü LOGISTIK • MATERIALWIRTSCHAFT • STAMMDATEN • MATERIALSTAMM • MATERIAL • MATERIAL ANZEIGEN (Transaktion MM03), geben Sie Ihre Materialnummer ein, markieren Sie die Sicht BUCHHALTUNG 1, und geben Sie das Werk ein. Sie können jetzt mithilfe des Buttons ORGEBENEN zur Pflege des Werkes zurückspringen und haben im darunterliegenden Eingabebereich die Möglichkeit, sich mit der F4-Hilfe die vorhandenen Bewertungsteilsegmente anzeigen zu lassen. Bei der Chargeneinzelbewertung könnte Ihre Liste wie in Abbildung 11.13 aussehen.

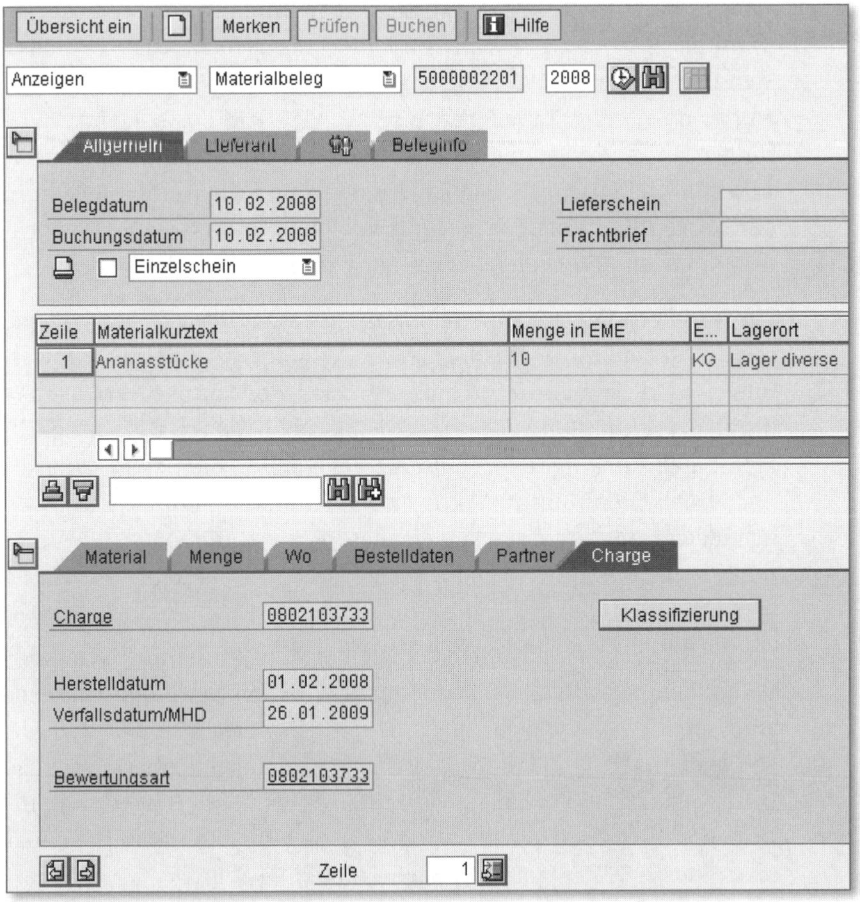

Abbildung 11.12 Buchen der Warenbewegung

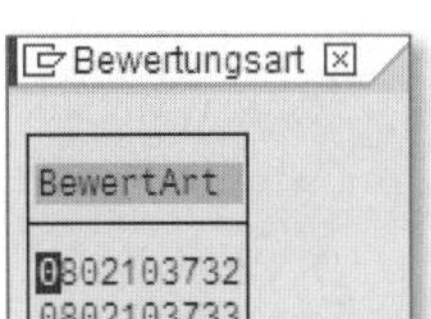

Abbildung 11.13 Bewertungsteilsegmente

Eine Bewertungsart je Charge

Im Customizing-Punkt der Bewertungstypen gibt es in der Kopfzeile auch einen Button ARTEN → TYP (siehe Abbildung 11.10). Hiermit können zu einem markierten Bewertungstyp die vorgesehenen Bewertungsarten aktiviert werden.

Pflegehinweis zum Customizing

An dieser Stelle eine Anmerkung: Das gesamte Customizing zur getrennten Bewertung entspricht leider noch nicht dem aktuellen Stand einer »normalen« Pflegetransaktion in SAP ERP. Zum Beispiel gibt es noch keine Tabellenanzeige im ALV-Grid-Format. Um Änderungen an einem gewünschten Objekt durchzuführen, müssen Sie daher in die entsprechende Zeile klicken und über einen Button in der oberen Bildleiste die gewünschte Funktion aufrufen. Zum Blättern in Listen verwenden Sie die Funktionstasten in der Kopfzeile.

Zur Aktivierung einer Bewertungsart zu einem Bewertungstyp müssen Sie daher in die entsprechende Zeile des gewünschten Bewertungstyps klicken und dann durch Drücken des Buttons Arten → Typ in die Folgefunktion verzweigen. Hier haben Sie jetzt die Möglichkeit, durch Klick in die gewünschte Zeile der Spalte Bewertungsart und Drücken des Buttons Aktivieren am unteren Bildrand die jeweilige Bewertungsart dem Bewertungstyp zuzuordnen (siehe Abbildung 11.14).

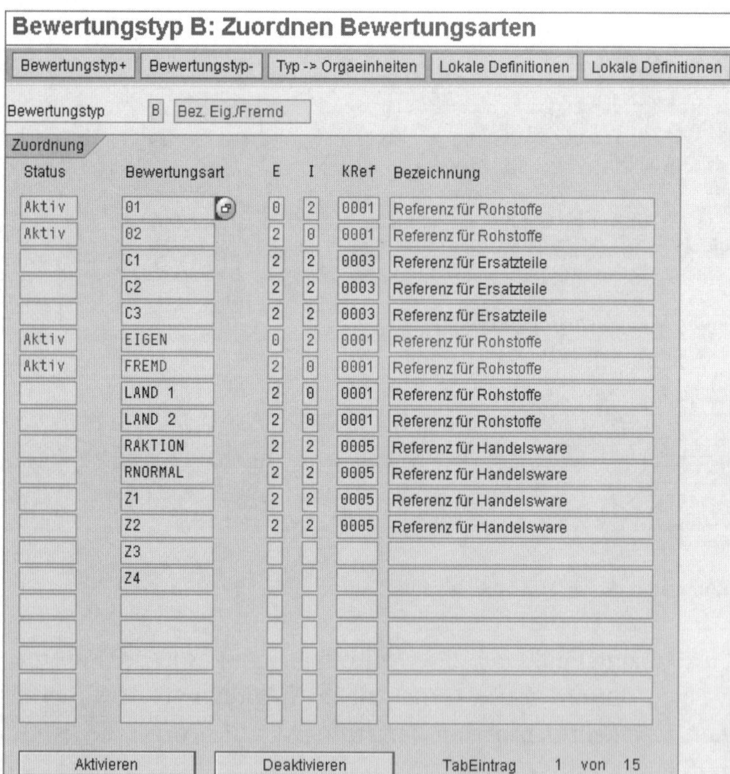

Abbildung 11.14 Zuordnen der Bewertungsarten

In der oberen Bildleiste sehen Sie jetzt folgende Buttons:

- BEWERTUNGSTYP+ zum Vorwärtsnavigieren innerhalb der Bewertungstypen
- BEWERTUNGSTYP- zum Rückwärtsnavigieren innerhalb der Bewertungstypen
- TYP → ORGEINHEITEN zum Zuordnen und Aktivieren von Werken zum gewählten Bewertungstyp
- LOKALE DEFINITIONEN (1) zum Einstellen von Abweichungen von der globalen Einstellung einer Bewertungsart zu einem Bewertungstyp, die Sie im Einstieg GLOBALE TYPEN vorgenommen haben. Hier können Sie einem bestimmten Bewertungskreis einen abweichenden Vorschlag einer Bewertungsart zum gewählten Bewertungstyp hinterlegen (siehe Abbildung 11.15).

LOKALE DEFINITIONEN (2) verzweigt in die Liste der lokalen Definitionen zu einem Bewertungskreis (siehe Abschnitt 11.6, »Lokale Definitionen«).

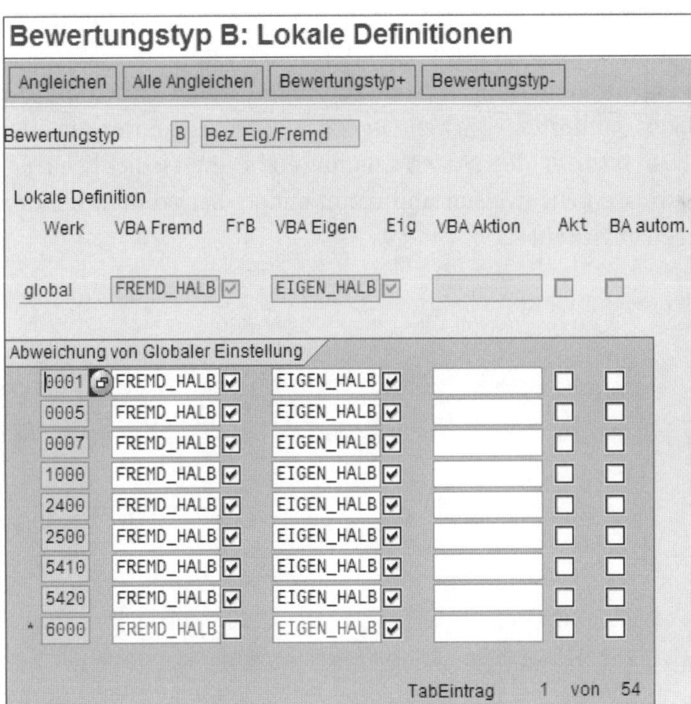

Abbildung 11.15 Lokale Definition zum Bewertungstyp

Im Beispiel aus Abbildung 11.15 sehen Sie die abweichende Einstellung von Werk 6000 im Gegensatz zur globalen Einstellung. In diesem Fall ist die Bewertungsart bei externen Bestellungen nicht verbindlich, da hier die dafür vorgesehene Checkbox nicht aktiviert ist. Dies bedeutet, dass bei Anlage einer Bestellposition für Werk 6000 die Bewertungsart FREMD_HALB zwar vorgeschlagen wird, aber durch den Anwender geändert werden kann. In allen anderen Werken kann die Bewertungsart bei Anlage einer Bestellposition nicht geändert werden.

11.6 Lokale Definitionen

Unter dem Begriff *lokale Definitionen* ist eine Liste der für die getrennte Bewertung verwendeten Bewertungskreise zu finden. Über diesen Einstieg können Sie sich die Einstellungen zur getrennten Bewertung zu einem Bewertungskreis anzeigen lassen und die Einstellungen ändern.

Bewertungsart und Kontoklassenreferenz

Jeder Bewertungsart können Sie eine eigene Kontoklassenreferenz und damit dem Bewertungssegment bei der Pflege des Materialstamms eigene Bewertungsklassen zuordnen. Damit haben Sie die Möglichkeit, unterschiedlichen Bewertungsteilsegmenten in der Buchhaltungssicht 1 des Materialstammsatzes unterschiedliche Bewertungsklassen zuzuweisen und damit andere Sachkonten bei den Buchungen anzusteuern.

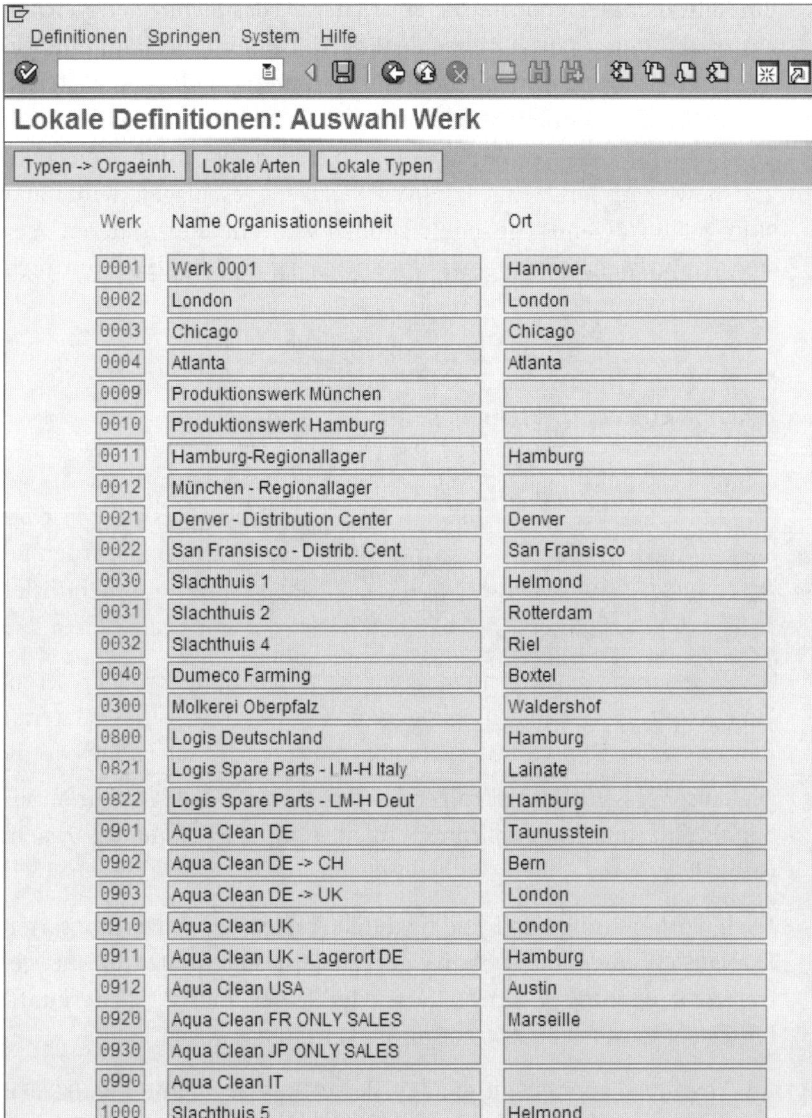

Abbildung 11.16 Auswahl des Werks

11.7 Getrennte Bewertung in der Anwendung

Die getrennte Bewertung soll in diesem Abschnitt anhand eines praktischen Beispiels verdeutlicht werden.

Ein Unternehmen möchte für ein Material, das es mit der gleichen Materialnummer aus unterschiedlichen Ländern bezieht, die getrennte Bewertung ermöglichen, um die unterschiedlichen Materialpreise für diese Länder systemseitig abzubilden.

Die Daten für dieses Beispiel finden Sie in Tabelle 11.2.

- verwendeter Bewertungstyp: H für Herkunft
- verwendete Bewertungsarten: FRANKREICH und ITALIEN

Land 1	Frankreich
Land 2	Italien
Materialnummer	A-4711
Materialpreis in Frankreich	8,00 EUR pro ein Stück
Materialpreis in Italien	9,50 EUR pro ein Stück
Bewertungsklasse Kopfmaterial	3100
Bewertungsklasse in Frankreich	7900
Bewertungsklasse in Italien	7910

Tabelle 11.2 Daten für Anwendungsbeispiel

Die Ausgangssituation ist folgende: Das Material A-4711 wurde bisher als einzelner Materialstammsatz für sämtliche Länder im System geführt.

Nach Vorbereitung des Systems durch Anlage der Bewertungsarten FRANKREICH und ITALIEN wird der Materialstammsatz für die getrennte Bewertung geändert, indem der Bewertungstyp H (Herkunft) hinterlegt wird (siehe Abbildung 11.17).

Bewertungstyp zuordnen

Im Anschluss können die beiden Bewertungssegmente FRANKREICH und ITALIEN angelegt werden.

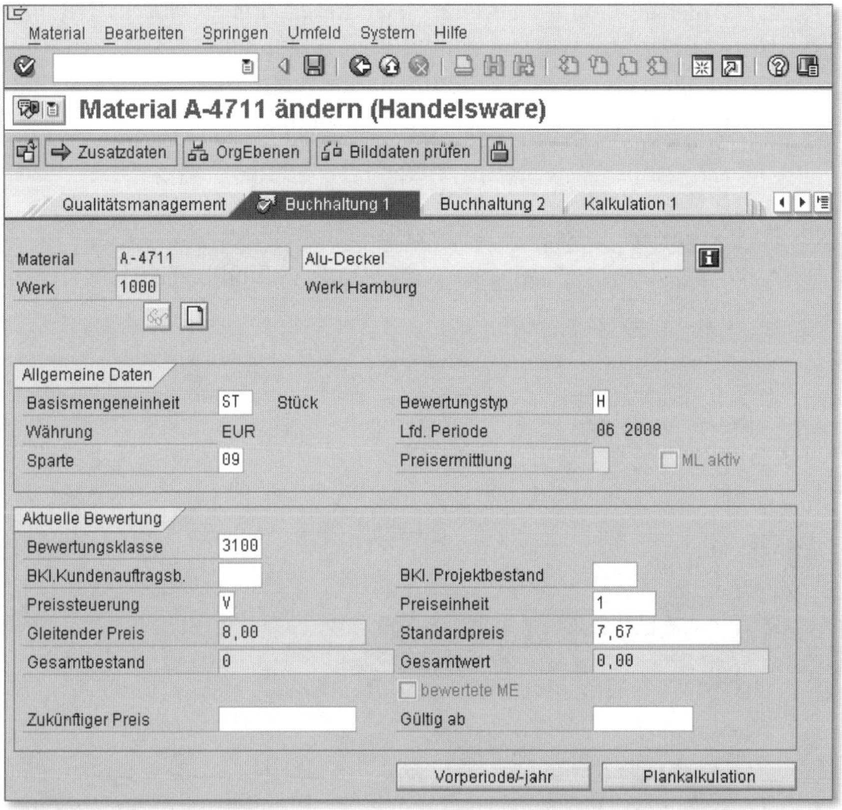

Abbildung 11.17 Material A-4711

Abbildung 11.18 Bewertungsart anlegen

Bewertungsart anlegen

Der Materialstammsatz für das Bewertungssegment FRANKREICH sieht in der Folge aus, wie in Abbildung 11.19 gezeigt.

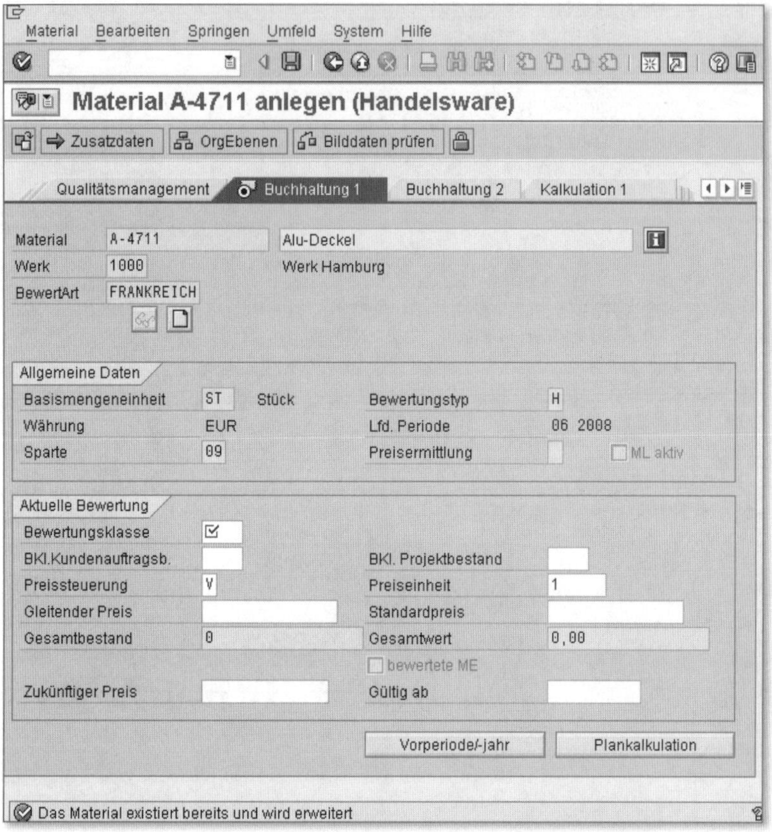

Abbildung 11.19 Material erweitern für Bewertungsart

Bewertungsklasse zuordnen

Für jedes Untersegment kann eine eigene Bewertungsklasse hinterlegt werden. Gemäß Anforderung in den Daten für dieses Beispiel wird für die Bewertungsart FRANKREICH die Bewertungsklasse 7900 und für die Bewertungsart ITALIEN die Bewertungsklasse 7910 hinterlegt.

Nach Abschluss der Materialstammerweiterungen erhalten Sie einen guten Überblick über die nun existierende Struktur zu diesem Material im Materialverzeichnis (Transaktion MM60). Sie finden diese Transaktion im Menübaum unter LOGISTIK • MATERIALWIRTSCHAFT • MATERIALSTAMM • SONSTIGE • MATERIALVERZEICHNIS.

Nach Eingabe der Materialnummer A-4711 und des Werkes 1000 erhalten wir in unserem Beispiel die in Abbildung 11.20 dargestellte Übersicht.

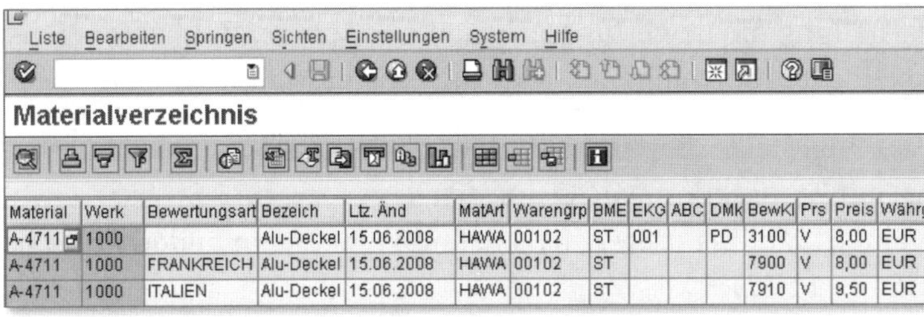

Material	Werk	Bewertungsart	Bezeich	Ltz. Änd	MatArt	Warengrp	BME	EKG	ABC	DMk	BewKl	Prs	Preis	Währg
A-4711	1000		Alu-Deckel	15.06.2008	HAWA	00102	ST	001		PD	3100	V	8,00	EUR
A-4711	1000	FRANKREICH	Alu-Deckel	15.06.2008	HAWA	00102	ST				7900	V	8,00	EUR
A-4711	1000	ITALIEN	Alu-Deckel	15.06.2008	HAWA	00102	ST				7910	V	9,50	EUR

Abbildung 11.20 Materialverzeichnis A-4711

Da in diesem Fall das Material neu angelegt wurde und noch kein Bestand vorhanden ist, entspricht der Preis des Kopfmaterials noch dem Preis = 8,00 EUR aus der Anlage des Materialstammsatzes.

Bestellanlage für getrennte Bewertung

Nun starten wir einen Beschaffungsvorgang für das Bewertungssegment ITALIEN oder einfacher: Wir bestellen Material aus Italien. Hierfür verwenden wir die Transaktion ME21N, die Sie im Menübaum unter LOGISTIK • MATERIALWIRTSCHAFT • EINKAUF • BESTELLUNG • ANLEGEN • LIEFERANT/LIEFERWERK BEKANNT finden (siehe Abbildung 11.21).

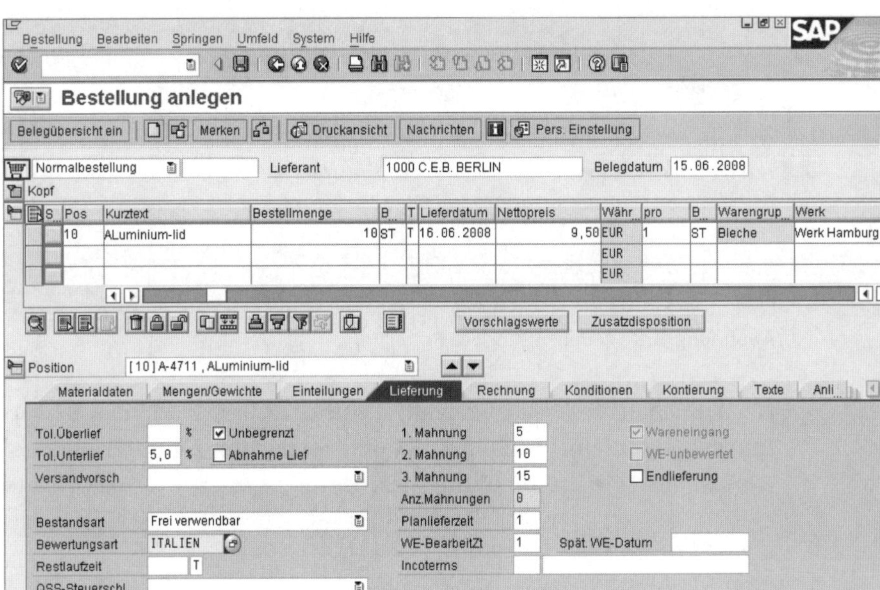

Abbildung 11.21 Bestellung für die Bewertungsart »Italien«

Zusätzlich zur Materialnummer A-4711 in Position 10 hinterlegen wir auf der Registerkarte LIEFERUNG die Bewertungsart ITALIEN. Dies ist in der Bestellung optional und führt bei der Wareneingangsbuchung zu einer voreingestellten Bewertungsart. Alternativ kann in der Bestellung die Bewertungsart auch frei gelassen und erst bei der Wareneingangsbuchung die Bewertungsart bestimmt werden.

Wareneingangsbuchung zu getrennt bewertetem Material

Die voreingestellte Bewertungsart wird bei der Wareneingangsbuchung mit Transaktion MIGO auf der Registerkarte MATERIAL angezeigt und ist hier in unserem Beispiel nun nicht mehr änderbar (siehe Abbildung 11.22).

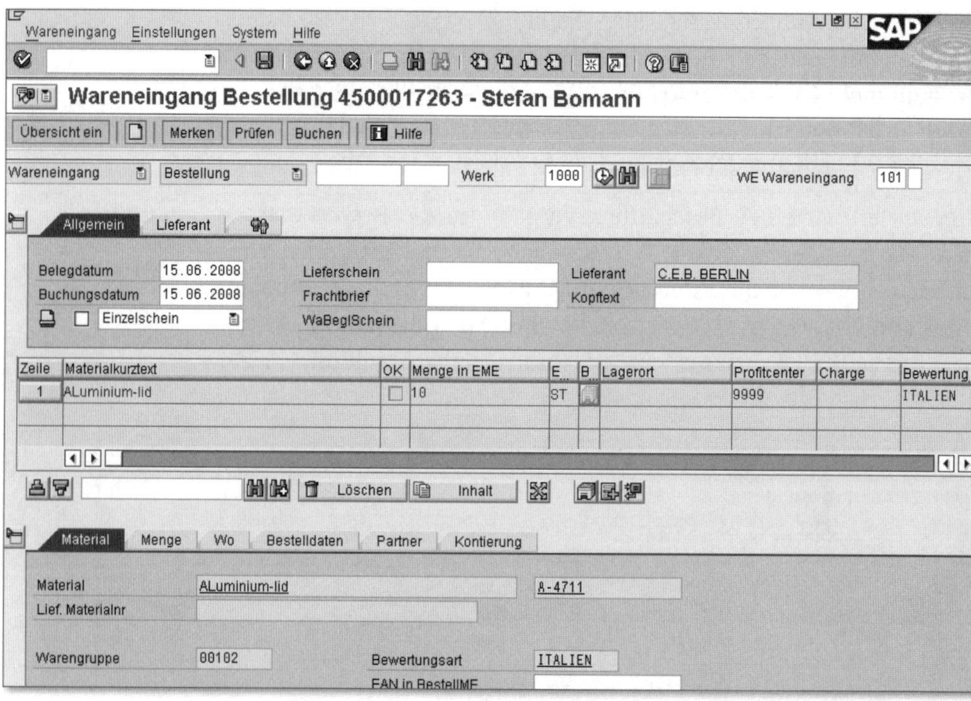

Abbildung 11.22 Wareneingang zur Bestellung für Italien

Nach Buchen des Wareneingangs von zehn Stück für das Bewertungssegment Italien sieht das Materialverzeichnis für unser Material A-4711 aus, wie in Abbildung 11.23 gezeigt.

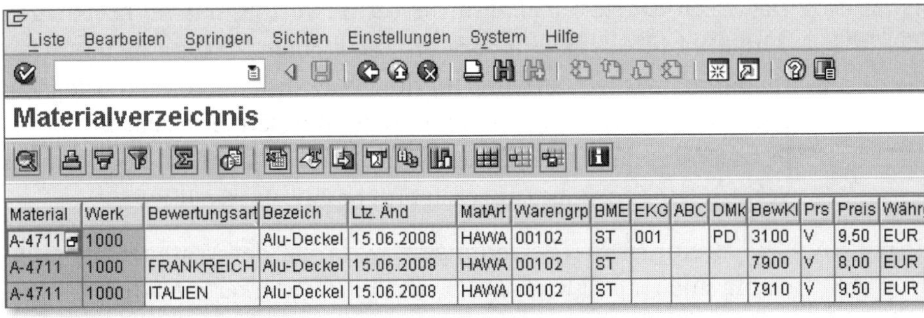

Material	Werk	Bewertungsart	Bezeich	Ltz. Änd	MatArt	Warengrp	BME	EKG	ABC	DMk	BewKl	Prs	Preis	Währg
A-4711	1000		Alu-Deckel	15.06.2008	HAWA	00102	ST	001		PD	3100	V	9,50	EUR
A-4711	1000	FRANKREICH	Alu-Deckel	15.06.2008	HAWA	00102	ST				7900	V	8,00	EUR
A-4711	1000	ITALIEN	Alu-Deckel	15.06.2008	HAWA	00102	ST				7910	V	9,50	EUR

Abbildung 11.23 Änderungen am Materialverzeichnis nach Wareneingang

Im Vergleich zu unserem Ausgangspunkt in Abbildung 11.20 hat das Kopfsegment jetzt den Bewertungspreis der Bewertungsart ITALIEN übernommen. Die Buchungen in der Kontenfindung haben aber auf Ebene der Bewertungsart 7910 für das Bewertungssegment ITALIEN stattgefunden. Zur Prüfung werfen wir zuerst einen Blick auf die Kontenfindung der Bestandskonten für die Bewertungsklasse 7910 (siehe Abbildung 11.24).

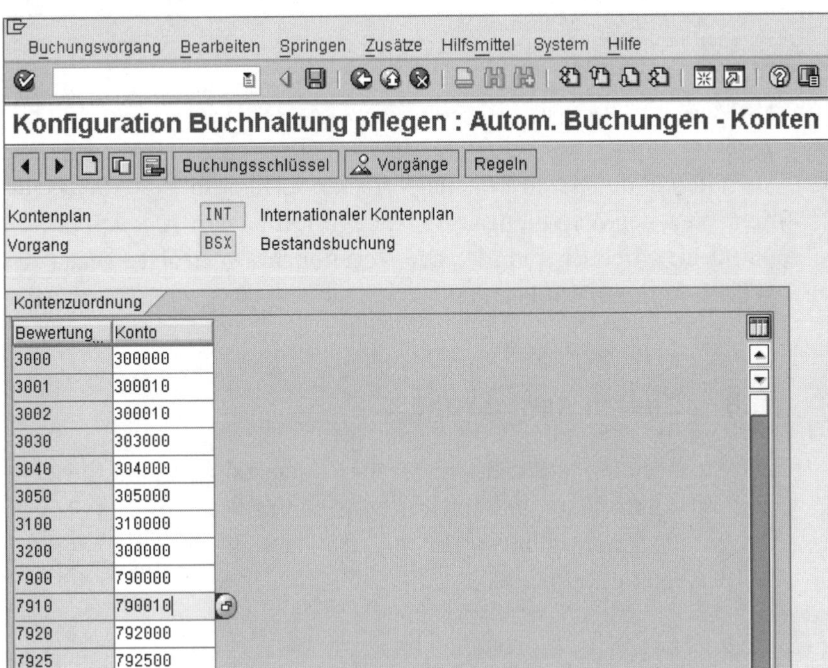

Bewertung...	Konto
3000	300000
3001	300010
3002	300010
3030	303000
3040	304000
3050	305000
3100	310000
3200	300000
7900	790000
7910	790010
7920	792000
7925	792500

Abbildung 11.24 Bestandskonto für Bewertungsklasse 7910

Prüfung der Kontenfindung

Das zugeordnete Sachkonto für die Bewertungsklasse 7910 lautet 790010. Die Korrektheit der Buchung können Sie mithilfe des Materialbelegs nachvollziehen. Hierfür verwenden Sie entweder die Transaktion MIGO oder die Transaktion MB03. Nach Eingabe der Belegnummer und Verzweigen in den Rechnungswesenbeleg wird das verwendete Sachkonto angezeigt (siehe Abbildung 11.25).

Abbildung 11.25 Rechnungswesenbeleg für die Wareneingangsbuchung

Prüfung der korrekten Bestandsbuchung

Sie sehen in der ersten Zeile das korrekte Sachkonto 790010, das mit dem Wert der Wareneingangsbuchung in Höhe von 10 x 9,50 EUR = 95,00 EUR bebucht wurde. Die Gegenbuchung erfolgte gegen das WE/RE-Konto 191100.

11.8 Zusammenfassung

Bewertungssegmente in der getrennten Bewertung sind für die wert- und mengenmäßige Bestandsführung verantwortlich. Das Bewertungskopfsegment gibt eine kumulierte Sicht auf die untergeordneten Bewertungssegmente.

Die Buchungssystematik in SAP wurde um ein WE/RE-Verrechnungskonto erweitert. Die daraus resultierenden veränderten Buchungsabläufe werden in diesem Kapitel näher betrachtet.

12 Buchungssystematik in SAP ERP mit WE/RE-Konten

Um Wareneingänge und Rechnungseingänge getrennt voneinander verwalten zu können, werden die Gegenbuchungen zur Bestandsveränderung beim Wareneingang sowie Verbindlichkeitsveränderungen bei der Rechnungsbuchung auf ein gesondertes Wareneingangs- bzw. Rechnungseingangs-Verrechnungskonto (*WE/RE-Konto*) gebucht.

In der klassischen Finanzbuchhaltung werden Forderungen in der Regel direkt gegen Verbindlichkeiten gebucht. SAP hat die Buchungssystematik um Buchungsfälle gegen ein WE/RE-Konto erweitert, um den zeitlichen Unterschied zwischen Waren- und Rechnungseingang mithilfe eines Zwischenkontos abzubilden. Die Verwendung des WE/RE-Kontos wird in diesem Abschnitt genauer beschrieben.

12.1 Voraussetzungen für die Verwendung

Eine Buchung auf das WE/RE-Konto kann nur erfolgen, wenn der Wareneingang mit Bezug zu einer Bestellung gebucht wurde. Bestellpositionen müssen also folgende Voraussetzungen erfüllen:

- bestandswirksam sein
- unkontiert sein
- einen Rechnungseingang erwarten

Buchungsbeispiel mit Erläuterungen

In den nun folgenden Abschnitten werden wir einige Buchungsbeispiele im Detail vorstellen, um die Buchungssystematik der WE/RE-Konten zu veranschaulichen.

Ein klassisches Buchungsbeispiel für einen Bestellvorgang mit Waren- und Rechnungseingang, dargestellt an T-Konten, zeigt Abbildung 12.1.

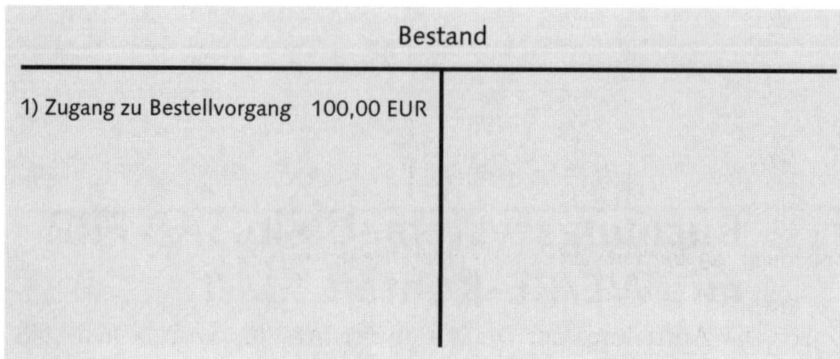

Abbildung 12.1 Wareneingang auf Bestandskonto

Bei der Buchung des Wareneingangs zur Bestellung (Bewegungsart 101) wird das Bestandskonto im Soll bebucht. Im Gegensatz zur klassischen Finanzbuchhaltung wird die Gegenbuchung allerdings nicht direkt auf einem Verbindlichkeitenkonto vorgenommen, sondern auf dem WE/RE-Konto durchgeführt (siehe Abbildung 12.2).

Damit ist dieser Buchungsvorgang abgeschlossen. Das WE/RE-Konto weist jetzt einen offenen Posten in Höhe des gebuchten Bestandswertes aus.

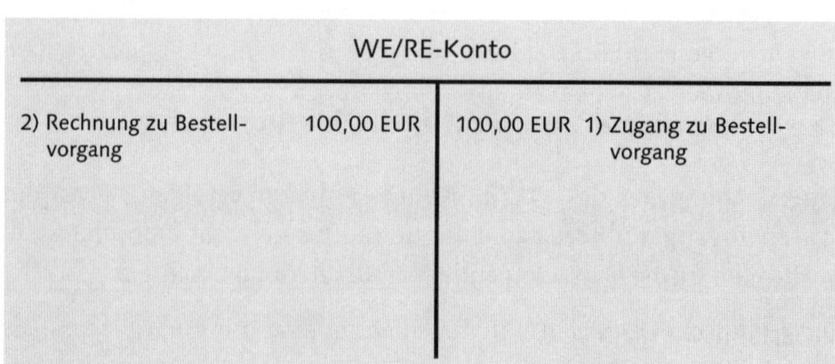

Abbildung 12.2 Buchung zu einem Bestellvorgang auf dem WE/RE-Konto

Bei der Rechnungserfassung zu unserem Beispiel wird jetzt der offene Posten des WE/RE-Kontos gegen das Verbindlichkeitenkonto ausgeglichen (siehe Abbildung 12.3).

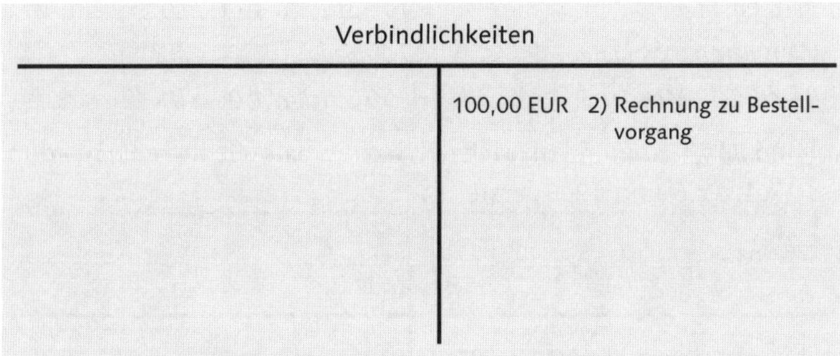

Abbildung 12.3 Buchung auf dem Verbindlichkeitenkonto

Bewertung der SAP-Buchungssystematik

Durch die Aufteilung der Buchungsvorgänge in zwei in sich abgeschlossene Buchungen mit der Gegenbuchung gegen ein WE/RE-Konto ergeben sich die folgenden Besonderheiten:

- Das WE/RE-Konto gehört zur Gruppe der GuV-Konten und muss damit zum Ende des Jahres ausgeglichen sein.
- Differenzen zwischen gebuchtem Bestandswert und gebuchtem Rechnungswert bleiben auf dem WE/RE-Konto als Saldo und müssen gesondert ausgeglichen werden.
- Unterschiedliche Abteilungen in einem Unternehmen (Einkauf, Rechnungsprüfung) können gemeinsam an einem Geschäftsvorfall arbeiten und das Ergebnis im System gegen das WE/RE-Konto überprüfen.

In den folgenden Abschnitten betrachten wir einige Buchungsbeispiele mit den dazugehörigen Auswirkungen.

12.2 Buchungen bei Wareneingangsmenge größer als Rechnungsmenge

Dieser Abschnitt beschreibt die Buchungen für den Fall, dass die Menge der eingehenden Waren größer ist als die in Rechnung gestellte Menge. Dies könnte z. B. bei nachträglich vereinbarten Rabatten der Fall sein, nachdem der Wareneingang bereits gebucht wurde. Die Buchungen auf dem WE/RE-Konto, wenn Wareneingangsmenge > Rechnungseingangsmenge ist, werden in diesem Abschnitt anhand des folgenden Rechnungseingangs beispielhaft betrachtet:

Bestellmenge = *100 Stück à 1,00 EUR*
Wareneingangsmenge = *100 Stück à 1,00 EUR*
Berechnete Menge = *90 Stück à 1,00 EUR*

Anhand von T-Konten lässt sich der Sachverhalt wie in den Abbildungen 12.4, 12.5 und 12.6 darstellen.

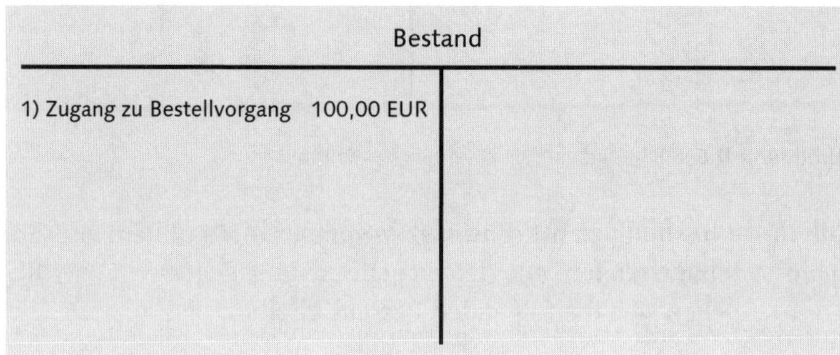

Abbildung 12.4 Buchungen auf dem Bestandskonto

Nach erfolgtem Wareneingang erhöht sich der Bestandswert. Diese Buchung findet auf der Soll-Seite des Bestandskontos statt.

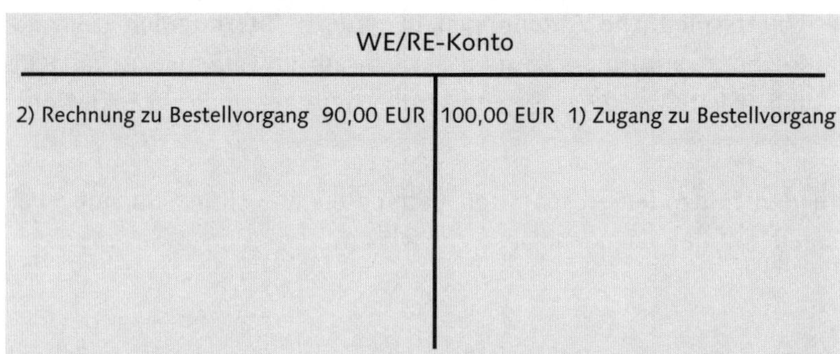

Abbildung 12.5 Buchungen auf dem WE/RE-Konto

Die Gegenbuchung zur Bestandsbuchung bei einem Bestellvorgang wird auf der Habenseite des WE/RE-Kontos abgebildet. Beim späteren Rechnungseingang wird die zugehörige Rechnungsposition gegen die Wareneingangsposition verrechnet.

Verbindlichkeiten

		90,00 EUR	2) Rechnung zu Bestellvorgang

Abbildung 12.6 Buchungen auf dem Verbindlichkeitenkonto

Die Gegenbuchung zum Rechnungseingang erfolgt auf dem zugehörigen Verbindlichkeitenkonto.

Auf dem WE/RE-Konto bleibt nach Abschluss der Buchungen ein Saldo im Soll von 10,00 EUR (siehe Abbildung 12.7).

WE/RE-Konto

2) Rechnung zu Bestellvorgang	90,00 EUR	100,00 EUR	1) Zugang zu Bestellvorgang
Saldo	10,00 EUR		

Abbildung 12.7 Buchungen auf dem WE/RE-Konto mit Saldo

Verrechnung bei V-Preis versus S-Preis

Dieser Saldo mindert nachträglich den Bestandswert, da zwar ein Wareneingang von 100,00 EUR gebucht wurde, dieser nachträglich aber nur mit 90,00 EUR in Rechnung gestellt wurde. Folglich muss die Gegenbuchung auf dem Bestandskonto erfolgen und zu einer »Abwertung« des Bestands führen. Da dies nur bei V-Preis-geführten Materialien mit Bestandsdeckung möglich ist und nicht bei S-Preis-geführten Materialien, wird bei S-Preis- bzw. bei V-Preis-geführtem Material ohne Bestandsdeckung die Gegenbuchung auf dem Preisdifferenzenkonto durchgeführt. Diese Problematik wird in Abschnitt 12.3, »Waren- und Rechnungseingang bei Material mit V-Preissteuerung«, noch genauer betrachtet.

V-Preissteuerung und S-Preissteuerung

Die Preissteuerung bei einem Material wird im Materialstammsatz in der Sicht BUCHHALTUNG 1 hinterlegt. Sie kann auf zwei unterschiedliche Arten erfolgen:

1. zum gleitenden Durchschnittspreis (auch V-Preis für Preissteuerung V genannt)
2. zum Standardpreis (auch S-Preis für Preissteuerung S genannt)

Der V-Preis ist kein feststehender Preis – er passt sich bei jedem Materialzugang an und wird fortlaufend nach folgender Formel berechnet:

Gesamtwert dividiert durch Gesamtbestandsmenge

Der Standardpreis ist hingegen feststehend. Sämtliche Bestandsbuchungen erfolgen zu diesem Preis. Abweichungen – wie z. B. bei unserem Beispiel in Abbildung 12.7 – werden grundsätzlich auf ein Preisdifferenzenkonto gebucht.

Buchungssätze für Ausgleich des WE/RE-Kontos

Damit ergibt sich für dieses Beispiel folgender Buchungssatz bei Wareneingangsmenge größer als Rechnungsmenge bei WE/RE-Kontenpflege:

WE/RE-Konto 10,00 EUR an Bestandskonto 10,00 EUR

bzw.:

WE/RE-Konto 10,00 EUR an Preisdifferenzen 10,00 EUR

Die Darstellung anhand von T-Konten sieht aus, wie in Abbildung 12.8 und Abbildung 12.9 dargestellt.

Bestand	
1) Zugang zu Bestellvorgang 100,00 EUR	10,00 EUR 1) WE/RE-Kontenpflege

Abbildung 12.8 Gegenbuchung an Bestandskonto bei WE/RE-Kontenpflege

Bei einer Bereinigung des Saldos aus Abbildung 12.7 und V-Preissteuerung des Materials und bestehender Bestandsdeckung erfolgt die Gegenbuchung gegen das Bestandskonto.

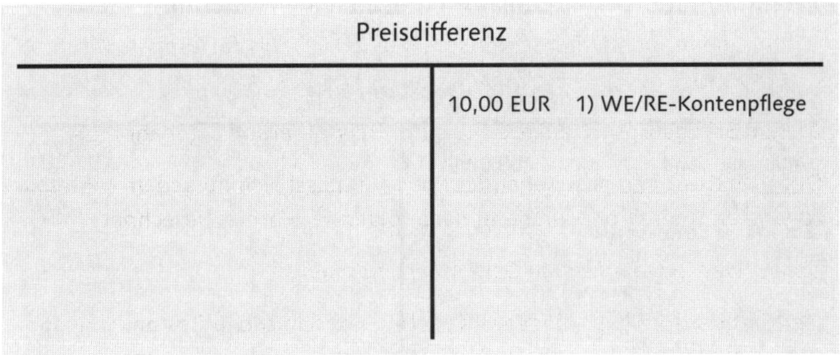

Abbildung 12.9 Gegenbuchung an Preisdifferenzenkonto bei WE/RE-Kontenpflege

Bei einer Bereinigung des Saldos aus Abbildung 12.7 und S-Preissteuerung des Materials oder V-Preissteuerung ohne Bestandsdeckung erfolgt die Gegenbuchung gegen das Preisdifferenzenkonto.

Da aber dieses klassische Buchungsbeispiel aus Abbildung 12.7 bis Abbildung 12.9 (leider) nichts mit der Buchungsrealität im SAP-Alltag zu tun hat – oder nur sehr vereinfacht –, werden wir im Folgenden detailliertere Beispiele betrachten.

12.3 Waren- und Rechnungseingang bei Material mit V-Preissteuerung

In diesem Abschnitt erhalten Sie nun ein Beispiel für ein Material mit V-Preissteuerung, um die Buchungslogik in SAP ERP besser zu verdeutlichen.

Wir legen in diesem Abschnitt die folgenden Beispieldaten zugrunde:

Material	*= 4711*
Bestand	*= 100 Stück*
Preissteuerung	*= V-Preis*
Materialwert	*= 2,00 EUR pro Stück*
Bestandswert	*= 200,00 EUR*
Bestellpreis	*= 2,40 EUR pro Stück*

Bestellmenge *= 100 Stück*
Wareneingangsmenge *= 100 Stück*

Bei der Buchung des Wareneingangs zur Bestellung erhöht sich der Bestand um die Wareneingangsmenge (siehe Abbildung 12.10).

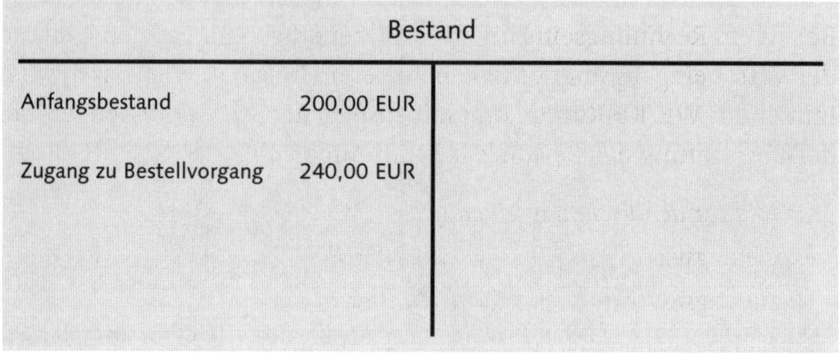

Abbildung 12.10 Buchungen auf dem Bestandskonto

Die Gegenbuchung zur Wareneingangsbuchung findet auf dem WE/RE-Konto statt (siehe Abbildung 12.11).

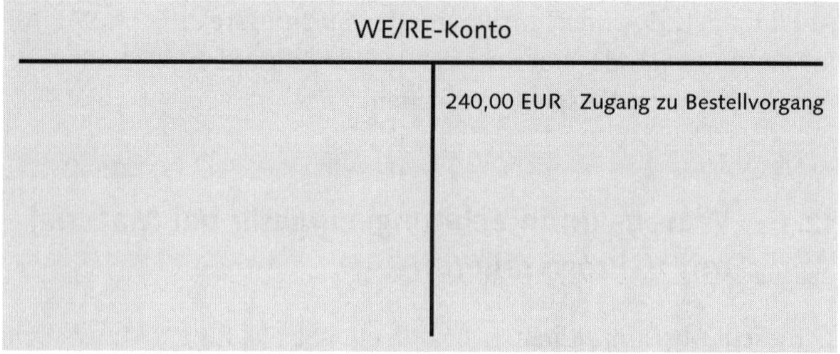

Abbildung 12.11 Buchung auf dem WE/RE-Konto bei Wareneingang zur Bestellung

Aus Sicht der Bewertung erhöht sich der Bestandswert um die Bestellmenge multipliziert mit dem Bestellpreis pro Stück:

Anfangsbestand:

100 Stück à 2,00 EUR *= 200,00 EUR*

Bestellmenge multipliziert mit Bestellpreis:

100 Stück à 2,40 EUR *= 240,00 EUR*

Ergibt einen neuen Bestandswert von 440,00 EUR. Aufgrund der V-Preissteuerung passt sich der Materialpreis im Materialstammsatz gemäß folgender Formel an.

Bestandswert geteilt durch Bestandsmenge:
440,00 EUR / 200 Stück = 2,20 EUR pro Stück

Bei einem Rechnungseingang nach Wareneingang im vollen Umfang der Wareneingangsmenge (wie in unserem Beispiel) wird das System immer das WE/RE-Konto komplett ausgleichen – dies müssen wir bei der Betrachtung des Beispiels jetzt im Auge behalten!

Daten für den Rechnungseingang:
Rechnungswert = 220,00 EUR
Rechnungsmenge = 100 Stück

Im ersten Schritt betrachten wir die Soll-Buchung auf dem WE/RE-Konto (siehe Abbildung 12.12).

Abbildung 12.12 Gegenbuchung auf dem WE/RE-Konto bei Rechnungseingang

Änderung zu Lasten des Bestandskontos

Da das WE/RE-Konto bei Rechnungsmenge = Wareneingangsmenge immer komplett ausgeglichen wird, erfolgt hier die Buchung in Höhe von 240,00 EUR. Da aber der Rechnungswert nur 220,00 EUR betrug, wird die Differenz von 20,00 EUR zu Lasten des Bestandskontos verbucht und damit der Bestandswert verändert. Das Bestandskonto weist also die in Abbildung 12.13 gezeigte Buchung aus dem Rechnungseingang auf.

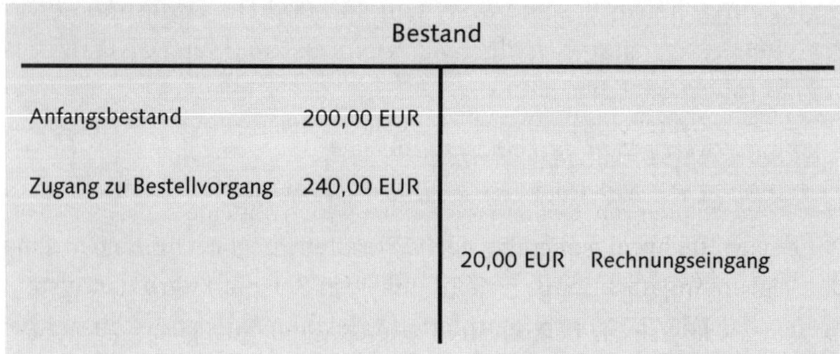

Abbildung 12.13 Bestandswertminderung bei Rechnungseingang

Der gleitende Durchschnittspreis reduziert sich hierdurch wie folgt:

Bestandswert vor Rechnungseingang:
440,00 EUR geteilt durch 200 Stück = 2,20 EUR/Stück
Bestandswert nach Rechnungseingang:
420,00 EUR geteilt durch 200 Stück = 2,10 EUR/Stück

Dem Kreditor werden die in Rechnung gestellten 220,00 EUR verbucht (siehe Abbildung 12.14).

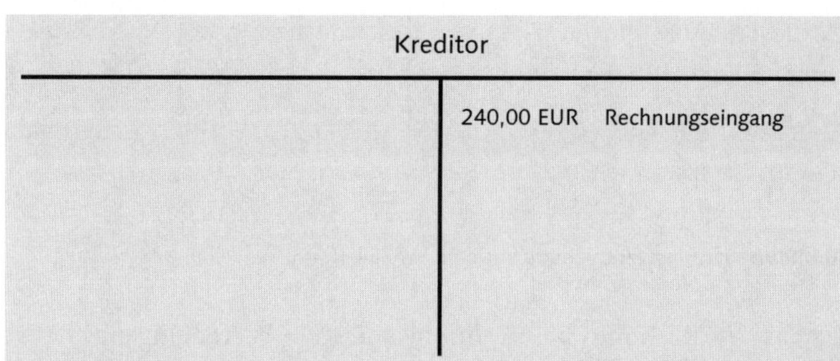

Abbildung 12.14 Buchung der Verbindlichkeit auf dem Kreditorenkonto

Damit ist dieser Beispielvorgang abgeschlossen.

Hinweis

Folgende Besonderheiten seien nochmals hervorgehoben:

- Solange Wareneingangsmenge = Rechnungsmenge, wird das WE/RE-Konto komplett ausgeglichen.
- Betragsdifferenzen beim Waren- oder Rechnungseingang gegenüber dem Bestellwert verändern bei V-Preissteuerung und bestehendem Bestand den gleitenden Durchschnittspreis.
- Betragsdifferenzen beim Waren- oder Rechnungseingang gegenüber dem Bestellwert verändern bei V-Preissteuerung und nicht ausreichendem oder keinem Bestand sowie bei S-Preissteuerung das Preisdifferenzenkonto.
- Betragsdifferenzen beim Waren- oder Rechnungseingang gegenüber dem Bestellwert zu kontierten Bestellungen werden gegen das Verbrauchskonto der Kontierung ausgeglichen.

12.4 Waren- und Rechnungseingang bei Material mit V-Preissteuerung mit Warenabgang vor Rechnungseingang

In diesem Abschnitt werden die Besonderheiten der V-Preissteuerung bei nicht ausreichender Bestandsdeckung aufgezeigt.

Angenommen seien die gleichen Bestell- und Wareneingangsdaten wie im Beispiel in Abschnitt 12.3, »Waren- und Rechnungseingang bei Material mit V-Preissteuerung«. Wir starten das Beispiel mit der in Abbildung 12.15 dargestellten Ausgangssituation.

Kreditor		
Anfangsbestand	200,00 EUR	
Zugang zu Bestellvorgang	240,00 EUR	

Abbildung 12.15 Bestandskonto mit Wareneingang zur Bestellung

Nach erfolgter Wareneingangsbuchung erhöht sich der Bestandswert um 240,00 EUR.

Abbildung 12.16 Gegenbuchung zum Bestellzugang auf dem WE/RE-Konto

Die Gegenbuchung zur Bestandsbuchung erfolgt (wie gehabt) auf dem WE/RE-Konto.

Daraus ergibt sich ein gleitender Durchschnittspreis:

Bestandswert geteilt durch Bestandsmenge:
440,00 EUR / 200 Stück = 2,20 EUR pro Stück

Warenausgang vor Rechnungseingang

Zu diesem Zeitpunkt erfolgt ein Warenausgang in Höhe von 150 Stück (siehe Abbildung 12.17). Der Warenausgangswert errechnet sich wie folgt:

150 Stück × 2,20 EUR/Stück = 330,00 EUR

Abbildung 12.17 Warenausgangsbuchung auf dem Bestandskonto

Der Bestandswert auf dem Materialkonto reduziert sich dadurch auf:

440,00 EUR – 330,00 EUR = 110,00 EUR

Keine Änderung des V-Preises bei Warenausgang

Der gleitende Durchschnittspreis bleibt dabei unverändert bei:

110,00 EUR / 50 Stück = 2,20 EUR pro Stück

Jetzt erfolgt der Rechnungseingang zu unserer Bestellposition in Höhe von 220,00 EUR.

Daten für den Rechnungseingang
Rechnungswert = 220,00 EUR
Rechnungsmenge = 100 Stück

Im ersten Schritt betrachten wir wieder die Soll-Buchung auf dem WE/RE-Konto (siehe Abbildung 12.18):

Abbildung 12.18 Buchung des Rechnungseingangs auf dem WE/RE-Konto

Änderung zu Lasten des Preisdifferenzenkontos

Die Differenz zwischen dem Posten auf dem WE/RE-Konto und dem Rechnungseingang von 20,00 EUR zu Lasten des Bestandskontos kann aufgrund von zu geringer Bestandsmenge aber nicht in vollem Umfang verbucht werden, da sich die Differenz auf 100 Stück bezieht. Es sind allerdings nur noch 50 Stück im Bestand! Für die fehlenden 50 Stück wird die Differenz daher auf dem Preisdifferenzenkonto verbucht.

Das Bestandskonto weist also folgende Buchung aus dem Rechnungseingang auf (siehe Abbildung 12.19).

Bestand			
Anfangsbestand	200,00 EUR		
Zugang zu Bestellvorgang	240,00 EUR		
		330,00 EUR	Warenausgang
		10,00 EUR	Rechnungseingang

Abbildung 12.19 Verbuchung des Saldos aus dem Rechnungseingang zu Lasten des Bestandskontos

Daraus ergibt sich folgender Bestandswert:

200,00 EUR + 240,00 EUR = 440,00 EUR – 330,00 EUR – 10,00 EUR = 100,00 EUR

Dies ergibt einen gleitenden Durchschnittspreis von:

Bestandswert geteilt durch Bestandsmenge:

100,00 EUR / 50 Stück = 2,00 EUR pro Stück

Das Preisdifferenzenkonto weist die in Abbildung 12.20 dargestellte Buchung auf.

Preisdifferenz			
		10,00 EUR	Rechnungseingang

Abbildung 12.20 Saldo aus Rechnungseingang zu Lasten des Preisdifferenzenkontos

Dem Kreditor werden die in Rechnung gestellten 220,00 EUR verbucht.

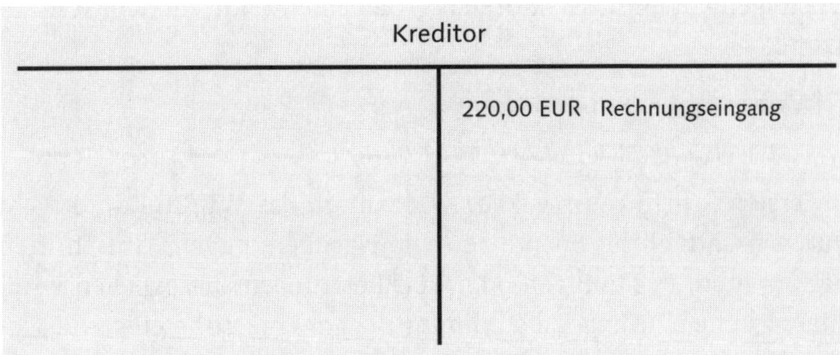

Abbildung 12.21 Buchung der Verbindlichkeiten auf dem Kreditorenkonto

Damit ist dieser Beispielvorgang abgeschlossen.

> **Hinweis**
>
> Folgende Besonderheiten seien hier nochmals hervorgehoben:
>
> - Sofern der zur Verfügung stehende Bestand kleiner ist als die gebuchte Rechnungsmenge, wird bei abweichendem Rechnungswert gegenüber dem Bestellwert auch bei V-Preissteuerung auf Preisdifferenzen gebucht.
> - Warenausgangsbuchungen verändern den gleitenden Durchschnittspreis nicht.

12.5 Einflussfaktoren auf das WE/RE-Konto

Bei einem »normalen« Bestellvorgang, bei dem die Bestellmenge gleich der Wareneingangsmenge und gleich der Rechnungsmenge ist, werden Mengen und Werte auf dem WE/RE-Konto gebucht, und am Ende des Vorgangs ist das WE/RE-Konto ausgeglichen (siehe auch das Einführungsbeispiel zu Beginn dieses Kapitels).

Werden jedoch unterschiedliche Mengen zwischen Wareneingang und Rechnungseingang gegen das WE/RE-Konto gebucht, kann ein Saldo entstehen, sofern nicht durch nachträgliche Wareneingänge bzw. Rechnungseingänge der Saldo ausgeglichen wird.

Dieser Saldo muss über eine Pflegetransaktion ausgeglichen werden, da das WE/RE-Konto zu der Gruppe der GuV-Konten zählt und damit am Ende einer Buchungsperiode ausgeglichen sein muss.

Nur Mengenänderungen ergeben einen Saldo auf dem WE/RE-Konto

Die folgenden Einflussfaktoren ergeben einen Saldo auf dem WE/RE-Konto:

Wareneingangsmenge > Rechnungsmenge

Wareneingangsmenge < Rechnungsmenge

Im ersten Schritt muss geklärt werden, ob das WE/RE-Konto nicht durch nachträgliche Buchungen wie Nachlieferungen, Gutschriften bzw. weitere Rechnungen oder Rücklieferungen ausgeglichen wird. Hierzu sollte eine enge Abstimmung der am Prozess beteiligten Fachabteilungen erfolgen.

Ausgleich des WE/RE-Kontos zu festgelegten Zeitpunkten

Wird das WE/RE-Konto vorzeitig ausgeglichen, können die oben genannten Buchungsvorgänge nicht mehr mit Bestellbezug ausgeführt werden, da das System für die jeweilige Bestellung das Endlieferkennzeichen bzw. das Endrechnungskennzeichen gesetzt hat und damit keine weiteren Buchungen zu diesem Vorgang mehr vorgenommen werden können.

12.6 Pflege des WE/RE-Kontos

Das WE/RE-Konto muss in regelmäßigen Abständen geprüft werden, damit eine zeitnahe Verrechnung der offenen Posten erfolgen kann.

Den Ablauf der WE/RE-Kontenpflege werden wir an einem Beispiel erläutern.

Vor dem eigentlichen Bestellvorgang werfen wir kurz einen Blick auf die Preissteuerung des Bestellmaterials 100-100, damit wir die späteren Buchungen des Systems nachvollziehen können. Hierfür verwenden wir die Transaktion MATERIAL ANZEIGEN (MM03) (Menüpfad LOGISTIK • MATERIALWIRTSCHAFT • MATERIALSTAMM • MATERIAL • ANZEIGEN • ANZEIGEN AKT. STAND). Nach Eingabe der Materialnummer verzweigen wir in die Sicht BUCHHALTUNG 1 für Werk 1000 (siehe Abbildung 12.22).

In unserem Beispiel hat das Material 100-100 eine S-Preissteuerung und einen Bestand von 1.055 Stück. Aufgrund der S-Preissteuerung erwarten wir bei einem Saldo auf dem WE/RE-Konto und der darauffolgenden Pflege des WE/RE-Kontos also eine Buchung gegen das Preisdifferenzenkonto!

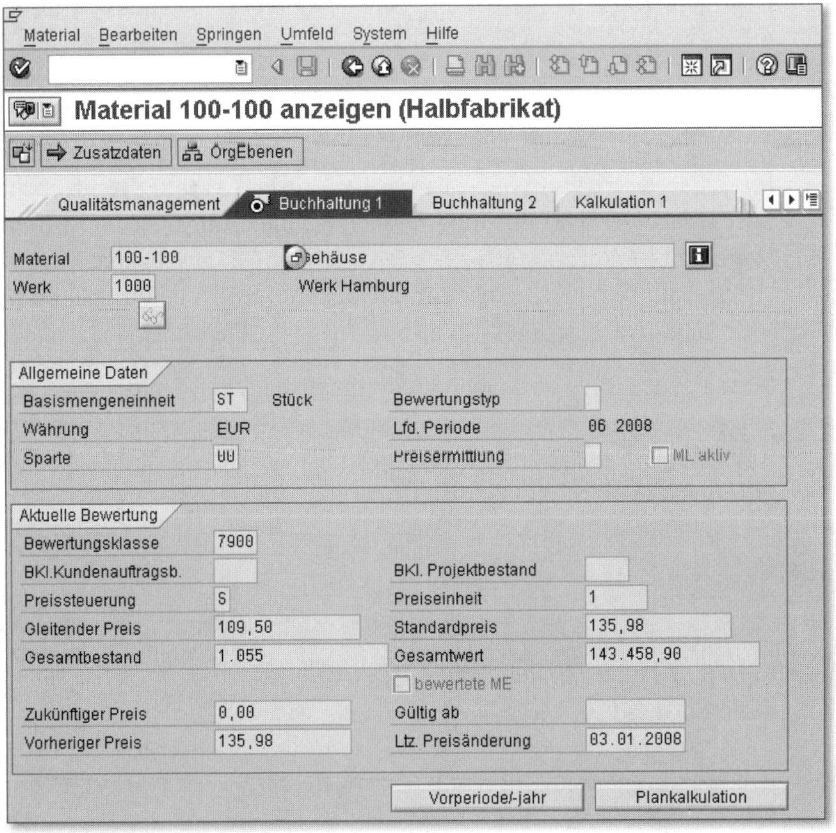

Abbildung 12.22 Buchhaltungssicht 1, Material 100-100

Im nächsten Schritt legen Sie eine Bestellung mit Transaktion ME21N (Menüpfad Logistik • Materialwirtschaft • Einkauf • Bestellung • Anlegen • Lieferant/Lieferwerk bekannt) über zehn Stück für Material 100-100 bei Lieferant 1000 an (siehe Abbildung 12.23).

Wareneingangsmenge = Bestellmenge

Im Anschluss buchen Sie den Wareneingang zu dieser Bestellung mit Transaktion MIGO (Menüpfad Logistik • Materialwirtschaft • Bestandsführung • Warenbewegung • Warenbewegung (MIGO)) in Höhe von zehn Stück (siehe Abbildung 12.24).

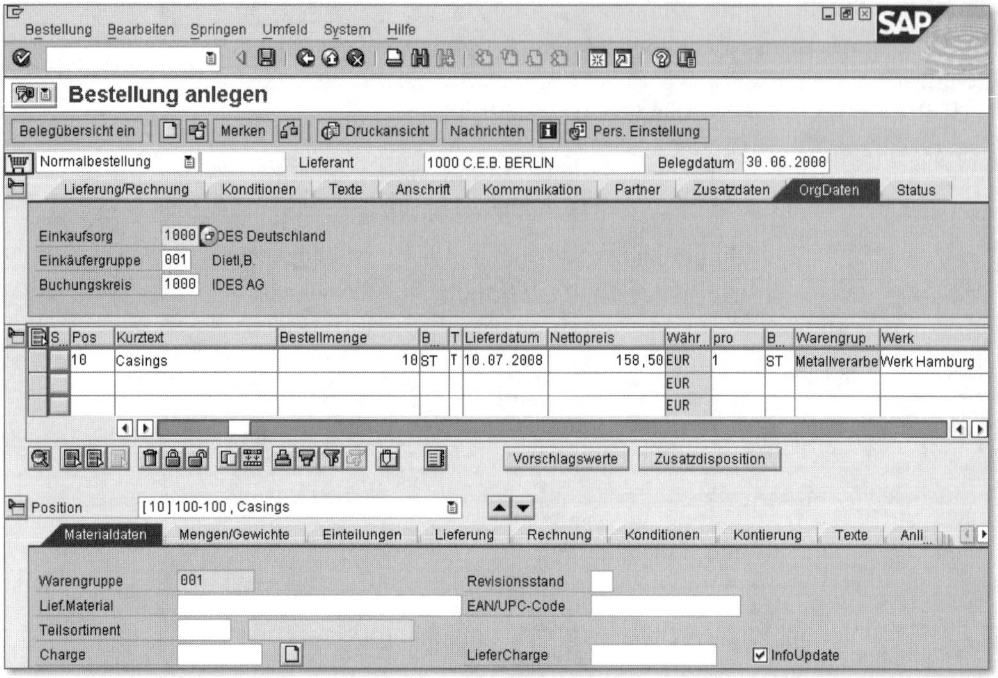

Abbildung 12.23 Bestellung anlegen für Material 100-100

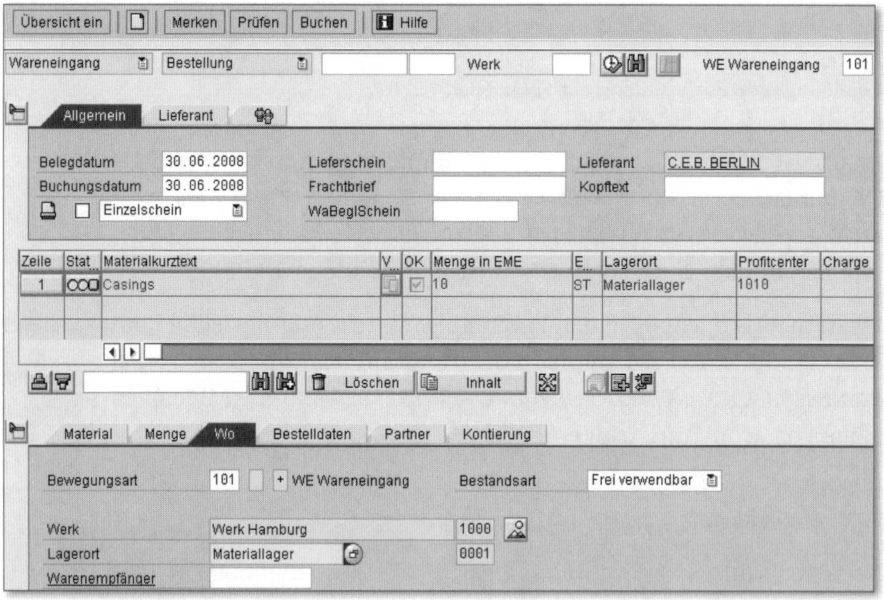

Abbildung 12.24 Wareneingang zur Bestellung

Im dritten Schritt buchen Sie einen Rechnungseingang zu der Bestellung mit der Transaktion MIRO (Menüpfad Logistik • Materialwirtschaft • Logistik-Rechnungsprüfung • Belegerfassung • Eingangsrechnung hinzufügen) zu einer berechneten Menge von acht Stück (siehe Abbildung 12.25).

Rechnungseingangsmenge < Wareneingangsmenge

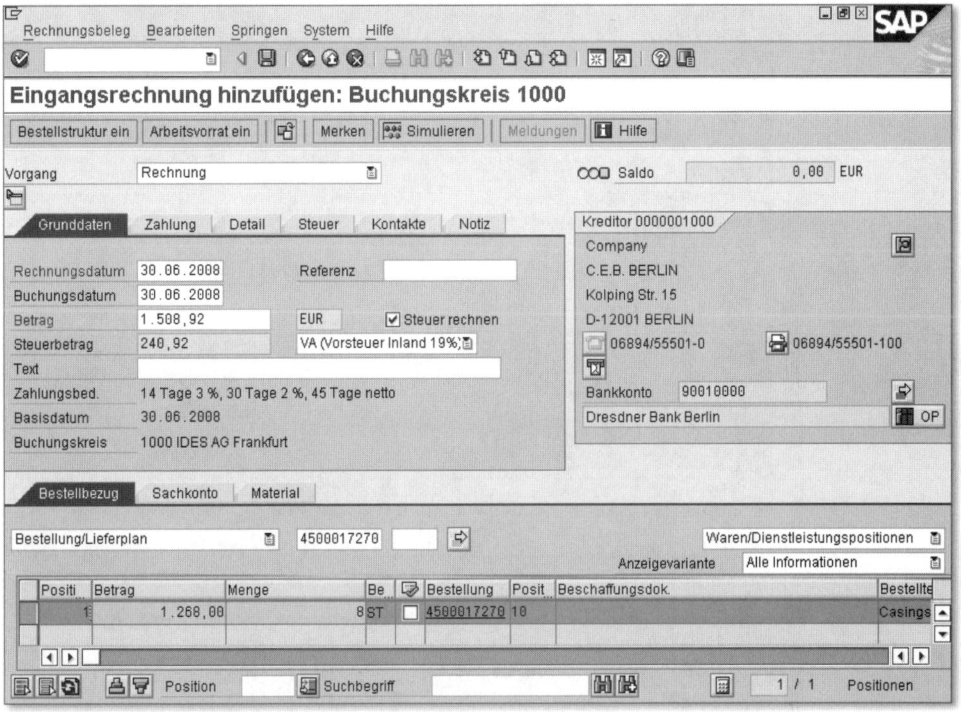

Abbildung 12.25 Rechnungseingang zur Bestellung

Im Anschluss hat das WE/RE-Verrechnungskonto einen offenen Posten von zwei Stück. Das System erwartet einen weiteren Rechnungseingang. Dieser bleibt in unserem Beispiel aber aus, da wir jetzt das WE/RE-Verrechnungskonto direkt pflegen werden.

Ausgleich des WE/RE-Kontos

Um offene Posten auf dem WE/RE-Konto auszugleichen, verwenden Sie die Transaktion MR11, die Sie über den folgenden Menüpfad erreichen: Logistik • Materialwirtschaft • Logistik-Rechnungsprüfung • WE/RE-Kontenpflege • WE/RE-Verrechnungskonto pflegen.

Nach dem Aufruf der Transaktion gelangen Sie auf das in Abbildung 12.26 gezeigte Selektionsbild.

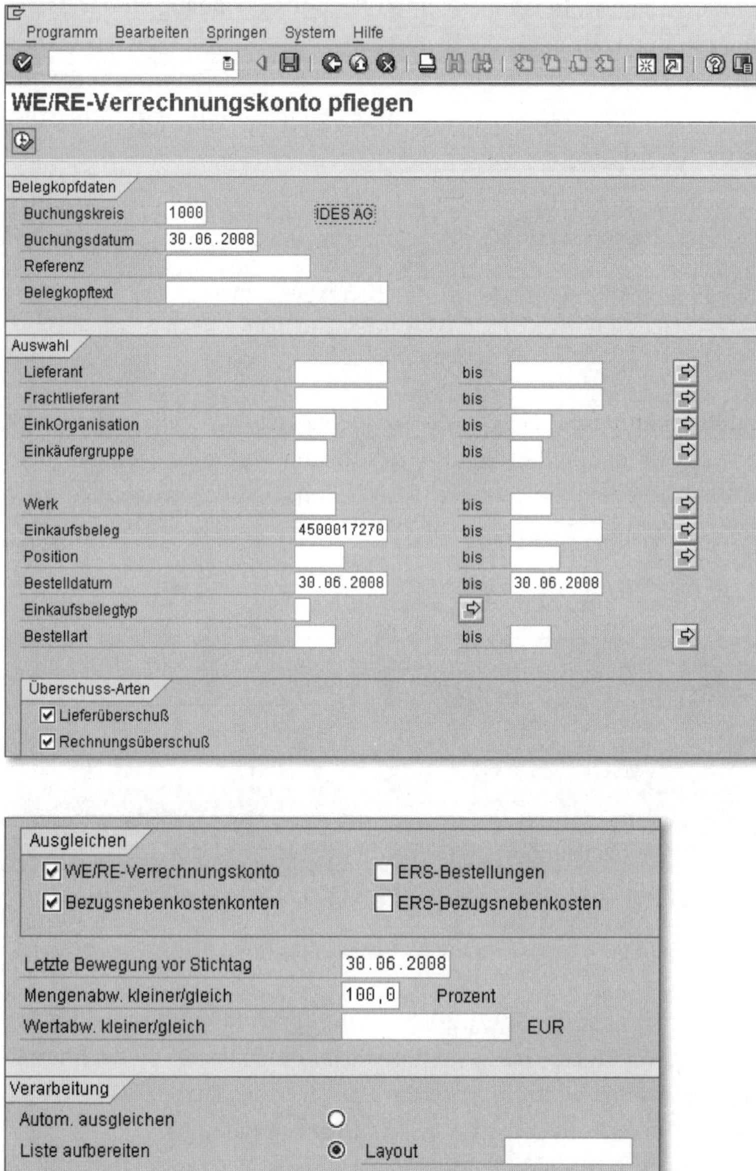

Abbildung 12.26 Selektionsbild zu Transaktion MR11

In diesem Fall geben Sie den Buchungskreis, die Bestellnummer und das Bestelldatum ein und drücken den Button AUSFÜHREN (F8). Sie bekommen jetzt einen Eintrag zu Ihrer Bestellung angezeigt (siehe Abbildung 12.27).

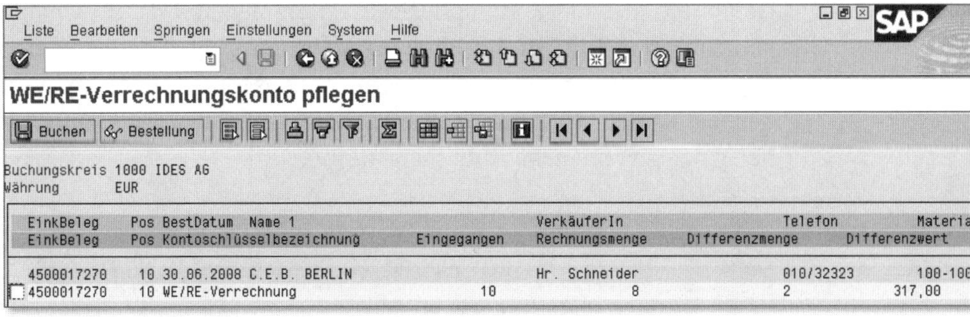

Abbildung 12.27 Belegübersicht zu Transaktion MR11

Von hier können Sie sich den Bestellbeleg anzeigen lassen und durch Verzweigen in die Bestellentwicklung der Bestellung analysieren, warum dieser Beleg in der WE/RE-Kontenpflege angezeigt wird (siehe Abbildung 12.28).

Prüfung der Bestellentwicklung zur Analyse

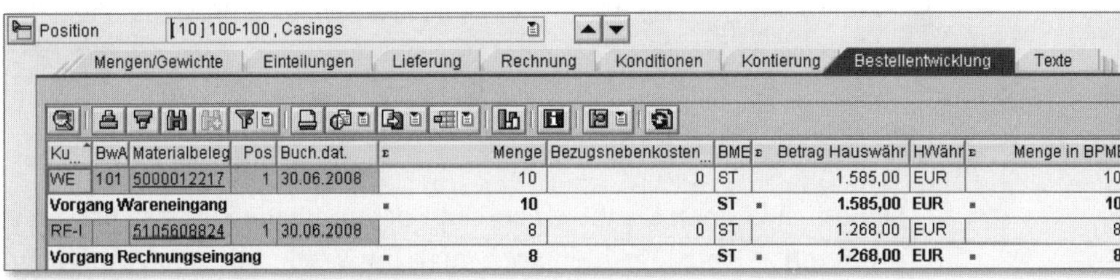

Abbildung 12.28 Bestellentwicklung für den Beispielvorgang

In unserem Beispiel sehen Sie die Mengendifferenz zwischen Wareneingang und Rechnungseingang in Höhe von zwei Stück. Jetzt kehren Sie zurück zur Kontenpflege (siehe Abbildung 12.27), markieren den Beleg und drücken im Anschluss auf den Button BUCHEN (F11). Das System bucht jetzt den Kontenpflegebeleg.

12.7 Kontenpflegebeleg anzeigen

Nachdem Sie im letzten Abschnitt das WE/RE-Verrechnungskonto gepflegt haben, geht es nun um den erzeugten Kontenpflegebeleg. Hierzu rufen Sie die Transaktion MR11SHOW auf (Menüpfad LOGISTIK • MATERIALWIRTSCHAFT • LOGISTIK-RECHNUNGSPRÜFUNG • WE/RE-KONTENPFLEGE • KONTENPFLEGEBELEG ANZEIGEN/STORNIEREN).

Geben Sie hier die Kontenpflege-Belegnummer und das Geschäftsjahr ein, und drücken Sie Enter. Das System zeigt Ihnen jetzt den Kontenpflegebeleg zur WE/RE-Verrechnungskontenpflege an. Von hier können Sie über den Button FOLGEBELEGE in den Buchhaltungsbeleg navigieren (siehe Abbildung 12.29).

Abbildung 12.29 Buchhaltungsbeleg zum Kontenpflegebeleg

Sicherlich können Sie die einzelnen Buchungszeilen jetzt selbst interpretieren – trotzdem hier noch mal zur Verdeutlichung: Aufgrund der geringeren Rechnungsmenge im Vergleich zur Wareneingangsmenge wird der Bestandswert des Materials 100-100 aus der Bestellung vermindert. Da das Material 100-100 einer S-Preissteuerung unterliegt, muss die Ausgleichsbuchung direkt vom WE/RE-Konto gegen das Preisdifferenzenkonto erfolgen.

12.8 Zusammenfassung

Das WE/RE-Konto ist das Gegenkonto zu Waren- und Rechnungseingängen bei Bestellvorgängen. Sollte nach Abschluss eines Bestellvorgangs auf dem WE/RE-Konto ein Saldo verbleiben, sollte dieser zeitnah durch Pflege des WE/RE-Kontos ausgeglichen werden.

Ein Saldo auf dem WE/RE-Konto kann nur durch folgende Buchungskonstellationen entstehen:

Wareneingangsmenge > Rechnungseingangsmenge

Wareneingangsmenge < Rechnungseingangsmenge

Bei allen anderen Konstellationen, in denen die Mengen zwischen Waren und Rechnungseingang identisch sind, wird das WE/RE-Konto immer ausgeglichen, und es verbleibt kein offener Posten.

Der Ausgleich des WE/RE-Kontos erfolgt mithilfe der Transaktion WE/RE-VERRECHNUNGSKONTO PFLEGEN (MR11). Die Gegenbuchung zum Ausgleich des WE/RE-Kontos ist abhängig von der Preissteuerung des gebuchten Materials und eventuell von der jeweiligen Bestandssituation. Die folgenden Ausgleichsmöglichkeiten sind vorstellbar.

Material mit S-Preissteuerung

- Alle Gegenbuchungen erfolgen gegen das Preisdifferenzenkonto.

Material mit V-Preissteuerung

- Bei vorhandener Bestandsdeckung – die Gegenbuchung erfolgt gegen das Bestandskonto.
- Bei teilweiser Bestandsdeckung – die Gegenbuchung erfolgt anteilig gegen das Bestands- und gegen das Preisdifferenzenkonto.
- Bei nicht vorhandener Bestandsdeckung – die Gegenbuchung erfolgt gegen das Preisdifferenzenkonto.

Sollte der Rechnungswert – bei identischen Wareneingangs- und Rechnungseingangsmengen – nicht mit dem Bestellwert übereinstimmen, wird die Differenz sofort bei der Buchung der Rechnung gegen das Bestands-bzw. das Preisdifferenzenkonto gebucht.

In diesem Kapitel werden die Möglichkeiten zur Preisänderung eines Materials mittels der Umbewertung beschrieben.

13 Umbewertung und Preissteuerung

Preissteuerung des Materialstammsatzes

Die Art der Preissteuerung des Materialstammsatzes hat einen erheblichen Einfluss auf die Umbewertung:

- Bei Materialstämmen mit Standardpreissteuerung werden die Preisdifferenzen direkt vom Bestand gegen das Umbewertungskonto der automatischen Kontenfindung gebucht.
- Bei Materialstämmen mit gleitendem Durchschnittspreis erfolgt die Verrechnung auf dem Bestandskonto, solange der zur Verfügung stehende Bestand für eine Verrechnung ausreicht.

Notwendigkeit zur Umbewertung

Sie verwenden die Umbewertung zur Preisänderung eines Materialstammsatzes. Innerhalb einer Periode ist es möglich, dass sich die Einflussfaktoren zur Preisbestimmung wie z. B. Einkaufspreise oder auch Verkaufspreise ändern, so dass der Preis im Materialstammsatz nicht mehr den gültigen Bewertungspreis darstellt.

- Bei Materialien mit S-Preissteuerung werden also zunehmend Preisdifferenzen gebucht werden, da die Bestellpreise von dem zu Beginn der Periode festgelegten Preis abweichen.
- Bei Materialien mit V-Preissteuerung verändern sich die Preise durch Waren- und Rechnungseingänge automatisch. Am Ende einer Periode ergibt sich daraus zunehmend die Notwendigkeit, die Preise an die tatsächlich gewollten Preise wieder anzupassen. Zusätzlich können hier bei nicht ausreichender Bestandsdeckung Buchungen auf Preisdifferenzen hinzukommen.

In der Umbewertung werden folgende Fälle unterschieden:

- direkte Materialpreisänderung
- zukünftige Preise festlegen
- geplante Preise freigeben (manuell oder automatisch)

13.1 Direkte Materialpreisänderung

Bei der direkten Materialpreisänderung rufen Sie die Transaktion MR21 auf, die Sie über den folgenden Menüpfad erreichen können: LOGISTIK • MATERIALWIRTSCHAFT • BEWERTUNG • MATERIALPREISÄNDERUNG • MATERIALPREISE ÄNDERN.

Einschränkungen

Auf dem Selektionsbild der Transaktion können folgende Einschränkungen gemacht werden:

- Buchungsdatum
- Buchungskreis
- Werk
- Referenz
- Belegkopftext

Obligatorisch sind hier Eingaben zum Buchungsdatum und zum Buchungskreis bzw. Werk, danach können Sie mit Enter in das Bild PREISÄNDERUNG ÜBERSICHTSBILD wechseln.

In der hier vorliegenden Tabelle (siehe Abbildung 13.1) können alle zur Umbewertung anstehenden Materialien mit ihren neuen Preisen eingegeben werden. Das System ergänzt hierbei die aktuellen Materialpreise und die Bestellpreismengeneinheit aus dem Materialstammsatz.

Für die Verwendung von weiteren oder weniger Kriterien zur Preisänderung stehen Ihnen verschiedene Anzeigevarianten zur Verfügung. Diese können im Customizing unter MATERIALWIRTSCHAFT • LOGISTIK-RECHNUNGSPRÜFUNG • EINGANGSRECHNUNG • VARIANTEN FÜR POSITIONSLISTE PFLEGEN (Transaktion OLMRLIST) an Ihre Bedürfnisse angepasst werden.

Wenn Sie Ihre Eingaben abgeschlossen haben, speichern Sie Ihre Ergebnisse, und das System wird einen Buchhaltungsbeleg erstellen. Diesen können Sie sich jetzt durch Drücken des Buttons BELEG ANZEIGEN anzeigen lassen.

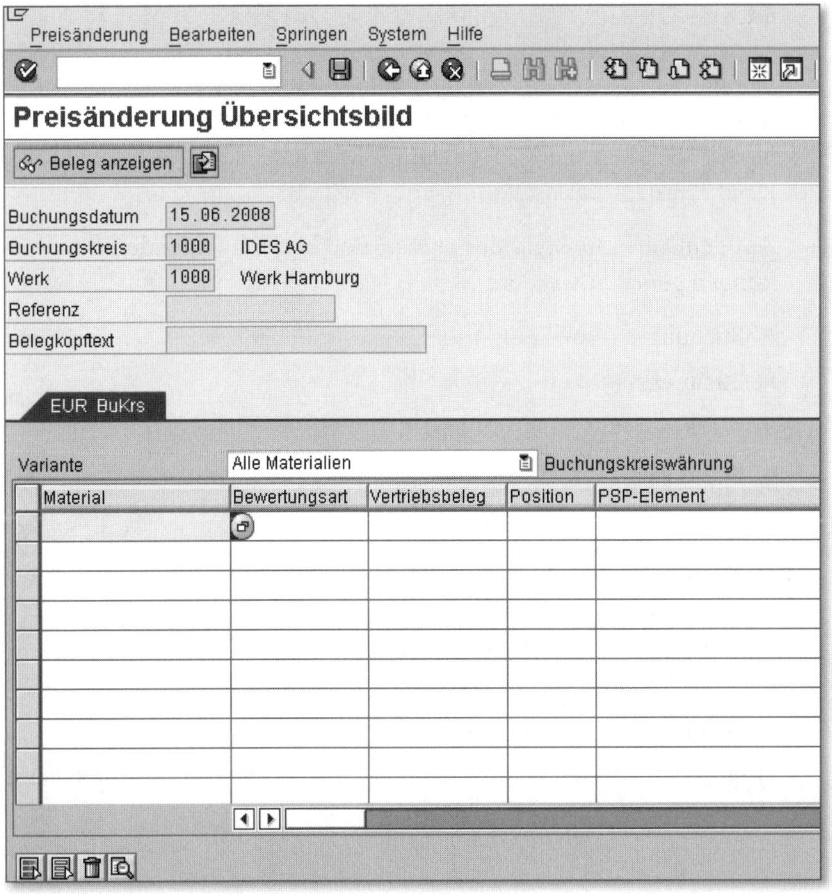

Abbildung 13.1 MR21 – Übersichtsbild

Anzeige des Preisänderungsbelegs

Danach wechselt das System in die Transaktion PREISÄNDERUNGSBELEG: EINSTIEG (CKMPCD) (siehe Abbildung 13.2). Sie können diese Transaktion auch aus dem Anwendungsmenü über LOGISTIK • MATERIALWIRTSCHAFT • BEWERTUNG • ISTKALKULATION/MATERIAL-LEDGER • INFOSYSTEM • WEITERE BERICHTE • PREISÄNDERUNGSBELEG aufrufen.

Geben Sie auf dem Selektionsbild die Belegnummer und das Belegjahr ein, und drücken Sie Enter. Sie bekommen jetzt für jedes Material eine Buchungszeile präsentiert (siehe Abbildung 13.3).

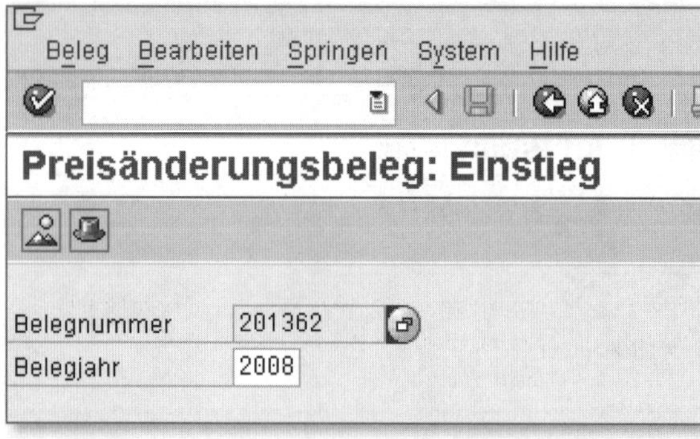

Abbildung 13.2 Preisänderungsbeleg – Einstieg

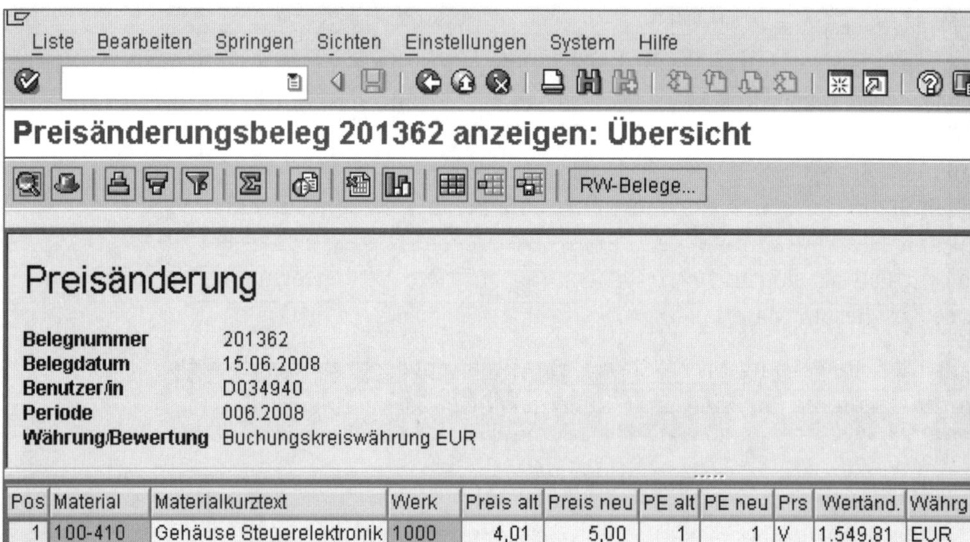

Abbildung 13.3 Preisänderung – Übersicht

Zur Anzeige des Rechnungswesenbelegs markieren Sie die Zeile und drücken den Button RW-Belege. Sie bekommen dann alle vorhandenen Belege im Rechnungswesen in einem Pop-up angezeigt. Wählen Sie hier per Doppelklick den Buchhaltungsbeleg aus. Sie sehen jetzt die Erfassungssicht des Rechnungswesenbelegs (siehe Abbildung 13.4).

Abbildung 13.4 Rechnungswesenbeleg

Falls der Bewertungspreis durch die Preisänderung erhöht wurde, sehen Sie in der ersten Buchungszeile eine positive Betragsbuchung auf dem Bestandskonto des Materials. Die Gegenbuchung erfolgt in diesem Fall als negative Betragsbuchung auf dem Umbewertungskonto zu diesem Material.

Falls der Bewertungspreis durch die Preisänderung vermindert wurde, fallen die Buchungssätze in umgekehrter Reihenfolge aus.

Beispiel

Material = ABC
Bestand = 1.000 Stück
Preis vor Preisänderung = 10,00 EUR pro Stück
ergibt einen Bestandswert vor der Preisänderung von 10.000,00 EUR
Preisänderung auf = 11,00 EUR pro Stück
ergibt einen Bestandswert nach der Preisänderung von 11.000,00 EUR

Buchungssatz:

Bestand Material ABC 1.000,00 EUR
an Umbewertung Material ABC 1.000,00 EUR

Eine buchhalterische Umbewertung inklusive einer Buchung im Rechnungswesen kann nur bei vorhandenem Materialbestand durchgeführt werden. Sollte kein Bestand vorhanden sein, wird lediglich ein Umbewertungsbeleg in der Materialwirtschaft erzeugt und der Preis des Materials im Materialstammsatz geändert.

Buchungslogik bei S- bzw. V-Preissteuerung

Bedenken Sie hier nochmals die eingangs erwähnte Buchungslogik: S-Preis-geführte Materialien werden direkt Bestand an Umbewertungskonto (bzw. umgekehrt) gebucht, bei V-Preis-geführten Materialien erfolgt die Buchung gegen Umbewertung nur in den Fällen, in denen der zur Verfügung stehende Materialbestand für die Umbewertung nicht ausreicht. Ansonsten wird lediglich der Preis des Materialstammsatzes geändert. Siehe hierzu auch die Erläuterungen zu S- und V-Preis in Kapitel 12, »Buchungssystematik in SAP ERP mit WE/RE-Konten«.

13.2 Zukünftige Preise festlegen (manuell oder automatisch)

Bei diesem Vorgang werden Preise für ein in der Zukunft liegendes Datum festgelegt. Diese Preise müssen in einem zweiten Schritt freigegeben werden. Dies kann entweder manuell oder automatisch erfolgen (siehe Abschnitt 13.3, »Geplante Preise freigeben (manuell oder automatisch)«). Ein typisches Beispiel für diesen Vorgang wäre eine Preisanpassung zum Geschäftsjahreswechsel, der zu einem bestimmten Stichtag erfolgen soll.

Hierfür wird Transaktion CKMPRP verwendet. Diese erreichen Sie im Anwendungsmenü unter LOGISTIK • MATERIALWIRTSCHAFT • BEWERTUNG • MATERIALPREISÄNDERUNG • ZUKÜNFTIGE PREISE PFLEGEN.

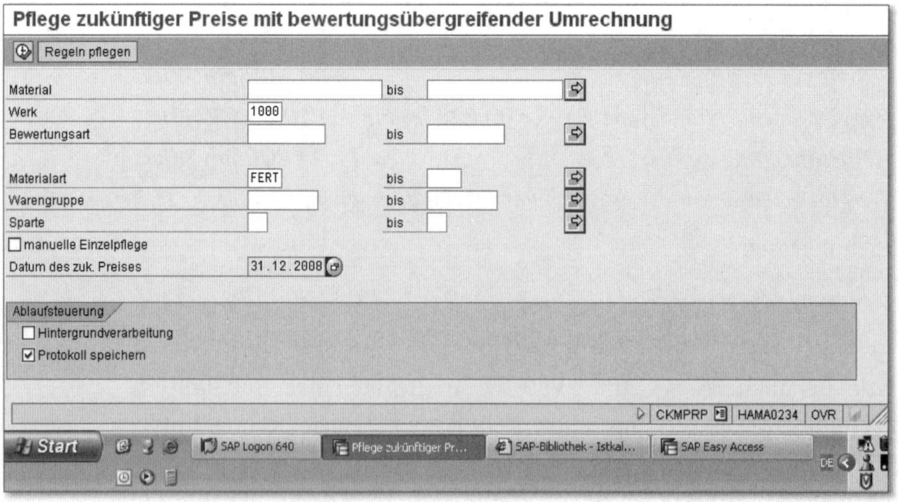

Abbildung 13.5 Transaktion CKMPRP

Hier geben Sie jetzt die zu pflegenden Materialien ein. Legen Sie ebenfalls das Datum fest, ab dem der zukünftige Preis gültig werden soll (siehe Abbildung 13.5).

13.2.1 Zukünftige Preise festlegen – manuell

Über das Häkchen MANUELLE EINZELPFLEGE legen Sie fest, dass Sie für jedes Material den zukünftigen Bewertungspreis manuell eingeben können.

13.2.2 Zukünftige Preise pflegen – automatisch

Über den Button REGELN PFLEGEN können Sie auch zusätzlich einen generellen Faktor pflegen, mit dem Sie die Preise aller selektierten Materialien multiplizieren.

Genereller Faktor zur Multiplikation der Preise

Beispiel: Sie wollen für eine bestimmte Anzahl an Materialien den Bewertungspreis zu einem Stichtag um 15 % anheben. Geben Sie hierfür Ihre zu ändernden Materialien auf dem Selektionsbild ein, und drücken Sie auf den Button REGELN PFLEGEN. Im Feld ZUS. FAKTOR geben Sie die Zahl »1,15« ein (siehe Abbildung 13.6). Die zukünftigen Bewertungspreise der selektierten Materialen werden hierdurch mit dem Faktor 1,15 angehoben. Genauso können Sie mit Abwertungen verfahren: Geben Sie hierfür einen Faktor kleiner 1 ein (siehe Abbildung 13.6).

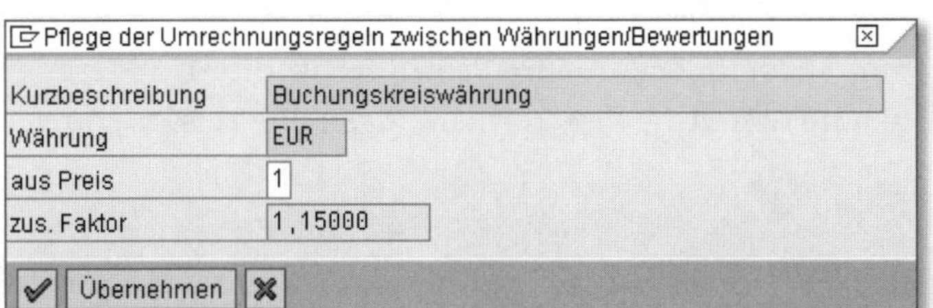

Abbildung 13.6 Zusätzlicher Faktor

Falls Sie eine große Anzahl an zukünftigen Preisänderungen durchführen wollen – z. B. für eine komplette Materialart – können Sie die Transaktion auch über die Hintergrundverarbeitung ausführen. Markieren Sie hierfür im Feld ABLAUFSTEUERUNG das Kästchen HINTERGRUNDVERARBEITUNG.

Exkurs: Hintergrundverarbeitung

Wenn Sie Transaktionen ausführen, wird im SAP-System für die Durchführung Ihrer Abfrage ein so genannter *Dialogprozess* verwendet. Jedes SAP-System hat eine durch die SAP-Basis festgelegte Anzahl an Dialogprozessen. Daneben gibt es ebenfalls eine festgelegte Anzahl an Hintergrundprozessen. Einfache/normale Abfragen können Sie über Dialogprozesse ausführen. Wenn Sie allerdings Abfragen machen möchten, die eine längere Laufzeit benötigen, können Sie bei vielen Transaktionen die Hintergrundverarbeitung nutzen. Das SAP-System verwendet für die Ausführung Ihrer Abfrage dann einen Hintergrundprozess. Dieser erlaubt in der Regel eine längere Laufzeit von Abfragen und behindert andere Anwender nicht bei der Durchführung ihrer Abfragen, denn wenn alle Dialogprozesse belegt sind, »steht das System«, bzw. es stehen keine weiteren Ressourcen für Abfragen mehr zur Verfügung.

Für wiederkehrende Änderungen können Sie die Eingaben auf dem Selektionsbild in einer Variante abspeichern. Drücken Sie hierfür nach Abschluss Ihrer Eingaben auf den Sicherungsbutton (Taste F11), und geben Sie Ihrer Variante einen Namen. Jetzt sehen Sie rechts vom Button REGELN PFLEGEN ein weiteres Icon VARIANTE HOLEN. Hierüber können Sie auf Ihre gespeicherte Selektionsvariante zugreifen.

Nachdem Sie Ihre zukünftigen Preise gepflegt haben, gibt das System die vorgemerkten Änderungen in einem Protokoll aus. Dieses können Sie sich ausdrucken oder in eine Datei sichern.

Ihre vorgemerkten Preisänderungen können Sie auch noch zu einem späteren Zeitpunkt ändern. Rufen Sie hierfür erneut die Transaktion CKMPRP auf, wiederholen Sie Ihre Selektion für die zu ändernden Materialien, und führen Sie Ihre Vormerkungen für Preisänderungen durch.

13.3 Geplante Preise freigeben (manuell oder automatisch)

Das Freigeben geplanter Preisänderungen können Sie – unabhängig davon, ob Sie die Preise manuell oder automatisch geplant hatten – mit der Transaktion CKME ausführen. Diese können Sie im Anwendungsmenü unter LOGISTIK • MATERIALWIRTSCHAFT • BEWERTUNG • MATERIALPREISÄNDERUNG • GEPLANTE PREISE FREIGEBEN erreichen.

Sie können diese Transaktion online oder im Hintergrund (auch periodisch per Job) ausführen. Falls Sie also eine Preisfreigabe per Stichtag 31.12. durchführen möchten, können Sie für diesen Zeitpunkt einen Hintergrundjob einplanen.

Auf dem Selektionsbild dieser Transaktion müssen wieder die Materialien eingegeben werden, für die eine Preisänderung geplant wurde (siehe Abbildung 13.7). Darüber hinaus haben Sie die Möglichkeit, insbesondere für die periodisch wiederkehrende Durchführung der Freigabe im Feld

Abweichungen mit Toleranzen

SCHWELLWERTE FÜR TOLERIERTE ABWEICHUNGEN Eingaben zu pflegen, anhand derer das System die geplanten Preisänderungen vor der Freigabe prüft. Dicsc Prüfung kann in der Durchführung der Freigabe entweder zu einer Warnung oder einem Fehler führen.

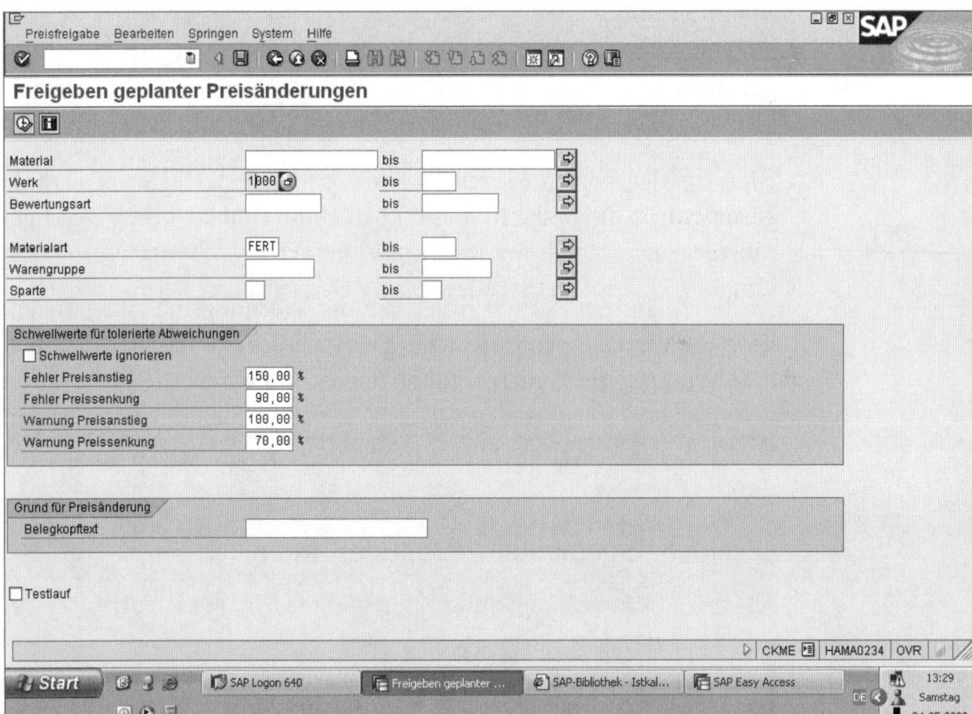

Abbildung 13.7 Transaktion CKME

Wenn Sie also bei der Eingabe der zukünftigen Preise einen Wert für ein Material gepflegt haben, der den Fehler-Prozentwert übersteigt, wird das System für dieses Material keine Preisänderung durchführen und stattdessen einen Eintrag im Fehlerprotokoll fortschreiben. Als Beispiel für diesen Vorgang sehen Sie in Abbildung 13.8 ein Fehlerprotokoll für einen Testlauf:

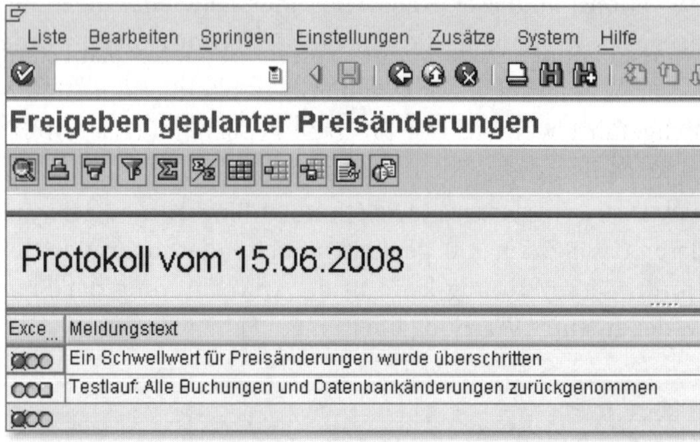

Abbildung 13.8 Fehlerprotokoll im Testlauf

Hier lag der geplante Preis außerhalb der festgelegten Toleranzgrenze. Das System hat in diesem Fall keine Umbewertung durchgeführt.

Ist der zu ändernde Wert innerhalb der Warnungstoleranzgrenzen, wird die Preisänderung zwar durchgeführt, es erfolgt aber dennoch eine Warnung im Fehlerprotokoll (siehe Abbildung 13.9).

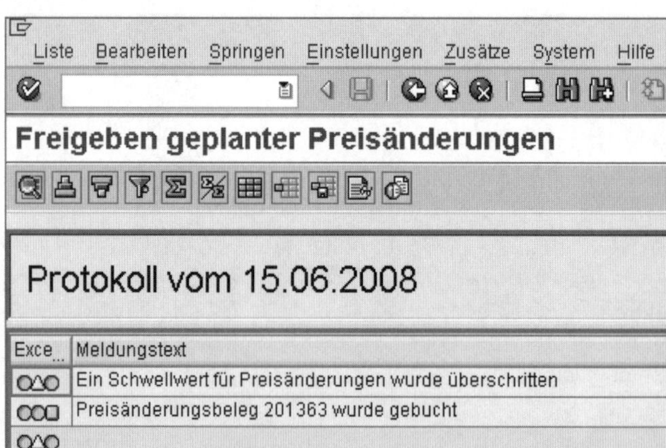

Abbildung 13.9 Preisänderung innerhalb der Toleranzgrenze

Mithilfe dieses Protokolls können Sie nach der Änderung die vermerkten Materialien prüfen.

13.4 Zusammenfassung

Preisänderungen können sowohl zeitlich direkt als auch geplant stattfinden. Die Preisänderung kann sowohl online als auch im Hintergrund durchgeführt werden. Die Freigabe geplanter Preise erfolgt unter Berücksichtigung von Toleranzgrenzen.

Anhang

A SAP Notes

- 10757 FAQ: MR11, WE/RE-Verrechnungskonto ausgleichen
- 98632 Abbruch des ERS-Verfahrens
- 113901 Steuern bei Warenbewegungen
- 177224 Zahlungsbedingungen in der Logistik-Rechnungsprüfung
- 185961 Berechnung des GLD
- 205649 Nettobuchen beim Wareneingang zur Bestellung mit Fracht
- 209864 V-Preis unverhältnismäßig groß
- 212286 Übersicht: Bewertung bei Warenbewegungen
- 308008 FAQ: Buchungslogik: WE/RE Verrechnungskonto
- 314609 Neue Transaktionen in der Logistik-Rechnungsprüfung zu Release 4.6C
- 380883 Wareneingangswert ungleich Rechnungseingangswert bei Bestellpreismengeneinheit
- 394370 FAQ: Rechnungsfreigabe – Häufig gestellte Fragen
- 395043 FAQ: Buchen von Rechnungen mit Transaktion MIRO
- 395973 FAQ: Steuern in der Logistik-Rechnungsprüfung
- 396051 FAQ: Vorerfassung in der Logistik-Rechnungsprüfung
- 399906 Bewertung bei abweichender Bestellpreismengeneinheit
- 499575 FAQ: Rechnungsprüfung/Wareneingang in der Dienstleistung
- 514938 FAQ: Steuer- und Skontobasis, Skonto
- 518114 FAQ: Warenbewegungen in Fremdwährung
- 518368 FAQ: Bewertung zur Bestellung
- 518485 FAQ: Bewertung Warenbewegungen
- 518485 FAQ: Bewertung Warenbewegungen
- 519800 FAQ: Wareneingang
- 523495 FAQ: Kontenfindung
- 523509 FAQ: Steuerungstabellen (kein Customizing)
- 1174830 FAQ: Rechnungsstorno zu Dienstleistungen

B Menüpfade

B.1 Kapitel 2: Organisationsebenen

B.1.1 SAP ERP-Customizing

SAP Customizing Einführungsleitfaden [SPRO]: SAP Menü • Werkzeuge • Customizing • IMG • Projektbearbeitung • Button SAP REFERENZ-IMG

Definition von Organisationseinheiten: SPRO • SAP Customizing Einführungsleitfaden • Unternehmensstruktur • Definition • Finanzwesen/Controlling/Logistik Allgemein/Materialwirtschaft

Zuordnung von Organisationseinheiten: SPRO • SAP Customizing Einführungsleitfaden • Unternehmensstruktur • Zuordnung • Finanzwesen/Controlling/Logistik Allgemein/Materialwirtschaft

Einkäufergruppen anlegen: SPRO • SAP Referenz-IMG • SAP Customizing Einführungsleitfaden • Materialwirtschaft • Einkauf • Einkäufergruppen anlegen

Kontenplanzuordnung: SPRO • SAP Referenz-IMG • SAP Customizing Einführungsleitfaden • Finanzwesen • Hauptbuchhaltung • Sachkonten • Stammdaten • Vorarbeiten • Buchungskreis einem Kontenplan zuordnen

Einstellungen zum Buchungskreis (Globale Parameter): SPRO • SAP Referenz-IMG • SAP Customizing Einführungsleitfaden • Finanzwesen • Grundeinstellungen Finanzwesen • Buchungskreis • Globale Parameter prüfen und ergänzen

Zuordnung Buchungskreis – Kostenrechnungskreis: SPRO • SAP Referenz-IMG • SAP Customizing Einführungsleitfaden • Unternehmensstruktur • Zuordnung • Controlling • Buchungskreis – Kostenrechnungskreis zuordnen

Zuordnung Werk zu Buchungskreis: SPRO • SAP Referenz-IMG • SAP Customizing Einführungsleitfaden • Unternehmensstruktur • Zuordnung • Logistik Allgemein • Werk – Buchungskreis zuordnen

Zuordnung Einkaufsorganisation – Werk: SPRO • SAP Referenz-IMG • SAP Customizing Einführungsleitfaden • Unternehmensstruktur •

Zuordnung • Materialwirtschaft • Einkaufsorganisation – Werk zuordnen

Zuordnung Einkaufsorganisation zu Buchungskreis: SPRO • SAP Referenz-IMG • SAP Customizing Einführungsleitfaden • Unternehmensstruktur • Zuordnung • Materialwirtschaft • Einkaufsorganisation – Buchungskreis zuordnen

Bewertungsebene festlegen: SPRO • SAP Referenz-IMG • SAP Customizing Einführungsleitfaden • Unternehmensstruktur • Definition • Logistik Allgemein • Bewertungsebene festlegen

B.2 Kapitel 3: Stammdaten in SAP ERP

B.2.1 SAP ERP-Anwendung

Materialstammsatz [MM01, MM02, MM03]: SAP Menü • Logistik • Materialwirtschaft • Stammdaten • Materialstamm • anlegen/ändern/anzeigen

Lieferantenstammsatz: [XK01, XK02, XK03]: SAP Menü • Logistik • Materialwirtschaft • Einkauf • Stammdaten • Lieferant • anlegen/ändern/anzeigen

B.2.2 SAP ERP-Customizing

Getrennte Bewertung einstellen: SPRO • SAP Referenz-IMG • SAP Customizing Einführungsleitfaden • Materialwirtschaft • Bewertung und Kontierung • Getrennte Bewertung

B.3 Kapitel 4: Beschaffung mit SAP ERP

B.3.1 SAP ERP-Anwendung

Anfrage [ME41/ME42/ME43]: SAP Menü • Logistik • Materialwirtschaft • Einkauf • Anfrage/Angebot • Anfrage • anlegen/ändern/anzeigen

Angebot [ME47/ME48]: SAP Menü • Logistik • Materialwirtschaft • Einkauf • Anfrage/Angebot • Angebot • pflegen/anzeigen

Preisspiegel [ME49]: SAP Menü • Logistik • Materialwirtschaft • Einkauf • Anfrage/Angebot • Angebot • Preisspiegel

Nachricht ausgeben [ME9A]: SAP Menü • Logistik • Materialwirtschaft • Einkauf • Anfrage/Angebot • Anfrage • Nachrichten • Nachrichten ausgeben

Enjoy-Bestellung [ME21N, ME22N, ME23N]: SAP Menü • Logistik • Materialwirtschaft • Einkauf • Bestellung • Anlegen • Lieferant/Lieferwerk bekannt

Warenbewegung [MIGO]: SAP Menü • Logistik • Materialwirtschaft • Bestandsführung • Warenbewegung • Wareneingang zur Bestellung • Bestellnummer bekannt

Eingangsrechnung hinzufügen [MIRO]: SAP Menü • Logistik • Materialwirtschaft • Logistik-Rechnungsprüfung • Belegerfassung • Eingangsrechnung hinzufügen

B.4 Kapitel 5: Einführung in die Arbeit mit der Logistik-Rechnungsprüfung

B.4.1 SAP ERP-Anwendung

Eingangsrechnung hinzufügen [MIRO]: SAP Menü • Logistik • Materialwirtschaft • Logistik-Rechnungsprüfung • Belegerfassung • Eingangsrechnung hinzufügen

Benutzerpflege [SU01]: SAP Menü • Werkzeuge • Administration • Benutzerpflege • Benutzer

B.4.2 SAP ERP-Customizing

Anzeigevarianten pflegen: SPRO • SAP Referenz-IMG • SAP Customizing Einführungsleitfaden • Materialwirtschaft • Logistik-Rechnungsprüfung • Eingangsrechnung • Varianten für Positionsliste pflegen

B.5 Kapitel 6: Allgemeine Techniken in der Logistik-Rechnungsprüfung

B.5.1 SAP ERP-Anwendung

Übersicht Rechnungen [MIR6]: SAP Menü • Logistik • Materialwirtschaft • Logistik-Rechnungsprüfung • Weiterverarbeitung • Übersicht Rechnungen

Eingangsrechnung vorerfassen [MIR7]: SAP Menü • Logistik • Materialwirtschaft • Logistik-Rechnungsprüfung • Belegerfassung • Eingangsrechnung vorerfassen

Vorsteuer vorerfasster Belege [S_ALR_87012362]: SAP Menü • Rechnungswesen • Finanzwesen • Hauptbuch • Meldewesen • Umsatzsteueranmeldungen • Allgemein • Vorsteuer vorerfasster Belege

Rechnungsbeleg stornieren [MR8M]: SAP Menü • Logistik • Materialwirtschaft • Logistik-Rechnungsprüfung • Weiterverarbeitung • Rechnungsbeleg stornieren

Nachrichten ausgeben [MR90]: SAP Menü • Logistik • Materialwirtschaft • Logistik-Rechnungsprüfung • Weiterverarbeitung • Nachrichten ausgeben

Lieferantenfakturabelege [MCW3/MCW4]: SAP Menü • Infosysteme • Logistik • Einkauf • Lieferant • Lieferantenfaktura • Lieferantenfakturabelege • Kopfdaten/Positionsdaten

B.5.2 SAP ERP-Customizing

Aktivierung »direktes Buchen auf Material- und Sachkonten«: SPRO • SAP Referenz-IMG • SAP Customizing Einführungsleitfaden • Materialwirtschaft • Logistik-Rechnungsprüfung • Eingangsrechnung • Direktes Buchen auf Sach- und Materialkonto aktivieren

Kontierungstypen pflegen: SPRO • SAP Referenz-IMG • SAP Customizing Einführungsleitfaden • Materialwirtschaft • Einkauf • Kontierung • Kontierungstypen pflegen

Umsatzsteuerkennzeichen definieren: SPRO • SAP Referenz-IMG • SAP Customizing Einführungsleitfaden • Finanzwesen • Grundeinstellungen Finanzwesen • Umsatzsteuer • Berechnung • Umsatzsteuerkennzeichen definieren

Vorschlagswert für Steuerkennzeichen: SPRO • SAP Referenz-IMG • Materialwirtschaft • Logistik-Rechnungsprüfung • Eingangsrechnung • Vorschlagswerte für Steuerkennzeichen pflegen

Umrechnungskurse pflegen: SPRO • SAP Referenz-IMG • SAP Customizing Einführungsleitfaden • SAP NetWeaver • Allgemeine Einstellungen • Währungen • Umrechnungskurse eingeben

Behandlung von Kursdifferenzen: SPRO • Materialwirtschaft • Logistik-Rechnungsprüfung • Eingangsrechnung • Behandlung von Kursdifferenzen einstellen

Zahlungsbedingungen pflegen: SPRO • SAP Customizing Einführungsleitfaden • Finanzwesen • Debitoren- und Kreditorenbuchhaltung • Geschäftsvorfälle • Rechnungseingang • Zahlungsbedingungen pflegen

Belegarten definieren: SPRO • Materialwirtschaft • Logistik-Rechnungsprüfung • Eingangsrechnung • Nummernvergabe • Nummernvergabe für Buchhaltungsbelege pflegen • Button Belegarten Rechnungsprüfung

Einstellungen zum Buchungskreis (Globale Parameter): SPRO • SAP Referenz-IMG • SAP Customizing Einführungsleitfaden • Finanzwesen • Grundeinstellungen Finanzwesen • Buchungskreis • Globale Parameter prüfen und ergänzen

Buchung ungeplanter Nebenkosten einstellen: SPRO • Materialwirtschaft • Logistik-Rechnungsprüfung • Eingangsrechnung • Buchen von ungeplanten Nebenkosten einstellen

Vorschlagswerte für Steuerkennzeichen: SPRO • Materialwirtschaft • Logistik-Rechnungsprüfung • Eingangsrechnung • Vorschlagswerte für Steuerkennzeichen pflegen

Bestelltext bei der Rechnungsprüfung bearbeiten: SPRO • SAP Referenz-IMG • SAP Customizing Einführungsleitfaden • Materialwirtschaft • Logistik-Rechnungsprüfung • Eingangsrechnung • Bestelltexte bei Rechnungsprüfung bearbeiten

Prüfung auf doppelte Rechnung: SPRO • SAP Referenz-IMG • SAP Customizing Einführungsleitfaden • Materialwirtschaft • Logistik-Rechnungsprüfung • Eingangsrechnung • Prüfung auf doppelte Rechnungen einstellen

Listumfang definieren: SPRO • SAP Referenz-IMG • SAP Customizing Einführungsleitfaden • Materialwirtschaft • Einkauf • Berichtswesen • Einkaufslisten pflegen • Listumfang • Listumfang definieren

Selektionsparameter definieren: SPRO • SAP Referenz-IMG • SAP Customizing Einführungsleitfaden • Materialwirtschaft • Einkauf • Berichtswesen • Einkaufslisten pflegen • Selektionsparameter • Selektionsparameter definieren

Standardanalysen: SPRO • SAP Referenz-IMG • SAP Customizing Einführungsleitfaden • Logistik Allgemein • Logistik-Informationssystem • Berichtswesen • Standardanalysen • Einstellungen ändern

B.6 Kapitel 7: Ursachen und Bearbeitung von Rechnungssperren und Abweichungen

B.6.1 SAP ERP-Anwendung

Gesperrte Rechnungen freigeben [MRBR]: SAP Menü • Logistik • Materialwirtschaft • Logistik-Rechnungsprüfung • Weiterverarbeitung • Gesperrte Rechnungen freigeben

Nachrichten ausgeben [MR90]: SAP Menü • Logistik • Materialwirtschaft • Logistik-Rechnungsprüfung • Weiterverarbeitung • Nachrichten ausgeben

B.6.2 SAP ERP-Customizing

Toleranzgrenzen festlegen: SPRO • SAP Referenz-IMG • SAP Customizing Einführungsleitfaden • Materialwirtschaft • Logistik-Rechnungsprüfung • Rechnungssperre • Toleranzgrenzen festlegen

Mail an Einkauf bei Preisabweichung: SPRO • SAP Referenz-IMG • SAP Customizing Einführungsleitfaden • Materialwirtschaft • Logistik-Rechnungsprüfung • Eingangsrechnung • Mail an Einkauf bei Preisabweichung festlegen

Nachrichtenfindung: SPRO • SAP Referenz-IMG • SAP Customizing Einführungsleitfaden • Materialwirtschaft • Logistik-Rechnungsprüfung • Nachrichtenfindung

Zahlsperre festlegen: SPRO • SAP Referenz-IMG • SAP Customizing Einführungsleitfaden • Materialwirtschaft • Logistik-Rechnungsprüfung • Rechnungssperre • Zahlsperre festlegen

Positionsbetragsprüfung aktivieren: SPRO • SAP Referenz-IMG • SAP Customizing Einführungsleitfaden • Materialwirtschaft • Logistik-Rechnungsprüfung • Rechnungssperre • Positionsbetragsprüfung • Positionsbetragsprüfung aktivieren

Positionsbetragsprüfung einstellen: SPRO • SAP Referenz-IMG • SAP Customizing Einführungsleitfaden • Materialwirtschaft • Logistik-Rechnungsprüfung • Rechnungssperre • Positionsbetragsprüfung • Positionsbetragsprüfung einstellen

Toleranzgrenzen festlegen: SPRO • SAP Referenz-IMG • SAP Customizing Einführungsleitfaden • Materialwirtschaft • Logistik-Rechnungsprüfung • Rechnungssperre • Toleranzgrenzen festlegen

Eigenschaften der Systemmeldungen festlegen: SPRO • SAP Referenz-IMG • SAP Customizing Einführungsleitfaden • Materialwirtschaft • Logistik-Rechnungsprüfung • Eigenschaften der Systemmeldungen festlegen

QM Steuerschlüssel definieren: SPRO • SAP Referenz-IMG • SAP Customizing Einführungsleitfaden • Qualitätsmanagement • QM in der Logistik • QM in der Beschaffung • Steuerschlüssel definieren

Stochastisches Sperren aktivieren: SPRO • SAP Referenz-IMG • SAP Customizing Einführungsleitfaden • Materialwirtschaft • Logistik-Rechnungsprüfung • Rechnungssperre • Stochastisches Sperren • Stochastisches Sperren aktivieren

Stochastisches Sperren einstellen: SPRO • SAP Referenz-IMG • SAP Customizing Einführungsleitfaden • Materialwirtschaft • Logistik-Rechnungsprüfung • Rechnungssperre • Stochastisches Sperren • Stochastisches Sperren einstellen

Rechnungskürzungsgründe pflegen: SPRO • SAP Referenz-IMG • SAP Customizing Einführungsleitfaden • Materialwirtschaft • Logistik-Rechnungsprüfung • Eingangsrechnung • Rechnungskürzung • Rechnungskürzungsgründe pflegen

Steuerbehandlung bei Rechnungskürzung: SPRO • SAP Referenz-IMG • SAP Customizing Einführungsleitfaden • Materialwirtschaft •

Logistik-Rechnungsprüfung • Eingangsrechnung • Rechnungskürzung • Steuerbehandlung bei Rechnungskürzung

Lieferantenabhängige Toleranzen einstellen: SPRO • SAP Referenz-IMG • SAP Customizing Einführungsleitfaden • Materialwirtschaft • Logistik-Rechnungsprüfung • Eingangsrechnung • Lieferantenabhängige Toleranzen einstellen

B.7 Kapitel 8: Spezielle Techniken in der Logistik-Rechnungsprüfung

B.7.1 SAP ERP-Anwendung

Eingangsrechnung für Belegerfassung im Hintergrund hinzufügen [MIRA]: SAP Menü • Logistik • Materialwirtschaft • Logistik-Rechnungsprüfung • Belegerfassung • Eingangsrechnung für Belegerfassung im Hintergrund hinzufügen

Übersicht Rechnungen: SAP Menü • Logistik • Materialwirtschaft • Logistik-Rechnungsprüfung • Weiterverarbeitung • Übersicht Rechnungen

Automatische Wareneingangsabrechnung [MRRL]: SAP Menü • Logistik • Materialwirtschaft • Logistik-Rechnungsprüfung • Automatische Abrechnung • Automatische Wareneingangsabrechnung

Automatische Abrechnung • Konsignations- und Pipelineabrechnung [MRKO]: SAP Menü • Logistik • Materialwirtschaft • Logistik-Rechnungsprüfung • Automatische Abrechnung • Konsignations- und Pipelineabrechnung

Rechnungsplanabrechnung [MRIS]: SAP Menü • Logistik • Materialwirtschaft • Logistik-Rechnungsprüfung • Automatische Abrechnungen • Rechnungsplanabrechnung

B.7.2 SAP ERP-Customizing

Automatische Statusänderung festlegen: SPRO • SAP Referenz-IMG • SAP Customizing Einführungsleitfaden • Materialwirtschaft • Logistik-Rechnungsprüfung • Rechnungsprüfung im Hintergrund • Automatische Statusänderung festlegen

B.8 Kapitel 9: Kontenfindung

Automatische Buchungen einstellen (OMWB): SAP Customizing Einführungsleitfaden • Materialwirtschaft • Bewertung und Kontierung • Kontenfindung • Kontenfindung ohne Assistent • automatische Buchungen einstellen

Bewertungsebene festlegen: SAP Customizing Einführungsleitfaden • Unternehmensstruktur • Definition • Logistik Allgemein • Bewertungsebene festlegen

Bewertungssteuerung festlegen: SAP Customizing Einführungsleitfaden • Materialwirtschaft • Bewertung und Kontierung • Kontenfindung • Kontenfindung ohne Assistent • Bewertungssteuerung festlegen

Bewertungskreise gruppieren: SAP Customizing Einführungsleitfaden • Materialwirtschaft • Bewertung und Kontierung • Kontenfindung • Kontenfindung ohne Assistent • Bewertungskreise gruppieren

Kontenplan anlegen: SAP Customizing Einführungsleitfaden • Finanzwesen • Hauptbuchhaltung • Sachkonten • Stammdaten • Vorarbeiten • Kontenplanverzeichnis bearbeiten

Buchungskreis einem Kontenplan zuordnen: SAP Customizing Einführungsleitfaden • Finanzwesen • Hauptbuchhaltung • Sachkonten • Stammdaten • Vorarbeiten • Buchungskreis einem Kontenplan zuordnen

Bewegungsarten kopieren, ändern (OMJJ): SAP Customizing Einführungsleitfaden • Materialwirtschaft • Bestandsführung und Inventur • Bewegungsarten • Bewegungsarten kopieren, ändern

Kontomodifikation für Bewegungsarten festlegen: SAP Customizing Einführungsleitfaden • Materialwirtschaft • Bewertung und Kontierung • Kontenfindung • Kontenfindung ohne Assistent • Kontomodifikationen für Bewegungsarten festlegen

Bewertungsklassen festlegen: SAP Customizing Einführungsleitfaden • Materialwirtschaft • Bewertung und Kontierung • Kontenfindung • Kontenfindung ohne Assistent • Bewertungsklassen festlegen

B.9 Kapitel 10: Kontenfindungsassistent

Kontenfindungsassistent: SAP Customizing Einführungsleitfaden • Materialwirtschaft • Bewertung und Kontierung • Kontenfindung • Kontenfindungsassistent

Buchungskreise bearbeiten, kopieren, löschen, prüfen: SAP Customizing Einführungsleitfaden • Unternehmensstruktur • Definition • Finanzwesen • Buchungskreis bearbeiten, kopieren, löschen, prüfen

Werk definieren, kopieren, löschen, prüfen: SAP Customizing Einführungsleitfaden • Unternehmensstruktur • Definition • Logistik allgemein • Werk definieren, kopieren, löschen, prüfen

Eigenschaften der Materialarten festlegen: SAP Customizing Einführungsleitfaden • Logistik allgemein • Materialstamm • Grundeinstellungen • Materialarten • Eigenschaften der Materialarten festlegen

Einkaufskontoabwicklung im Buchungskreis aktivieren: SAP Customizing Einführungsleitfaden • Materialwirtschaft • Bewertung und Kontierung • Kontenfindung • Kontenfindung ohne Assistent • Einkaufskontoabwicklung • Einkaufskontoabwicklung im Buchungskreis aktivieren

Einstellungen zur Einkaufskontenabwicklung: SAP Customizing Einführungsleitfaden • Materialwirtschaft • Bewertung und Kontierung • Kontenfindung • Kontenfindung ohne Assistent • Einkaufskontoabwicklung • Einstellungen zur Einkaufskontenabwicklung

Automatische Buchungen einstellen (OMWB): SAP Customizing Einführungsleitfaden • Materialwirtschaft • Bewertung und Kontierung • Kontenfindung • Kontenfindung ohne Assistent • automatische Buchungen einstellen

Bewertungskreise gruppieren: SAP Customizing Einführungsleitfaden • Materialwirtschaft • Bewertung und Kontierung • Kontenfindung • Kontenfindung ohne Assistent • Bewertungskreise gruppieren

Bewertungsklassen festlegen: SAP Customizing Einführungsleitfaden • Materialwirtschaft • Bewertung und Kontierung • Kontenfindung • Kontenfindung ohne Assistent • Bewertungsklassen festlegen

B.10 Kapitel 11: Getrennte Bewertung

Material anlegen: SAP Anwendungsmenü • Logistik • Materialwirtschaft • Stammdaten • Materialstamm • Material • Material anlegen

Getrennte Bewertung aktivieren: SAP Customizing Einführungsleitfaden • Materialwirtschaft • Bewertung und Kontierung • Getrennte Bewertung • Getrennte Bewertung aktivieren

Getrennte Bewertung einstellen: SAP Customizing Einführungsleitfaden • Materialwirtschaft • Bewertung und Kontierung • Getrennte Bewertung • Getrennte Bewertung einstellen

Eigenschaften der Materialarten festlegen: SAP Customizing Einführungsleitfaden • Logistik allgemein • Materialstamm • Grundeinstellungen • Materialarten • Eigenschaften der Materialarten festlegen

Material anzeigen: SAP Anwendungsmenü • Logistik • Materialwirtschaft • Stammdaten • Materialstamm • Material • Material • anzeigen • Anzeigen akt. Stand

Materialverzeichnis: SAP Anwendungsmenü • Logistik • Materialwirtschaft • Materialstamm • Sonstige • Materialverzeichnis

Bestellung anlegen: SAP Anwendungsmenü • Logistik • Materialwirtschaft • Einkauf • Bestellung • anlegen • Lieferant/Lieferwerk bekannt

B.11 Kapitel 12: Buchungssystematik mit SAP ERP mit WE/RE-Konten

Material anzeigen: SAP Anwendungsmenü • Logistik • Materialwirtschaft • Stammdaten • Materialstamm • Material • Material • anzeigen • Anzeigen akt. Stand

Bestellung anlegen: SAP Anwendungsmenü • Logistik • Materialwirtschaft • Einkauf • Bestellung • anlegen • Lieferant/Lieferwerk bekannt

Wareneingang buchen: SAP Anwendungsmenü • Logistik • Materialwirtschaft • Bestandsführung • Warenbewegung • Warenbewegung (MIGO)

Rechnungseingang buchen: SAP Anwendungsmenü • Logistik • Materialwirtschaft • Logistik-Rechnungsprüfung • Belegerfassung • Eingangsrechnung hinzufügen

WE/RE-Verrechnungskonto pflegen: SAP Anwendungsmenü • Logistik • Materialwirtschaft • Logistik-Rechnungsprüfung • WE/RE Kontenpflege • WE/RE-Verrechnungskonto pflegen

Kontenpflegebeleg anzeigen/stornieren: SAP Anwendungsmenü • Logistik • Materialwirtschaft • Logistik-Rechnungsprüfung • WE/RE Kontenpflege • Kontenpflegebeleg anzeigen/Stornieren

B.12 Kapitel 13: Umbewertung und Preissteuerung

Materialpreise ändern: SAP Anwendungsmenü • Logistik • Materialwirtschaft • Bewertung • Materialpreisänderung • Materialpreise ändern

Varianten für Positionsliste pflegen: SAP Customizing Einführungsleitfaden • Materialwirtschaft • Logistik-Rechnungsprüfung • Eingangsrechnung • Varianten für Positionsliste pflegen

Preisänderungsbeleg: SAP Anwendungsmenü • Logistik • Materialwirtschaft • Bewertung • Istkalkulation/Material-Ledger • Infosystem • Weitere Berichte • Preisänderungsbeleg

Zukünftige Preise pflegen: SAP Anwendungsmenü • Logistik • Materialwirtschaft • Bewertung • Materialpreisänderung • Zukünftige Preise pflegen

Geplante Preise freigeben: SAP Anwendungsmenü • Logistik • Materialwirtschaft • Bewertung • Materialpreisänderung • Geplante Preise freigeben

C Glossar

Abstimmkonto Das Abstimmkonto ist ein Sachkonto in der Hauptbuchhaltung des Moduls Finanzwesen. Mit einer Buchung z. B. auf einem Kreditorenkonto wird gleichzeitig eine Buchung auf dem Abstimmkonto vorgenommen. Während auf einem Kreditorenkonto die Verbindlichkeiten gegenüber einem Lieferanten verbucht werden, weist das zugehörige Abstimmkonto die Verbindlichkeiten gegenüber mehreren oder allen Lieferanten auf.

ALV Grid Control Das ALV (SAP List Viewer) Grid Control ist ein Instrument zur Darstellung tabellarischer Daten in verschiedenen Anwendungsprogrammen. Das ALV Grid Control ermöglicht z. B. das Summieren, Sortieren und Filtern von Daten.

Automatische Bestellerzeugung Die automatische Bestellerzeugung ist ein Instrument in SAP ERP, um zugeordnete Bestellanforderungspositionen automatisch in Bestellungen oder Lieferplaneinteilungen umzusetzen.

Beleg Ein Beleg dient in SAP ERP zur Dokumentation und Steuerung eines Geschäftsvorfalls. Im Einkauf werden Belege als Instrument zur Beschaffung von Materialien und Dienstleistungen verwendet. Zu den Einkaufsbelegen zählen Anfrage, Angebot, Bestellung, Kontrakt und Lieferplan. Zur Übermittlung von Bedarfen an Materialien und Dienstleistungen steht als Beleg die Bestellanforderung zur Verfügung.

Belegübersicht Die Belegübersicht ist ein neuer Bildbereich in der EnjoySAP-Bestellung und der EnjoySAP-Bestellanforderung. In der Belegübersicht können Sie sich verschiedene Belege anzeigen lassen, auf die Sie bei der Anlage von Bestellungen oder Bestellanforderungen Bezug nehmen können. Die Belegübersicht können Sie nach eigenen Vorstellungen über die Definition von Selektionsvarianten, Layouts und Aufrissen gestalten.

Benutzerparameter Benutzerparameter ermöglichen es, die Aktivitäten einzelner Benutzer im Einkauf zu beeinflussen und zu steuern. Die für den Einkauf relevanten Benutzerparameter EFB und EVO steuern unter anderem die Vorschlagswerte, die Bezugsobjekte und die Eingabemöglichkeiten bei der Bearbeitung von Belegen im Einkauf.

Bestellpreismengeneinheit Die Bestellpreismengeneinheit ist die Mengeneinheit, auf die sich die Bestellkonditionen beziehen. Eine von der Bestellmengeneinheit abweichende Bestellpreismengeneinheit kann im Einkaufsinfosatz hinterlegt werden. In der Bestelldetailposition können Sie auf der Registerkarte MENGEN/GEWICHTE die Umrechnung zwischen Bestellmenge und Bestellpreismenge pflegen.

Bestellung Die Bestellung ist ein Beleg im Einkauf, mit dem ein Lieferant oder Lieferwerk von einer Einkaufsorganisation aufgefordert werden kann, bestimmte Materialien oder Dienstleistungen zu bestimmten Konditionen an die aufgeführten Werke zu liefern bzw. zu erbringen.

Bewegungsart und Kontomodifikation Die Bewegungsart ist ein Schlüssel zum Buchen einer Warenbewegung. Zu diesem Schlüssel sind im Customizing der Bestandsführung z. B. Kontomodifikationen hinterlegt, um die MM-Kontenfindung zu beeinflussen. So können z. B. beim Buchen einer Bestandsaufnahme mit Bewegungsart 561 über die Kontomodifikation BSA andere Aufwandskonten ermittelt werden als beim Buchen eines Wareneingangs ohne Bestellung mit der Bewegungsart 501 mit Kontomodifikation ZOB.

Bewertungsart und Bewertungstyp Die Bewertungsart bezeichnet einen Teilbewertungsbereich zu einem Bewertungstyp innerhalb der getrennten Bewertung. In einem Materialstammsatz kann auf der Sicht BUCHHALTUNG 1 ein Bewertungstyp gepflegt werden. Zu diesem Bewertungstyp werden in der Folge unterschiedliche Bewertungsarten angelegt, um die Bewertung für unterschiedliche Bereiche dieses Bewertungstyps auszuprägen. So könnte man z. B. für den Bewertungstyp B (BESCHAFFUNGSART) die Bewertungsarten FREMD und EIGEN anlegen, um die Preissteuerung für den Materialstamm unterschiedlich pro Fremd- bzw. Eigenbezug auszusteuern. Bewertungsarten werden auch Bewertungsteilsegmente genannt. Zu diesen Teilsegmenten gehört jeweils auch ein so genanntes Bewertungskopfsegment, das die Bewertung des Materials insgesamt repräsentiert.

Bewertungsebene (Bewertungskreis) Die Bewertungsebene bezeichnet die Ebene innerhalb der Organisationsstruktur der Bewertung. Sie kann im Customizing der Bewertung und Kontierung auf Buchungskreis- oder Werksebene festgelegt werden. Bei der Festlegung der Bewertungsebene auf Buchungskreisebene haben alle Materialien innerhalb eines Buchungskreises den gleichen Bewertungspreis, bei der Festlegung auf Werksebene können Materialien in unterschiedlichen Werken unterschiedliche Bewertungspreise besitzen. Aus Sicht der Materialbewertung spricht man auch vom Bewertungskreis.

Bewertungsklasse Die Bewertungsklasse ist eine der möglichen Regeln innerhalb der Kontenfindung, zu der eine Sachkontenzuordnung erfolgen kann. Über Bewertungsklassen werden unterschiedliche Materialien gruppiert, um nicht für jedes einzelne Material eine Kontenfindung einstellen zu müssen. Zu einer Materialart können eine oder mehrere Bewertungsklassen angelegt werden. In der SAP-Standardauslieferung sind bereits einige Bewertungsklassen definiert – Sie können aber auch eigene anlegen.

Bewertungskreis Der Bewertungskreis ist die Organisationsebene, auf der die wertmäßige Führung der Materialbestände erfolgt. Als Bewertungskreis stehen die Organisationsebenen Buchungskreis oder Werk zur Verfügung.

Bewertungsmodifikationskonstante (allgemeine Modifikation) Die Bewertungsmodifikationskonstante ist eine der möglichen Regeln innerhalb der Kontenfindung. Mithilfe einer Bewertungsmodifikationskonstante können Bewertungskreise gruppiert werden und so unterschiedliche Sachkonten zu einem Vorgang eingestellt werden. Mit ihrer Hilfe lassen sich so z. B. unterschiedliche Bestandskonten für einzelne Werke zuordnen.

Bewertungspreis Der Bewertungspreis wird im Materialstammsatz (Buchhaltungssicht 1) geführt und ist die Grundlage für die Bewertung des Materials in der Bilanz. Für den Bewertungspreis sind die Preissteuerungsverfahren STANDARDPREIS (S) und GLEITENDER DURCHSCHNITTSPREIS (V) möglich. Der Bewertungspreis und das gewählte Preissteuerungsverfahren beeinflussen die automatischen Buchungen in der Finanzbuchhaltung bei der Verbuchung von Waren- und Rechnungseingängen.

Bewertungsteilsegment siehe Bewertungsart

Branche Die Branche ist der Wirtschaftszweig, der dem Unternehmen nach dem Hauptzweck der unternehmerischen Tätigkeit zugeordnet wird. Beim Objekt Materialstammsatz hat die Branche steuernde Funktionen in Bezug auf die Bildschirmbilder und die Felder der einzelnen Bildschirmbilder.

Buchungskreis Der Buchungskreis repräsentiert in SAP ERP ein rechtlich selbständiges Unternehmen innerhalb des Konzerns. Der Buchungskreis bildet die bilanzierende Einheit im Sinne des externen Rechnungswesens. Auf Buchungskreisebene erfolgt der Jahresabschluss. Der Buchungskreis ist über einen (im Mandanten eindeutigen) vierstelligen alphanumerischen Schlüssel definiert.

Buchungsschlüssel Der Buchungsschlüssel ist ein zweistelliger numerischer Schlüssel, der auf Mandantenebene festlegt, wie eine Belegposition in FI gebucht wird. Er legt u. a. fest, zu welcher Kontoart gebucht wird (z. B. Anlagen, Debitoren, Kreditoren etc.), ob es sich um eine Soll- oder Haben-Buchung handelt und welche Daten in der Belegposition erfasst werden können.

CpD-Lieferanten Ein CpD-Lieferant (CpD = Conto pro diverse) ist ein Sammellieferantenstammsatz, der für Anfragen oder Bestellungen an Lieferanten genutzt wird, mit denen Sie keine dauerhaften Geschäftsbeziehungen pflegen oder deren Leistungsfähigkeit Sie testen wollen, bevor für den entsprechenden Lieferanten ein Lieferantenstammsatz erstellt wird.

Customizing Im Customizing werden die firmenspezifischen Einstellungen zur Implementierung des SAP ERP-Systems vorgenommen. Die erforderlichen Customizing-Einstellungen erfolgen über die Projektbearbeitung des Customizing-Einführungsleitfadens. Als Leitfaden für die Customizing-Einstellungen dient der *Implementation Guide* (IMG).

Einkaufsinformationssatz (oder: Einkaufsinfosatz, Infosatz) Der

Einkaufsinformationssatz ist ein Stammsatz mit Daten zu einem Lieferanten und einem Material oder zu einer Warengruppe. Ein Einkaufsinfosatz kann für die Infosatztypen NORMAL, LOHNBEARBEITUNG, PIPELINE und KONSIGNATION hinterlegt werden. Eine wichtige Aufgabe des Einkaufsinfosatzes ist die Hinterlegung von Konditionen. Der Einkaufsinfosatz repräsentiert in SAP ERP eine Bezugsquelle und weist die Datenhaltungsebenen Mandant, Einkaufsorganisation und Einkaufsorganisation/Werk auf.

Einkaufskonto (Einkaufskontoabwicklung) In einigen Ländern gibt es die Anforderung, den Wert von extern beschafften Materialen zusätzlich auf einem Einkaufskonto zu buchen. Die Buchung erfolgt hierbei parallel zur Standardbuchung Bestandskonto an WE/RE-Verrechnungskonto mithilfe der Buchung Einkaufskonto an Einkaufsgegenkonto. Analog zum Einkaufskonto gibt es das Frachteneinkaufskonto zur Buchung von Bezugsnebenkosten.

Einkäufergruppe Eine Einkäufergruppe repräsentiert innerhalb von SAP ERP einen Einkäufer oder eine Gruppe von Einkäufern, denen die Zuständigkeit für bestimmte Einkaufsvorgänge zugeordnet wird. Eine Einkäufergruppe wird keinen anderen Organisationsebenen zugeordnet, sondern lediglich im Customizing des Einkaufs definiert.

Einkaufsorganisation Eine Einkaufsorganisation ist in SAP ERP für die Abwicklung aller Einkaufsvorgänge verantwortlich. Die organisatorische Gestaltung des Einkaufs wird über die Zuordnung der Einkaufsorganisation zu anderen Organisationseinheiten vorgenommen.

Feldstatus und Feldstatusgruppe Feldstatus werden verwendet, um die relevanten Felder für den Bildaufbau einer Transaktion festzulegen. Feldstatus werden einer Feldstatusgruppe zugeordnet, die für einen Bereich innerhalb der Transaktion, z. B. den Bereich Anschrift, innerhalb der Anlage eines Debitorenstammsatzes verantwortlich ist. Der Feldstatus kann die folgenden Ausprägungen haben:

- Muss-Eingabe – der Feldinhalt muss gepflegt werden
- Kann-Eingabe – der Feldinhalt kann gepflegt werden
- Anzeigen – der Feldinhalt kann nicht gepflegt werden
- Ausblenden – der Feldinhalt wird nicht angezeigt

Flexible Analyse Mit der flexiblen Analyse bietet SAP ERP neben den Standardanalysen eine weitere Form der Datenanalyse, mit deren Hilfe eine nach individuellen Wünschen gestaltete Datenauswertung möglich ist. Zum Anlegen einer flexiblen Analyse nutzen Sie als Instrument den Report Writer, um die Auswertestruktur (Datenquelle der Auswertung), die Kennzahlen, Merkmale und das Berichtslayout festzulegen.

Getrennte Bewertung Die getrennte Bewertung wird verwendet, um die Materialbewertung innerhalb eines Bewertungskreises zu differenzieren. Dies könnte z. B. bei unterschiedlicher Herkunft eines Materials, unterschiedlicher Qualität etc. erforderlich sein. Hierfür wird zu einem Materialstammsatz eines getrennt zu bewertenden Materials auf der Sicht BUCHHALTUNG 1 ein Bewertungstyp gepflegt (Bewertungskopfsegment). In der Folge können nun unterschiedliche Bewertungsarten zu diesem Bewertungstyp gepflegt werden. Diese stellen die Bewertungsteilsegmente dar. Beim Buchen einer Warenbewegung zu diesem Material muss nun die jeweilige Bewertungsart mitgegeben werden, um die korrekte Kontenfindung entsprechend der getrennten Bewertung vorzunehmen.

Hintergrundverarbeitung Im Rahmen der Hintergrundverarbeitung führen Sie ein Programm (z. B. einen Report) mit bestimmten Einstellungen nicht im Dialog, sondern im Hintergrund aus. Zur Einplanung von Hintergrundjobs geben Sie den Namen des ABAP-Programms oder einen externen Programmnamen ein und definieren einen Startzeitpunkt (auch periodische Startzeitpunkte sind möglich) und Druckerparameter.

Job Für viele Aufgaben, insbesondere für Reports mit einer langen Laufzeit oder hohen Systembelastung, bietet sich eine Einplanung dieser Aufgaben als Hintergrundjobs an. Diese Aufgaben werden von SAP ERP zu einem festgelegten Zeitpunkt automatisch ausgeführt. Neben dem Startzeitpunkt müssen bei der Jobdefinition der Name des Reports oder des externen Programms und die Druckerparameter eingegeben werden. In vielen Anwendungen können Hintergrundjobs über PROGRAMM • IM HINTERGRUND AUSFÜHREN eingeplant werden. Ansonsten erreichen Sie die Transaktion SM36 zur Definition von Jobs aus jedem beliebigen Bild von SAP ERP über den Menüpfad: SYSTEM • DIENSTE • JOBS • JOB-DEFINITION. Hier stehen Ihnen auch der Job Wizard zum vereinfachten Anlegen von Jobs und der Button EIGENE JOBS zur Verfügung, um den Status von Jobs zu überprüfen.

Klassensystem Das anwendungsübergreifende Klassensystem ist ein Instrument, um beliebige Objekte (z. B. Laserdrucker XYZ) mit Merkmalen (z. B. Gewicht) und Werten (z. B. 2,10 kg) zu belegen und mit ähnlichen Objekten in Klassen einzuteilen (z. B. die Klasse Laserdrucker). Anschließend kann nach klassifizierten Objekten über deren Merkmale gesucht werden.

Kommunikationsstruktur Eine Kommunikationsstruktur ist eine Tabelle oder Struktur im ABAP Dictionary. Die Kommunikationsstruktur CEBAN für Bestellanforderungen etwa enthält die Felder, die Sie als Freigabemerkmale für Freigabeverfahren verwenden können. Zur Ansicht von Kommunikationsstrukturen gelangen Sie z. B. über die Transaktion SE11 oder SE84.

Konditionen Konditionen stehen als Oberbegriff für verschiedene Preiselemente wie z. B. Preise, Zu- und Abschläge, Frachten und Steuern. Diese Preiselemente werden im Customizing in Form von Konditionsarten definiert.

Konditionstechnik Die Konditionstechnik in SAP ERP ist eine allgemeine Anwendungsfunktion zur Ermittlung von Ausgabewerten über Konditionssätze auf der Basis bestimmter Eingangswerte. Die Konditionstechnik wird z. B. zur Preisfindung, zur Nachrichtenfindung und zur Kontenfindung genutzt. Die Konditionstechnik beinhaltet die Konditionssatzfindung, die Konfiguration des Findungsprozesses und die Konditionssatzpflege. Die Konditionstechnik lässt sich im Einkauf für verschiedene Aufgaben nutzen, etwa für die Partnerfindung oder für die Preisfindung. Bei der Preisfindung beinhaltet die Konditionstechnik unter anderem die Aufgabenstellungen Konditionsarten festlegen, Zugriffsfolgen festlegen, Kalkulationsschema festlegen, Schemaermittlung festlegen und Konditionstabelle pflegen.

Konsignation Die Beschaffung von Konsignationsmaterial erfolgt mittels des Positionstyps KONSIGNATION (K) und beinhaltet eine Trennung von Eigentum und Besitz des Materials. Mit der Lieferung des Konsignationsmaterials verbleibt das Material im Eigentum des Lieferanten. Erst aus der Entnahme des Konsignationsmaterials für den Verbrauch oder einer Umbuchung in den eigenen bewerteten Bestand resultiert eine Verbindlichkeit, die mit der Transaktion KONSIGNATIONS- UND PIPELINEABRECHNUNG (MRKO) mit dem Lieferanten automatisch abgerechnet wird. Die Beschaffung von Konsignationsmaterial erfordert einen Konsignationsinfosatz.

Kontenfindung (MM-Kontenfindung) Die Kontenfindung ist ein automatischer Vorgang, der ohne manuelle Einflussnahme des Benutzers die korrekte Sachkontenzuordnung eines Buchungsvorgangs ermittelt. Die Kontenfindung wird im MM-Customizing eingestellt und ist gültig auf Mandantenebene. Sie ist in einzelne dreistellige Vorgänge unterteilt. Pro Vorgang können unterschiedliche Regeln erstellt werden, nach denen die Kontenfindung differenziert wird.

Kontenfindungsassistent Der Kontenfindungsassistent ist eine Anwendung für die abfragebasierte Bearbeitung der Kontenfindungseinstellungen. Die einzelnen Teilschritte des Kontenfindungs-Customizings werden auf einzelnen Bildern in der erforderlichen Reihenfolge aufbereitet. Im Endbild der Anwendung kann dann das Ergebnis gespeichert werden, und die Einstellungen zur Kontenfindung werden in die erforderlichen Tabellen des Standard-Customizings überführt.

Kontengruppe Jeder Lieferantenstammsatz wird einer Kontengruppe zugeordnet. Die Kontengruppe hat steuernde Funktionen bezüglich der Vergabe der Lieferantenstammsatznummer, der Feldauswahl, des Status des Lieferanten, des gültigen Partnerschemas und der abweichenden Daten auf Werks- und Lieferantenteilsortimentsebene.

Kontenplan Der Kontenplan beinhaltet als Ordnungskriterium der Finanzbuchhaltung alle Sachkonten für eine Organisationseinheit. Durch die Zuordnung eines oder mehrerer Buchungskreise zu einem Kontenplan erhält man in der MM-Kontenfindung die Summe der möglichen Sachkonten, auf die ein

Buchungsvorgang gebucht werden kann. Alle Vorgänge der Kontenfindung werden mit Bezug zu einem Kontenplan getätigt.

Kontierungstyp Ein Kontierungstyp (z. B. KOSTENSTELLE (K) oder ANLAGE (A)) bestimmt im Rahmen der Verbrauchsmaterialbeschaffung, welches Kontierungsobjekt (z. B. Kostenstelle oder Anlage) belastet wird, welche Kontierungsdaten eingegeben werden und welche Konten bei der Wareneingangs- bzw. der Rechnungseingangsbuchung belastet werden.

Kontoart Die Kontoart definiert den Buchhaltungsbereich, zu dem ein Sachkonto gehört. Kontoarten sind z. B. Kreditoren, Debitoren, Anlagen, Sachkonten etc.

Kontoklassenreferenz Die Kontoklassenreferenz gruppiert Bewertungsklassen und ermöglicht die Zuordnung zu Materialarten. So können z. B. unterschiedliche Bewertungsklassen für Rohstoffe zu einer Kontoklassenreferenz für Rohstoffe zusammengefasst werden. Diese wird dann der Materialart Rohstoffe zugeordnet. Bei der Anlage eines Materialstammsatzes zur Materialart Rohstoffe erhält der Anwender nur die Bewertungsklassen zur Auswahl, die der Kontoklassenreferenz für Rohstoffe zugeordnet sind.

Kontomodifikation Mithilfe der Kontomodifikation werden Buchungen zu bestimmten Bewegungsarten mit der Möglichkeit zu einer genaueren Unterteilung der Kontenfindung versehen, um nicht alle Buchungsvorgänge auf dieselben Sachkonten auszusteuern. Ein Beispiel wäre der Vorgang GBB – GEGENBUCHUNG ZUR BESTANDSBUCHUNG. Ohne eine Kontomodifikation würden alle Gegenbuchungen zur Bestandsbuchung – egal, ob Warenzu- oder -abgang, auf dasselbe Sachkonto gebucht werden. Mithilfe der Kontomodifikationszuordnung an der Bewegungsart kann die Kontenfindung genauer spezifiziert werden. Kontomodifikationen werden im SAP-Standard für die Vorgänge GBB, PRD und KON ausgeliefert.

Kontrakt Ein Kontrakt ist ein Rahmenvertrag, der die Vereinbarung, Materialien oder Dienstleistungen zu bestimmten Konditionen innerhalb eines bestimmten Zeitraums abzurufen, beinhaltet. Kontrakte werden unterschieden in Wert- und Mengenkontrakte und in Zentral- und Werkskontrakte. Zudem können Sie Zentralkontrakte mit spezifischen Werkskonditionen pflegen. Kontraktpositionen können für Lagermaterial, Verbrauchsmaterial oder Dienstleistungen erstellt werden. Für besondere Geschäftsabwicklungen stehen je nach Vertragsart verschiedene Positionstypen zur Verfügung (z. B. KONSIGNATION, LOHNBEARBEITUNG oder MATERIAL UNBEKANNT).

Lagermaterial Lagermaterialien sind Materialien, die für die lagerhaltige Beschaffung vorgesehen sind. Die Beschaffung von Lagermaterial erfordert aufgrund der Mengen- und Wertfortschreibung die Existenz eines Materialstammsatzes mit Buchhaltungssicht.

Lagerort Ein Lagerort ermöglicht eine mengenmäßige Unterscheidung der Lagerortbestände von

Materialien innerhalb eines Werkes. Auf Lagerortebene findet die Inventur und optional die Disposition statt. Der vierstellige alphanumerische Lagerortschlüssel ist im Werk eindeutig.

Lieferantenstamm/Lieferantenstammsatz Der Lieferantenstammsatz enthält die wesentlichen, zentral abgespeicherten und anwendungsübergreifend genutzten Daten zu einem Lieferanten. Der Lieferantenstamm bildet die Gesamtheit aller Lieferantenstammsätze. Der Lieferantenstammsatz enthält Vorschlagswerte und Steuerungsparameter für die Einkaufsabwicklung. Die Datenhaltungsebenen des Lieferantenstammsatzes sind Mandant, Buchungskreis und Einkaufsorganisation. Zusätzlich können einzelne Einkaufsdaten und Partnerrollen auf der Ebene des Werkes und/oder des Lieferantenteilsortiments gepflegt werden. Der Lieferantenstamm ist die Summe aller Lieferantenstammsätze.

Listumfangsparameter Der Listumfangsparameter ist ein Kennzeichen, das bei Auswertungen den anzuzeigenden Datenumfang der selektierten Belege steuert. Listumfangsparameter werden im Customizing des Einkaufs definiert und verschiedenen Transaktionen und Funktionen als Vorschlagswerte zugeordnet.

Logistikinformationssystem Das Logistikinformationssystem ist Teil des SAP Open Information Warehouse und bietet fortgeschrittene Analysemöglichkeiten zu den operationalen Datenbeständen. Das Logistikinformationssystem ist in verschiedene Komponenten unterteilt (z. B. das Einkaufsinformationssystem oder das Vertriebsinformationssystem).

Mandant Der Mandant ist die höchste organisatorische Ebene innerhalb des SAP ERP-Systems. Datentechnisch ist ein Mandant ein Bereich des SAP-Systems mit eigenständigen Tabellen, Stammdaten und Benutzerkennungen, der durch einen dreistelligen numerischen Schlüssel eindeutig definiert ist. Aus betriebswirtschaftlicher Sicht kann der Mandant ein Konzern sein.

Materialart Jedem Materialstammsatz wird eine Materialart zugeordnet. Die Materialart gruppiert Materialien mit denselben betriebswirtschaftlichen Eigenschaften (z. B. Fertigerzeugnis oder Rohstoff). Die Materialart hat steuernde Funktionen bezüglich der Vergabe der Materialstammsatznummer, der Beschaffungsart für das Material, der zu pflegenden Fachbereiche (Sichten), und sie steuert, welche Bildschirmbilder in welcher Reihenfolge erscheinen.

Materialstammsatz Der Materialstamm ist das zentrale Datenobjekt in der Logistik von SAP ERP. Der Materialstammsatz enthält, in Fachbereiche (Sichten) gegliedert, alle Informationen, Vorschlagswerte und Steuerungsdaten zu einem Material. Bei der Anlage eines Materialstammsatzes erfolgt die Zuordnung dieses Materials zu einer Materialart (z. B. Fertigerzeugnis oder Rohstoff), die wiederum über Customizing-Einstellungen zahlreiche Steuerungsparameter aufweist. Mit der Festlegung der zu pflegenden Fachbereiche (Sichten) muss auch die Zuweisung zu Organisationsebenen vorgenommen werden. Die Organisationsebenen für die einkaufsrelevanten Daten des Materialstammsatzes sind Mandant, Werk und Lagerort.

Mengeneinheiten Mengeneinheiten bestimmen den Umfang einer Menge (z. B. Stück, Karton, Palette). Für verschiedene betriebswirtschaftliche Funktionen können unterschiedliche Mengeneinheiten definiert werden, z. B. Basismengeneinheit, Bestellmengeneinheit, Verkaufsmengeneinheit oder Ausgabemengeneinheit.

Nachrichten Zu Einkaufsbelegen, die an Lieferanten übermittelt werden sollen, werden Nachrichten erzeugt. Für unterschiedliche betriebswirtschaftliche Vorgänge werden unterschiedliche Nachrichtenarten (z. B. Bestellneudruck oder Mahnschreiben zur Auftragsbestätigung) erzeugt. In einer Nachricht werden auch der Versandzeitpunkt (z. B. SOFORT NACH DEM SICHERN DES BELEGS) und das Sendemedium (z. B. DRUCKER) eingestellt.

Nummernvergabe Die Nummernvergabe wird im Customizing von SAP ERP für jeden Beleg des Einkaufs und jeden Stammsatz eingestellt. Hier wird die Art der Nummernvergabe (intern oder extern) und der Nummernkreis geregelt.

OLAP OLAP steht für *Online Analytic Processing*. Die OLAP-Ebene innerhalb des Open Information Warehouse übernimmt die Auswertung der verdichteten Informationen aus dem Logistics Data Warehouse. OLAP-Systeme dienen zur Generierung von Geschäftswissen und beziehen ihre Daten aus anderen OLAP-Systemen oder aus OLTP-Systemen.

OLTP OLTP steht für *Online Transaction Processing*. Aus der OLTP-Ebene werden die Logistikinformationssysteme (*Logistics Data Warehouse*) mit Daten aus den operativen Anwendungen versorgt. Bei OLTP-Datenbanken stehen die Verarbeitung der Daten von Geschäftsprozessen und eine konsistente Datenhaltung im Vordergrund.

Organisationsebene Die Struktur eines Unternehmens wird in SAP ERP über Organisationsebenen abgebildet. Organisationsebenen werden in der Unternehmensstruktur des Customizings definiert und einander zugeordnet. Die Belege und Stammsätze im Einkauf werden den Organisationsebenen zugeordnet. Zu den Organisationsebenen im Einkauf zählen der Mandant, der Buchungskreis, das Werk, die Einkaufsorganisation und die Einkäufergruppe.

Partnerrolle Partnerrollen können im Lieferantenstammsatz gepflegt werden und bestimmen die Funktion, die ein Partner im Rahmen einer Geschäftsabwicklung einnimmt. Im Einkauf kann ein Lieferant z. B. die Rollen Bestelladressat, Warenlieferant, Rechnungssteller und Zahlungsempfänger einnehmen. Die Rollen oder eine einzelne Rolle können auch oder zusätzlich von anderen Lieferanten eingenommen werden. Voraussetzung hierfür ist, dass für diese Lieferanten ein eigener Stammsatz existiert. Im Customizing des Einkaufs können Sie durch Partnerschemata einstellen, für welche Kontengruppen welche Partnerrollen möglich und gegebenenfalls auch obligatorisch sind.

Pipelineabwicklung Im Rahmen der Pipelineabwicklung wird ein Pipelinematerial der Materialart (PIPE) verwendet oder ein Material einer anderen Materialart, für die eine Pipelineabwicklung möglich ist. Pipelinematerial muss nicht über den Einkauf angefordert werden, sondern kann aus einer Pipeline entnommen werden. Mit der Materialentnahme entsteht eine Verbindlichkeit gemäß dem im Pipeline-Infosatz hinterlegten Preis, die periodisch mit dem Lieferanten abgerechnet wird. Für Pipelinematerial können Sie Orderbucheinträge pflegen.

Positionstyp Der Positionstyp in Bestellanforderungen und Einkaufsbelegen steuert den weiteren Verlauf des Beschaffungsprozesses auf der Ebene der Belegposition. Beispiele für Positionstypen sind:

- Normal ( )
- Konsignation (K)
- Strecke (S)
- Limit (B)

Der Positionstyp hat steuernde Funktionen in Bezug auf:

- die Eingabe einer Materialnummer
- die Verbuchung von Waren- und Rechnungseingängen
- die Bestandsführung
- die Kontierung
- die Feldauswahl und die Einblendung zusätzlicher Datenfelder

Preisdifferenz Als Preisdifferenz bezeichnet man Werte aus Buchungen, die nicht dem zugrunde liegenden Bestandswert zugeordnet werden können. Beispiel: Wenn bei einem Material mit S-Preis = 10,00 EUR pro Stück ein Warenzugang in Höhe von 12,00 EUR pro Stück gebucht werden würde, würde das System 2,00 EUR pro Stück als Preisdifferenz buchen.

Preisfindung Die Preisfindung nutzt die Konditionstechnik zur Ermittlung von Preisinformationen aus Konditionssätzen. Diese Preisinformationen werden z. B. in die Bestellposition eingestellt. Auf der Registerkarte KONDITIONEN des Detailbildes zur Bestellposition können Sie über den Button ANALYSE ein Protokoll der Preisfindung aufrufen.

Preissteuerungsverfahren Das Preissteuerungsverfahren ist ein Kennzeichen in der Buchhaltungssicht des Materialstammsatzes zur Bestimmung des Verfahrens der Materialbewertung. Ohne Berücksichtigung des Material-Ledgers stehen die beiden Verfahren GLEITENDER DURCHSCHNITTSPREIS und STANDARDPREIS zur Verfügung.

Rahmenvertrag Rahmenvertrag ist der Oberbegriff für Kontrakte und Lieferpläne. Ein Rahmenvertrag ist eine zeitraummäßig festgelegte Vereinbarung über die Lieferung von Materialien oder die Erbringung von Dienstleistungen zu bestimmten Konditionen.

Rechnungsplan Ein Rechnungsplan ist ein Instrument zur automatischen Erstellung von Rechnungen bei wiederkehrenden oder in Teilen abzurechnenden Beschaffungsvorgängen. Beispiele für die Verwendung von Rechnungsplänen sind Leasingverträge für einen periodischen Rechnungsplan und Bauvorhaben für einen Teilrechnungsplan.

Regeln der Kontenfindung Den Detaillierungsgrad der Kontenfindung kann man über Regeln beeinflussen. Zu jedem Vorgang der Kontenfindung können diese Regeln individuell gepflegt werden. Die folgenden Regeln stehen zur Verfügung:

- Bewertungsmodifikationskonstante
- Bewertungsklasse
- Kontomodifikation
- Sachkonto Soll
- Sachkonto Haben

Report/Reporting Ein Report ist ein ausführbares Programm zum Auslesen und zur Darstellung von Daten im Rahmen des Reportings.

Selektionsvariante Eine Selektionsvariante ist ein Instrument zur Arbeitserleichterung bei der Durchführung von Reports, indem eine Menge von Selektionskriterien in einer Selektionsvariante gespeichert wird und somit nicht erneut auf dem Selektionsbildschirm eingegeben werden muss.

Sonderbeschaffungsformen Sonderbeschaffungsformen weisen nicht den klassischen Beschaffungsprozess aus Bestellung, Wareneingang und Rechnungseingang auf, sondern haben Besonderheiten in Bezug auf die Eigentumsverhältnisse des Materials, die Wareneingangsbuchung oder die Abrechnung der Materialbeschaffung. Zu den Sonderbeschaffungsformen zählen z. B. die Konsignationsbeschaffung, die Lohnbearbeitung und die Streckenabwicklung. Entsprechend existieren zu diesen Sonderbeschaffungsformen auch eigene und fremde Sonderbestandsarten, die die Trennung von Besitz und Eigentum dokumentieren. Zu den eigenen Sonderbeständen zählt z. B. der Lieferantenbeistellbestand. Zum fremden Sonderbestand gehört z. B. die Lieferantenkonsignation.

S-Preissteuerung (S-Preis) Die S-Preissteuerung ist eine Möglichkeit des Preissteuerungsverfahrens eines Materials. Der S-Preis wird zu einem Material definiert und verändert sich bei Warenbewegungen nicht. Der Materialpreis kann nur durch Umbewertung geändert werden.

Standardanalyse Standardanalysen sind die Analysen der einzelnen Informationssysteme des Logistikinformationssystems, die durch Informationsstrukturen vordefiniert sind. Diese Informationsstrukturen beinhalten bereits die Merkmale, Kennzahlen und die Periodizität der Auswertung und bilden die Datengrundlage der Standardanalysen. Für das Einkaufsinformationssystem werden im Standard die folgenden Informationsstrukturen ausgeliefert:

- S011 (Einkäufergruppe)
- S012 (Einkauf)
- S013 (Lieferantenbeurteilung)
- S015 (Nachträgliche Abrechnung)

Umbewertung Mithilfe der Umbewertung werden Preise zu Materialstammsätzen geändert. Dies ist ein buchhalterischer Vorgang und keine Materialstammänderung, bei dem der gesamte Bestand eines Werkes umbewertet wird.

Variante Als Variante bezeichnet man eine für wiederkehrende Abfragen gespeicherte Eingabe auf dem Selektionsbild zu einer Transaktion. In den meisten Transaktionen können Sie hierzu Ihre Selektionseingaben vornehmen und im Anschluss den Button SPEICHERN drücken. Auf dem nachfolgenden Bild können Sie einen Namen für Ihre Variante vergeben und diese erneut speichern. Bei einem späteren Transaktionsaufruf können Sie dann über den Button VARIANTE HOLEN Ihre gespeicherte Abfrage aufrufen und die Transaktion direkt ausführen.

Verbrauchsmaterial Verbrauchsmaterial ist ein Material, das nicht wertmäßig im Bestand geführt wird, sondern über Kontierungsobjekte (z. B. Kostenstelle oder Anlage) abgerechnet wird. Verbrauchsmaterial kann wie folgt geführt werden:

- ohne Materialstammsatz
- mit Materialstammsatz ohne mengen- und wertmäßige Bestandsführung (im SAP ERP-Standard: Materialart NICHTLAGERMATERIAL)
- mit Materialstammsatz mit mengenmäßiger Bestandsführung (im SAP ERP-Standard: Materialart UNBEWERTETES MATERIAL)

Vorgang der Kontenfindung Innerhalb der Kontenfindung werden die Sachkontenzuordnungen nach Vorgängen untergliedert. Über die Transaktion OMWB und Drücken des Buttons KONTIERUNG können alle vorhandenen Vorgänge im SAP-System angezeigt werden. Die eigentliche Sachkontenzuordnung zu einem Vorgang kann nach individuellen Regeln beeinflusst und detailliert werden. Typische Beispiele für Vorgänge der Kontenfindung:

- Vorgang BSX – Sachkontenzuordnung der Bestandskonten
- Vorgang GBB – Sachkontenzuordnung der Gegenbuchung zur Bestandsbuchung unter Zuhilfenahme von Kontomodifikationen
- Vorgang WRX – Sachkontenzuordnung der WE/RE-Verrechnungskonten

Vorgangsschlüssel Der Vorgangsschlüssel ist ein dreistelliger Schlüssel, der den Kontenfindungsvorgang definiert. Innerhalb der Kontenfindung werden die Sachkonten nach betriebswirtschaftlichen Vorgängen unterteilt. Beispiele hierfür sind BSX – BESTANDSKONTENBUCHUNGEN, GBB – GEGENBUCHUNG ZUR BESTANDSBUCHUNG und WRX – WE/RE-VERRECHNUNGSKONTEN-BUCHUNGEN.

V-Preissteuerung (V-Preis) Die V-Preissteuerung ist eine Möglichkeit des Preissteuerungsverfahrens eines Materials. Diese Preissteuerung wird auch *gleitender Durchschnittspreis* genannt. Die Besonderheit hierbei ist der nicht festgelegte Preis eines Materials, er wird hingegen bei jedem Warenzugang neu nach folgender Formel definiert: Gesamtwert dividiert durch Gesamtbestandsmenge.

WE/RE-Verrechnungskonto Das WE/RE-Verrechnungskonto ist das Gegenkonto für eine Wareneingangsbuchung zu einer Bestellung. Der Buchungssatz lautet also: Bestandskonto an WE/RE-Verrechnungskonto. Mit dem Buchen der Kreditorenrechnung zur Bestellung wird das WE/RE-Verrechnungskonto ausgeglichen. Sollte ein Saldo auf dem Konto entstehen, muss dieser mithilfe der Transaktion WE/RE-VERRECHNUNGSKONTO PFLEGEN (MR11) ausgebucht werden. Dies sollte regelmäßig am Ende einer Buchungsperiode durchgeführt werden.

Werk Das Werk ist innerhalb von SAP ERP eine bedeutende Organisationseinheit der Logistik. Das Werk kann z. B. eine Niederlassung, eine Produktionsstätte, ein Auslieferungslager oder der Hauptsitz eines Buchungskreises sein. Im Werk kann die Produktion stattfinden, für das Werk können Materialien und Dienstleistungen beschafft werden, aus dem Werk kann die Auslieferung an Kunden erfolgen, und im Werk können die Disposition und die Instandhaltung vorgenommen werden. Das Werk ist Datenhaltungsebene für verschiedene Stammdaten und weist zahlreiche organisatorische Zuordnungen auf. Ein Werk ist durch einen vierstelligen alphanumerischen Schlüssel innerhalb eines Mandanten eindeutig identifizierbar.

D Dokumentationsbeispiele

Die Dokumentation der Kontenfindung eines SAP ERP-Systems wird für viele Anwender nicht hinreichend systemseitig unterstützt. Dieser Anhang soll Ihnen ein paar Anregungen liefern, wie eine Dokumentation aussehen könnte.

In diesem Abschnitt möchten wir Ihnen zwei Möglichkeiten mit systemseitiger Unterstützung sowie zwei weitere manuell erstellte Dokumentationsformen an die Hand geben, mithilfe derer Sie Ihre Systemeinstellungen zur Kontenfindung dokumentieren können. Am Ende eines Abschnitts haben wir kurz die größten Vor- und Nachteile hervorgehoben, um Ihnen die Auswahl für Ihre Art der Dokumentation zu erleichtern.

D.1 Systemseitig erstellte Dokumentation durch Download der Simulationsergebnisse

In Abschnitt 9.7, »Vorgang der Kontenfindung«, haben Sie bereits von der Möglichkeit des Downloads Ihrer Simulationsergebnisse gehört. Wenn Sie also mit der Darstellung des Downloads einverstanden sind, können Sie bei der Eingangsselektion (siehe Abbildung 9.38) nur das Werk angeben und die Angaben zur Bewertungsklasse und Bewegungsart auch leer lassen und den Report dann starten. Die Laufzeit des Reports beträgt dann zwar einige Minuten, aber Sie bekommen als Ergebnis sämtliche Angaben zur Kontenfindung zu einem Werk. Diese können Sie sich wiederum nach Excel downloaden (die Aufbereitung dauert hier ebenfalls etwas), und wenn Sie diesen Vorgang für Ihre anderen Werke wiederholt haben, erhalten Sie als Ergebnis eine Excel-Datei mit allen Einstellungen zur Kontenfindung für Ihre Werke. Ihre Dokumentation könnte dann wie in Abbildung E.1 aussehen.

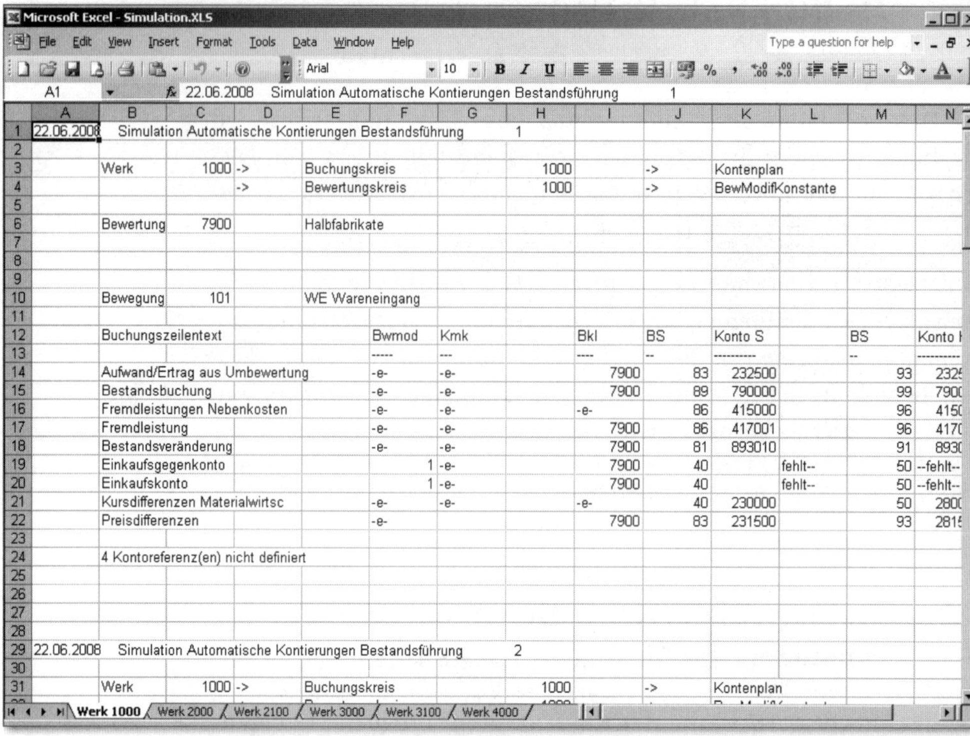

	A	B	C	D	E	F	G	H	I	J	K	L	M	N
1	22.06.2008	Simulation Automatische Kontierungen Bestandsführung						1						
2														
3		Werk	1000	->	Buchungskreis			1000		->	Kontenplan			
4				->	Bewertungskreis			1000		->	BewModifKonstante			
5														
6		Bewertung	7900		Halbfabrikate									
7														
8														
9														
10		Bewegung	101		WE Wareneingang									
11														
12		Buchungszeilentext				Bwmod	Kmk		Bkl	BS	Konto S		BS	Konto
13						-----	---		----	--	----------		--	----------
14		Aufwand/Ertrag aus Umbewertung				-e-	-e-		7900	83	232500		93	2325
15		Bestandsbuchung				-e-	-e-		7900	89	790000		99	7900
16		Fremdleistungen Nebenkosten				-e-	-e-		-e-	86	415000		96	4150
17		Fremdleistung				-e-	-e-		7900	86	417001		96	4170
18		Bestandsveränderung				-e-	-e-		7900	81	893010		91	8930
19		Einkaufsgegenkonto				1	-e-		7900	40		fehlt--	50	--fehlt--
20		Einkaufskonto				1	-e-		7900	40		fehlt--	50	--fehlt--
21		Kursdifferenzen Materialwirtsc				-e-	-e-		-e-	40	230000		50	2800
22		Preisdifferenzen				-e-			7900	83	231500		93	2815
23														
24		4 Kontoreferenz(en) nicht definiert												
25														
26														
27														
28														
29	22.06.2008	Simulation Automatische Kontierungen Bestandsführung						2						
30														
31		Werk	1000	->	Buchungskreis			1000		->	Kontenplan			

Abbildung D.1 Simulationsergebnisse in Excel-Darstellung

- Größter Vorteil: Diese Datei ist mit relativ geringem manuellen Aufwand systemseitig verfügbar.
- Größter Nachteil: Die Übersichtlichkeit ist aufgrund der Masse an Daten nur gering.

D.2 Systemseitig erstellte Dokumentation aufgrund der Ergebnisse im Kontenfindungs-assistenten

Der Kontenfindungsassistent wurde in Kapitel 10, »Kontenfindungs-assistent«, behandelt. Hier haben Sie bereits einen Hinweis auf eine mögliche Dokumentation erhalten. Diese ist als Ergebnis des Assistenten als Druckliste verfügbar. Eine Möglichkeit zur Nachbearbeitung in Excel ist im Standard allerdings nicht vorgesehen.

Die Drucklistenfunktion ist in Bild 14 des Assistenten verfügbar (siehe Abbildung E.2).

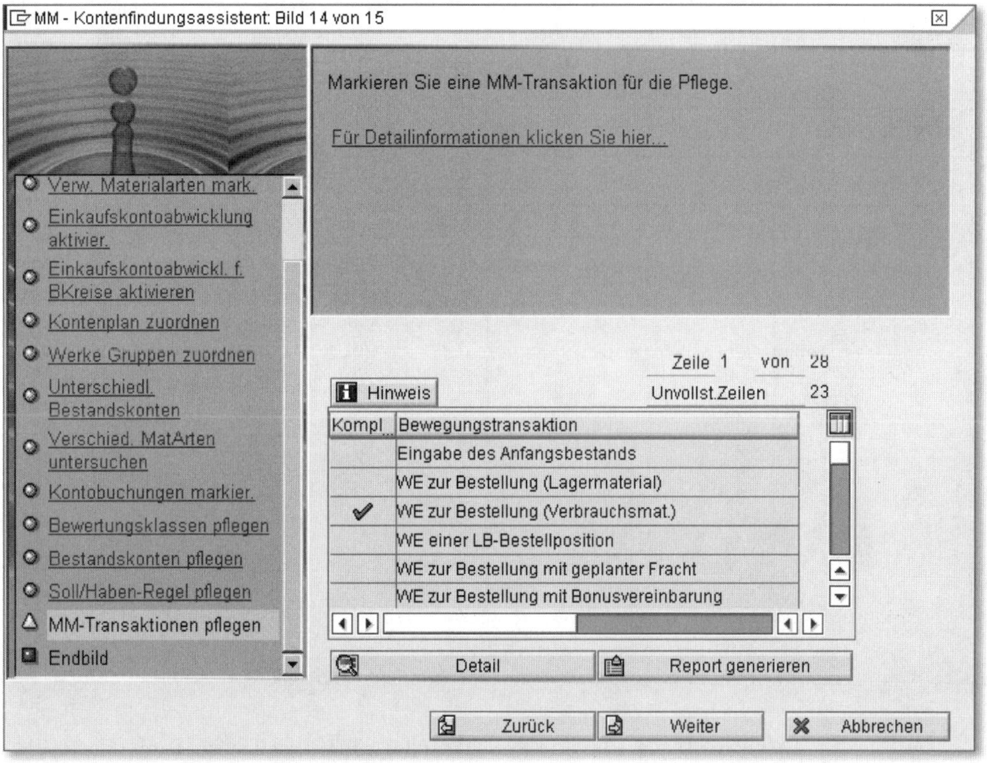

Abbildung D.2 Kontenfindungsassistent, Bild 14

Wenn Sie hier den Button REPORT GENERIEREN drücken, bekommen Sie Ihre Einstellungen als Druckliste präsentiert (siehe Abbildung E.3).

Wie bereits erwähnt, fehlt hier (leider) die Möglichkeit zum Download.

- Größter Vorteil: eine ohne manuellen Aufwand systemseitig erstellte Druckliste
- Größter Nachteil: keine Möglichkeit zur Weiterbearbeitung (nur Ausdruck verfügbar)

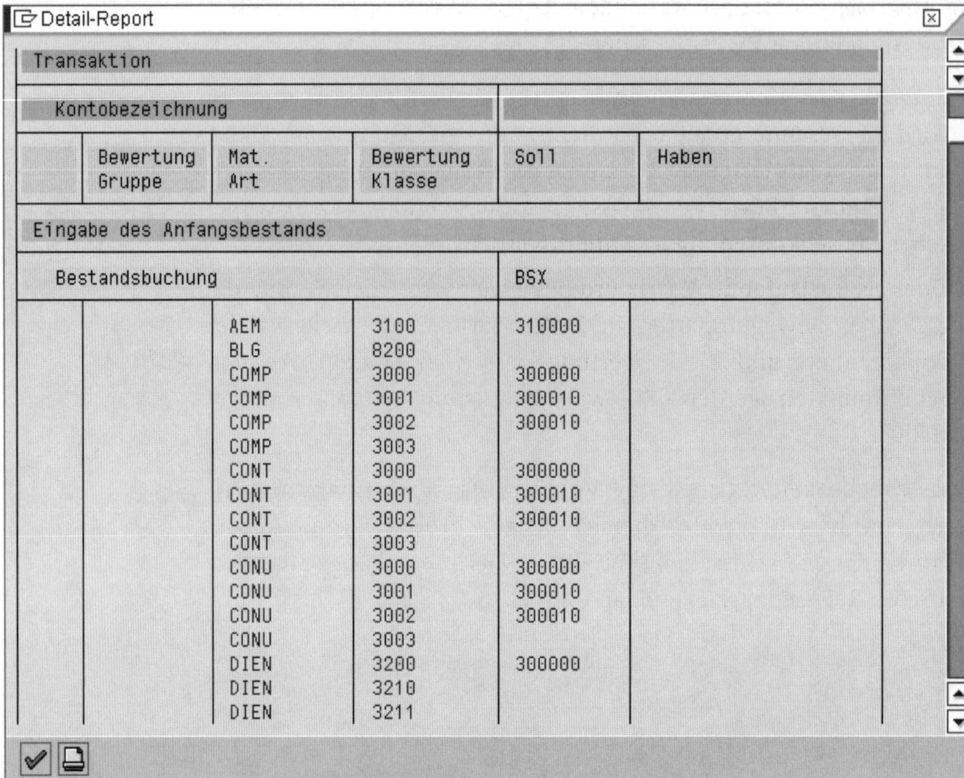

Detail-Report

	Bewertung Gruppe	Mat. Art	Bewertung Klasse	Soll	Haben
Transaktion					
Kontobezeichnung					
Eingabe des Anfangsbestands					
Bestandsbuchung				BSX	
		AEM	3100	310000	
		BLG	8200		
		COMP	3000	300000	
		COMP	3001	300010	
		COMP	3002	300010	
		COMP	3003		
		CONT	3000	300000	
		CONT	3001	300010	
		CONT	3002	300010	
		CONT	3003		
		CONU	3000	300000	
		CONU	3001	300010	
		CONU	3002	300010	
		CONU	3003		
		DIEN	3200	300000	
		DIEN	3210		
		DIEN	3211		

Abbildung D.3 Druckliste zu Einstellungen im Kontenfindungsassistenten

D.3 Manuell erstellte Dokumentation nach Bewertungsklassen

Manuell erstellte Dokumente werden außerhalb des Systems bzw. ohne systemseitige Grundlage erstellt. Sie können vor dem eigentlichen Customizing-Vorgang erstellt werden. Dies kann während der Projektarbeit in einer vorgeschalteten Blueprint-Phase erfolgen oder bei Erweiterungen für ein neues Ordnungskriterium (z.B. Einführung eines neuen Werkes).

Ein mögliches gutes Ordnungskriterium für eine Kontenfindungsdokumentation ist die Bewertungsklasse, weil sie zum einen für den Anwender aus dem Materialstammsatz ersichtlich ist und darüber hinaus die darunterliegende Kontenfindung strukturiert. Ich habe bei mehreren meiner Projekte bereits an guten Dokumentationen mit der Bewertungsklasse als ordnendem Kriterium gearbeitet. Dies kann z. B. auf folgenden Wegen geschehen:

- Entweder als Kontenfindungsblatt pro Bewertungsklasse – hier wird die gesamte genutzte Kontenfindung pro Bewertungsklasse auf einem Blatt festgehalten, indem die verwendeten Bewegungsarten zu dieser Bewertungsklasse fortlaufend mit den dafür vorgesehenen Sachkonten dokumentiert werden.
- Oder als fortlaufende Matrix pro Bewegungsart – hier werden die genutzten Bewegungsarten in Zeilen fortlaufend nacheinander dokumentiert und die Bewertungsklassen in Spalten. An den Schnittpunkten werden die jeweils genutzten Sachkonten dargestellt.

Beide Möglichkeiten haben ihre Vorzüge: Das Kontenfindungsblatt bietet eine hervorragende Übersichtlichkeit pro Bewertungsklasse, die fortlaufende Matrix stellt sehr gut die Zusammenhänge zwischen mehreren Bewertungsklassen dar.

E Die Autoren

Torsten Hellberg ist Diplom-Kaufmann und Diplom-Volkswirt. Nach seinem Studium arbeitete er zunächst in der Erwachsenenbildung, bevor er für mehrere Jahre als SAP MM-Berater bei der IT-Services and Solutions GmbH an SAP-Einführungsprojekten mitgewirkt hat. Von 2001 bis 2007 war er SAP-Koordinator beim Institut für angewandte Logistik GmbH. Seit 2008 ist er als freiberuflicher SAP-Trainer und -Berater tätig. Seine Tätigkeitsschwerpunkte liegen im Bereich der Materialwirtschaft. Er ist Autor des SAP PRESS-Bestsellers *Einkauf mit SAP MM*.

Stefan Bomann ist Diplom-Betriebswirt. Nach seinem Studium folgte eine Ausbildung zum Berater für die Logistik-Module in SAP R/3 mit einer Zertifizierung für das Modul MM. Anschließend war er zwei Jahre als Logistik-Berater bei der Integrata Unternehmensberatung GmbH und anschließend sieben Jahre als Berater im Bereich Supply Chain Management bei SAP tätig. Seit 2008 arbeitet er als Supply Chain Team Leader bei der Leogistics GmbH. Seine Tätigkeitsschwerpunkte liegen im Bereich der SAP-Materialwirtschaft und im Bereich Event Management mit SAP SCM.

Index

A

B

H

I

K

L

M

N

O

P

Q

R

S

T

U

V

W

Z

SAP PRESS

MITMACHEN & GEWINNEN!

Sagen Sie uns Ihre Meinung und gewinnen Sie einen von 5 SAP PRESS-Buchgutscheinen, die wir jeden Monat unter allen Einsendern verlosen. Zusätzlich haben Sie mit dieser Karte die Möglichkeit, unseren aktuellen Katalog und/oder Newsletter zu bestellen. Einfach ausfüllen und abschicken. Die Gewinner der Buchgutscheine werden persönlich von uns benachrichtigt. Viel Glück!

▶ **Wie lautet der Titel des Buches, das Sie bewerten möchten?**

▶ **Wegen welcher Inhalte haben Sie das Buch gekauft?**

▶ **Haben Sie in diesem Buch die Informationen gefunden, die Sie gesucht haben? Wenn nein, was haben Sie vermisst?**

- ☐ Ja, ich habe die gewünschten Informationen gefunden.
- ☐ Teilweise, ich habe nicht alle Informationen gefunden.
- ☐ Nein, ich habe die gewünschten Informationen nicht gefunden. Vermisst habe ich:

▶ **Welche Aussagen treffen am ehesten zu?** (Mehrfachantworten möglich)

- ☐ Ich habe das Buch von vorne nach hinten gelesen.
- ☐ Ich habe nur einzelne Abschnitte gelesen.
- ☐ Ich verwende das Buch als Nachschlagewerk.
- ☐ Ich lese immer mal wieder in dem Buch.

▶ **Wie suchen Sie Informationen in diesem Buch?** (Mehrfachantworten möglich)

- ☐ Inhaltsverzeichnis
- ☐ Marginalien (Stichwörter am Seitenrand)
- ☐ Index/Stichwortverzeichnis
- ☐ Buchscanner (Volltextsuche auf der Galileo-Website)
- ☐ Durchblättern

▶ **Wie beurteilen Sie die Qualität der Fachinformationen nach Schulnoten von 1 (sehr gut) bis 6 (ungenügend)?**

☐ 1 ☐ 2 ☐ 3 ☐ 4 ☐ 5 ☐ 6

▶ **Was hat Ihnen an diesem Buch gefallen?**

▶ **Was hat Ihnen nicht gefallen?**

▶ **Würden Sie das Buch weiterempfehlen?**

☐ Ja ☐ Nein

Falls nein, warum nicht?

▶ **Was ist Ihre Haupttätigkeit im Unternehmen?**
(z.B. Management, Berater, Entwickler, Key-User etc.)

▶ **Welche Berufsbezeichnung steht auf Ihrer Visitenkarte?**

▶ **Haben Sie dieses Buch selbst gekauft?**

- ☐ Ich habe das Buch selbst gekauft.
- ☐ Das Unternehmen hat das Buch gekauft.